Software Defined Silicon

xCORE 프로세서 프로그래밍

XCORE Processor Programming

윤 종 호

조운희/강재원/이용희

계백북스

머리말

본 교재는 멀티코어 프로세서 중 하나인 XMOS사의 XS1 계열 프로세서를 위한 새로운 언어인 xC를 다룬 것이다. XS1 프로세서는 UART, SPI 등의 주변 장치 모듈을 기본적으로 내장하고 있는 범용 MCU와 달리 이 프로세서는 이러한 모듈을 내장하고 있지 않다. 대신에 하드웨어적으로 병렬처리 가능한 최대 32개의 태스크를 활용하여 범용 또는 특수 기능을 수행할 수 있는 하드웨어 기능 모듈을 일반 C와 xC 언어를 병행 사용하여 소프트웨어로 설계할 수 있다. 이러한 설계기법이 적용되는 프로세서를 Software Defined Silicon이라고 한다.

이러한 설계과정은 하드웨어 개발자가 마치 FPGA 기반에 Verilog/VHDL로 설계하는 것과 유사하다. 하지만 Verilog가 일종의 어셈블리 수준이라면 본 교재에서 다루는 xC 언어는 C와 같은 고급 언어 수준이라고 할 수 있다. 따라서 Verilog 대신에 C 언어와 같은 고급 언어 프로그래머가 하드웨어 개발자로 자신의 능력을 확장하고자 할 때 본 교재에서 다루는 xC 언어는 아주 유용한 도구임에 분명하다.

본 교재는 xCore 프로세서 기반의 Audio/Video Bridging(AVB) 시스템 개발 과정에서 확보된 각종 자료 및 코드를 기반으로 작성된 것이다. 1장에서 3장까지는 프로세서의 특징과 기능, 개발 환경 구축, 타겟보드인 Cusco보드의 구성 등을 다루었다. 이어 4장부터 8장까지는 xC 언어의 기본적인 프로그래밍 기법, 타이머 및 클럭 모듈의 활용, 똑똑한 포트의 다양한 활용, 그리고 태스크간 데이터 전달을 위한 채널 등을 다양한 예제를 통해 소개하였다. 이후 9장부터 15장에서는 UART, SPI, I2C, I2S, 이더넷 등의 범용 하드웨어 모듈과 자동차 내부 제어 버스 방식인 LIN과 CAN의 동작원리 및 관련 하드웨어 모듈의 설계를 위한 예제를 다루었다.

참고로 본 교재에 포함된 프로그램 코드는 xC 언어의 이해를 돕기 위한 예에 불과하다. 뛰어난 개발능력을 가진 독자들은 이를 참조하여 보다 완벽한 기능을 수행할 수 있도록 새롭게 설계하는 것이 바람직할 것이다.

이러한 Software Defined Silicon 기반의 xCore 프로세서는 설계자의 의도에 따라 다양한 하드웨어 기능을 지원할 수 있으므로 국방, 운송, 항공 분야 등에 활용되는 비표준 또는 특수용도의 하드웨어 모듈에 대한 재설계 및 성능 향상 시 널리 활용될 수 있다고 판단된다. 특히 소프트웨어 분야에서 하드웨어 분야로 자신의 능력을 확장하고자 하는 엔지니어에게 아주 요긴할 것이다. 마지막으로 본 교재 준비 과정에서 도움을 준 조운희, 강재원, 이용희군에게 고마움을 표한다.

2014. 가을

윤종호
yoonch@kau.ac.kr

CONTENTS

CONTENTS

CONTENTS

CONTENTS

제 9 장 Hello UART

제 10 장 Hello SPI

제 11 장 Hello I2C

CONTENTS

CONTENTS

제 14 장 Hello Ethernet

제 15 장 Hello CAN

제 1 장 Hello xCORE

1.1 xCORE 멀티코어 프로세서

2005년에 설립된 XMOS사에서 개발된 멀티코어 프로세서 시리즈인 XS1 프로세서는 내부에 500MIPS RISC 기반의 단위 프로세서인 xCore 프로세서를 1~4개까지 수납한 것이다[1].

XMOS사에서는 이 단위 프로세서를 Tile, 또는 Processor Tile이라고 부른다. <그림 1.1>은 2개의 tile을 갖는 프로세서의 내부 구성이다.

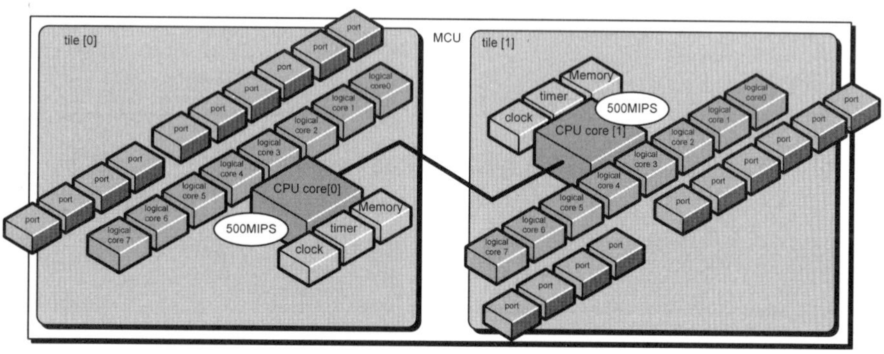

<그림 1.1> xCore 멀티프로세서의 내부 구성

1 XMOS사는 2005년에 영국 브리스톨 대학 졸업반 학생이었던 Ali Dixon과 Oxford Semiconduct사의 전 CEO, ARM사 출신 기술자, Inmos사의 전 수석설계자 등이 브리스톨 대학교의 투자금을 받아 설립한 Febless 반도체 개발회사이다. 주로 오디오, LED 모듈, 통신, 로봇 등에 활용되는 반도체를 개발하고 있다. 최근에는 Bosch, Huawei, Xilinx 등으로부터도 협력적인 투자를 유치했다.

각 tile은 독립적인 프로세서 기능뿐만 아니라 64KB의 메모리와 10개의 타이머 카운터 및 6개의 클럭 블럭, 그리고 64개의 I/O포트로 구성되며, 400~500 MHz의 시스템 클럭에 의해 동작한다[2]. 특이하게도 각 포트는 일반적인 입출력 기능뿐만 아니라 64비트 깊이의 FIFO 를 내장하여 직렬화 전송 기능(SerDes)도 제공하는 복합 기능의 포트이다.

또한 tile내의 스케듈러 기능부는 자신의 처리능력을 시간상으로 분할하는 방식을 사용하여 최대 8개의 논리적인 프로세서가 분할되어 동작하는 것과 같은 능력을 제공한다. 개별적인 논리적인 프로세서를 logical core라고 하며, 이 logical core에서 동작하는 기능을 태스크 또는 쓰레드라고 부른다.

각각의 logical core는 자신만의 program counter 및 stack pointer 등의 독자적인 CPU 운영에 필수적인 레지스터를 가지고 있다. 이러한 특성에 의해 각 logical core는 다른 logical core의 동작과 무관하게 독자적으로 동작할 수 있다. 즉, 각 logical core는 타이머나 외부 입력 등과 같은 클럭에 동기된 이벤트에 대하여 즉시 반응하는 event-driven 프로세서로 운영될 수 있다[3].
단, 만약에 한 tile내에서 최대 8개의 task가 운용될 경우 각 logcial core의 처리능력은 500/8 MIPS 가 된다[4].

또한 일반적인 MCU는 UART, SPI 등의 주변장치 모듈을 기본적으로 내장하지만 xCORE 프로세서는 이러한 모듈을 가지지 않는다. 대신 개발자는 xCORE 프로세서의 이러한 특징적인 기능을 이용하여 자신에게 필요한 하드웨어 모듈 기능 SPI, I2C, I2S, S/PDIF, 이더넷 등)을 소프트웨어적으로 설계하여 탑재해야 한다. 예를 들어 10Mbps급 초고속 UART 모듈을 설계한다면, 송신 기능과 수신 기능을 각각 개별적인 2개의 태스크로 구현할 수 있다. 이들은 시간상으로 전혀 상호간섭을 받지 않는다[5].

이것은 마치 FPGA 기반에 Verilog/VHDL로 설계하는 것과 유사하다. 이러한 특성에 의해 XS-1 프로세서를 Software Defined Silicon 방식의 MCU라고 부른다.

필요 시 태스크간 데이터 전달이나 command/response 등의 전송 기능은 고속의 통신연결로인 채널(channel) 기능을 이용한다. 이러한 채널 연결은 프로세서내의 다른 코어프로세서뿐만 아니라 외부의 다른 XMOS 칩간의 연결기능도 제공한다.

---

[2] 외부 오실레이터가 20MHz인 경우 내부 시스템 클럭은 400MHz이고 25MHz인 경우에는 500MHz로 동작한다.

[3] 따라서 각 logical core도 물리적인 core 프로세서 기능을 가지는 것이다. 이에 최근 XMOS사는 logical core라는 용어를 폐기하고 단순히 core라고 명명하고, 기존의 xCore 기능은 tile로 부르기 시작하였다. 이에 프로세서의 제품명에 붙던 --L2—와 같은 모델번호가 -L16—등으로 변경되었다. 여기서 L2는 xCore가 2개라는 의미였는데 반해, L16은 core가 최대 16개 있다는 의미를 가진다. 예를 들면 XS1-L02A-128-QF124는 XS1-L16A-128-QF124과 동일한 프로세서 칩이다.

[4] 이 값은 보장되는 최소 성능이다. 이벤트를 기다리는 태스크는 스케듈링에서 제외되므로 실제 각 태스크가 체감하는 성능은 이 값 이상이다.

[5] 엄밀하게 분석하면 이 2개의 태스크가 서로 다른 tile에서 동작하면 완벽하게 독립적이다. 하지만 이들이 동일한 tile에서 구현한다면 시간상으로 분할된 각각의 125MIPS 프로세서에서 동작한다(4개 이하의 태스크가 운영될 경우 각 태스크는 125MIPS의 처리능력을 할당받는다.).

이 프로세서에 필요한 하드웨어 모듈 기능과 이를 활용하는 기능은 모두 c, c++, 어셈블리, 그리고 병렬 처리를 위한 전용 XC 언어를 혼합 사용하여 설계할 수 있다.
개발 지원 도구는 Eclipse 기반의 xTIMEcomposer 통합 개발 도구이다. 이것은 컴파일러, 다운로드, 디버깅 등의 일반적인 개발도구 기능뿐만 아니라 실시간 입출력 파형 현시 등의 기능도 함께 제공한다.

이러한 흥미 있는 xCore 프로세서를 활용하면 현재 FPGA로 구현되고 있는 대용량 LED 디스플레이 장치를 여러 개의 XMOS 칩으로 상호 연결하여 구현할 수 있다. 또한 다축 모터를 실시간으로 병렬 제어 해야 하는 고급 로봇 제어 등의 응용에도 적용할 수 있다.

최근에는 이더넷 기반의 실시간 오디오 및 비디오 전송 방식인 AVB(audio/video bridging) 기술과 이를 응용한 차량 내 통신 기술인 automtive AVB 등에도 실제 활용되고 있다.
본 교재에서는 이러한 XS-1 프로세서 시리즈 중에서 2개의 tile을 갖는 XS1-L16A-C10 프로세서를 기반으로 한 하드웨어 설계 및 소프트웨어 설계를 다룬다.

1.2 XS1 MCU의 내부 구조

(1) 개요

XMOS사의 XS1 멀티코어 프로세서는 32비트 RISC 기반의 XCore 프로세서를 1~4개 내장한 프로세서로써 Little Endian 계열이다. 단, Floating Point 처리는 지원하지 않는다. 또한 일반적인 MCU는 UART, SPI 등의 주변장치 모듈을 기본적으로 내장하지만 xCORE 프로세서는 이러한 모듈을 가지지 않는다. 대신 필요한 모듈을 소프트웨어로 설계하여 각 기능을 여러 개의 core가 분담하여 수행하는 방식을 사용한다.

다음 페이지의 <그림 1.2>는 XL-Series MCU 중 2개의 타일(tile)을 갖는 프로세서인 XS1-L16A-128-QF124 내부 구조이다.

각각의 XCore 프로세서, 즉 타일은 독립적으로 동작하는 logical core(task)를 최대 8개까지 지원한다. 각 logical core는 자신이 독립적인 프로세서로 동작하기 위하여 자신만의 program counter, stack pointer 등 25개의 레지스터를 갖는다. 따라서 각 태스크는 타이머나 외부 입력, 그리고 클럭에 따른 이벤트 등에 대하여 다른 논리적 코어의 영향과 무관하게 즉시 반응할 수 있다.

프로세서 동작 수행을 위한 RISC 명령어는 operand를 포함하여 대부분 16비트 길이로 구성되며, 대부분의 명령어는 시스템 클럭의 한 싸이클에 처리된다.

태스크간 통신은 32비트 폭의 전이중 통신로인 채널로 수행된다. 채널상의 데이터 형식은 제한이 없다. 따라서 쌍방이 약속만 하면 통신시 데이터뿐만 아니라 <START>, <STOP> 등의 명령어도 함께 전송할 수 있다.

한 타일에 내장된 64KB RAM, 최대 64개의 입출력 포트, 10개의 타이머, 채널, 4개의 lock, synchronizer, 6개의 클럭 블럭은 최대 8개의 logical core가 공유하는 자원으로써 컴파일 시 해당 logical core에 일부분이 할당된다. 따라서 logical core들이 요구하는 자원의 개수가 준비된 자원의 개수를 초과하는 경우 빌드 시 컴파일 오류가 발생한다.

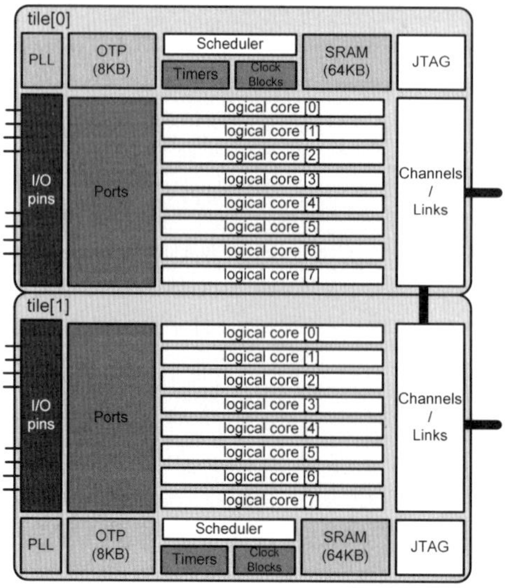

<그림 1.2> XS1-L16A-128 프로세서의 내부 구성

(2) Tile

하나의 xCORE 프로세서는 다음과 같은 기능 블럭으로 구성되며 이것을 tile이라고 부른다. 특정 tile에서 동작하는 코드만이 해당 타일의 기능 블록을 활용할 수 있다.

- 64KB RAM 및 8KB OTP 메모리
- Clock block
- Intelligent I/O Port
- 최대 8개의 logical core
- xTIME Scheduler

이것은 일반적인 프로세서가 갖는 L1 또는 L2 등의 캐시 메모리가 없다. 왜냐하면 메모리에 대한 읽기 또는 쓰기작업은 각 logical core 내에서 대부분 한 명령어 싸이클에서 수행되므로 캐시 메모리가 불필요하기 때문이다.
또한 서로 다른 타일에 있는 태스크간에는 특정 메모리를 공유하지 않는다. 대신에 채널 등의 타일간 통신수단으로 수행될 수 있다.

(3) Core

타일 내의 개별적인 logical core는 독립적으로 동작하는 일종의 프로세서로써 이들은 병렬로 동작한다. 따라서 동일한 명령어(instruction)가 동시에 서로 다른 core에서 수행될 수 있다.

각 core의 처리속도는 타일 내의 core 개수가 증가할수록 감소되지만 최소 처리능력은 다음과 같이 보장된다.

- 4개 이하의 태스크가 활성화된 경우: 각 태스크는 Tile 처리능력의 1/4을 할당받아 각 태스크는 125 MIPS로 동작한다[6].
- n(>4)개 이상의 태스크가 활성화되면 각 태스크별 처리능력은 1/n로 균등하게 분배된다. 예를 들어 8개의 태스크가 활성화되면 각각은 62.5 MIPS로 동작하며 이때 각 명령어(instruction)는 16ns마다 처리된다.

그리고 각 core는 16개의 32비트 전용 레지스터를 가지므로 159개의 16/32비트 명령어를 처리할 수 있다. 거의 모든 명령어는 한 클럭 싸이클에서 수행된다.

또한 각 태스크는 이벤트 대기 시 에너지를 소모하지 않는다. 또한 태스크간 통신시 사용하는 채널 등은 메모리를 경유하지 않는다.

(4) 클럭블럭과 타이머

각 타일에는 100MHz의 기준 클럭을 제공하는 클럭 블럭과 5개의 추가적인 5개의 클럭 블럭이 있다. 추가 클럭 블럭은 적절한 분주율 설정 시 필요한 클럭 주파수를 생성한다.
또한 32비트 폭의 타이머 카운터를 10개 내장한다. 이것은 10nsec마다 1씩 단순 증가하는 카운터이다.
이러한 클럭 블럭과 타이머는 각 포트에 대한 입출력 클럭킹 및 시간정보를 제공할 수 있다.

(4) 채널과 스위칭 패브릭

채널은 태스크간을 연결하는 통신로이다. 전체적으로 총 32개의 채널이 제공된다. 즉, 32개의 태스크를 1:1로 연결할 수 있다.

이 채널은 동일 tile내의 Core(Task)간의 통신용뿐만 아니라 내장된 xCONNECT fabric으로 불리는 일종의 non blocking switch 로직에 의해 다른 tile의 task와의 연결 기능도 제공한다.
더욱이 이 다른 외부의 xCore 프로세서에 있는 task와의 통신도 지원한다.
이러한 기능을 활용하여 여러 개의 XCore 칩을 연결하여 hypercube 형태의 병렬처리 프로세서를 설계할 수도 있다.

---

[6] 해당 쓰레드에 대한 instruction이 없으면 no-op 명령어를 대신 수행한다. 따라서

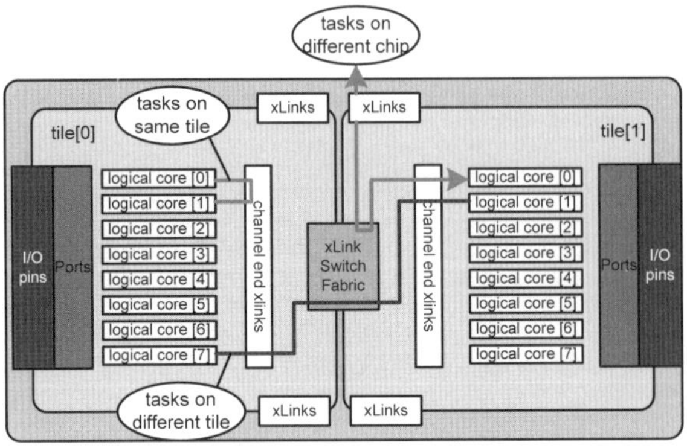

<그림 1.3> 채널과 스위칭 패브릭의 기능

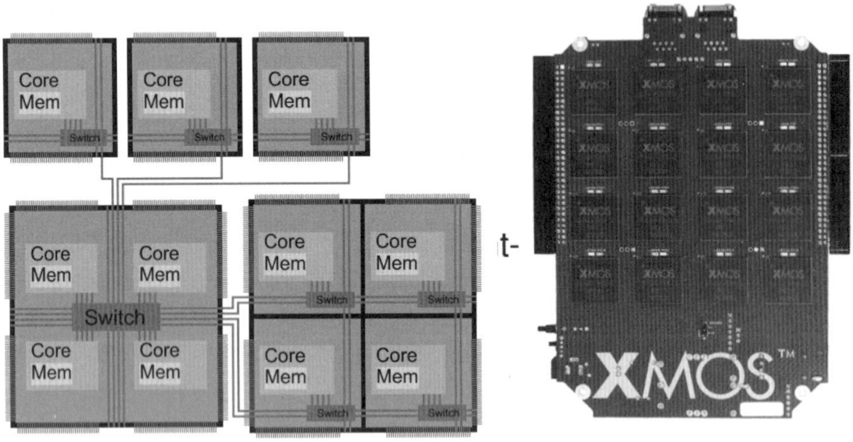

<그림 1.4> xConnect에 의한 타일간 연결 및 프로세서간 연결

(5) 포트

각 tile별로 최대 64개의 GPIO핀을 제공한다. 특징적으로 범용 MCU의 그것과 달리 xCORE 프로세서의 개별적인 GPIO핀은 1비트 핀뿐만 아니라 다른 핀과 함께 그룹으로 조합되어 4비트, 8비트, 16비트, 32비트 포트그룹에 속한다.
XS1-L16A-128-QF124 프로세서의 경우 총 84개의 GPIO 핀을 가지며, 다음과 같이 조합된다.

- 1bit port : 최대 32개
- 4bit port : 최대 12개
- 8bit port : 최대 7개
- 16bit port : 최대 3개
- 32bit port : 1개

다시 말하면, xCORE에서의 포트는 단일 핀 포트만 있는 것이 아니다. 예를 들어 <그림 1.5>와 같이 8비트 포트인 P8A포트는 8개의 물리적인 핀으로 조합된 1개의 포트이다. 또한 다른 8핀 포트와 합체하여 16핀을 갖는 1개의 포트(**예**: P16A 포트)로 구성될 수도 있다.

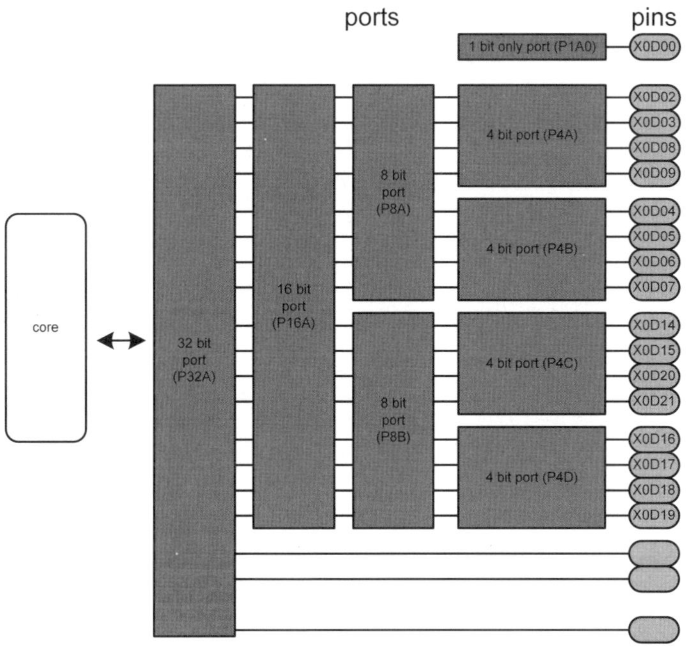

<그림 1.5> xCore 프로세서의 포트

각각의 포트는 <그림 1.6>과 같이 내부에, 10nsec 단위의 타이머카운터, 클럭에 따른 입출력, 조건에 따른 입출력 제어, 입력시점 기록 기능(time stamping), 64비트 깊이의 FIFO를 이용한 직병렬 변환(serialization and de-serialization(SERDES)) 기능과 같은 고급 기능을 가진다.

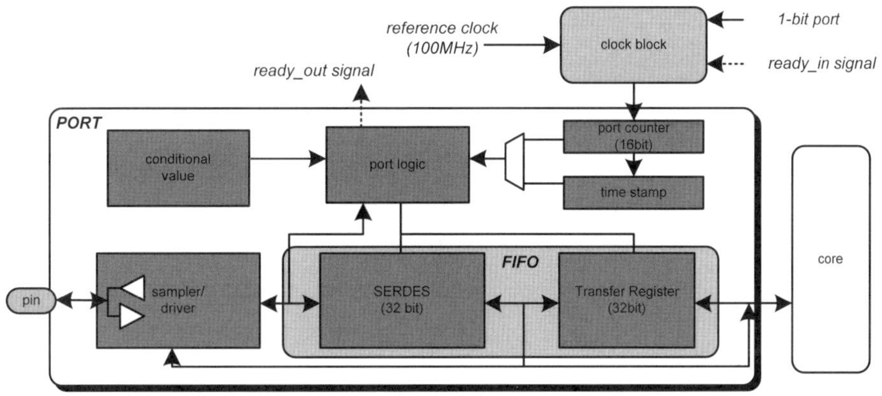

<그림 1.6> 포트의 내부 구성

이러한 다양한 포트의 기능을 활용하여 I2C, SPI와 같이 외부로의 클럭 신호 생성 기능과 직렬/병렬 변환 전송 기능이 필수적인 주변장치 모듈을 쉽게 설계할 수 있다. 또한 이더넷이나 UART 등의 하드웨어 모듈을 소프트웨어로 설계하여 실장할 수 있다.

(6) xTIME Scheduler

최대 8개의 logical core에 대한 실시간 스케듈링을 하드웨어적으로 수행하며 10nsec 단위의 클럭도 제공한다.

(7) Lock

2개 이상의 태스크가 공유하는 메모리에 대하여 상호 배제(Mutual exclusion) 기능을 하드웨어적으로 제공한다.

(8) JTAG programming /debug 인터페이스

디버깅 및 프로그램 다운로드용 인터페이스를 제공한다.

(9) OTP ROM

한번만 프로그래밍 가능한 8KB의 one-time programmable(OTP) 메모리를 갖는다. 여기에 암호화된 프로그램이나 비밀키를 저장할 때 사용한다. 여기에는 이더넷 MAC 주소 같은 것을 저장할 수도 있다.

1.3 XC 언어와 개발 환경

(1) xC 언어

xCORE 기반의 프로세서의 가장 큰 특징은 하드웨어 기능 블록을 고급 언어인 xC 언어로 프로그래밍하여 내장시킬 수 있다는 점이다. 다음과 같은 예를 보자.

가) 병렬 처리 기능

다음은 xCORE 프로세서의 특징 중 하나인 병렬 처리 기능의 예이다. 2개의 task는 각각 독립적인 logical core 프로세서에서 무한 루프를 수행한다. 여기서 사용된 "par" 구문은 "parallel" 의미를 갖는 xc 고유의 구문이다.

```
#include <xs1.h>
#include <stdio.h>

void taskA(){
```

```
        while(1) printf("A");
    }
    void taskB(){
        while(1) printf("B");
    }
    int main(void){
      par{
          taskA();
          taskB();
      }
      return 0;
    }
```

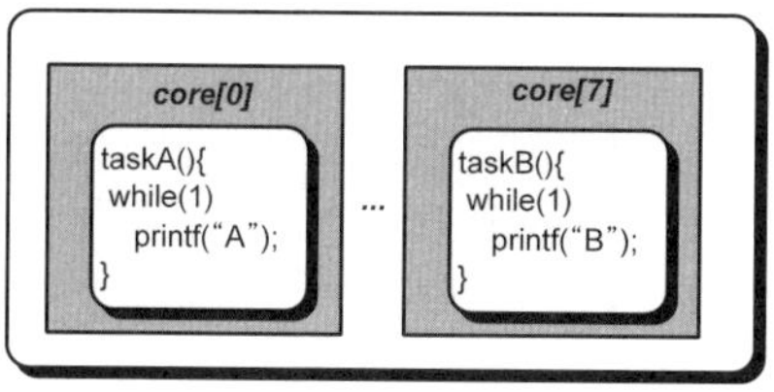

<그림 1.7> 병렬 처리 기능

나) 기본적인 입출력 기능

버튼 입력값을 LED에 연결된 포트로 1을 출력하는 예는 다음과 같이 프로그래밍 된다. 여기서 “:>”는 입력 연산자이며, “<:” 는 해당 포트로 주어진 값을 출력하도록 하는 xC 언어 고유의 연산자이다.

```
# include <xs1.h>
in port buttonPort = XS1_PORT_1A ;
out port ledPort    = XS1_PORT_1B ;

int main(void){
    int val;
    while(1){
      buttonPort :> val; //input
      ledPort <: val;      //output
    }
}
```

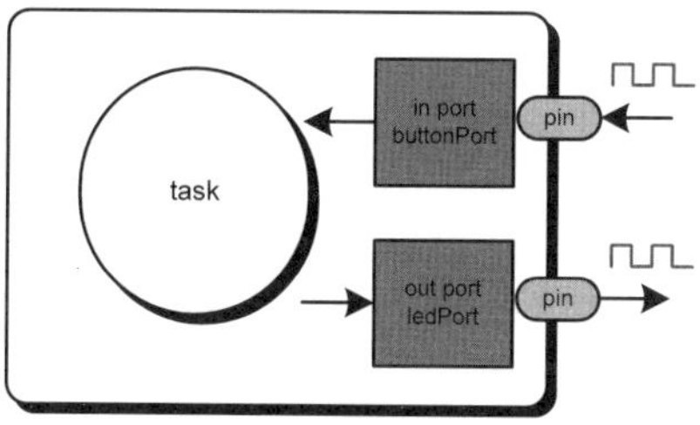

<그림 1.8> 입출력 기능

다) 타이머 기반의 입출력 제어

xCORE 프로세서의 포트에 내장된 포트카운터 블럭 기능을 활용하여 timed 출력을 할 수 있다. 참고로 포트 카운터는 10nsec(즉, 100MHz) 단위로 1씩 증가하는 16비트 카운터이다.

다음 예를 보자. 이것은 duty값에 따라 '1'과 '0'을 출력하는 PWM 기능이다. 이를 활용하면 dimmer와 같은 조도 제어나 서보 모터의 회전수를 조정할 수 있다.

```
# include <xs1.h>
in port pwmPort = XS1_PORT_1A ;
int t;

#define WIDTH    40    (0~100) for duty.
int main{
  unsigned t;

  pwmPort <: 0 @ t;     // 0을 출력하면서 현재 포트카운터 값을 t에 기록.

  while(1)
  {
    t+=(100-WIDTH);  // 현재 시간에 60(즉 600nsec)을 더한다.
    pwmPort @ t <: 1;  // 이후 그 시간이 되면 pwmPort로 1을 출력한다. 그 동안 대기한다.
    t+=WIDTH;          // 현재시간에 40을 더한다(400nsec).
    pwmPort @ t <: 1;  // 이후 그 시간이 되면 pwmPort로 1을 출력한다. 그 동안 대기한다.
  }
}
```

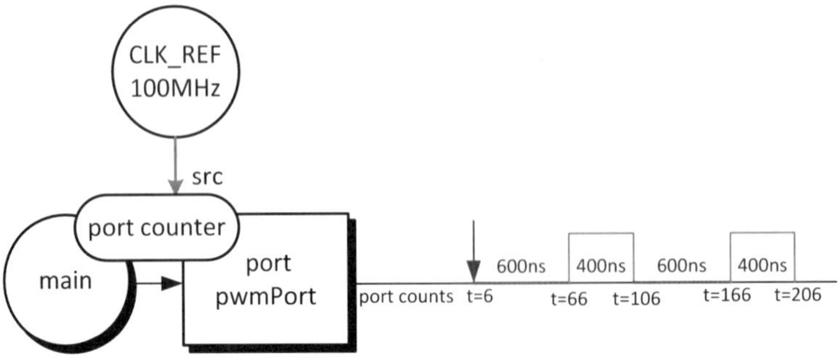

<그림 1.9> Timed 출력 기능

라) 이벤트 처리 기능

xC 언어에서 정의된 고유한 "select" 구문을 사용하면 여러 개의 포트에서 발생하는 입출력 이벤트와 타이머 만기, 채널로부터의 데이터 수신 등 다양한 이벤트를 하드웨어적으로 통합 처리할 수 있다. 이벤트 발생 시 40nsec 이내에 반응할 수 있다. 해당 이벤트가 발생하지 않으면 해당 태스크는 대기한다.

다음은 그 예이다.

```
..
select {
   case miiRxDataPort :> rxD4:   // 수신 데이터
      ...
        break;
   case miiRxDataValidPort when pinseq(0) :> void: //wait until DV pin goes to LOW
      ...
      break;
}
..
```

이러한 예에서 알 수 있듯이, xCORE 프로세서를 위한 대부분의 소프트웨어는 범용 c와 전용 언어인 xC 언어로 기술된다.

사실 xC 언어는 기존 C 언어의 거의 모든 구문과 형식을 사용할 수 있으면서 다중처리 및 입출력, 타이머 등의 실시간 처리를 위한 전용 구문이 추가 사용된 것이다[7]. 따라서 다른 *.c 파일과 함께 빌드될 수 있다. 다만 floating point를 처리하지 못하는 등의 일부 제약 사항을 가진다[8].

참고로 xCORE에서 사용되는 xC 언어는 전용 하드웨어 모듈 개발 시 사용되는 Verilog를 어셈블리 수준 언어라고 한다면, xCore용 프로그래밍 언어인 xC는 하드웨어용 고급 언어라고 볼 수 있다. 이러한 xC 언어는 xCORE 프로세서의 다양한 포트 입출력 기능과 멀티코어 기능을 활용하여 100Mbps급 이더넷과 같은 고속 입출력 기능을 순전히 소프트웨어로 기술할 수 있다.

또한 다중 태스크 기능을 활용하면 입력 기능과 출력 기능이 독립적으로 수행되어야 하는 UART나 SPI와 같은 하드웨어 모듈을 입력 태스크와 출력 태스크로 구분하여 설계할 수 있다.

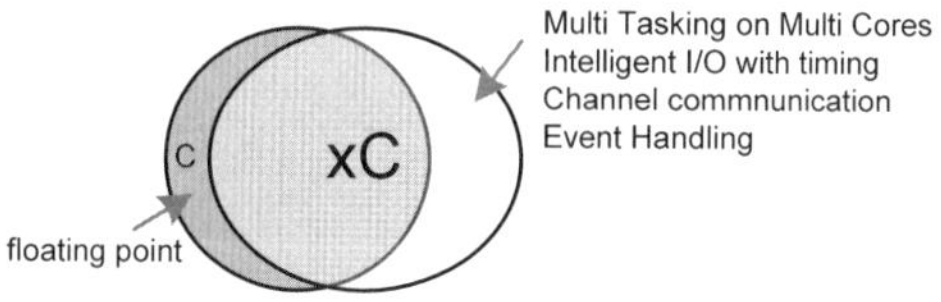

<그림 1.10> xC 언어의 특징

(2) 개발 도구

XMOS용 개발 도구는 C, C++, xC 언어를 처리할 수 있는 Eclipse 기반의 통합 개발 환경(IDE)인 xTIMEcomposerStudio를 사용한다. 이것은 컴파일러와 디버거를 모두 제공한다. 또한 waveform viewer, hard real-time constraint도 검사할 수 있는 Xscope 기능도 제공한다. 물론 임베디드 시스템 개발용 도구에서 제공하는 flash메모리에 대한 다운로드 기능도 제공한다.

---

7 사실 대부분 xCore 프로세서용 어셈블리 언어를 포장한 것이다.
8 *.xc 파일 내에서는 float 변수를 사용할 수 없지만 *.c 파일 내에서는 가능하다.

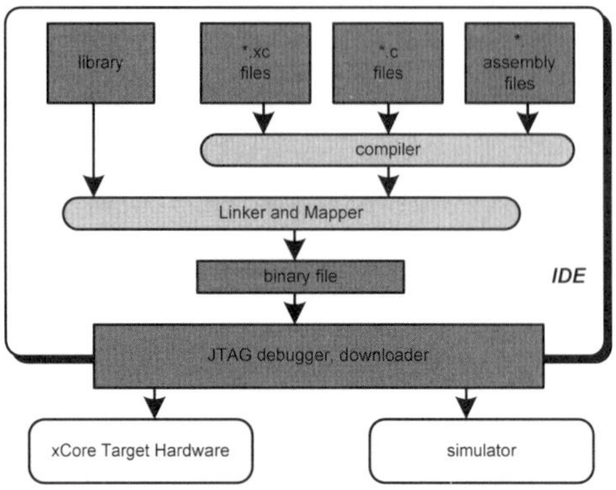

<그림 1.11> 개발 도구

1.4 기존 MCU와의 비교 (참고)

(1) 범용 MCU의 장점과 단점

다양한 임베디드 시스템에서 널리 사용되는 범용 MCU는 CPU 코어와 함께 UART, I2C, SPI, 이더넷, CAN 등의 주변 장치 모듈을 하나의 칩에 내장한 것이다. 이러한 범용 MCU에 모든 주변 장치 모듈이 함께 내장되면 개발자 입장에서는 필요한 기능을 선택하여 사용할 수 있는 장점이 있다.

예들 들어 SPI 인터페이스가 필요하다고 하자. 일반적인 범용 프로세서는 내부에 전용 SPI모듈을 가지고 있다. <그림 1.12>는 SPI 모듈이 내장된 MCU에서의 SPI 모드 3로 동작하는 예이다. 프로세서는 한 바이트의 데이터 송신을 SPI 모듈에 지시만 하면 된다.

이에 SPI 모듈은 이 데이터를 직렬화하여 MOSI핀으로 데이터를 송신한다. 이때 SCK 핀으로 해당 비트에 대한 클럭 신호도 동시에 생성하여 전송한다. 이러한 전송과정은 프로세서의 작업과 별개로 동시 수행될 수 있으므로 일종의 병렬 처리 기능이라고 볼 수 있고 프로세서의 일을 경감하는 offloading 기능을 제공하는 장점이 있다.

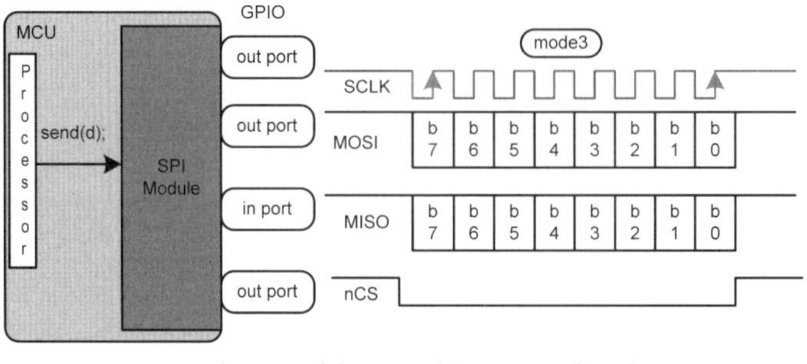

<그림 1.12> 범용 MCU 내부 SPI 모듈의 동작

하지만 개발자 입장에서는 초기에 선정한 MCU를 기반으로 개발을 진행 중에 어쩔 수 없이 새로운 기능을 추가해야만 할 경우 외부에 FPGA 등을 부착하거나 GPIO를 사용한 낮은 성능의 bitbang 방식으로 해결해야 하는 등 번거로움이 많다.

예를 들어 <그림 1.13>과 같이 CAN과 SPI 기능이 없는 자동차용 MCU에 CAN 기능을 추가할 경우 어쩔 수 없이 GPIO를 사용하여 각 핀에 대한 신호를 소프트웨어로 발생시키고 SPI 인터페이스를 제공하는 SPI-to-CAN 변환 칩을 추가해야 할 것이다. 더욱이 I2S 인터페이스를 갖는 오디오 코덱의 추가는 불가능하다.

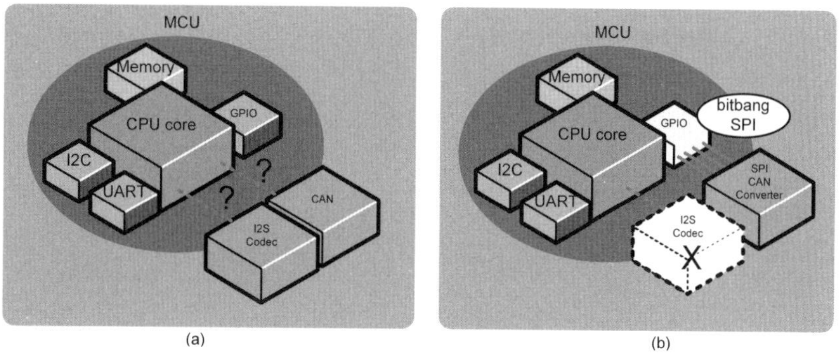

<그림 1.13> 범용 MCU의 문제점

더욱이 만약 SPI 기능이 없는 범용 MCU에 SPI 기능을 수행하려면 프로세서는 SCLK와 MOSI 데이터를 순차적으로 다음과 같이 생성하는 bitbang 방식의 프로그래밍을 해야 할 것이다.

① 클럭 신호로 Low를 출력한다.
② MOSI 데이터 비트를 출력한다.
③ 1/2 BitTime 동안 대기한다.
④ 클럭 신호로 High를 출력한다.
⑤ 1/2 BitTime 동안 대기한다.
⑥ 이 작업을 반복한다.

이렇게 순차적으로 MOSI 신호와 함께 SCLK 신호도 함께 생성한다면 필연적으로 이들간에 지연이 발생한다. 고속 전송인 경우에는 이러한 지연은 문제를 야기시킬 수 있다. 특히 프로세서가 관련 출력 함수를 호출하여 GPIO를 통해 신호를 출력하므로 전송 가능한 속도가 현저히 낮아지는 문제가 발행한다.

또한 인터럽트 방식으로 구현할 경우에도 <그림 1.15a>와 같이 interrupt service routine(ISR)으로의 진입과 복귀 시의 지연에 의해 실제 이벤트 발생 시점과 이벤트 처리 시점간의 지연이 불가피하다. 즉, CPU는 instruction pointer 등의 레지스터를 모두 메모리 등에 대피시킨 후 해당 ISR로 진입하여 해당 작업을 수행한 후 원래의 레지스터를 복원하여 기존의 작업을 계속해야 하기 때문이다.

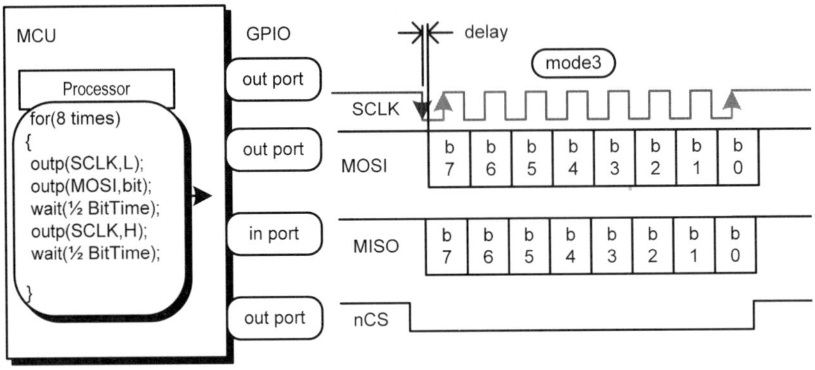

<그림 1.14> GPIO 기반의 bitbang 프로그래밍 예

(2) xCore 프로세서의 경우

xCORE 프로세서는 여러 개의 단위 작업을 개별적인 태스크로 구분하고 각 태스크별로 독립적인 core 프로세서가 처리할 수 있다.
따라서 포트입출력 또는 타이머만기 등의 하드웨어적인 이벤트가 발생할 경우 <그림 1.15b>와 같이 해당 태스크는 관련 서비스를 직접 즉시 수행할 수 있다. 마치 Veriolg로 기술된 FPGA기반의 시스템과 유사하게 작업을 병렬처리할 수 있다.

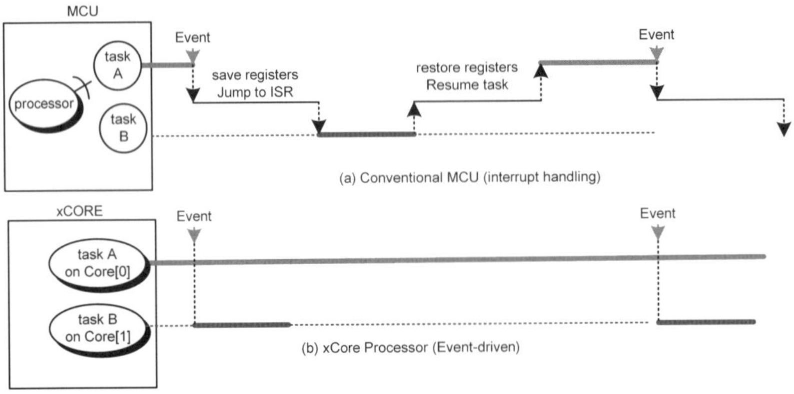

<그림 1.15> 기존 단일 프로세서 기반의 인터럽트 방식에 의한 처리와 멀티코어 프로세서에서의 처리 방식의 비교

1.5 FPGA와 XMOS의 비교 (참고)

FPGA의 기본요소는 lookup table(LUT)와 플립플럽, 그리고 2:1 Mux로 구성되는 logic cell이며, 기능블록은 이들이 조합된 것이다. 개발자는 Verilog/VHDL 언어를 사용하여 원하는 기능을 프로그래밍한 후 컴파일한다. 컴파일 결과는 logic cell을 조합한 이진파일로써 FPGA에 다운로드되어 실행된다.

기본적인 FPGA는 이러한 logic cell만으로 구성되어 있고 병렬 처리가 가능한 장점이 있다. 하지만 범용 입출력 기능을 수행하는데 문제가 있다. 즉, 큰 메모리가 필요한 통신장치 또는 디스플레이 장치의 개발 시에는 외부에 메모리를 추가해야 한다. 또한 실시간성이 요구되지 않아 소프트웨어로 동작시키는 것이 더 편리한 경우 프로세서 코어 기능(MicroBlaze 또는 Nios 등)을 합성하여 내장하거나 고가의 hard 프로세서가 내장된 FPGA를 사용해야 한다.

반면에 xCore프로세서는 64KB의 메모리와 멀티코어 프로세서를 내장하고 있으며 특히 C와 xC 고급 언어를 사용한 프로그램으로 일반적인 응용 프로그램뿐만 아니라 다양한 I/O 로직 기능도 직접 설계할 수 있다.

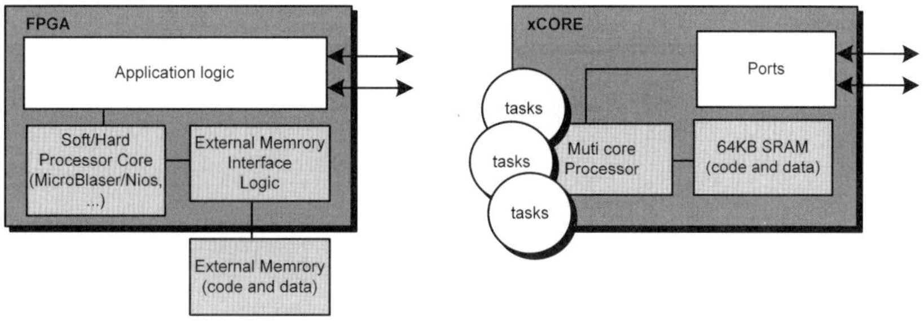

<그림 1.16> FPGA와 xCore 프로세서의 비교

1.6 Arduino와 xCore의 비교 (참고)

Arduino 플랫폼은 8비트 또는 32비트의 Atmel사 MCU를 기반으로 하여 다양한 센서 및 액추에이터를 추가 장착할 수 있는 하드웨어이다. 추가 장착되는 보드를 shield라고 한다. 이것을 기반으로 간단하게 C 또는 C++ 기반의 프로그래밍하여 동작시킬 수 있는 통합 개발 환경인 Arduino IDE를 제공한다.

이것의 프로그램 편집 기능은 일반 사용자들이 용이하게 프로그래밍 할 수 있도록 자동적으로 "{"와 "}"를 생성해 주고 자동 들여쓰기 등도 제공한다. 물론 컴파일 및 타겟보드에 대한 다운로딩 기능도 제공한다.

C 또는 C++ 언어를 기반으로 작성하는 Arduino용 프로그램은 sketch라고 부른다. 프로그래밍 기법은 다음과 같은 wiring이라고 하는 라이브러리를 사용하여 스타일이다. 즉, 프로그래머는 다음과 같은 2개의 함수만 정의하면 된다.

- setup() : 초기화 함수
- loop() : 메인 함수

예를 들어 i2c 버스의 마스터가 데이터를 송신하는 작업을 위한 Arduino 기반의 프로그램은 다음과 같다.

```
#include <Wire.h>
void setup(){
  Serial.begin(9600);              // setup UART with 9600bps
}

void loop()
{
  Serial.print("Hello World");  //   print on console
  delay(500); //waits for 500msec
}
```

위의 예에서 알 수 있듯이 main() 함수가 없다. 대신 이 프로그램은 초기화 함수인 setup()과 본 함수인 loop()로 조합된다. 이후 IDE의 "Upload to I/O board" 버튼을 클릭하면 IDE가 필요한 include 파일과 main() 함수를 생성하여 유효한 프로그램으로 완성 후 빌드하여 보드에 실장한다.

하지만 사용자는 간편할지 모르지만 serial 클래스의 begin 멤버함수를 지원하기 위하여 UART 장치에 대한 드라이버를 설계해야 하는 개발자 입장에서는 여전히 UART 하드웨어에 대한 이해가 필요하며 UART에 대한 각종 레지스터 및 인터럽트를 여전히 처리해야 한다.

<그림 1.17>은 Arduino환경과 xCore 환경을 비교한 것이다. 범용 MCU하드웨어를 사용하는 Arduino의 경우 사용자가 작성한 sketch 프로그램을 IDE가 c 언어 형태로 변환한 후 컴파일하여 MCU 내부의 UART 모듈을 구동한다. 반면에 xCore 환경에서는 소프트웨어로 설계한 UART 기능인 uartTask를 구동한다. 분명히 xCore 개발 환경은 개발자에 눈높이를 맞춘 것이다[9].

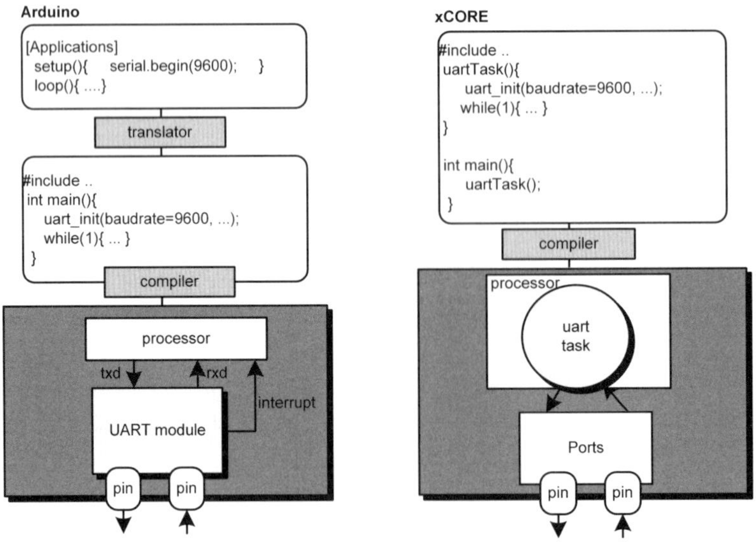

<그림 1.17> FPGA와 xCore 프로세서의 비교

[9] 외부를 재 포장하여 일반인이 활용할 수 있는 api를 제공하면 Ardunio처럼 변신할 수도 있을 것이다.

1.7 xSOFTip와 XE Community

(1) xSOFTip

대부분의 FPGA 제조회사들은 자신의 FPGA에 탑재할 수 있는 일종의 부품인 IP를 다양하게 준비하여 네트워크를 통하여 다운받아 시스템 개발 시 활용할 수 있도록 한다. 또한 opencores에는 다양한 종류의verilog/VHDL 코드가 공개되어 있다.

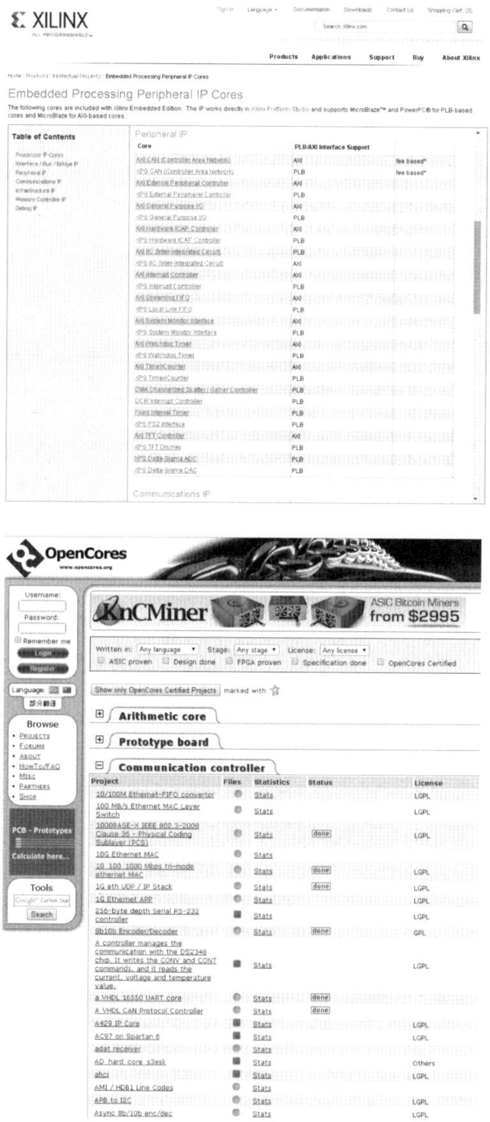

<그림 1.18> FPGA용 IP

xCORE 기반의 시스템 설계 시에도 유사한 방법으로 필요한 모듈을 용이하게 추가할 수 있도록 부품레벨의 모듈인 Software Component들을 <그림 1.19>와 같이 XMOS사 또는 GibHub에 공개하고 있다. 사실 이름이 소프트웨어 부품이지만 기능적으로는 모두 하드웨어 용 부품이다.

특히 xTIMEcomposerStudio IDE는 인터넷에 연결된 경우 이러한 software component를 자동으로 탐색하여 import할 수 있는 도구인 xSOFTip 기능을 제공한다. 개발자는 xSOFTip를 통하여 DSP, Audio, Ethernet, UART, I2C, SPI 등의 다양한 IP들 선택하여 내장시킬 수 있다.

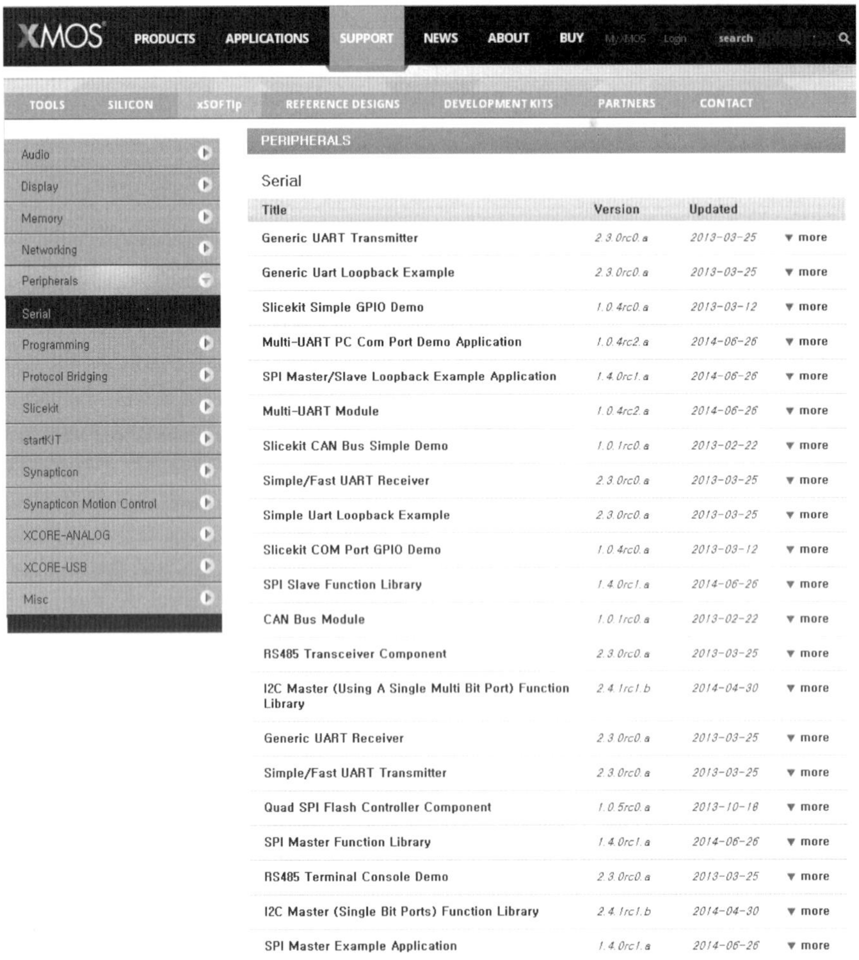

<그림 1.19> xCORE 프로세서용 xSOFTip

(2) XE Community

XE Community는 인터넷상에서 xCORE 기반의 다양한 모듈이나 응용프로그램 개발 프로젝트를 공개한 싸이트이다.

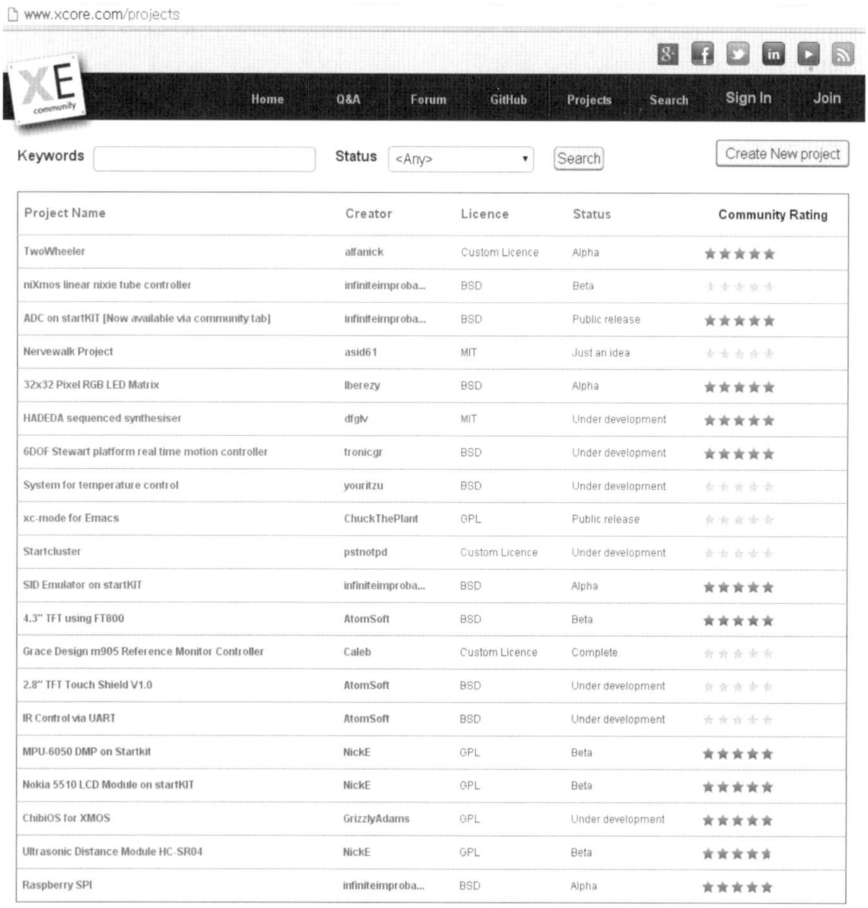

Project Name	Creator	Licence	Status	Community Rating
TwoWheeler	alfanick	Custom Licence	Alpha	★★★★★
niXmos linear nixie tube controller	infiniteimproba...	BSD	Beta	☆☆☆☆☆
ADC on startKIT [Now available via community tab]	infiniteimproba...	BSD	Public release	★★★★★
Nervewalk Project	asid61	MIT	Just an idea	☆☆☆☆☆
32x32 Pixel RGB LED Matrix	lberezy	BSD	Alpha	★★★★★
HADEDA sequenced synthesiser	dfglv	MIT	Under development	★★★★★
6DOF Stewart platform real time motion controller	tronicgr	BSD	Under development	★★★★★
System for temperature control	youritzu	BSD	Under development	☆☆☆☆☆
xc-mode for Emacs	ChuckThePlant	GPL	Public release	☆☆☆☆☆
Startcluster	pstnotpd	Custom Licence	Under development	☆☆☆☆☆
SID Emulator on startKIT	infiniteimproba...	BSD	Alpha	★★★★★
4.3" TFT using FT800	AtomSoft	BSD	Beta	★★★★★
Grace Design m905 Reference Monitor Controller	Caleb	Custom Licence	Complete	☆☆☆☆☆
2.8" TFT Touch Shield V1.0	AtomSoft	BSD	Under development	☆☆☆☆☆
IR Control via UART	AtomSoft	BSD	Under development	☆☆☆☆☆
MPU-6050 DMP on Startkit	NickE	GPL	Beta	★★★★★
Nokia 5510 LCD Module on startKIT	NickE	GPL	Beta	★★★★★
ChibiOS for XMOS	GrizzlyAdams	GPL	Under development	★★★★★
Ultrasonic Distance Module HC-SR04	NickE	GPL	Beta	★★★★★
Raspberry SPI	infiniteimproba...	BSD	Alpha	★★★★★

<그림 1.20> XE Community

1.8 응용 분야

(1) 디지털 오디오 분야

회사 설립 이래로 가장 많이 시판된 XMOS사의 주력 제품은 내부에 480Mbps급 USB2.0모듈을 내장하고 외부의 384KHz/32비트 Codec의 I2S 인터페이스 등을 6개의 다중 태스크 기능으로 지원할 수 있는 XS1-U6A-64 칩이다. 이것은 Meridian, Sony 등의 오디오제품에 탑재되었으며 이 분야에서는 시장 점유율이 선두이다.

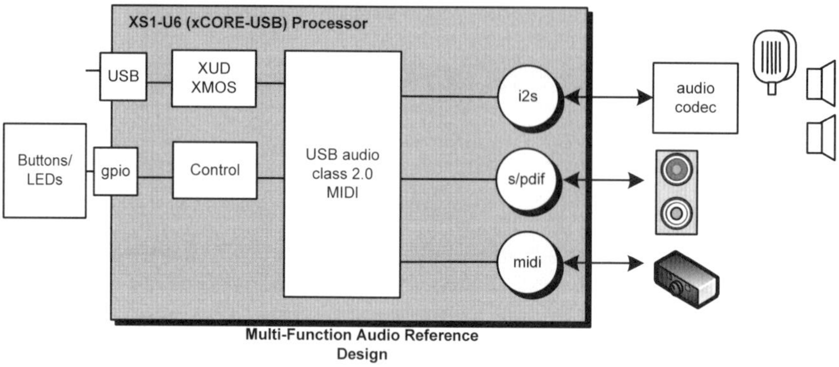

<그림 1.21> XS1-U6 프로세서 기반의 USB DAC 오디오 장치의 구성

최근에는 이더넷 기반의 오디오 및 비디오 스트림을 실시간 전송하는 IEEE802.1 AVB(audio/video bridging)분야에도 활발히 채용되고 있다.

<그림 1.22>는 AVB 종단 시스템을 하나의 XS1-L16A-128 프로세서로 구현한 것이다. 그림에서 각각의 원은 태스크를 의미하며 태스크간을 연결하는 화살표는 channel을 의미한다.

특히 이더넷용 MAC은 5개의 태스크로 구현되었고, I2S 디지털 스테레오 전송 모듈은 1개의 태스크로 구현되었음을 알 수 있다.

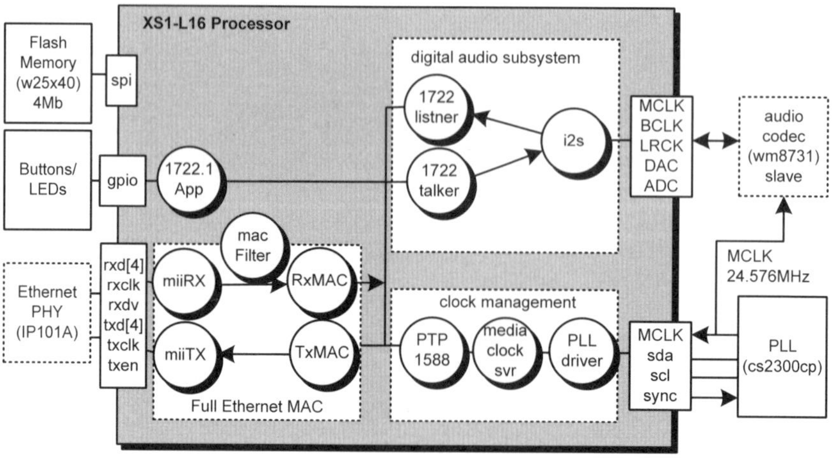

<그림 1.22> XS1-L16 프로세서 기반의 AVB 종단 시스템의 구성

또한 <그림 1.23>은 2개의 이더넷 포트를 지원하여 daisy-chain형태의 연결 기능을 제공하는 AVB종단 시스템으로써 자동차 내부 통신망 또는 회의용 오디오 시스템에 채용되고 있다.

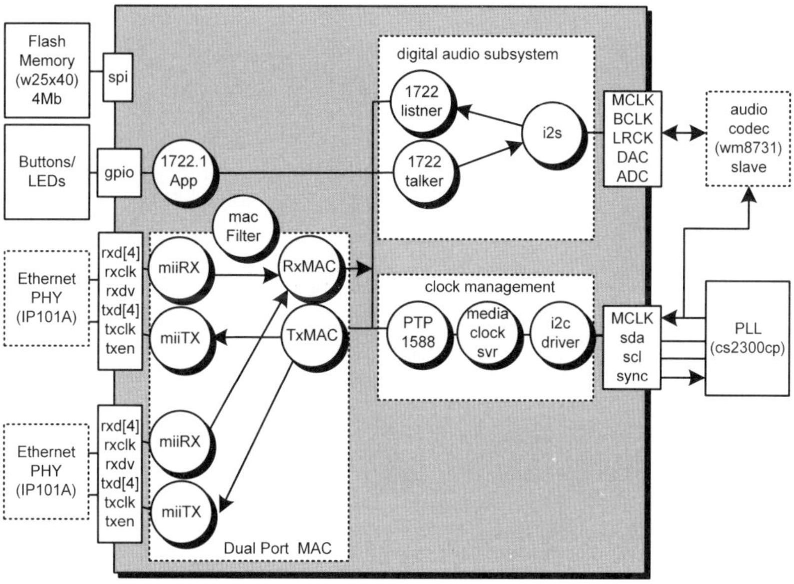

<그림 1.23> Daisy-chain 지원 AVB 종단 시스템의 구성

(2) 산업용 제어 분야

xCORE 기반의 프로세서는 로봇용 모터제어, CAN 및 LIN 프로세서, 그리고 이더넷 기반의 Automotive AVB 등과 같이 산업용 및 자동차 내부 통신망을 위한 핵심 프로세서로도 활용되기 시작하였다.

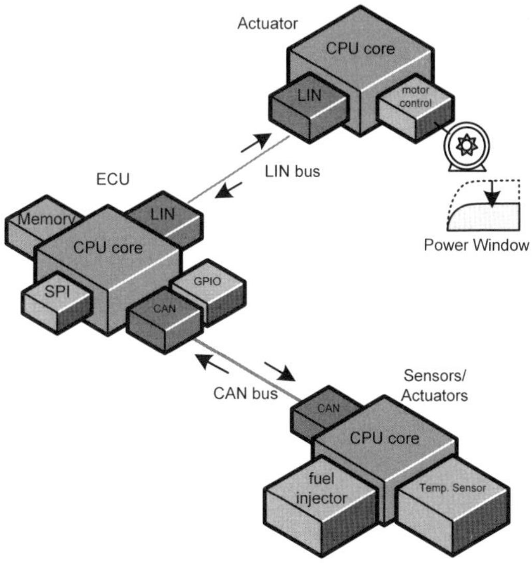

<그림 1.24> CAN/LIN시스템에의 활용

1.9 본 교재의 구성

본 교재는 xCORE 기반의 멀티코어 프로세서 중에서 XS1-L16A-128를 중심으로 다음과 같은 주제를 다룬다.

제 2 장에서는 기본적인 개발환경을 구축하고, 제 3 장에서는 해당 프로세서를 중심으로 이더넷 및 I2S지원 코덱, 그리고 클럭 생성부 등을 탑재한 평가보드를 소개한다.

제 4 장에서는 앞으로 중점적으로 사용할 xC 언어를 다룬 후, 제 5 장에서 7장까지 포트활용, 클럭 활용, 태스크 활용을 각각 다룬다.

제 8 장부터 제 14장까지는 xc언어를 사용하여 Software Defined Silicon 개념의 UART, SPI, I2C, I2S, 이더넷, LIN, CAN 관련 모듈에 대한 설계를 각각 다룬다.

만약, 여러분이 Verilog와 기존 MCU에 친숙하다면 이처럼 새로운 개념의 프로세서와 관련 언어에 대하여 한번 더 또 다른 즐거움이 있음을 함께 느끼길 바란다.

제 2 장 Hello World

2.1 Hello

예전부터 새로운 언어 또는 개발환경을 시작할 때 기능시험용으로 "Hello, world!"를 출력하였다.

우리도 xCORE 기반의 프로세서를 위한 통합개발환경인 xTIMEcomposer를 설치한 후 새로운 xC 언어에 친숙하기 위하여 콘솔디버그 창에 "Hello, world!"를 출력하는 프로그램을 작성한다.

이어 작성된 프로그램을 평가보드에 직접 다운로드하여 실행하는 방법과 평가보드 없이 시뮬레이터에 의해 실행하는 방법을 각각 수행한다.

2.2 개발 환경

<그림 2.1>은 xCORE 프로세서 기반의 개발 환경이다. 이것은 다음과 같이 구성되어 있다.

- 통합 개발 환경 :xTIMEcomposer
- 시험용 메인 타겟보드 : xMain 보드 또는 XMOS사의 StartKIT 보드
- 다운로더 및 JTAG 디버거 : XTAG2

이러한 개발 도구가 확보되면 다음과 같은 절차로 구동한다.

① IDE를 PC에 설치한다.
② 프로그램을 작성한다.
③ 크로스 컴파일, 링크 등을 연속 처리하는 빌드 과정을 수행한다.
④ 빌드 결과인 이진파일을 JTAG 인터페이스를 통하여 MCU 내부의 플래시 메모리에 주입한다. 이 과정을 flash 또는 다운로드 한다고 한다.
⑤ 필요 시 개발 도구의 디버거와 break point 설정을 활용하여 디버깅을 수행한다.

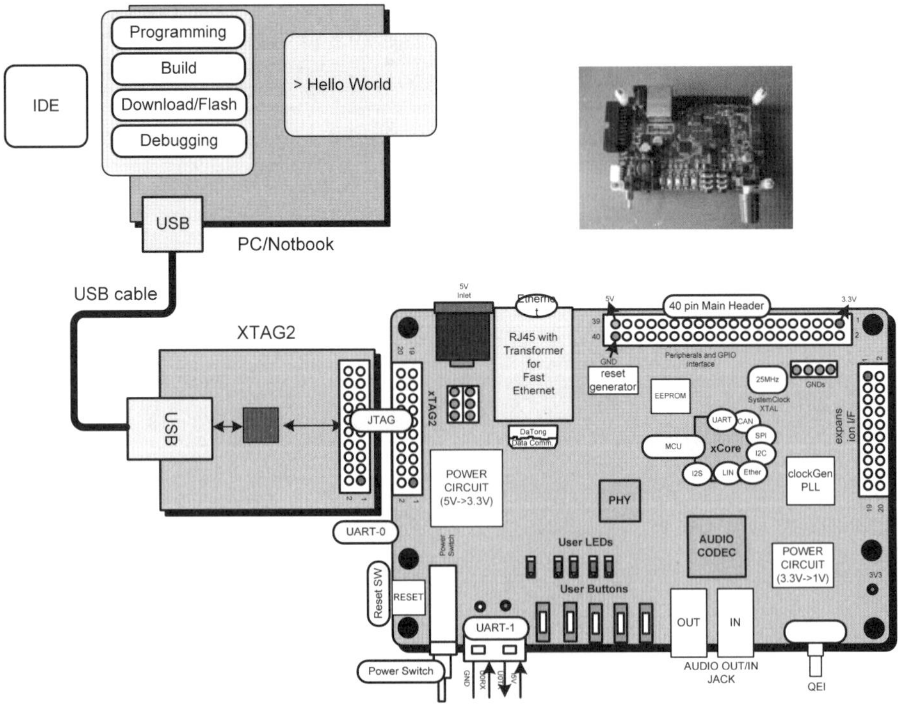

<그림 2.1> 개발환경

xTIMEcomposer 통합개발환경 (Integrated Development Environment) 도구는 XMOS사에서 무료로 배포하는 xCORE 프로세서 전용 통합개발환경 소프트웨어이다.

이것은 다양한 운영체제에서 동작 가능한 Eclipse 기반에서 개발된 것으로써 컴파일러, 에디터, 디버거, 다운로더, 콘솔 인터페이스, 시뮬레이터 등의 기능을 모두 갖고 있다.

본 교재에서 사용하는 메인 타겟보드인 Cusco 보드는 2개의 core를 가지면서 총16개의 logical core기능을 제공 하는 XS1-L16A-128-QF124C10 xCORE 프로세서를 탑재하고 있다. 보드상에 부팅용 EEPROM, Clock Generator, 이더넷, Codec, QEI, 버턴 및 LED를 장착하고 있다.

또한 CAN, LIN, SPI, I2C 등의 외부I/O장치를 연결할 수 있는 40핀 헤더를 제공한다. 특히 전원공급기능도 함께 내장하고 있으며 XTAG2 인터페이스를 가진다. 간단한 시험이 목적이라면 저렴한 XMOS사의 StartKIT도 좋다.

XTAG2 다운로더는 xTIMEcomposer로 빌드된 이미지 파일의 USB를 통한 다운로드 기능을 제공한다. 또한 JTAG 기능에 의한 디버깅 기능도 제공한다.

2.3 xTIMEcomposer IDE 설치

xTIMEcomposer 설치 과정은 다음과 같다.

STEP1> JAVA가 먼저 설치되어 있어야 한다. 이것은 xTIMEcomposer가 eclipse 기반이기 때문이다[1].

STEP2> 통합개발환경 구축 도구인 xTIMEcomposer를 xmos사의 웹 싸이트에서 다운로드 한다[2].

<그림 2.2> xTIMEcomposer 설치화면

STEP 3> 설치가 완료되면 바탕화면에 다음과 같은 3 개의 아이콘이 생성된다.

- xTIME Composer Command Prompt : Command 창에서의 작업환경
- xTIME Composer Studio : Studio 실행
- xTIME Composer Documents : homepage 자료 링크

STEP 4> XMOS IDE의 실행을 위하여 xTIME Composer Studio 아이콘을 클릭한다. 처음 실행 시 xmos login이 필요하다.

2.4 시뮬레이터 기반의 Hello World 실행

우리가 C 언어를 처음 접할 때와 마찬가지로 Hello World 출력 프로그램을 XMOS MCU에서 동작시켜 보자.

프로그램을 실행하는 것은 두 가지 방법이 있다.

- 시뮬레이터를 이용한 실행.
- 평가보드를 XTAG로 연결하여 실행

---

1 설치시 jre\bin\javaw.exe 파일이 없다면 java.com/ko/download/ie_manual.jsp?locale=ko에서 java update 파일을 설치한다.

2 XMOS homepage에 회원가입을 해야 한다.

본 절에서는 먼저 시뮬레이터 기반으로 동작시키는 과정을 다룬다.

STEP 1> XMOS IDE를 실행한다.
STEP 2> xC 개발을 위한 프로젝트를 생성하기 위해 메뉴에서 "File → New → xTIMEcomposer Project"를 선택한다.

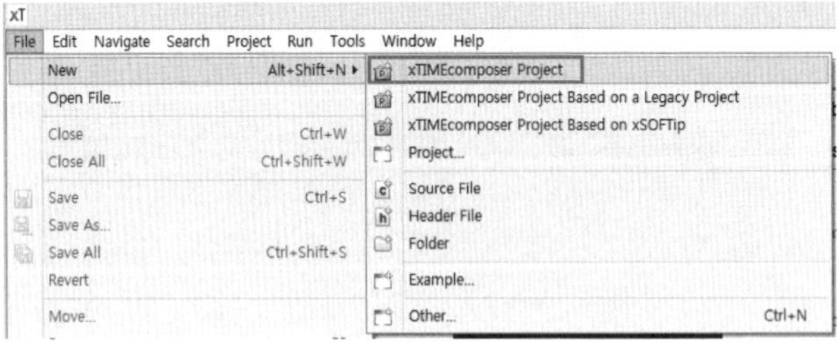

STEP 3> 새 프로젝트 만들기를 하면 다음과 같은 창이 표시된다. "Project Name"으로 적절한 이름을 입력한다. 예를 들어 "myHelloWorld"를 입력한다.

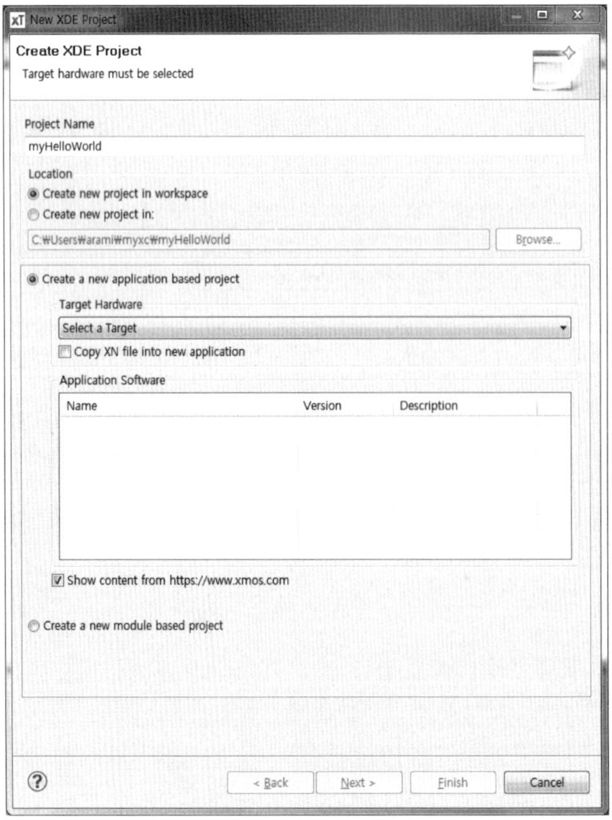

STEP 4> "Create a new application based project"에서 "Target Hardware" 부분을 열거한다. 우리가 사용하는 XS1-L16A-128-QF124-C10 processor device를 선택한 후 [Next]를 클릭한다.

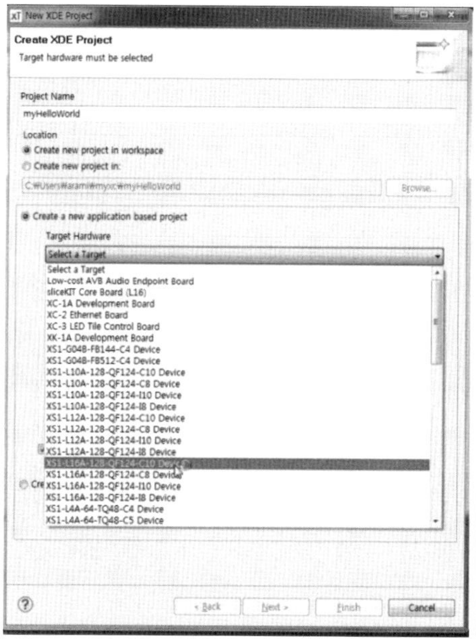

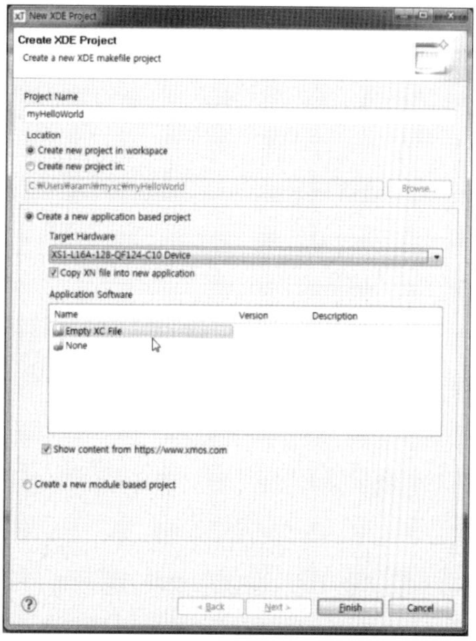

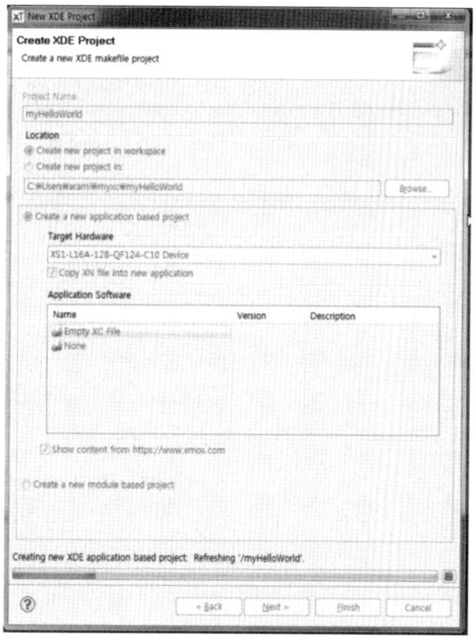

STEP 5> 빈 project가 생성되면 해당 폴더의 내용을 확인한다. Src 폴더와 Makefile 및 XS1-L16A-128-QF124-C10.xn 파일이 생성되었다.

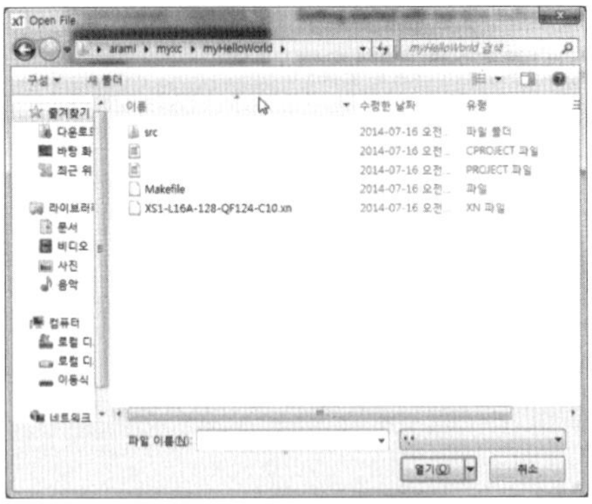

STEP 6> src 폴더의 내용을 검토한다.

[참고] XS1-L16A-128-QF124-C10.xn 파일을 열어 보자. 여기에는 각 tile별 동작 주파수 정보와 프로세서간 연결을 위한 Link 정보가 설정되어 있음을 알 수 있다.

```
<?xml version="1.0" encoding="UTF-8"?>
<Network xmlns="http://www.xmos.com"
xmlns:xsi="http://www.w3.org/2001/XMLSchema-instance"
xsi:schemaLocation="http://www.xmos.com http://www.xmos.com">
  <Type>Device</Type>
  <Name>XS1-L16A-128-QF124-C10 Device</Name>

  <Declarations>
    <Declaration>tileref tile[2]</Declaration>
  </Declarations>

  <Packages>
    <Package ID="0" Type="XS1-LnA-128-QF124">
      <Nodes>
        <Node Id="0" InPackageId="0" Type="XS1-L8A-64" SystemFrequency="500MHz">
          <Tile Number="0" Reference="tile[0]"/>
        </Node>
        <Node Id="1" InPackageId="1" Type="XS1-L8A-64" SystemFrequency="500MHz">
          <Tile Number="0" Reference="tile[1]"/>
        </Node>
      </Nodes>
    </Package>
  </Packages>

  <Links>
    <Link Encoding="5wire" Delays="0,1">
      <LinkEndpoint NodeId="0" Link="XLG"/>
      <LinkEndpoint NodeId="1" Link="XLF"/>
    </Link>
```

```
        <Link Encoding="5wire" Delays="0,1">
          <LinkEndpoint NodeId="0" Link="XLH"/>
          <LinkEndpoint NodeId="1" Link="XLE"/>
        </Link>
        <Link Encoding="5wire" Delays="0,1">
          <LinkEndpoint NodeId="0" Link="XLE"/>
          <LinkEndpoint NodeId="1" Link="XLH"/>
        </Link>
        <Link Encoding="5wire" Delays="0,1">
          <LinkEndpoint NodeId="0" Link="XLF"/>
          <LinkEndpoint NodeId="1" Link="XLG"/>
        </Link>
      </Links>

      <JTAGChain>
         <JTAGDevice NodeId="0"/>
         <JTAGDevice NodeId="1"/>
      </JTAGChain>

    </Network>
```

STEP 7> 다시 IDE로 되돌아와서 src 폴더 내에 myHelloWorld.xc 파일이 생성되었음을 확인한다. 이것은 해당 프로젝트의 메인함수를 작성할 파일이다. 현재는 비어 있다.

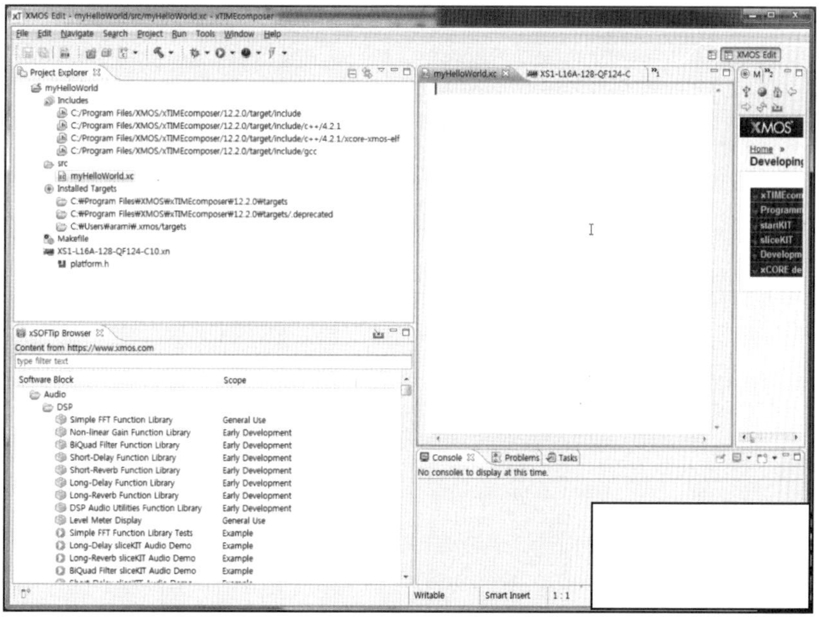

STEP 8> 왼쪽의 Project Explorer를 보자. 여기에는 다음과 같은 폴더와 파일이 있다.

- src/myHelloWord.xc : 메인코드가 작성될 xC 확장자를 갖는 파일이다. 앞으로 여기에 "Hello, World!"를 출력하는 소스를 작성할 것이다. 현재는 비어 있다.

- Makefile : 리눅스 개발환경의 Makefile과 같은 역할을 한다.
- Installed Targets : 타겟보드에 대한 핀 매핑 정보가 기술된 .투 파일이 들어있는 폴더이다. XML 기반으로 작성되어 있으며, 주로 외부 핀과 포트에 대한 정의가 되어 있다.

STEP 9> 다음과 같이 프로그램을 작성한다. XC는 C와 마찬가지로 처음 시작되는 함수를 main으로 정하고 있다. 이것으로부터 XMOS용 프로그램도 일반 C 언어와 동일한 아주 친숙한 프로그램임을 알 수 있다.

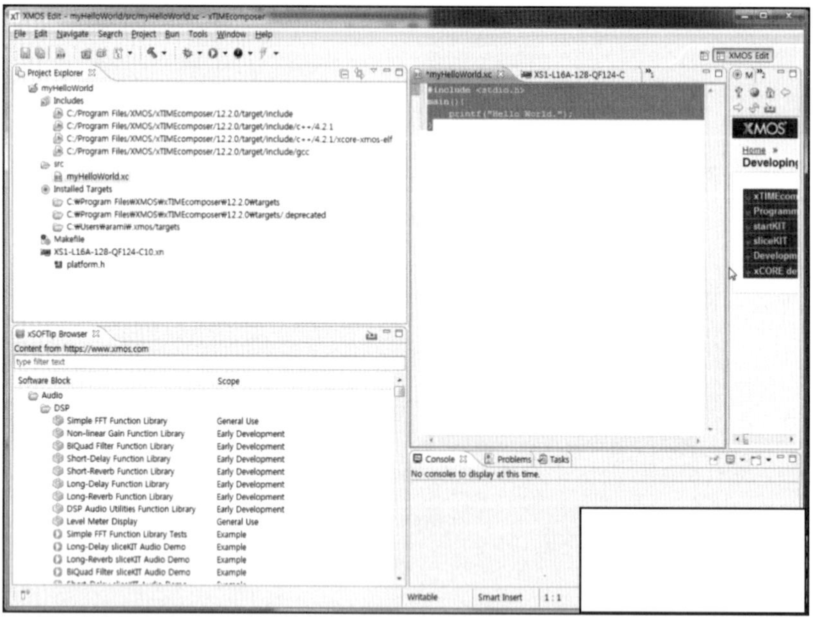

STEP 10> 소스를 컴파일 하기 위해 프로젝트를 오른쪽 클릭한 후 Build Project를 클릭한다. 이에 빌드 작업의 결과가 Console 창에 표시된다.

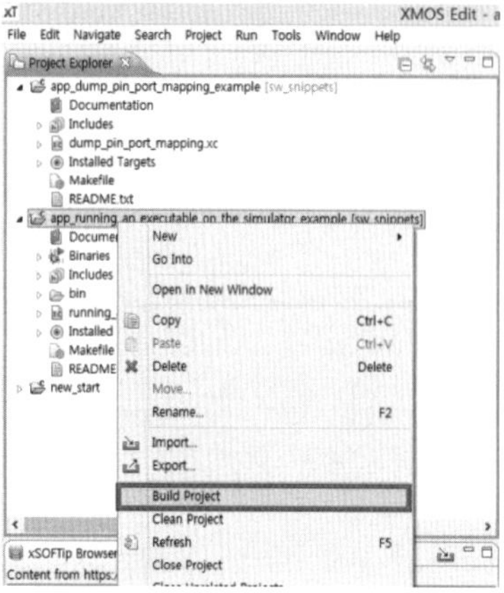

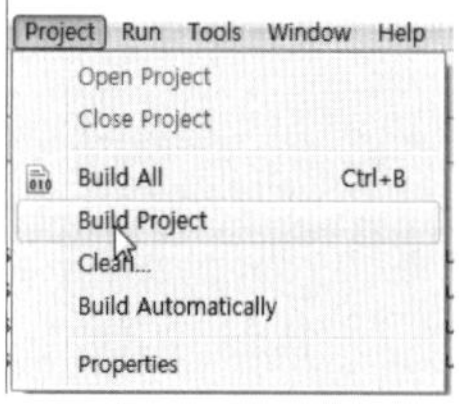

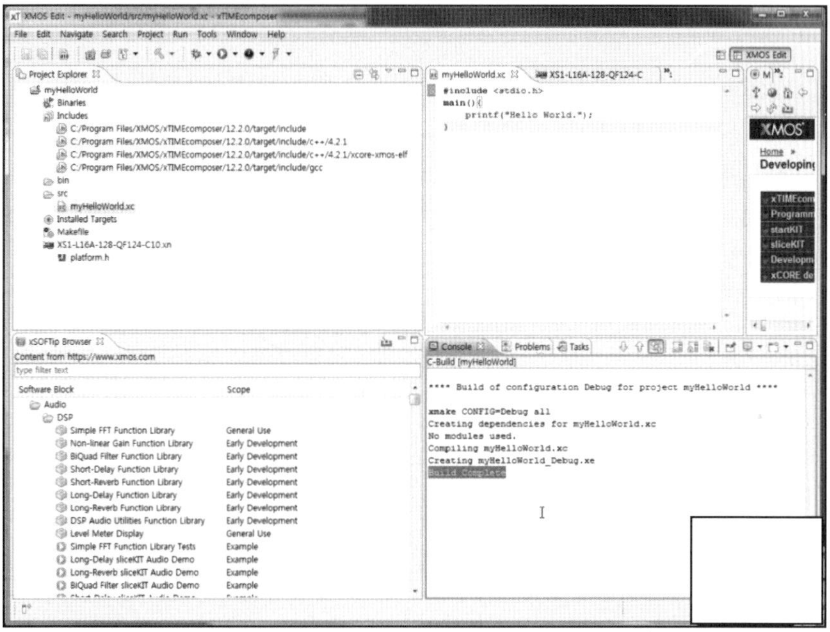

STEP 11> 빌드 작업이 완료되면 *.xc 확장자를 갖는 실행 파일이 Binaries 폴더에 생성된다.

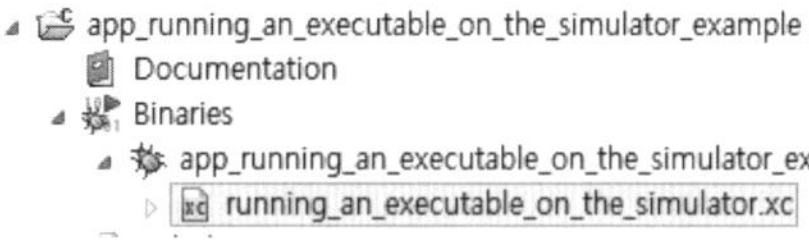

STEP 12> 시뮬레이션에 의한 실행을 위해 Run Configurations을 재설정한다. Main 탭 창에서 Run on="simulator"를 선택한다(실제 보드가 있는 경우에는 hardware를 선택한다.). [Apply]를 클릭하고 [Run]을 클릭한다.

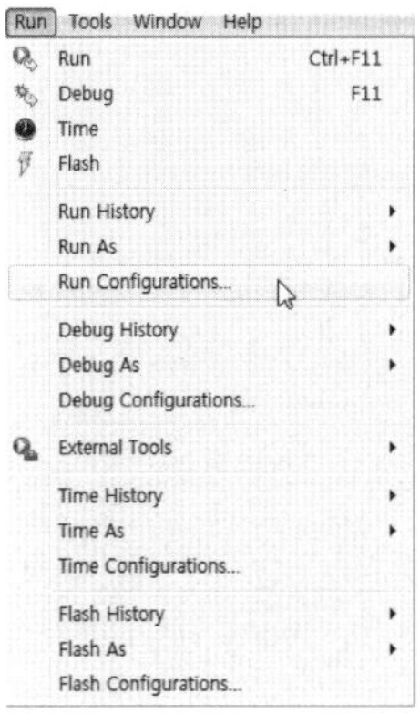

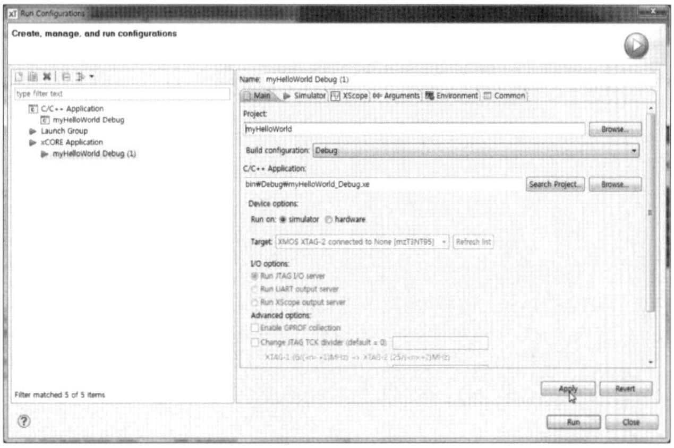

STEP 12> 드디어 시뮬레이터 환경에서의 실행 결과가 Console 창에 표시된다.

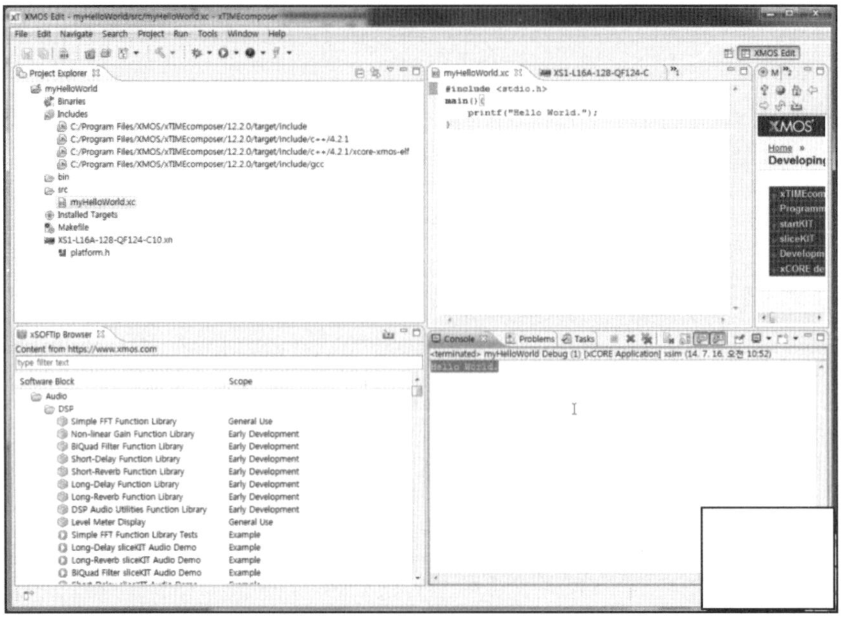

[참고] 프로젝트 빌드 과정에서 자신이 작성한 프로그램에 요구되는 하드웨어 자원 정보(core 개수, 타이머 개, 메모리 등의 소요량)를 확인할 필요가 있다. 이 경우 *-report* 옵션을 설정하면 다음과 같이 소요된 자원이 표시된다.

```
Constraint check for "tile[0]" (node "0", tile 0):
  Cores available:          8,   used:        1 .  OKAY
  Timers available:        10,   used:        1 .  OKAY
  Chanends available:      32,   used:        0 .  OKAY
  Memory available:     65536,   used:     1176 .  OKAY
    (Stack: 336, Code: 720, Data: 120)
Constraints checks PASSED.
```

2.5 평가보드상에서의 Hello World 실행

(1) 사전 작업

평가보드에는 이더넷, 코덱, 버튼, LED 등의 실제 주변 장치들이 프로세서의 특정 핀에 연결되어 있다.

앞에서도 언급되었지만 xCore 프로세서는 FPGA처럼 모든 포트는 기본적으로 GPIO이다. 따라서 각 주변 장치에 연결된 개별적인 프로세서 핀에 대한 정보를 설정해야 한다.

이러한 특정 핀에 대한 매핑 정보를 정의하는 일종의 설정 파일이 해당 프로젝트의 이름을 가진 *.xn 파일이다. 앞서 시뮬레이터 기반의 프로그래밍에서는 이 파일의 내용이 큰 의미가 없었지만 실제 보드상에서 프로그램을 동작시킬 때는 아주 중요하다.

이것은 FPGA 기반 보드에서 verilog로 프로그래밍할 때 FPGA의 각 핀의 역할과 이름을 설정하는 pinmap 파일의 기능과 유사하다.

우리는 본 평가보드에 특화된 고유한 설정 파일로 "myXmosL16AC10Board.xn" 파일을 생성하여 적용하도록 한다.

STEP 1> 범용 에디터로 다음과 같은 myXmosL16AC10Board.xn 파일을 만든다[3].
이것은 실제 보드에 장착된 SPI, I2C, I2S, GPIO, Ethernet, UART, Clock Generator 등의 주변 장치에 대한 핀 맵을 정의한 것이다.

```
<?xml version="1.0" encoding="UTF-8"?>
<Network xmlns="http://www.xmos.com"
xmlns:xsi="http://www.w3.org/2001/XMLSchema-instance"
xsi:schemaLocation="http://www.xmos.com http://www.xmos.com">
  <Type>Board</Type>
  <Name>myXmosL16AC10 Board</Name>

  <Declarations>
    <Declaration>tileref tile[2]</Declaration>
  </Declarations>

  <Packages>
    <Package ID="0" Type="XS1-L2A-QF124">
      <Nodes>
        <Node Id="0" InPackageId="0" Type="XS1-L1A" Oscillator="25Mhz" SystemFrequency="500MHz">
          <Tile Number="0" Reference="tile[0]">
            <!-- SPI FLASH -->
            <Port Location="XS1_PORT_1A" Name="PORT_SPI_MISO"/>
            <Port Location="XS1_PORT_1B" Name="PORT_SPI_SS"/>
            <Port Location="XS1_PORT_1C" Name="PORT_SPI_CLK"/>
            <Port Location="XS1_PORT_1D" Name="PORT_SPI_MOSI"/>

            <!-- I2S -->
            <Port Location="XS1_PORT_1E" Name="PORT_SYNC_OUT"/>
            <Port Location="XS1_PORT_1F" Name="PORT_SCLK"/>
            <Port Location="XS1_PORT_1G" Name="PORT_SDATA_OUT0"/>
            <Port Location="XS1_PORT_1H" Name="PORT_SDATA_OUT1"/>
            <Port Location="XS1_PORT_1I" Name="PORT_SDATA_OUT2"/>
            <Port Location="XS1_PORT_1J" Name="PORT_SDATA_OUT3"/>
            <Port Location="XS1_PORT_1K" Name="PORT_MCLK"/>
            <Port Location="XS1_PORT_1L" Name="PORT_LRCLK"/>
            <Port Location="XS1_PORT_1M" Name="PORT_SDATA_IN0"/>
            <Port Location="XS1_PORT_1N" Name="PORT_SDATA_IN1"/>
```

[3] xTimeComposer\12.2.0\targets 폴더에 있는 유사한 파일을 참조하여 수정해도 된다.

```
            <Port Location="XS1_PORT_1O" Name="PORT_SDATA_IN2"/>
            <Port Location="XS1_PORT_1P" Name="PORT_SDATA_IN3"/>

            <!-- SHARED -->
            <Port Location="XS1_PORT_4C" Name="PORT_SHARED_A"/>
            <Port Location="XS1_PORT_4D" Name="PORT_SHARED_B"/>

          </Tile>
          <Boot>
            <Source Location="SPI:bootFlash"/>
            <Bootee NodeId="1"/>
          </Boot>

        </Node>
        <Node Id="1" InPackageId="1" Type="XS1-L1A"   Oscillator="25Mhz" SystemFrequency="500MHz">
          <Tile Number="0" Reference="tile[1]">
            <!-- ETHERNET -->
            <Port Location="XS1_PORT_1G" Name="PORT_ETH_RXCLK"/>
            <Port Location="XS1_PORT_1H" Name="PORT_ETH_TXCLK"/>
            <Port Location="XS1_PORT_1F" Name="PORT_ETH_RXDV"/>
            <Port Location="XS1_PORT_1J" Name="PORT_ETH_TXEN"/>
            <Port Location="XS1_PORT_1I" Name="PORT_ETH_MDIO"/>
            <Port Location="XS1_PORT_1A" Name="PORT_ETH_RSTN"/>
            <Port Location="XS1_PORT_1E" Name="PORT_ETH_MDC"/>
            <Port Location="XS1_PORT_4C" Name="PORT_ETH_RXD"/>
            <Port Location="XS1_PORT_4D" Name="PORT_ETH_TXD"/>
            <!-- SHARED & LEDS -->
            <Port Location="XS1_PORT_8A" Name="PORT_SHARED_IN"/>
            <Port Location="XS1_PORT_1F" Name="PORT_ADC_HEADER"/>
            <Port Location="XS1_PORT_4E" Name="PORT_SHARED_OUT"/>
            <Port Location="XS1_PORT_4F" Name="PORT_LEDS"/>

            <!-- I2C -->
            <Port Location="XS1_PORT_1K" Name="PORT_I2C_SDA"/>
            <Port Location="XS1_PORT_1L" Name="PORT_I2C_SCL"/>

            <!-- UART0 -->
            <Port Location="XS1_PORT_1P" Name="PORT_UART_RX"/>
            <Port Location="XS1_PORT_1O" Name="PORT_UART_TX"/>

            <!-- UART1 -->
            <Port Location="XS1_PORT_1C" Name="PORT_UART1_RX"/>
            <Port Location="XS1_PORT_1D" Name="PORT_UART1_TX"/>
        </Tile>
          <Boot>
            <Source Location="XMOSLINK"/>
          </Boot>
        </Node>
      </Nodes>
    </Package>
  </Packages>

  <Links>
    <Link Encoding="5wire" Delays="0,1">
      <LinkEndpoint NodeId="0" Link="XLG"/>
      <LinkEndpoint NodeId="1" Link="XLF"/>
```

```
90.        </Link>
91.        <Link Encoding="5wire" Delays="0,1">
92.          <LinkEndpoint NodeId="0" Link="XLH"/>
93.          <LinkEndpoint NodeId="1" Link="XLE"/>
94.        </Link>
95.        <Link Encoding="5wire" Delays="0,1">
96.          <LinkEndpoint NodeId="0" Link="XLE"/>
97.          <LinkEndpoint NodeId="1" Link="XLH"/>
98.        </Link>
99.        <Link Encoding="5wire" Delays="0,1">
100.         <LinkEndpoint NodeId="0" Link="XLF"/>
101.         <LinkEndpoint NodeId="1" Link="XLG"/>
102.       </Link>
103.     </Links>
104. <ExternalDevices>
105.       <Device NodeId="0" Core="0" Class="SPIFlash" Name="bootFlash" Type="winbond_25x40">
106.         <Attribute Name="PORT_SPI_MISO" Value="PORT_SPI_MISO"/>
107.         <Attribute Name="PORT_SPI_SS"     Value="PORT_SPI_SS"/>
108.         <Attribute Name="PORT_SPI_CLK"    Value="PORT_SPI_CLK"/>
109.         <Attribute Name="PORT_SPI_MOSI" Value="PORT_SPI_MOSI"/>
110.       </Device>
111.     </ExternalDevices>
112.
113.     <JTAGChain>
114.        <JTAGDevice NodeId="0"/>
115.        <JTAGDevice NodeId="1"/>
116.     </JTAGChain>
117.
118. </Network>
```

- 줄 5 : 기본적으로 이 xn파일은 보드레벨의 핀 매핑용이므로 <Type>은 Device가 아닌 "Board"로 설정한다.
- 줄 15 : 또한 각 tile별로 외부로부터의 25MHz 오실레이터 클럭을 받아 내부의 500MHz 시스템 클럭을 생성하도록 명시한다.
- 줄 16 : tile[0]에는 SPI와 I2S, 그리고 2개의 4핀 포트를 버튼 및 LED 출력용으로 공유하는 포트로 설정한다.
- 줄 49 : tile[1]에는 Ethernet, I2C, UART0, UART1을 설정한다.
- 줄 104 : 마지막으로 SPI 기반의 부팅을 위한 외부 EEPROM인 winbond사의 25X40칩 정보를 명시한다.

STEP2> 이러한 특정 보드용 myXmosL16AC10Board.xn 파일을 현재 작업 공간(workspace)과 동등한 레벨의 "xmos" 폴더 내의 "targets" 폴더에 해당 보드 이름(myXmosL16AC10Board)의 폴더를 생성한 후 저장한다. 이때 만약 targets 폴더가 없는 경우라면 생성한다. 관련 bsp 파일은 xTimeComposer\12.2.0\targets 폴더에 있는 유사한 파일을 복사하여 사용한다(또는 아래 오른쪽 그림처럼 이러한 myXmosL16AC10Board.xn 및 bsp 파일을 xTimeComposer\12.2.0\targets 폴더에 해당 보드 이름의 폴더를 생성한 후 설치해도 된다.).

(2) 프로젝트 생성

STEP0> XTAG2 모듈을 사용하여 타겟보드와 PC간을 USB로 연결한다.

STEP 1> IDE를 실행하면서 Taget Hardware을 선택했을 때 열거되는 하드웨어 중에서 "myXmosL16AC10Board"를 선택한다.

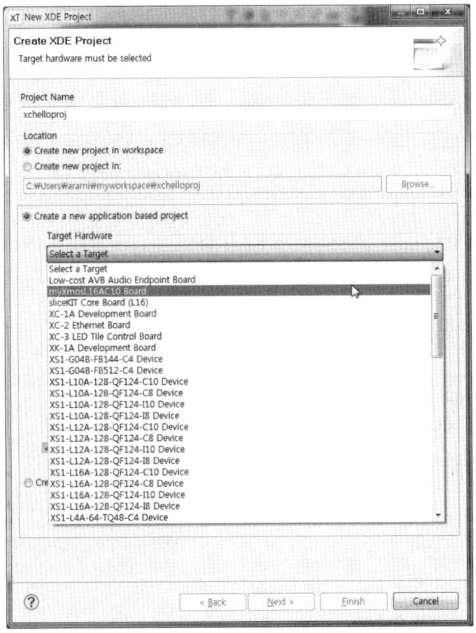

STEP 2> "Copy XN file..."을 체크한다. 이렇게 함으로써 해당 xn 파일이 현재의 project 폴더에 복제된다.

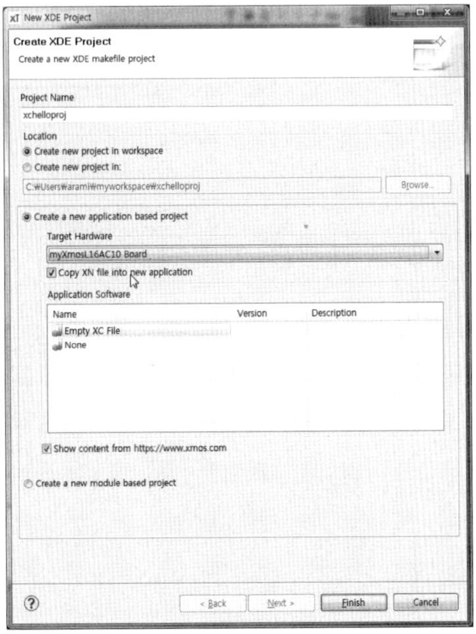

STEP 2> 해당 Makefile의 내용을 확인한다. TARGET 항목이 해당 보드임을 알 수 있다.

```
# The TARGET variable determines what target system the application is
# compiled for. It either refers to an XN file in the source directories
# or a valid argument for the --target option when compiling
TARGET = XS1-L16A-128-QF124-C10Board

# The APP_NAME variable determines the name of the final .xe file. It should
# not include the .xe postfix. If left blank the name will default to
# the project name
APP_NAME = myhelloproj

# The USED_MODULES variable lists other module used by the application.
USED_MODULES =

# The flags passed to xcc when building the application
# You can also set the following to override flags for a particular language:
# XCC_XC_FLAGS, XCC_C_FLAGS, XCC_ASM_FLAGS, XCC_CPP_FLAGS
# If the variable XCC_MAP_FLAGS is set it overrides the flags passed to
# xcc for the final link (mapping) stage.
XCC_FLAGS_Debug = -O0 -g
XCC_FLAGS_Release = -O2 -g

# The VERBOSE variable, if set to 1, enables verbose output from the make system.
VERBOSE = 0

XMOS_MAKE_PATH ?= ../..
-include $(XMOS_MAKE_PATH)/xcommon/module_xcommon/build/Makefile.common
```

STEP 3> xn 파일의 내용도 확인한다. 앞서 작성된 "myXmosL16AC10Board.xn" 파일의 내용이 xml 구문으로 표시됨을 알 수 있다.

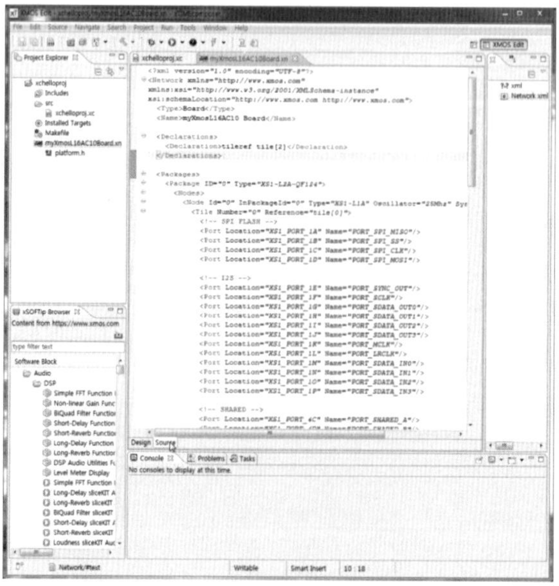

STEP 4> 프로그램을 작성한다.

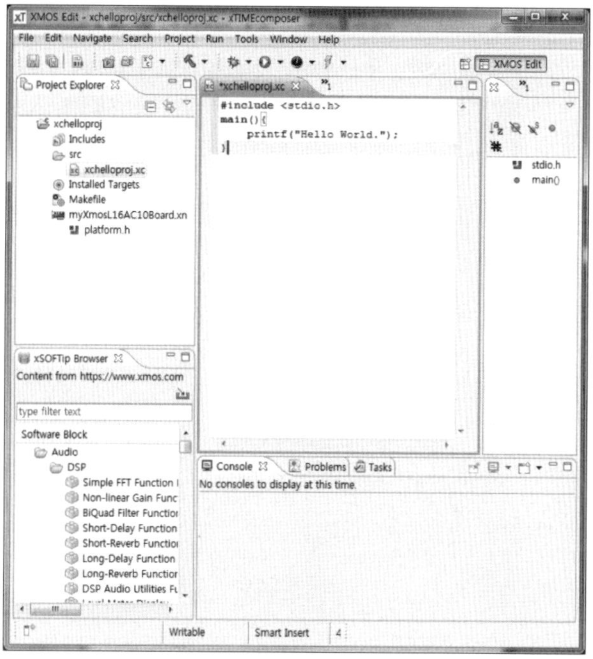

STEP 5> 타겟보드에서의 실행을 위해 [Run Configuration]을 클릭한다. 이때 표시되는 창에서 simulator를 선택하지 않고 hardware를 선택한다.

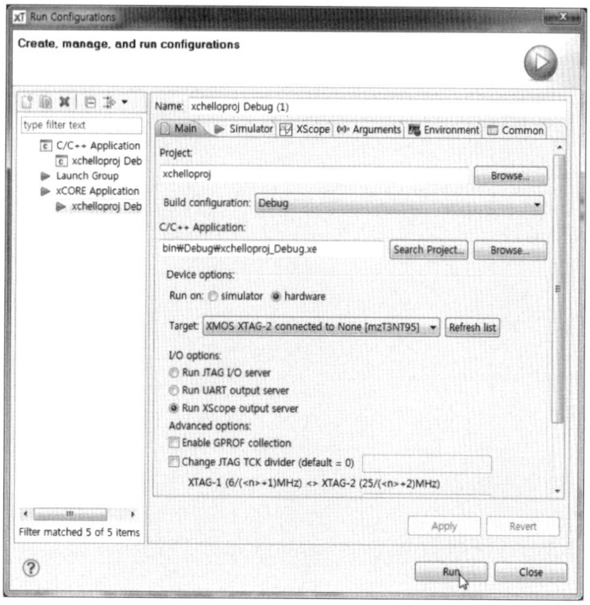

STEP 6> [Run]을 실행하면 드디어 Target Board에서 실행된다. 실행 결과는 Console 창에 표시된다. Simulator 환경에서는 검은색으로 표시되던 출력문이 Target Board에서는 빨간색으로 출력된다.

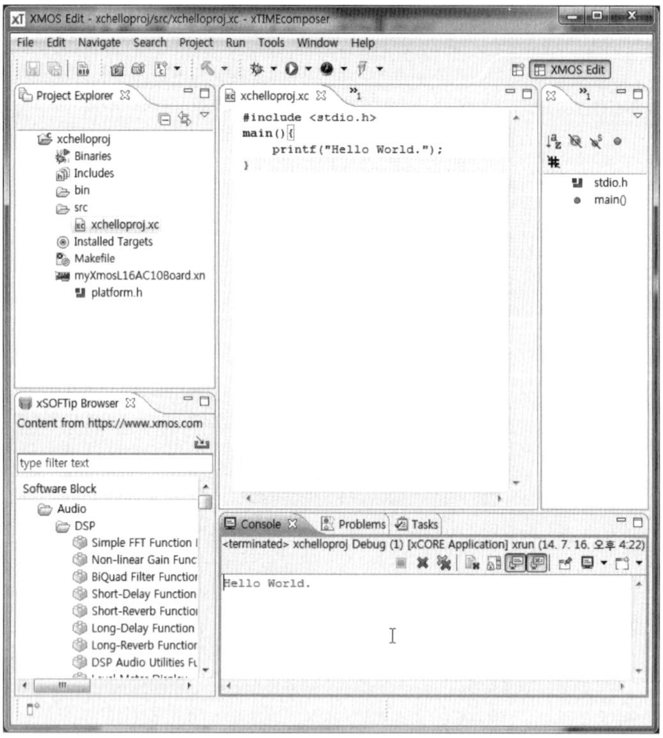

[참고] 실제 하드웨어를 연결하지 않은 경우 다음과 같은 오류가 콘솔 창에 표시된다.

"xrun : Problem in connection to device"

2.6 Breakpoint를 사용한 디버깅 과정

범용 IDE와 마찬가지로 XTAG2 를 사용하여 breakpoint를 삽입하여 디버깅 과정을 수행할 수 이다. 그 예는 다음과 같다.

STEP 1> 다음과 같이 무한루프를 돌면서 i값을 증가시키고 그 값을 출력하는 경우, i값의 변화를 디버깅하기 위하여 breakpoint를 설정한다. breakpoint는 해당 라인에 대하여 마우스 더블클릭에 의하여 설정된다.

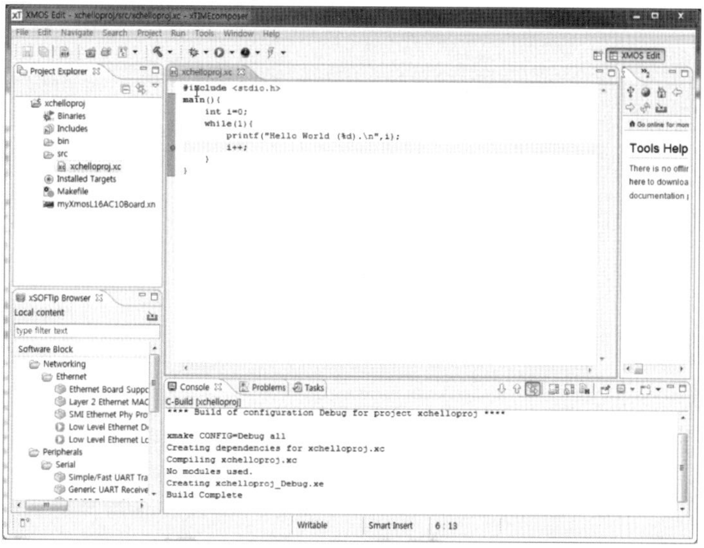

STEP 2> 디버거에 의해 프로그램을 실행하기 위하여 다음과 같이 해당 아이콘on을 클릭한다.

이 경우 다음 popup 창이 표시되면 일단 [No]를 선택한다. 물론 [Yes]를 선택하면 즉시 debugging 전용 화면을 변경된다.

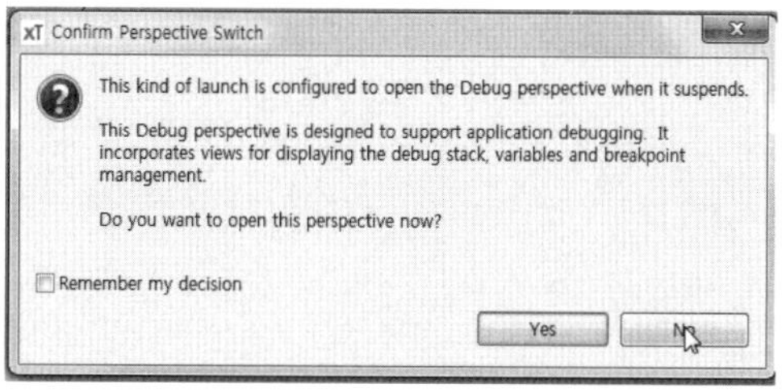

STEP 4> while 루프 내에서 첫 번째 breakpoint에서 프로그램 동작이 일시 중지한다. 이때 해당 변수 값을 읽어볼 수 있다.

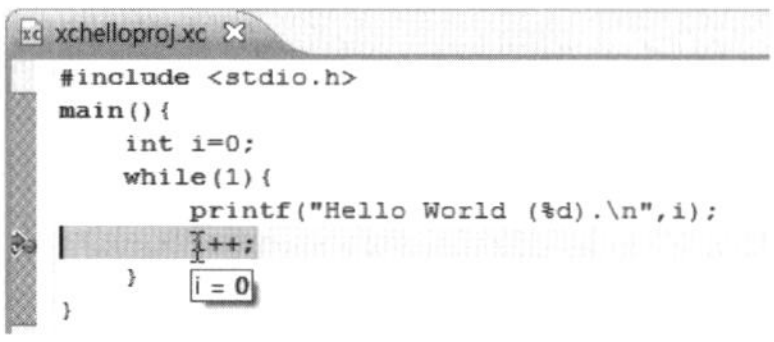

STEP 5> 또는 우측상단의 [Debug] 버턴을 클릭함으로써 디버깅 전용 화면을 전환시킬 수 있다. 해당 변수 i값의 변화를 즉시 알 수 있다.

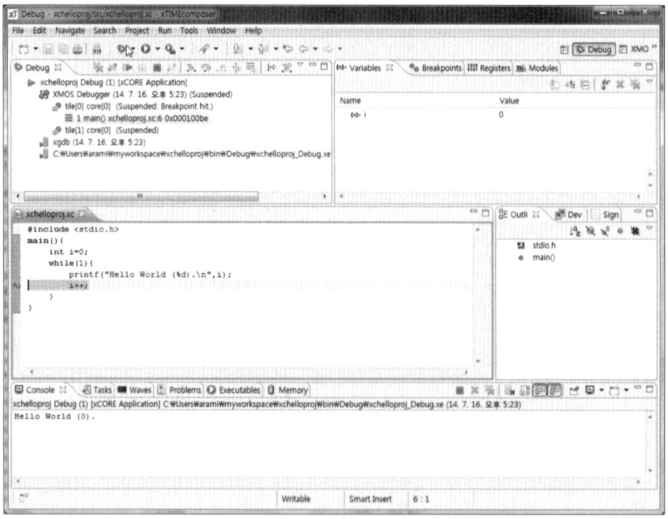

STEP 6> Step over 버튼을 클릭할 때 마다 프로그램의 동작이 재개된다. 변수 i값의 변화를 볼 수 있다.

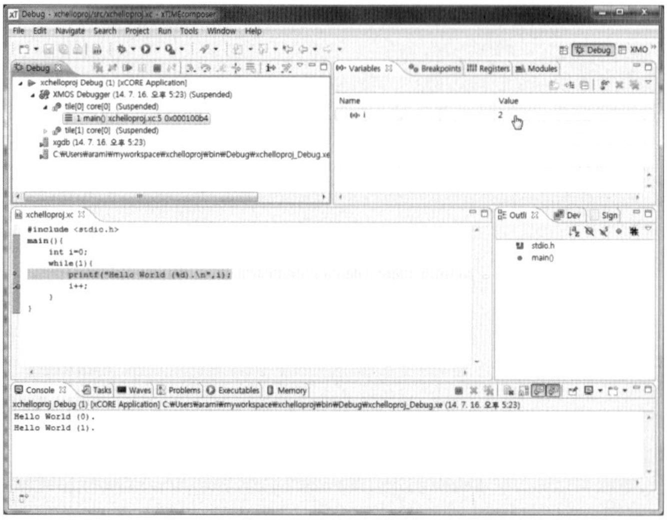

2.7 EEPROM에 대한 Flash 작업

앞서 수행한 작업은 프로세서 내부의 SRAM에 저장된 프로그램이 동작한 결과이므로 전원 제거 시 모두 사라진다.

따라서 상용보드의 개발이 목적인 경우 부팅 및 응용프로그램을 모두 외부의 EEPROM에 flash 하여야 한다. 이 경우 다음과 같이 실행한다.

STEP 1> 툴바 메뉴의 flash 부분을 클릭한다.

STEP 2> 잠시 후 XTAG2를 경유하여 실행 이미지 파일이 보드의 EEPROM에 전달된다. 그 과정이 성공하면 "xflash succeeded"가 콘솔 창에 표시된다.

이후 보드에 대하여 reset을 인가하면 프로그램이 재 실행된다.
[참고] debugger의 console 창에는 그 결과가 표시되지는 않는다.

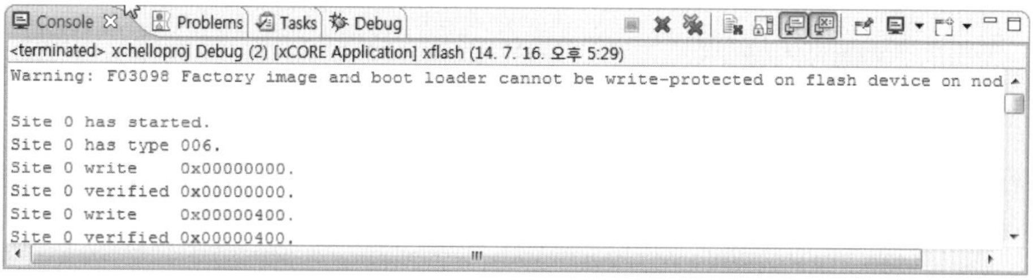

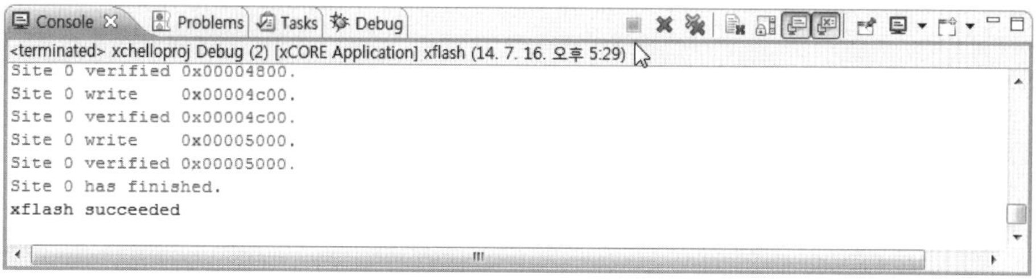

2.8 LED Blinking 예제

EEPROM에 다운로드한 프로그램은 콘솔 출력에 의한 동작이므로 XTAG2 모듈 없이는 동작 여부를 확인하기가 어렵다. 아래 예제는 보드상의 LED를 blinking하는 것이다. EEPROM에 실제 flash한 후 리셋이나 전원이 인가될 때마다 LED를 깜빡이도록 한다. 코드의 상세한 설명은 관련 장에서 다루도록 한다.

STEP 1> 다음 코드를 작성하여 빌드한 후 flash한다.

```
#include <platform.h>
#include <print.h>
#include <xccompat.h>
#include <stdio.h>
#include <string.h>

#define USER_PORT_LEDS    on tile[1]:XS1_PORT_4F
// Set the period to 1sec based on the Xcore 100Mhz timer.
#define PERIODIC_BLINK_TIME 100000000 //1sec
out port p_leds = USER_PORT_LEDS;//assign the 4F port(4 pins) to output port
on tile[1]: const clock refClk = XS1_CLKBLK_REF; //Use an internal 100MHz reference clock block

void blink_task()
{
  timer led_tmr;
  unsigned led_timeout;
  unsigned char i=0;

  led_tmr :> led_timeout;
  while(1)   {
      led_tmr when timerafter(led_timeout) :> void; //wait for timeout
      if(i==0){
             p_leds <: 0x0f ; //OFF.     For four leds off, 0x0f
             i=1;   // toggle
             printf("OFF ");
      }else{
             p_leds <: 0x0e ; //ON        For four leds on, 0x00
             i=0;   // toggle
             printf("ON ");
      }
      led_timeout += PERIODIC_BLINK_TIME; //set next timeout(1sec)
  }
}

int main(void)
{
 par{
         on tile[1]: blink_task();
 }
    return 0;
}
```

STEP 2> 보드의 리셋 버턴으로 하드웨어 리셋을 수행한다. 그 결과 LED가 깜빡이는 것을 확인할 수 있다.

제 3 장 Hello Target

3.1 XS1-L16A-128-QF124C10 멀티코어 프로세서

이것은 본 교재에서 기본적으로 사용하는 것으로써 8개의 logical core를 갖는 RISC 기반의 xCore 프로세서 코어(타일)를 2개 내장한 32비트 프로세서이다.
각 tile별로 여러 개의 물리적인 포트와 64KB SRAM과 타이머 및 클럭 블록을 갖는다. 각 타일 프로세서는 최대 500MIPS를 제공하며, 최대 84개의 GPIO 핀을 제공한다.
타일별로 4개 이하의 logical core를 사용하는 경우 각 logical core는 (1/4) * 500MIPS = 125MIPS, 그리고 8개 모두를 사용하는 경우 (1/8) * 500MIPS = 62.5MIPS를 제공한다.

기본 사양은 다음과 같다.

- Tile : 2개
- cor processors : 8개/tile
- 500MIPS/ tile
- SRAM 메모리 : 64KB/ tile
- OTP 메모리 : 8KB/tile
- GPIO 핀수 : 84개(Up to 32 x 1bit port, 12 x 4bit port, 7 x 8bit port, 3 x 16bit port)
- xCONNECT links : 4개
- Channel end : 64개/total
- 하드웨어 자원 :
  - 6 clock blocks/tile
  - 10 timers/tile
  - 4 locks/ tile
  - JTAG Module
- 전력 소모량 : 400mA at 500MHz
- 패키지 : 124-pin dual-row QFN package 0.5mm pitch

타일당 6개가 내장된 클럭 블록은 외부로부터의 클럭 입력 또는 내부의 기준 클럭인 100MHz 클럭을 자신의 클럭 소스로 입력받는다. 이어 프로그래머가 설정한 분주율의 클럭으로 재생성하여 각 포트에 공급하거나 외부로 클럭을 보낸다.

또한 타일별로 내장된 10개의 32비트 타이머 블럭은 100MHz의 내부 기준 클럭에 의해 10nsec마다 증가하는 일종의 카운터이다.

xConnectLink는 한쪽 방향으로 2개 또는 5개의 wire로 구성된 내부 또는 외부 연결로이다. 이것은 Tile간을 최대 250 Mbps로 전송될 수 있다.

3.2 xCORE의 프로세서의 내부 동작

제 1 장에서 xCORE 프로세서, 즉 타일은 <그림 3.1>과 같은 구조를 갖는다고 하였다. 64KB의 SRAM 메모리에는 최대 8개의 태스크가 사용할 실행코드와 변수들이 저장되어 있다.

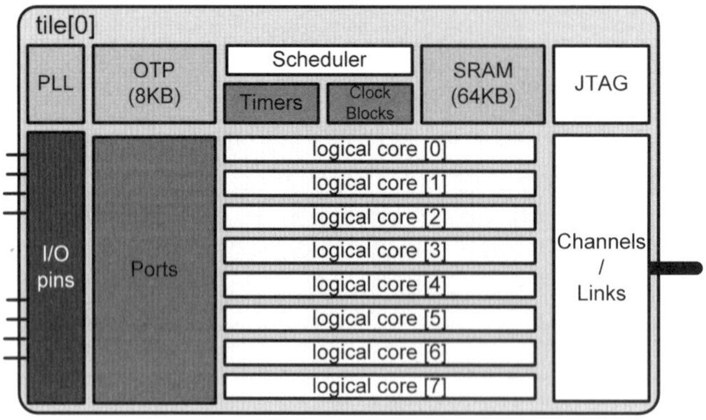

<그림 3.1> xCore 멀티프로세서의 내부구성

하지만 logical core의 실체는 <그림 3.2>와 같이 각 logical core가 마치 독립적인 프로세서처럼 동작할 수 있도록 일반적인 CPU가 갖는 instruction pointer, stack pointer 등의 레지스터만 갖는다. 그리고 스케듈러는 이러한 logical core들을 순차적으로 처리한다.

동작 예를 보자. 이벤트 기반의 스케듈러는 각 태스크가 수행할 명령어에 대하여 단계별로 {instruction fetch, decode, 실행, write back}을 수행하는 4 stage pipeline 방식으로 처리한다. 스케듈러는 각 태스크의 명령어 버퍼를 순차적으로 읽어간다. 만약 해당 태스크가 wait 상태에 있다면 이 태스크를 뛰어 넘어 다음 태스크의 명령어를 읽는다.

각 태스크가 갖는 instruction buffer는 64비트 길이의 특별한 버퍼로써 4개의 16비트 명령어 또는 2개의 32비트 명령어를 버퍼링한다. 이것은 <그림 3.3>과 같이 다음 명령어를 메모리로부터 미리 fetch하여 저장할 때 사용된다.

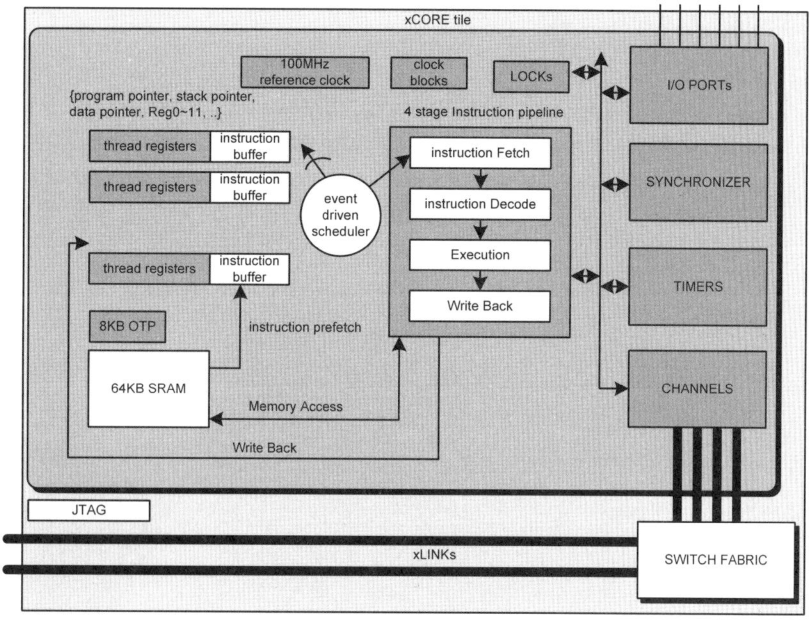

<그림 3.2> xCore 멀티프로세서의 내부 구조

스케듈러는 이러한 각 태스크별 instruction 버퍼를 순차적으로 처리하는데, 이 중 이벤트를 대기하고 있는 태스크의 instruction 버퍼는 뛰어 넘고 runnable 태스크에 대해서만 처리한다.

그리고 메모리에 저장되어 있는 명령어를 prefetch함으로써 효율적인 처리를 한다. <그림 3.3>은 4-stage의 파이프라인 에 의한 prefetch 과정을 도시한 것이다.
예를 들어 프로세서가 수행할 작업이 내부 레지스터만 다루는 add 명령어 수행이라면 파이프라인 기법을 사용하여 이 기간에 메모리에 저장되어 있는 다음 명령어를 최대 2개(16비트 명령어인 경우)를 미리 옮겨와 해당 core의 명령어 버퍼에 미리 대기시킨다.

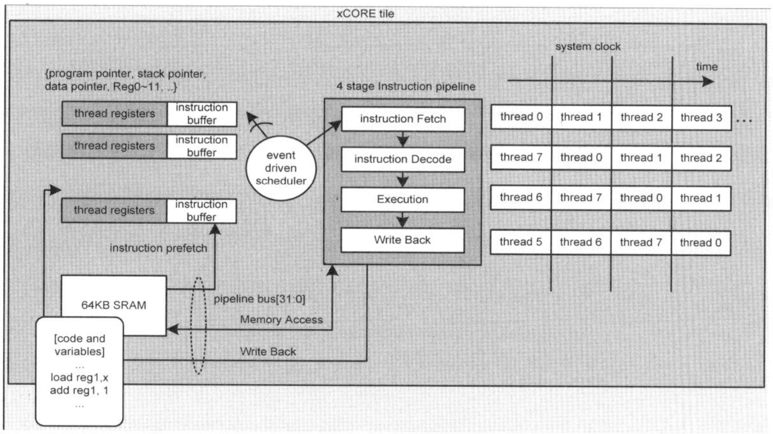

<그림 3.3> xCore 멀티프로세서의 파이프라인 처리 기능

3.3 XS1 프로세서의 종류

참고로 XMOS사의 프로세서 종류 중 대표적인 것은 다음과 같다.

- XS1-G4 :4 core 프로세서, 144BGA 및 512BGA 패키지, 1600MIPS
- XS1-L8 : 48TQFP 패키지, 64LQF 패키지, 128TQFP 패키지, 단일 코어, 400~500MIPS
- XS1-L16A-128 : 124QFN 패키지, 듀얼 코어, 800~1000MPIS(Total)
- XS1-XAU8A-1024 : FBPA265 패키지, 7개의 locial core + Cortex M3 ARM processor. Flash 메모리 내장, 500MIPS

Device	XS1-L1	XS1-L2	XS1-G4
XCores	1	2	4
Threads	8	16	32
MIPS	400/500	800/1000	1600
SRAM	64KB per core		
OTP	8KB per core		
I/O	3v3	3v3	3v3 (5v tolerant)
Power	15-200mW	30-400mW	200-1200mW
Packages (I/O)	QFP48 (24) QFP64 (36) QFP128(64)	QFN124(84)	BGA144 (88) BGA512 (256)

<그림 3.4> xCore 프로세서의 종류

3.4 핀과 포트

범용 MCU의 포트는 물리적으로 하나의 핀을 가진다. 하지만 xCORE 프로세서는 1개 이상의 핀이 조합된 것을 포트라고 한다.

각 포트는 {1bit, 4bit, 또는 8bit port} 중 하나로 지정되어 있다. 여기서 각 포트란 1비트 전용 pin을 사용하는 포트, 4비트 전용 핀 4개로 구성된 포트, 그리고 8비트 전용 핀 8개로 구성된 포트 등으로 구분되며 각 핀별로 그 역할이 고정되어 있다. 하나의 칩에서 제공되는 총 84개의 핀은 조합에 따라서 32 개의 1bit 포트, 12개의 4bit 포트, 7개의 8bit 포트, 3개의 16bit 포트, 그리고 1개의 32비트 포트를 각각 최대 지원할 수 있다.

예를 들어 <그림 3.5>는 핀의 일부로써 다음과 같이 구분된다.

- XOD00 {P1A^0} : 이것은 핀 X0D00은 1비트 포트 전용인 P1A 포트용 핀이다.
- X0D02 {P4A^0, P8A^0, P16A^0, P32A^{20}} : 이것은 핀 X0D02는 4비트용 P4A포트의 0번째 핀 또는, 8비트용 P8A 포트의 0번째 핀 또는, 16비트용 P16A 포트의 0번째 핀 또는, 32비트용 P32A포트의 20번째 핀일 수 있다.

32비트 그룹이 추가로 필요하다면 16비트 포트를 2개 조합하여 사용할 수도 있다. 주의할 점은 각 포트를 구성하는 개별적인 핀은 모두 함께 출력용이거나 입력용이어야 한다. 즉, 일부는 입력이고 나머지는 출력으로 설정할 수 없다.

포트별 샘플링률의 최대값은 60MHz 이다. 각 포트의 동작은 클럭 블럭과 결합하여 동기되어 동작시킬 수 있다.

I/O	X0D00	$P1A^{0}$	I/O	—	PD_S, R_S
	X0D01	$XLA^{4}_{out}\ P1B^{0}$	I/O	—	PD_S, R_S
	X0D02	$XLA^{3}_{out}\ P4A^{0}\ P8A^{0}\ P16A^{0}\ P32A^{20}$	I/O	—	PD_S, R_U
	X0D03	$XLA^{2}_{out}\ P4A^{1}\ P8A^{1}\ P16A^{1}\ P32A^{21}$	I/O	—	PD_S, R_U
	X0D04	$XLA^{1}_{out}\ P4B^{0}\ P8A^{2}\ P16A^{2}\ P32A^{22}$	I/O	—	PD_S, R_U
	X0D05	$XLA^{0}_{out}\ P4B^{1}\ P8A^{3}\ P16A^{3}\ P32A^{23}$	I/O	—	PD_S, R_U
	X0D06	$XLA^{0}_{in}\ P4B^{2}\ P8A^{4}\ P16A^{4}\ P32A^{24}$	I/O	—	PD_S, R_U
	X0D07	$XLA^{1}_{in}\ P4B^{3}\ P8A^{5}\ P16A^{5}\ P32A^{25}$	I/O	—	PD_S, R_U
	X0D08	$XLA^{2}_{in}\ P4A^{2}\ P8A^{6}\ P16A^{6}\ P32A^{26}$	I/O	—	PD_S, R_U
	X0D09	$XLA^{3}_{in}\ P4A^{3}\ P8A^{7}\ P16A^{7}\ P32A^{27}$	I/O	—	PD_S, R_U
	X0D10	$XLA^{4}_{in}\ P1C^{0}$	I/O	—	PD_S, R_S
	X0D11	$P1D^{0}$	I/O	—	PD_S, R_S
	X0D12	$P1E^{0}$	I/O	—	PD_S, R_U
	X0D13	$XLB^{4}_{out}\ P1F^{0}$	I/O	—	PD_S, R_U
	X0D14	$XLB^{3}_{out}\ P4C^{0}\ P8B^{0}\ P16A^{8}\ P32A^{28}$	I/O	—	PD_S, R_U
	X0D15	$XLB^{2}_{out}\ P4C^{1}\ P8B^{1}\ P16A^{9}\ P32A^{29}$	I/O	—	PD_S, R_U
	X0D16	$XLB^{1}_{out}\ P4D^{0}\ P8B^{2}\ P16A^{10}$	I/O	—	PD_S, R_U
	X0D17	$XLB^{0}_{out}\ P4D^{1}\ P8B^{3}\ P16A^{11}$	I/O	—	PD_S, R_U
	X0D18	$XLB^{0}_{in}\ P4D^{2}\ P8B^{4}\ P16A^{12}$	I/O	—	PD_S, R_U
	X0D19	$XLB^{1}_{in}\ P4D^{3}\ P8B^{5}\ P16A^{13}$	I/O	—	PD_S, R_U
	X0D20	$XLB^{2}_{in}\ P4C^{2}\ P8B^{6}\ P16A^{14}\ P32A^{30}$	I/O	—	PD_S, R_U
	X0D21	$XLB^{3}_{in}\ P4C^{3}\ P8B^{7}\ P16A^{15}\ P32A^{31}$	I/O	—	PD_S, R_U
	X0D22	$XLB^{4}_{in}\ P1G^{0}$	I/O	—	PD_S, R_U

<그림 3.5> xCore 프로세서의 포트 예

3.5 PLL 클럭

xCore 프로세서에 내장된 PLL은 내부의 switching fabric, tile, reference clock 등에 대한 400~500MHz의 내부 시스템 클럭을 생성한다.

원하는 내부 시스템 클럭을 얻기 위하여 2개의 MODE 핀이 제공된다. 이 값을 MODE[1:0] = {1,0}으로 설계하고 외부의 25MHz crystal oscillator에서 클럭을 공급할 경우 PLL 체배값으로 20배로 설정하면 본 교재에서 사용하는 프로세서의 최대 동작속도인 500MHz의 내부 시스템 클럭으로 설정할 수 있다. 이후 소프트웨어적으로 PLL 관련 레지스터값을 변경하여 낮은 클럭으로 동작시켜 전력소모를 감소시킬 수도 있다.

이러한 내부 시스템 클럭을 기반으로 내부의 timer 등에서 활용될 기준 클럭은 100MHz로 동작한다.

3.6 부팅 절차

시스템 리셋 시 모든 GPIO 포트는 hi-Z 상태를 갖는다. 이후 내부 레지스터에 대한 초기설정이 끝나면 15-150μsec 이후 부팅절차가 개시된다.

우리는 SPI 인터페이스를 갖는 외부의 EEPROM으로부터 부팅되는 방법을 사용할 예정이므로 MODE[4:2] 핀의 값을 [011]로 설정한다.
이때 SPI MODE는 0이며, SPI 속도는 2.5 MHz이고 LSB부터 송신된다.

3.7 내부 메모리와 JTAG

(1) SRAM

각 타일 내의 64 KB SRAM에는 프로그램과 데이터가 저장된다. 메모리 버스는 32비트 폭이며 명령어(instruction)는 16 또는 32비트 길이를 가진다. 물론 Byte, short, word(32bit) 단위의 읽고 쓰기 동작은 모두 한 클럭 싸이클(500MHz)에 수행된다.

(2) OTP 메모리

각 xCORE Tile에는 8 KB의 one-time programmable(OTP) 메모리가 있어 부트로더 및 암호용 키를 저장할 수 있다. 부팅 시 OTP의 내용은 SRAM 으로 옮겨진 후 프로세서가 이것을 기반으로 동작 개시한다. OTP 쓰기 작업은 별도의 libotp 및 xburn 프로그램을 사용해야 한다.

(3) JTAG

JTAG 모듈은 프로그램의 탑재, boundary scan 시험, incircuit source-level 디버깅, 그리고 OTP 메모리 쓰기 동작시 사용된다. <그림 3.6>의 xTAG-2는 USB를 통한 JTAG 다운로더 및 디버거 모듈로써 디버깅용 콘솔 출력도 지원한다.

<그림 3.6> xTag2

3.8 타겟보드

XMOS MCU가 탑재된 평가용 타겟보드는 다음과 같이 다양한 종류가 있다.

(1) StartKIT과 XK-1A 개발용 보드

StartKIT은 가장 저렴한 입문용 평가보드로써 jog셔틀 입력, LED, 푸시 버튼 등의 입출력 부품과 추가 외부 확장 모듈을 연결할 수 있는 PCIe 슬롯 및 Raspberry Pi 호환 GPIO 헤더를 가진다.

그리고 XK-1A Development Kit은 400MIPS의 단일 xCore를 가지고 8개의 logical core를 제공하는 저렴한 MCU인 XS1-L8-64 MCU용 평가보드로써 역시 2개의 확장 I/O 커넥터를 제공한다. I/O로는 4개의 LED 및 2개의 버튼이 제공된다.

<그림 3.7> StartKit 및 XK-1A 개발용 보드

(2) Slice Kit

XC1-L2기반의 sliceKIT은 4개의 외부 IO보드(이더넷, 추가 GPIO 등)를 연결할 수 있는 슬롯을 가지는 보드이다. 이러한 slice kit에는 용도에 따라 xCORE General Purpose sliceKIT, xCORE-Analog sliceKIT, xCORE-USB sliceKIT 등이 있다. 외부 IO보드는 Audio Slice, Ethernet Slice, GPIO Slice, IS-BUS Slice (CAN), LCD Slice, Multi UART Slice, SDRAM Slice, WiFi Slice 등이 있다.

<그림 3.8> Slice 키트

(3) Motor & Motion Control Kit (EtherCAT/Hall Sensor)과 AVB2224 Module

XMOS Motor & Motion Control Development Kit은 BLDC motor 제어 등을 위한 평가보드이다. 그리고 Attero Tech AVB2224 모듈은 Ethernet AVB용 end system기능을 수행하는 모듈이다. XMOS XS1-L16-128 MCU가 사용되어 2개의 I2S 연결을 제공한다. 제어 및 현시용으로 8개의 GPIO도 함께 제공된다.

<그림 3.9> 모터제어용 보드 및 AVB 보드

3.9 Cusco 메인보드

(1) Cusco 보드의 구조

본 교재에서 다루는 XS1-L16A-128 프로세서가 탑재된 기반보드인 Cusco 보드는 <그림 3.10> 구조를 갖는다. 각 기능별로 tile을 구분하여 배치되어 있다. 점선 부분은 모두 40핀 헤더를 통해 추가 I/O 모듈에서 지원된다.

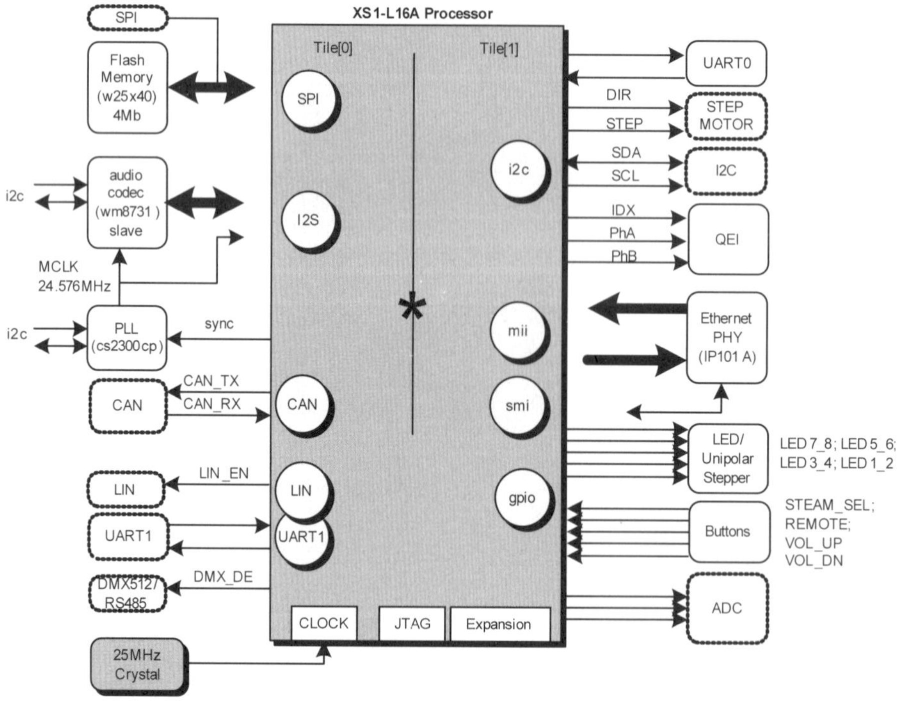

<그림 3.10> 기반보드(Cusco)의 구성

이것의 구성은 다음과 같다.

- 프로세서 : XMOS XS1-L16A-128-C10
- EEPROM : w25x40 4Mbit SPI Flash Memory
- I2S 마스터 클럭생성기 : cs2300cp
- 코덱 : WM8731
- 이더넷 PHY : IP101A
- 사용자 인터페이스
  - LED : active low
  - 버턴 : active high
  - QEI
- JTAG 인터페이스
- 확장 인터페이스 : 40 핀 헤더 및 20 핀 헤더

(2) MCU의 핀 할당

Cusco 보드의 각 tile이 지원하는 핀의 특성을 고려하여 각 기능에 대한 핀 할당은 <그림 3.11>과 같다.

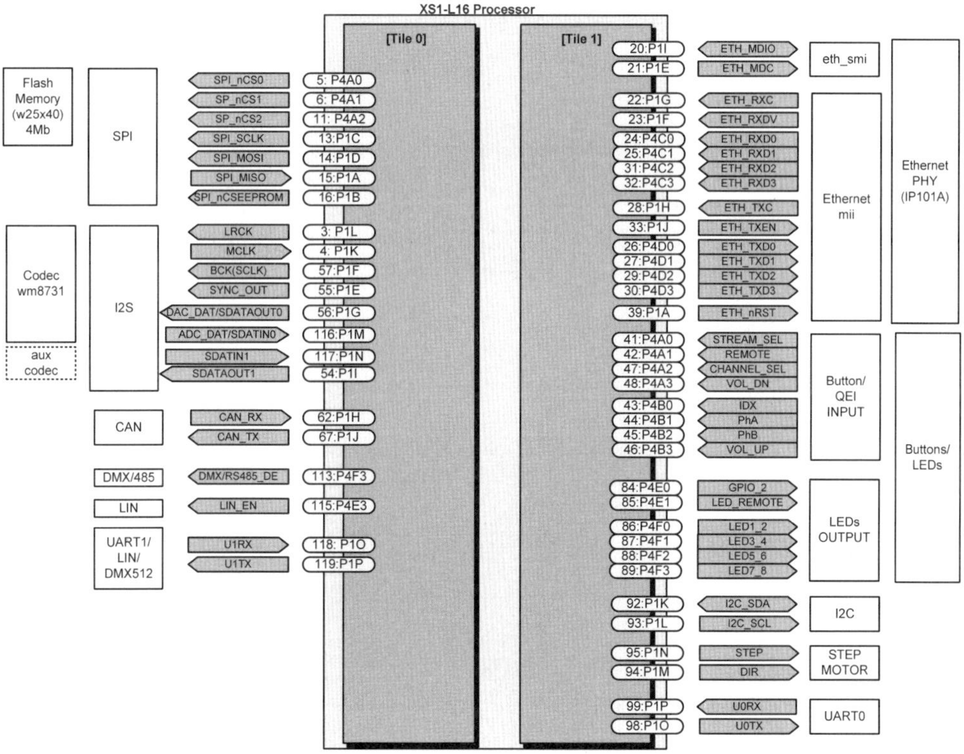

<그림 3.11> Cusco 보드의 핀 할당

(3) Cusco 보드의 부품 배치도

실장된 각 부품은 100x65mm PCB에 <그림 3.12>와 같이 배치되어 있다. UART1 핀을 통해 LIN 및 DMX512 등의 기능을 추가할 수 있다.
보드 상에 오디오 코덱과 이더넷 PHY가 설치되어 있다. 확장용 20헤더의 일부 핀을 이용하여 두 번째 코덱을 추가할 수 있다.
전원부는 5V 입력으로부터 3.3V와 1.05V를 생성하여 MCU 및 주변회로에 공급한다. 그리고 MCU 내부용 500MHz의 프로세서 클럭은 보드상의 25MHz 크리스털로부터 생성된다.
추가적으로 25.576MHz의 I2S용 MCLK은 CS2300 PLL 칩에 의해 생성되어 MCU와 코덱에 공급된다. PLL 칩의 클럭원은 MCU가 생성하는 sync 펄스이다.

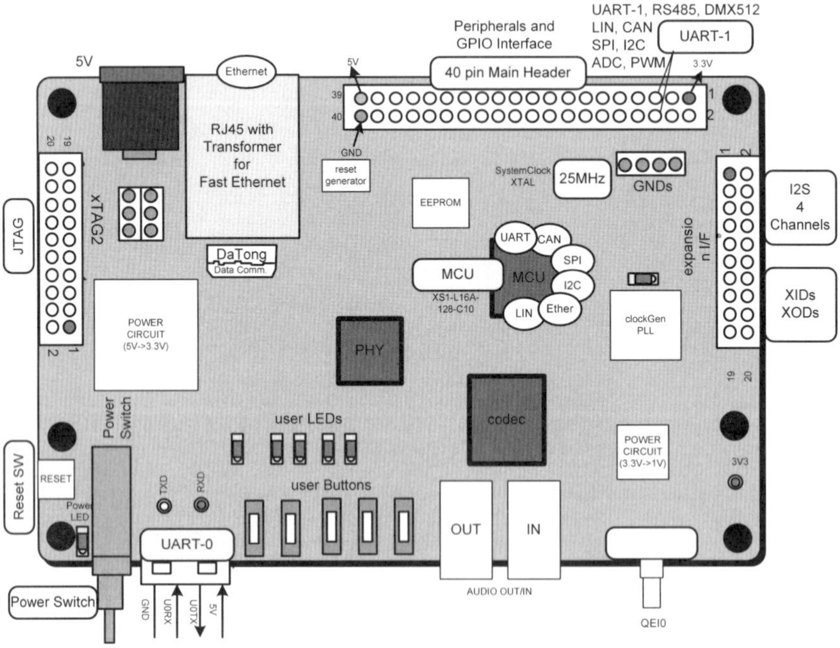

<그림 3.12> 평가보드의 형상

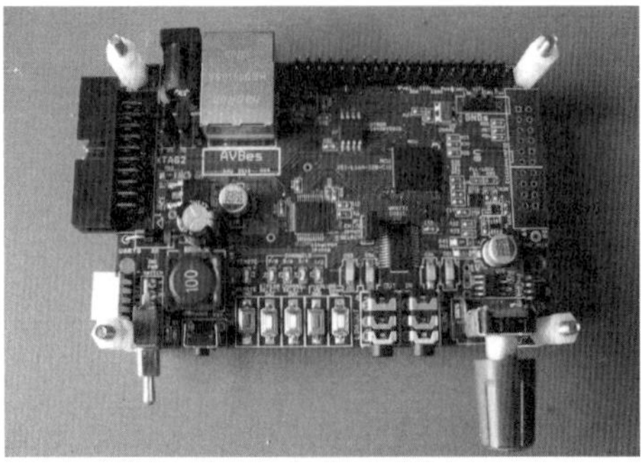

<그림 3.13> 평가보드의 실제

(4) 확장 보드의 구성

앞으로 진행될 UART1, SPI, I2C, I2S, LIN, CAN 등의 추가 기능 시험 시 필요한 개별적인 I/O 보드는 MCU보드의 40핀 헤더와 연결되며 3.3V와 5V 전원 및 GND를 공급받는다. 만약 추가적인 인터페이스 모듈이 필요하다면 다음과 같은 규격을 지원해야 한다.

- I/O 보드의 크기는 50x100 mm이다.
- 2.54mm 피치를 갖는 2x20 핀 헤더는 top 면에 핀이 위치하며 bottom 측에는 hole이 위치한다.
- 여러 보드를 다중 적재할 경우 보드간의 수직 간격은 15mm이다.

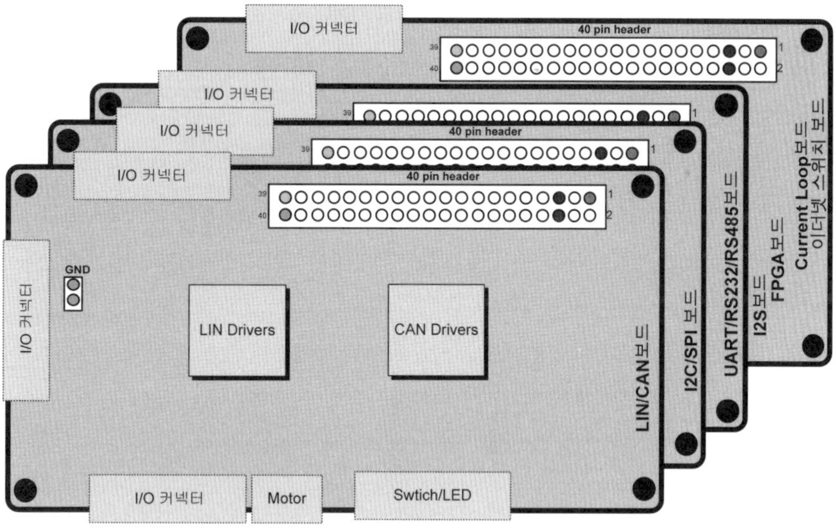

<그림 3.14> 확장 보드의 구성

<그림 3.15> 확장 보드의 예

(5) MCU와 모듈간의 인터페이스 규격

MCU로부터 전원과 리셋 신호의 처리 및 CAN, LIN, UART-1 등의 신호를 인터페이스 하기 위한 40핀 헤더의 핀 할당은 <그림 3.16>과 같다. 보다 상세한 규격은 회로도를 참고하기 바란다.

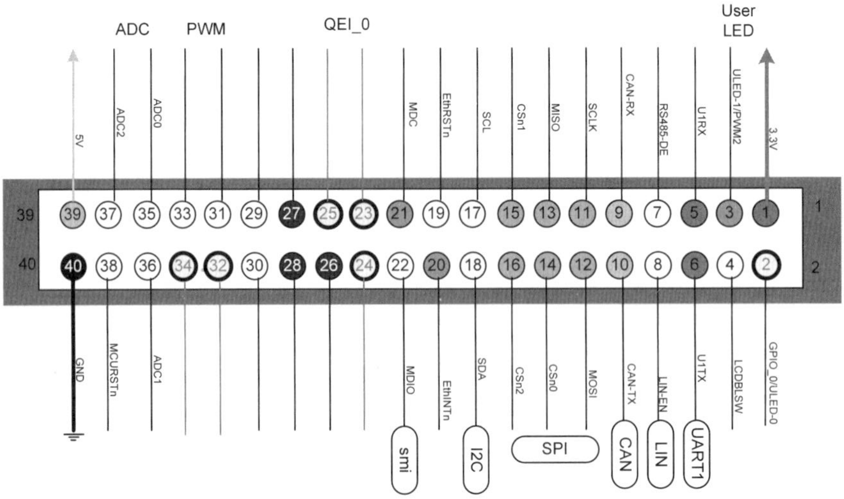

<그림 3.16> 확장 보드와 프로세서 보드간 인터페이스 규격

3.10 Cusco 보드의 회로 (참고)

(1) User Interface

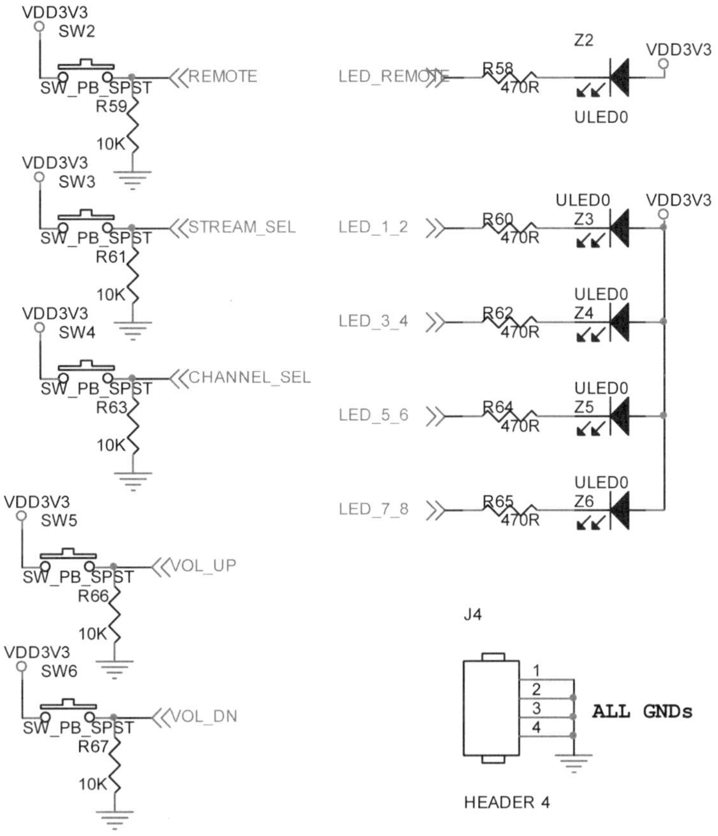

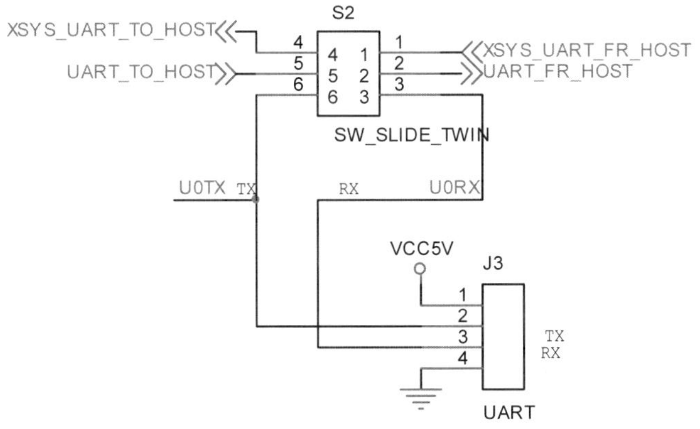

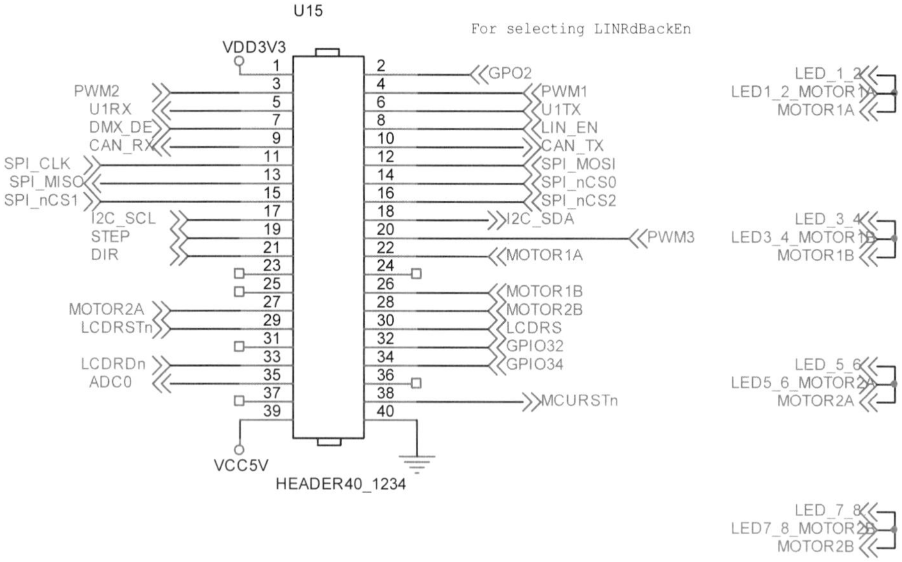
U15
For selecting LINRdBackEn
VDD3V3
PWM2
U1RX
DMX_DE
CAN_RX
SPI_CLK
SPI_MISO
SPI_nCS1
I2C_SCL
STEP
DIR
MOTOR2A
LCDRSTn
LCDRDn
ADC0
VCC5V
HEADER40_1234
GPO2
PWM1
U1TX
LIN_EN
CAN_TX
SPI_MOSI
SPI_nCS0
SPI_nCS2
I2C_SDA
PWM3
MOTOR1A
MOTOR1B
MOTOR2B
LCDRS
GPIO32
GPIO34
MCURSTn
LED_1_2
LED1_2_MOTOR1A
MOTOR1A
LED_3_4
LED3_4_MOTOR1B
MOTOR1B
LED_5_6
LED5_6_MOTOR2A
MOTOR2A
LED_7_8
LED7_8_MOTOR2B
MOTOR2B

(2) I2S 클럭생성부

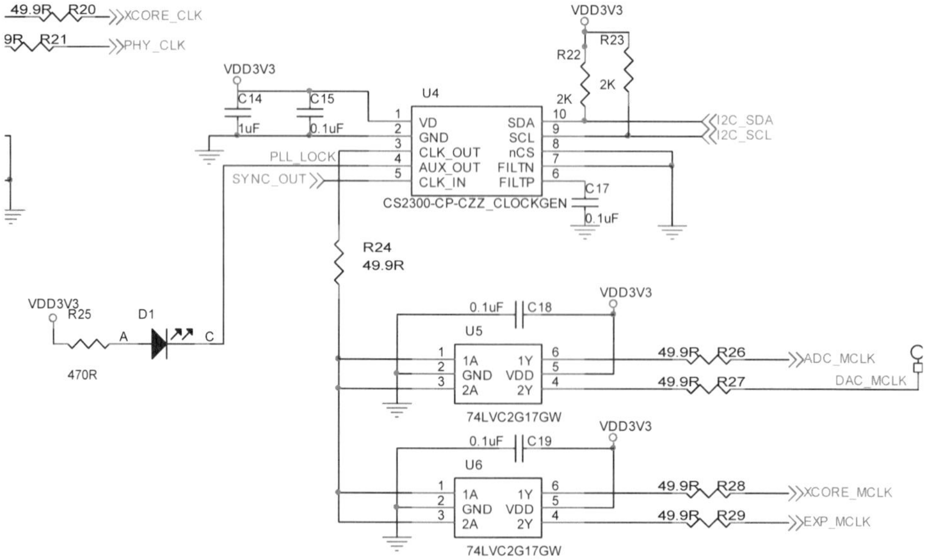
49.9R R20
XCORE_CLK
9R R21
PHY_CLK
VDD3V3
C14
1uF
C15
0.1uF
PLL_LOCK
SYNC_OUT
U4
VD
GND
CLK_OUT
AUX_OUT
CLK_IN
SDA
SCL
nCS
FILTN
FILTP
CS2300-CP-CZZ_CLOCKGEN
R22
2K
R23
2K
I2C_SDA
I2C_SCL
C17
0.1uF
R24
49.9R
R25
470R
D1
0.1uF C18
U5
1A
GND
2A
1Y
VDD
2Y
74LVC2G17GW
49.9R R26
ADC_MCLK
49.9R R27
DAC_MCLK
0.1uF C19
U6
49.9R R28
XCORE_MCLK
49.9R R29
EXP_MCLK

(3) 오디오 코덱

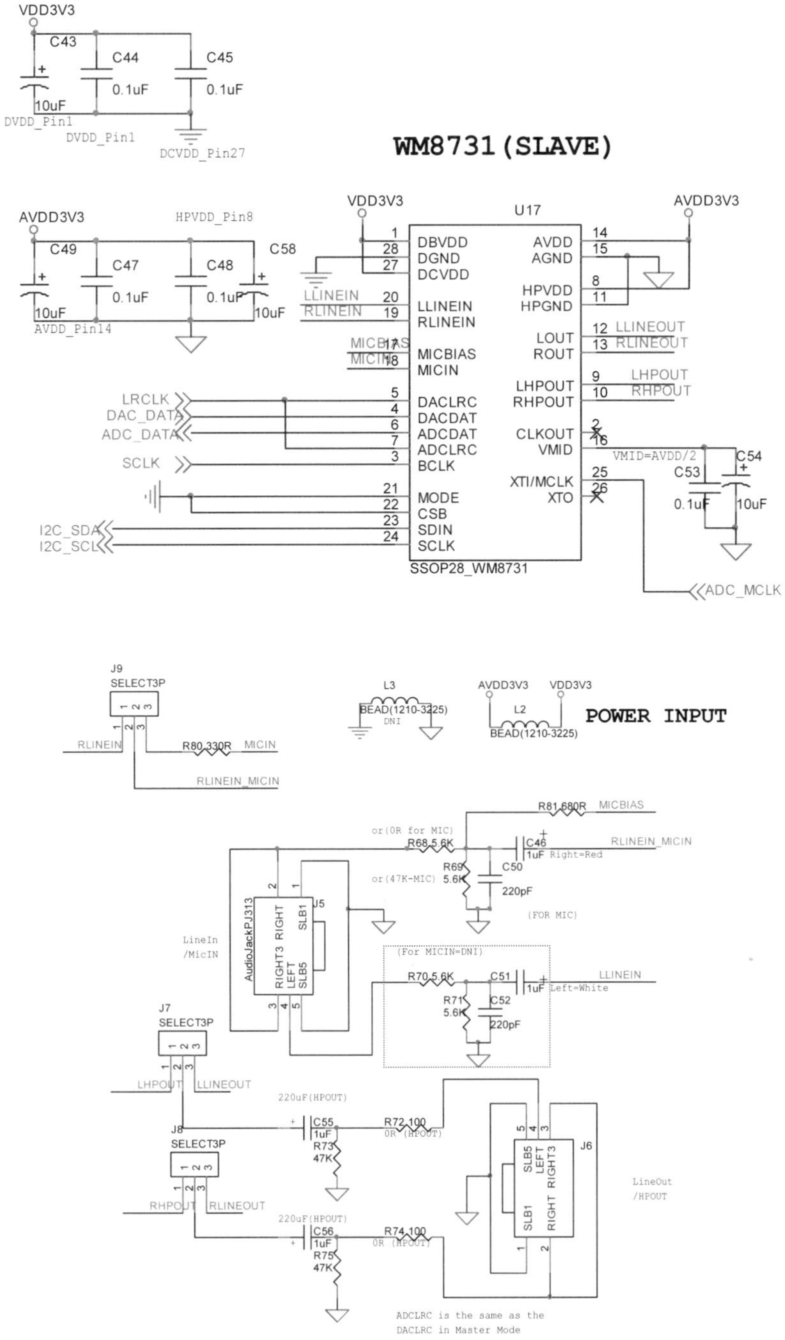

R68 = 5.6K | 0R (MIC)

R69 = 5.6K | 47KR (MIC)

xCORE 프로그래밍

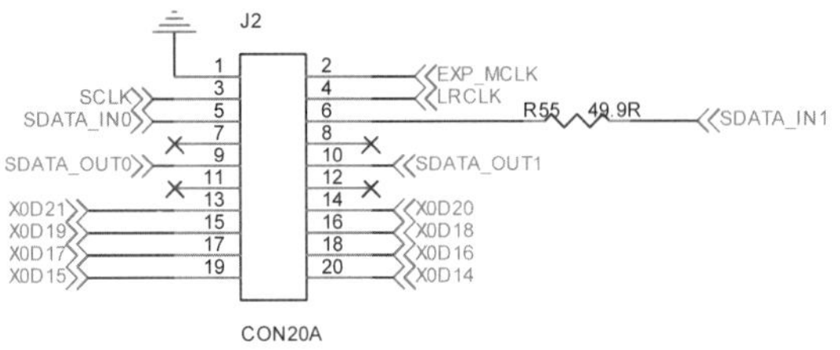

(4) 이더넷 인터페이스 회로

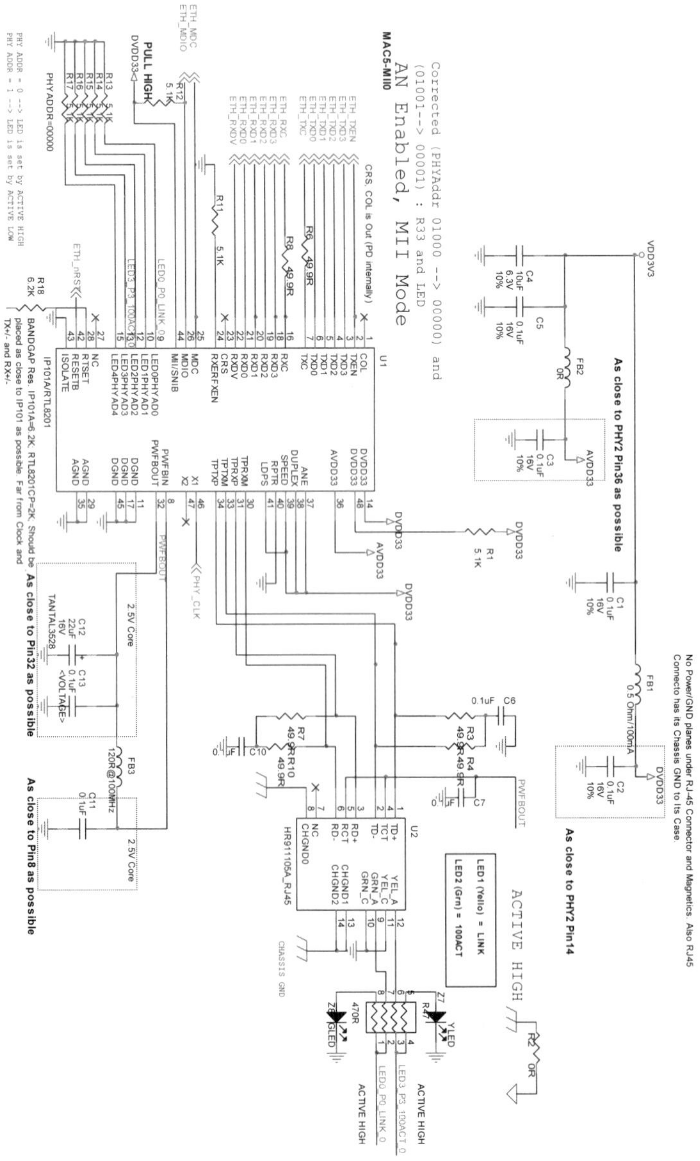

(5) 프로세서

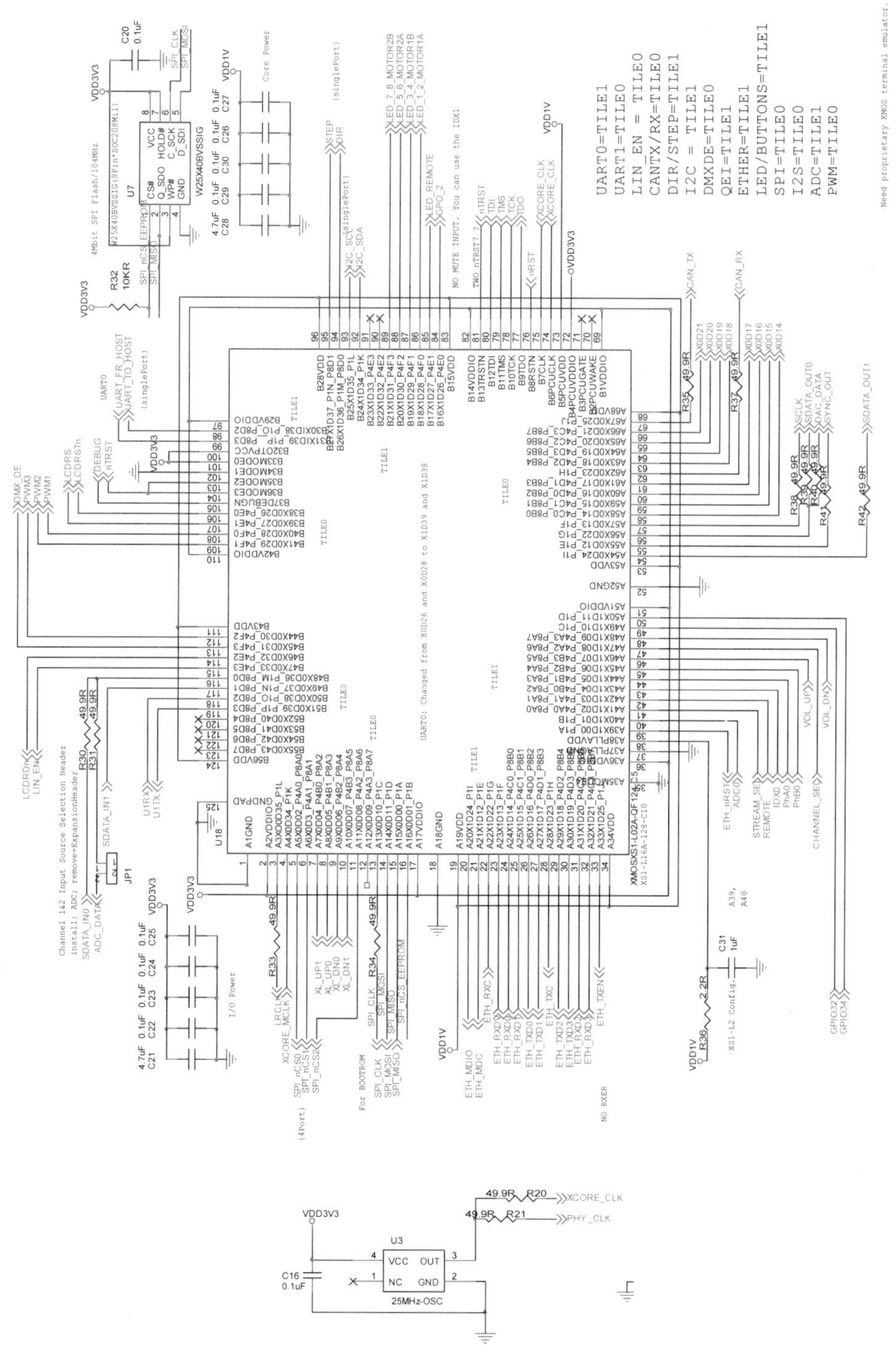
UART0=TILE1
UART1=TILE0
LIN_EN = TILE0
CANTX/RX=TILE0
DIR/STEP=TILE1
I2C = TILE1
DMXDE=TILE0
QEI=TILE1
ETHER=TILE1
LED/BUTTONS=TILE1
SPI=TILE0
I2S=TILE0
ADC=TILE1
PWM=TILE0
Need proprietary XMOS terminal emulator.
VDD3V3
U3
VCC
OUT
NC
GND
25MHz-OSC
C16
0.1uF
49.9R
R20
XCORE_CLK
R21
PHY_CLK

(6) JTAG 인터페이스

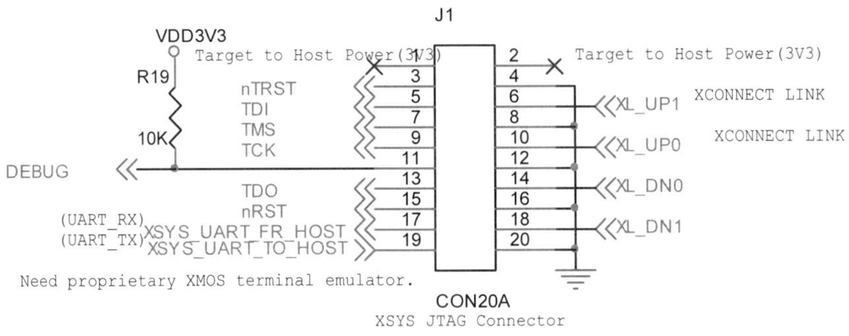
J1
VDD3V3
R19
10K
Target to Host Power(3V3)
nTRST
TDI
TMS
TCK
DEBUG
TDO
nRST
(UART_RX) XSYS_UART_FR_HOST
(UART_TX) XSYS_UART_TO_HOST
Need proprietary XMOS terminal emulator.
1 2 3 4 5 6 7 8 9 10 11 12 13 14 15 16 17 18 19 20
Target to Host Power(3V3)
XL_UP1
XCONNECT LINK
XL_UP0
XCONNECT LINK
XL_DN0
XL_DN1
CON20A
XSYS JTAG Connector

제 4 장 Hello xC

4.1 xC 언어

xC 언어는 XMOS 프로세서 전용의 고급 언어로써 기존 C언어를 확장한 일종의 새로운 언어이다. 본 장에서는 다양한 예를 소개함으로써 이에 친숙하도록 한다.

아래의 코드는 <그림 4.1>과 같이 3가지 작업을 동시에 수행하는 예이다. 이것은 'A'와 'B'를 각각 독립적으로 콘솔에 출력하면서 동시에 출력 포트 p를 통해 1과 0을 교대 출력하는 동작을 수행한다.

```
#include <xs1.h>
out port p = XS1_PORT_1A ;
void fA(){
while (1) printf("A");
}
void fB(){
while(1) printf("B");
}
void fC(){
    int i=1;
    while(1){
     p <: i % 2;
     i++;
    }
}
int main ( void )
{
par{
    fA();
    fB();
    fC();
    }
}
```

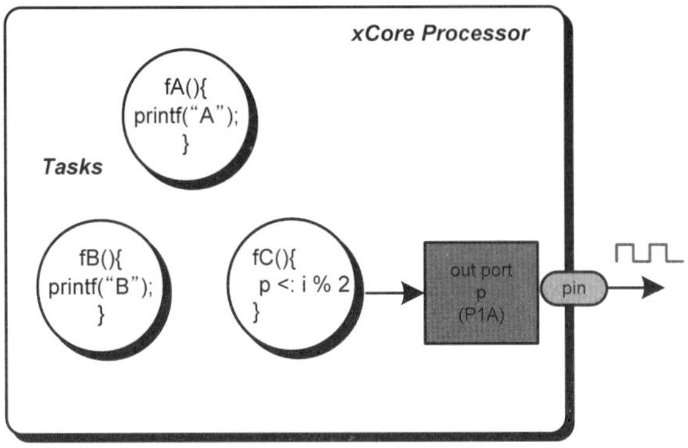

xC 언어의 활용 예

여기서 while, printf, %, ++ 등의 내장함수와 연산자들의 기능은 모두 기존 C 언어와 동일하다. 반면에 하드웨어 출력 연산자인 "<:" 와 parallel의미를 갖는 "par" 구문은 xC 언어의 고유한 것이다.

즉, xC 언어는 일반적인 C 언어를 기반으로 하드웨어 로직 설계 및 다중 태스크를 사용한 병렬 처리를 위한 고유한 자료형 및 문법이 추가된 것이다.

대신에 floating point, volatile 선언 등의 기존 C 기능의 일부는 지원하지 않는다. 그리고 xC 언어로 기술된 파일은 .xc 확장자를 가지며, 기존 C 언어로 작성된 파일과 함께 build되어 MCU를 구동한다. <그림 4.2>는 이러한 C 언어와 xC 언어의 지원 기능을 비교한 것이다.

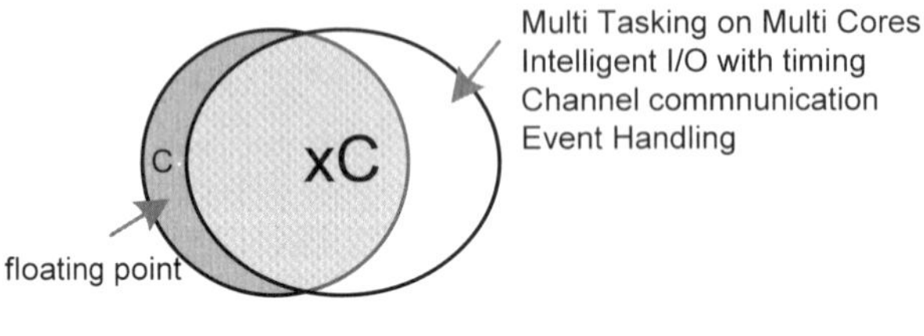

C 와 xC 언어의 비교

4.2 xC와 기존 C 언어의 공통점

C 언어에서 사용되는 데이터 형식(int, char 등)이나 다양한 연산자(+,-, % 등)는 xC 언어에서도 동일하게 사용된다. 또한 프로그래머가 정의하는 구조체, union, enumeration, typedef, #define 등도 물론 동일하다.

따라서 하나의 프로젝트에 C 언어로 기술된 파일과 xC 언어로 기술된 파일은 하나로 링크되어 실행될 수 있다.

4.3 xC 언어의 고유한 특성

xCORE 로세서는 범용 MCU와 달리 타이머, SERDES(serial/deserial) 등의 기능이 내장된 포트, 다중 코어 등의 기능을 갖는 특수한 프로세서이다.

xC 언어는 이러한 프로세서를 활용하여 다양한 하드웨어 로직을 소프트웨어로 설계할 수 있도록 기존의 C 언어에서 사용하는 대부분의 기능을 수용하면서, 다음과 같은 고유한 자료형 및 문법을 추가하였다.

(1) 다중 반환 기능(Multiple returns)

각 함수는 두 개 이상의 값도 다중 반환할 수 있다.

(**예** 1)

```
{int, int} swap ( int x , int y) {
  return{y , x};
}

int main ( void ) {
        int a = 1;
        int b = 2;
        int x,y;
        {x,y} = swap (a, b);
        printf("%d,%d\n", x,y);
}
```

(**예** 2) 이더넷의 경우 수신된 프레임의 길이가 0이 아니면 프레임의 길이 정보와 수신 시간을 동시에 반환받도록 다음과 같이 프로그래밍 할 수 있다.

```
int nBytes, timeStamp;

{nBytes,timeStamp} = mii_get_in_buffer();

if (nBytes != 0) {
  havePacket = 1;
  printf("%d bytes frame received at time=%d", nBytes, timestamp);
}
```

(2) 참조형 변수

C++와 마찬가지로 xC에서도 데이터에 대한 간접적인 참조(*reference*) 수단도 제공한다.

(**예** 3) 이것은 *int i*에 대한 참조 변수로 *x*를 할당한 예이다. 여기서 *x*에 대한 읽기와 쓰기 작업은 원래의 변수 *i*에 대한 읽기 및 쓰기 동작과 동일하다. 또한 배열 및 구조체에 대한 참조도 가능하다.

```
int i = 5;
int &x = i;
int a[5] = {1,2,3,4,5};
int &y = a[0];

main(){
printf("The value of x is %d\n", x);
x = 7;
printf("x has been updated to %d\n", x);
printf("i has also been updated to %d\n", i);
printf("y has value %d\n", y);
}
```

함수 인자도 참조 구문을 사용할 수 있다. 일반적으로 함수의 전달인자는 함수 내부의 지역 변수에 복사되는 형태로 전달된다. 하지만 xC 언어에서는 전달 인자를 해당 변수의 참조값(reference)으로 전달할 수 있다. 따라서 호출된 함수 내에서 해당 인자값을 변경하면 호출한 함수에 반영된다.

(**예** 4) 아래의 예에서 swap2()는 참조 형태로 전달된 두 변수의 값을 교체한다. 그 결과는 이 함수를 호출한 곳에서 직접 반영된다.

XC

```
void swap2 (int &x, int &y) {
int tmp = x;
   x = y;
   y = tmp ;
}

int main ( void ) {
   int a = 1;
   int b = 2;

   swap2 (a, b);
   printf("%d,%d\n", a,b);
}
```

C

```
void swap2 (int *x, int *y) {
   int tmp = *x;
   *x = *y;
   *y = tmp ;
}

int   main ( void ) {
   int a = 1;
   int b = 2;
   swap2 (&a, &b);
   printf("%d,%d\n", a,b);
}
```

(3) null 형

xC 언어는 함수의 전달 인자의 일부가 null일 수 있음을 명시할 수 있다. 이를 위해 "?" 연산자가 사용된다.

(**예** 5) 다음 예에서 전달된 변수 y가 null일 수도 있는 전달 인자이므로 isnull() 함수를 사용하여 null 여부를 확인한 후 적절한 처리를 할 수 있다.

```
int myFunc1 (int x,int?y){
   if(isnull (y )) {
      printf("Argument y is not null\n");
      return -1;
   }
   else
    return (x/y);
```

```
}

main(){
        myFunc1(1,null);
}
```

특히 채널, 인터페이스, 포트, 클럭과 같은 xC 프로세서에 내장된 연결로, 포트, 클럭 등의 하드웨어 자원에 대한 프로그래밍 시 이들은 미리 정의되어야 한다. nullable 형식에 따른 프로그래밍 기법은 만약 해당 자원이 없는데도 불구하고 인자로 전달된다면 심각한 실행 오류를 유발하는 것을 사전에 방지할 수 있도록 한다. 다음 예를 보자.

a) 일반적인 경우: 포트가 할당되지 않은 사실을 모르고 해당 포트로 출력을 지시하는 경우 오류가 발생할 것이다.

```
#define ON 1

void f(int i, port q){
        q <: i
}

main(){
f(ON,NULL);
}
```

b) nullable 연산자를 사용한 경우 : 이러한 문제를 사전에 예방하기 위하여 해당 포트가 할당되지 않은 경우에도 해당 함수의 동작에 문제가 없도록 null 형을 사용한다. 이러한 nullable qualifier 인자는 필요한 경우 해당 자원이 할당되지 않아 실체는 없지만 무효하지 않도록 한다. 즉 해당 인자가 선택 사양임을 명시하는 것이다.

```
#define ON 1

// function that optionally takes a port
void f(int i, port ?q){
        if(!isnull(q))
        q <: I;
else
        printf("Warning: No Port");
}

int main(void){
        f(ON,NULL);
        return 0;
}
```

이러한 null 형식은 참조 형식의 변수 및 배열 변수에도 적용할 수 있다.

```
// Function that takes an optional integer 'y' to update
void f(int x, int &?y);

// Function that takes an optional integer array 'a'
void f(int (&?a)[5]);
```

(4) 재해석 기능(Reinterpretation)

재해석 기능은 xC 언어 전용으로써, 배열의 형식을 더 큰 형식으로 바꾸는 것을 가능하게 한다. 예를 들어 char[4] 배열을 하나의 int 변수로 재 해석시킬 수 있다. 이 기능은 프로세서 내부의 데이터 전달에 유용하다.

(예 6) 다음은 문자열 msg를 32비트 정수형 배열로 전송하기 위해 재해석 기능을 사용한 예이다.

```
1.   void transmitInt(int msg[]){
2.        printf("%x\n", msg);
3.   }
4.
5.   void transmit Msg (char msg [] , int numWords) {
6.        for(int i =0; i <numwords ; i ++)
7.                  transmitInt ( (msg , int[])[i] ) ;
8.   }
```

위에서 5번 줄의 "(msg, int [])"는 전달받은 char배열 형식의 msg 변수를 정수형 배열로 재해석 한다는 의미이다. 그리고 ((msg , int [])[i]) 는 정수형 배열에 대한 index가 *i*임을 표시한다.

[주의] 재해석된 결과는 원래 자료형의 크기를 초과하지 않아야 한다. 따라서 재해석이 가능하려면 해당 변수를 선언할 때 미리 가장 큰 저장공간을 할당해야 한다.

(예 7) 다음은 int형 배열의 내용을 char, int, long long형으로 다양하게 재 해석하는 과정이다.

```
void main (void) {
   int data[5];

  for(int i=0 ; i<20 ; i++){
    // 5개의 int형 배열에 1 바이트 씩 20개의 char형 데이터(20바이트)를 삽입
    printf("%d. %c \n", i, (data, char [])[i]='0'+i);
   }

  for(int i=0 ; i<20 ; i++){
    // 5개의 int형 배열에, 4 바이트 씩5개의 int형 데이터(20 바이트)를 삽입
    printf("%d. %c \n", i, (data, int [])[i]='0'+i);
   }

   for(int i=0 ; i<20 ; i++){
   // 5개의 int형 배열에, 8 바이트 씩 2개의 long long형 데이터(16 바이트)를 삽입
        printf("%d. %c \n", i, (data, longlong [])[i]='0'+i);
    }
}
```

<결과 화면>

-첫 번째 for문　　-두 번째 for문　　-세 번째 for문

```
0.0
1.1
2.2
```

```
3.3
4.4
5.5
6.6
7.7
8.8
9.9
10.:
11.;
12.<
13.=            0.0
14.>            1.1
15.?            2.2
16.@            3.3                   0.0
17.A            4.4                   1.1
18.B            Unhandled exception   Unhandled exception
19.C
```

위의 결과에서 볼 수 있듯이, int나 long long형으로의 재해석 시, 원래 자료형의 크기(20bytes)를 초과하는 경우 runtime-error가 발생한다.

4.4 xC 언어의 제약사항

신뢰성 있는 하드웨어의 동작을 기술하가 위하여 기존 C 언어와 달리 xC 언어는 다음과 같은 제약사항이 있다.

(1) 기본적인 제약사항

- *case*문 내부에 또 다른 switch문은 허용되지 않는다.
- floating point는 지원하지 않음.
- structure bit-fields는 지원하지 않음.
- volatile data type을 지원하지 않는다.
- goto문을 지원하지 않음.

(**예** 1) 아래와 같이 프로그래밍 시 오류를 발생한다.

```
f(int x, int y){
 switch(x){
case 1:
        switch(y){
                case 2:
                break;
```

```
        }
        break;

    }
}
float z;  // 사용할 수 없음.

// struct 내 bitwise 변수를 선언할 수 없음
struct header{
char ns:4;
char nr:4;
};
// 사용할 수 없음
volatile int x;
```

(2) 가변 길이 배열을 허용하지 않는다.

xC에서의 배열 선언은 반드시 고정크기를 가져야 한다. 하지만 지역 배열 변수의 경우 "static const"형의 파라미터에 의해 그 크기가 결정될 수 있는 가변 크기의 배열로 선언될 수 있다.

(예 2) 가변 길이 배열을 사용하는 경우 static const형을 사용한다.

```
void f2(static const int n)
{
printf("Array length = %d\n", n);

int arr[n];
for (int i = 0; i < n; i++) {
                arr[i] = i;
                for (int j = 0; j < i; j++) {
                        arr[i] += arr[j];
    }
     }
printf("-------\n");

for (int i = 0; i < n; i++)
                printf("Element %d of arr is %d\n", i, arr[i]);

    printf("-------\n\n");
}
```

4.5 xC 언어 고유의 이벤트 처리 함수 : select

(1) 개요

이벤트는 물리적인 입출력 핀의 상태 변화, 내부 타이머의 만기, xCore 내부의 논리적 core간의 연결로인 채널을 통한 데이터 송수신 작업의 완료 등에 해당된다. 각 태스크는 하드웨어적으로 분리된 전용의 논리적 core 프로세서에서 동작되므로 이러한 이벤트에 대하여 즉시 응답할 수 있다. 사용자는 이러한 멀티코어 기능과 이벤트 처리 기능을 활용하여 다양한 I/O 기능을 동적으로 설계할 수 있다.

이러한 기능을 제공하는 *select*문은 해당 태스크가 무한 폴링하지 않고 특정 이벤트가 발생할 때까지 대기하면서 이벤트 발생 시에만 동작할 수 있도록 한다. 이것의 형식은 다음과 같다.

```
select {
case A:          ...
      break;

case B:          ...
      break;

case C:          ...
      break;
}
```

이것은 C 언어의 case문과 흡사한 구문형식을 갖지만 용도는 전혀 다르다. 즉 *select* 문은 이벤트가 발생 시에만 해당 코드를 실행할 수 있도록 한다.
어떤 이벤트도 발생하지 않으면 대기한다. 이후 해당 이벤트가 발생하면 어떤 이벤트인지 비교하여 해당 이벤트를 처리한다. select문은 입출력 포트에 관한 이벤트뿐만 아니라 타이머를 사용한 타임아웃 이벤트에도 활용된다.

(2) 활용

아래의 예는 외부 입력()에 의하여 발생하는 이벤트를 select문으로 처리하는 코드이다[1].

(예 1) 입력 포트로부터의 이벤트에 대하여 select문에 의해 반응하는 예

<그림 4.3>을 보자. 이것은 포트 1A 또는 포트 1C에 수신되는 데이터 값이 1인 경우를 이벤트로 설정한다. 관련 이벤트가 2개의 포트에서 각각 발생할 수 있으므로 해당 이벤트를 select 문의 case문으로 구분하여 처리한다.

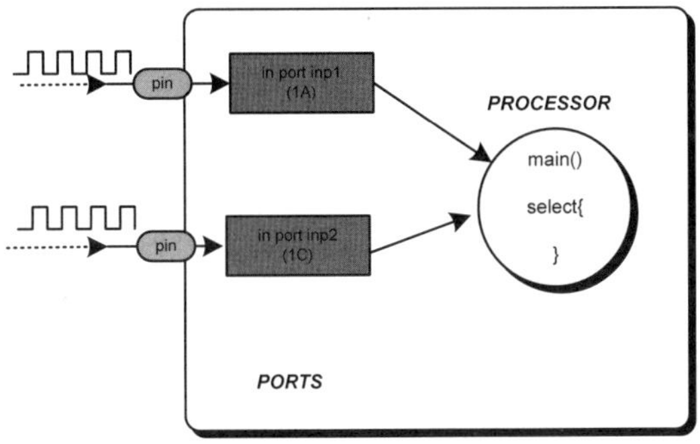

입력포트 2 개의 수신 데이터가 1 인 경우 select 문으로 처리하는 예

---

[1] 포트에 관한 자세한 내용은 6장에서 다룰 것이다. 일단 in port로 외부 입력을 받고, out port로 출력을 내보낸다는 것만 이해하자.

```
#include<stdio.h>//for use printf
#include<xs1.h>//for use the port declaration

in port inp1 = XS1_PORT_1A;
in port inp2 = XS1_PORT_1C;

int main() {

    while(1){
     select {
              case inp1 when pinseq (0x1) :>int x:
                printf("event 1 : %d\n", x);
                break;
              case inp2 when pinseq (0x1) :>int y:
                printf("event 2 : %d\n", y);
                break;
             }
    }
    return 0;
}
```

4.6 시뮬레이션 환경을 사용한 select문 프로그래밍

(1) 개요

앞서 다루었던 예는 실제 타겟보드가 없다면 외부 입력 신호를 받을 수 없어 실행이 불가능한 코드이다. 다행히 개발환경인 xTIMEcomposer는 실제 타겟보드 없이도 시뮬레이션을 통해 프로그램의 동작을 시험할 수 있는 Simulator기능을 이용할 수 있다. 이것은 FPGA 기반 개발 시 사용하는 ModelSim 등의 시뮬레이터와 유사하다.

본 절에서는 4.5절과 동일한 내용을 시뮬레이션 환경에서 구동할 수 있는 절차를 다루도록 한다.

먼저 실제와 유사한 시뮬레이션 환경을 갖추려면 신호 생성기능이 먼저 있어야 한다. 이를 위하여 신호 생성기를 별도의 태스크와 포트를 설정하고, 이 신호 생성기의 출력포트를 시험하고자 하는 모듈의 입력 핀에 연결시킨다. 이러한 방법을 시뮬레이션을 위한 포트 루프백 설정이라고 한다.

<그림 4.4a>를 보자. 실제 타겟보드인 경우 1A 및 1C포트로부터 실제 신호를 입력 받을 수 있다. 이와 같은 환경을 시뮬레이션을 통하여 수행하기 위하여 <그림 4.4b>와 같이 1B 및 1D포트를 추가하고 이것을 통해 생성된 신호를 포트 1A 및 1C에 각각 루프백시켜 공급한다. 이와 같이 out port와 in port를 연결 시키는 시뮬레이션 설정을 **포트 루프백 기능**이라고 한다. 이렇게 함으로써 실제 타겟보드 없이 기능을 시뮬레이션 할 수 있다[2].

---

[2] 이것은 Verilog 기반에서 testbench 코드를 사용하여 시뮬레이션하는 것과 유사하다.

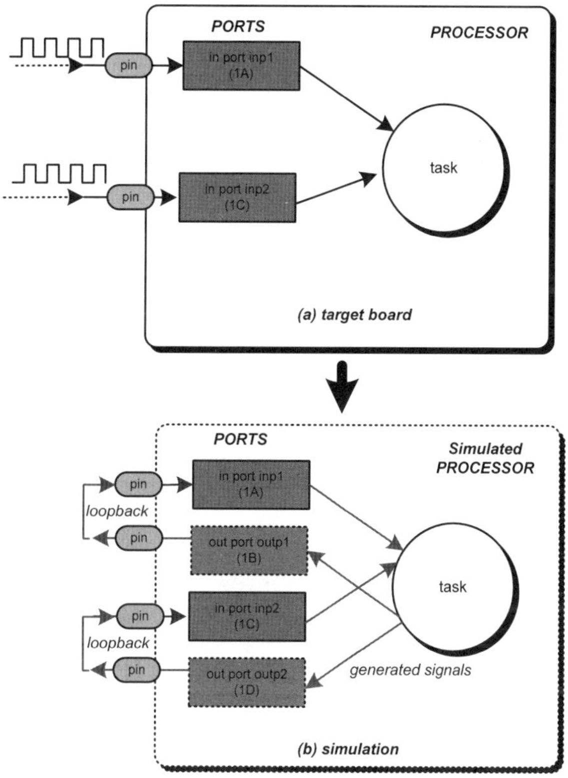

포트 루프백 기능을 활용한 시뮬레이션 환경

(2) 시뮬레이션 환경 설정

다음은 시뮬레이션 환경을 설정하는 절차이다.

STEP 1> 프로젝트 생성. 제2장을 참조하여 프로젝트를 생성한다.
STEP 2> 다음과 같은 포트활용 코드를 작성한다. 이것은 기존 코드에 신호발생용 출력포트인 1B와 1D를 추가한 것이다.

```
#include<stdio.h>
#include<xs1.h>

in port inp1 = XS1_PORT_1A;
in port inp2 = XS1_PORT_1C;

//signal generator ports for simulation
out port outp1 = XS1_PORT_1B;
out port outp2 = XS1_PORT_1D;

int main() {
      outp1 <: 0x1;     //Simulto용 신호발생 포트
      outp2 <: 0x1;
```

```
    while(1){
     select {
                case inp1 when pinseq (0x1) :>int x:
                printf("event 1 : %d\n", x);
                outp1 <: 0x0;
                break;
     case inp2 when pinseq (0x1) :>int y:
                printf("event 2 : %d\n", y);
                outp2 <: 0x0;
                break;
          }
    }
    return 0;
}
```

STEP3> 2개의 출력 핀을 2개의 입력 핀에 연결해야 한다. 이것을 루프백 시킨다고 한다. 이를 위하여 왼쪽의 프로젝트 이름을 우클릭하고 'Build Project' 클릭한다.

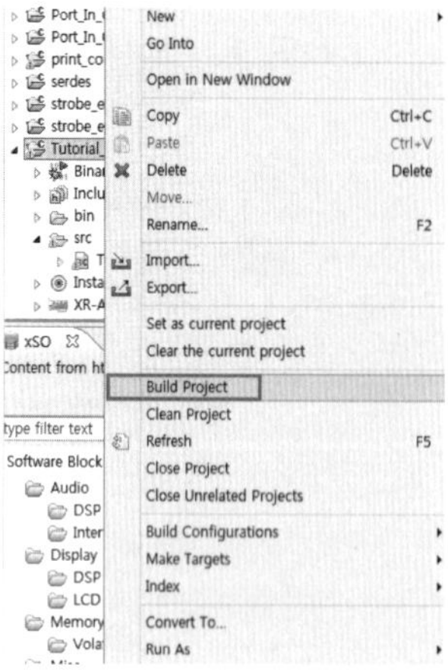

STEP4> 왼쪽의 프로젝트 이름을 우클릭하고 'Run As → Run Configuration'을 클릭한다.

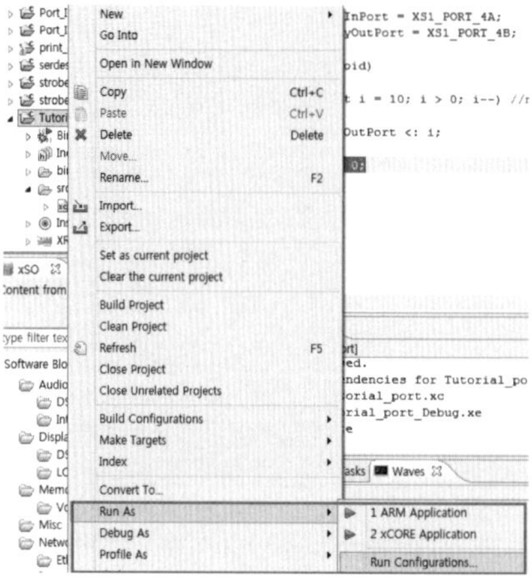

STEP 5> xCORE Application을 더블클릭하면 아래에 자신의 프로젝트가 생성된다. 프로젝트 선택 후 오른쪽 Device option을 Simulator으로 선택하고 위의 탭에 Simulator를 클릭한다.

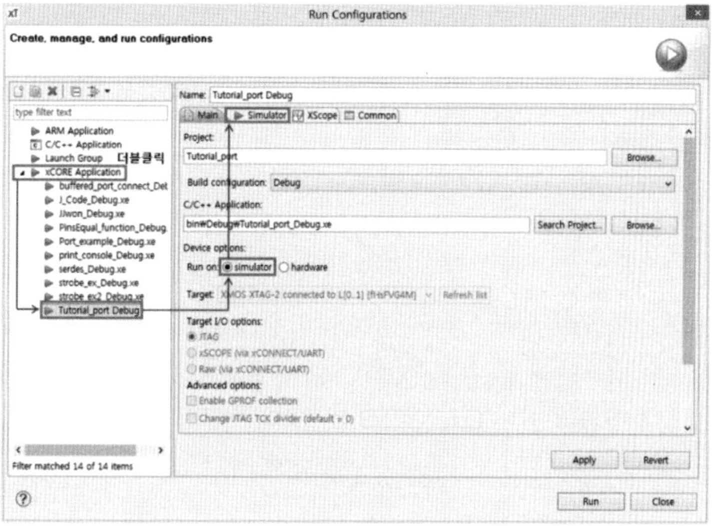

STEP 6> Simulation 탭에서 [Enable signal tracing] 를 체크한다. 이어 아래의 [Pins]을 체크한 후 [Add]를 클릭하고 [Tile]을 추가한다. 통상적으로 Simulation에서는 여러 tile을 사용하지는 않으므로 tile[0]만 추가한다. Tile 옆에 Cycles, Ports, +details …등이 있는데, 여기서 사용자가 관찰하고 싶은 신호들을 선택한다. 본 절에서는 포트를 다루므로 [Ports]를 체크하고 [Loopback] 탭으로 이동한다.

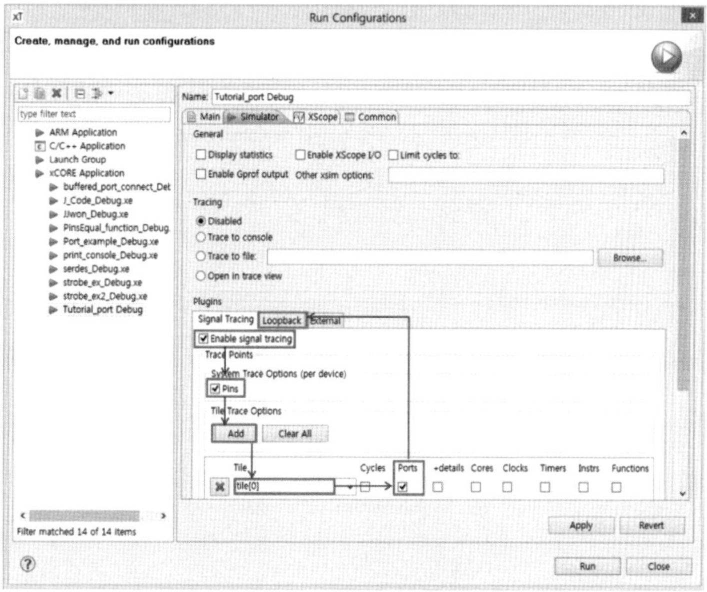

STEP 7> Loopback 설정은 가상의 외부연결을 만드는 것이다. 외부에서 와이어로 연결하는 것과 동일한 효과를 얻을 수 있다. 이를 위하여 [Loopback] 탭에서 [Enable pin connections]을 체크한 후 [Add]를 클릭하여 와이어를 연결한다. [Tile]을 선택하고 "from"의 [Port]는 출력포트, "to"의 [Port]는 입력포트로 설정한다. 마지막으로 [Run]을 클릭한다.

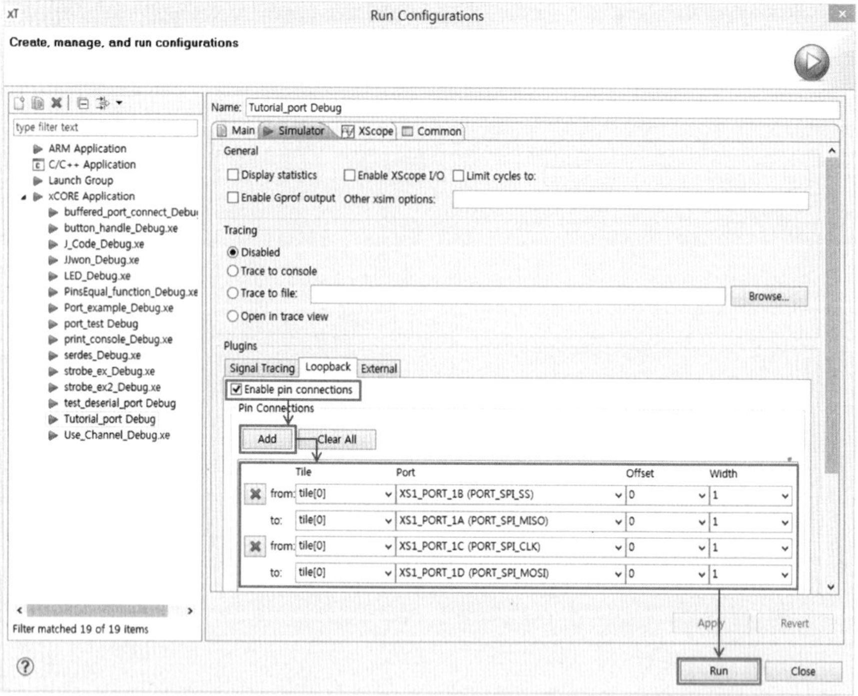

STEP 8> 이제 시뮬레이션이 시작되었다. 이후 STOP으로 중지시켜 프로젝트 폴더를 보면 projectname.vcd 파일이 생성되었다. 이 파일로 해당 포트의 입출력 파형을 확인할 수 있다. 해당 파일을 더블클릭하면 오른쪽 창이 생성되면서 console 창이 wave 창으로 바뀐다.

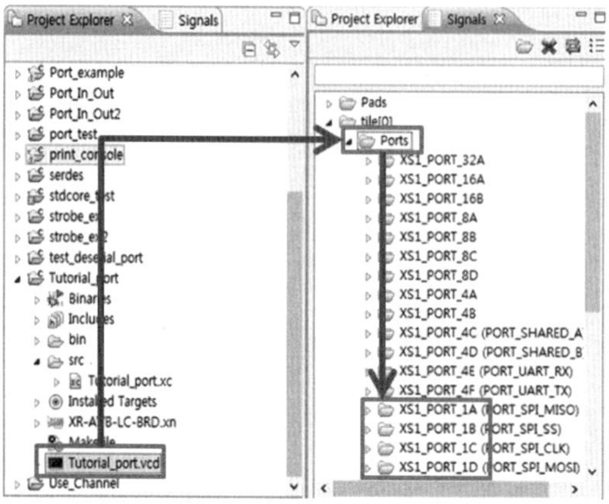

STEP 9> 관측하려는 포트를 더블클릭하면 wave창에 해당 포트의 입출력 파형이 표시된다. Wave 창 오른쪽 상단에 확대, 축소 등 버튼으로 wave를 관찰하기 편하도록 조절할 수 있다.

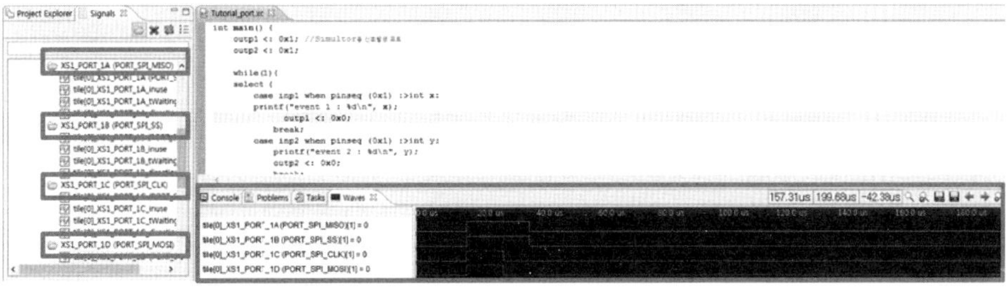

<결과 화면>

event 2 : 1

event 1 : 1

[검토] 만약 2개이상의 이벤트가 동시에 발생할 경우 2개중 하나가 임의의 순서로 먼저 처리된 후 while루프에 의해 나머지 이벤트가 처리된다(verilog처럼 처리 순서가 일정하지 않다. 즉, 사실상 동시에 처리되지 않는다.).

4.7 select 문의 고급 이벤트 처리 기능

본 절에서는 이벤트 처리 기능에 대한 추가 기능을 다룬다.

(1) #pragma ordered

4.6절에서 다루었던 예에서는 p1 및 p2 이벤트가 동시에 발생한 경우, 동작 순서는 일정하지 않았다. 만약 처리 순서를 정해야 할 경우 다음과 같이 "#pragma ordered"를 사용한다. 이렇게 하면 그 처리 순서가 case문의 순서대로 수행된다.

(예 1)

```
#include<stdio.h>//for use printf
#include<xs1.h>//for use the port declaration

in port inp1 = XS1_PORT_1A;
in port inp2 = XS1_PORT_1C;

// signal generator ports for simulation
out port outp1 = XS1_PORT_1B;
out port outp2 = XS1_PORT_1D;

int main() {
  outp1 <: 0x1;      // Simultor용 신호 발생 포트
  outp2 <: 0x1;
```

```

#pragma ordered
while(1){
select {
 case inp1 when pinseq (0x1) :>int x:
        printf("event 1 : %d\n ", x);
               outp1 <: 0x0;
        break;
case inp2 when pinseq (0x1) :>int y:
               printf("event 2 : %d\n", y);
               outp2 <: 0x0;
        break;
  }
 }
return 0;
}

```

<결과 화면>

event 1 : 1

event 2 : 1

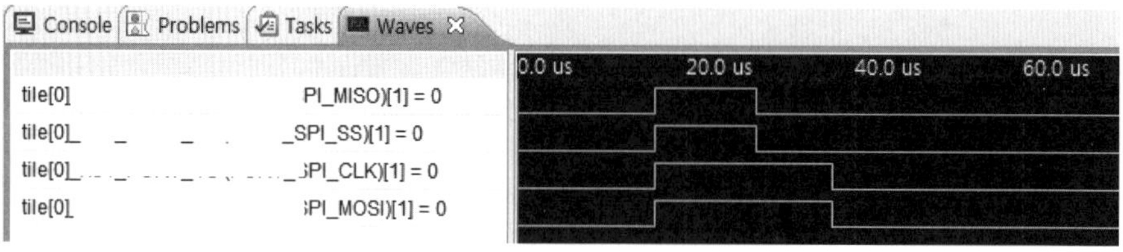

(2) Ordering

select문 내의 여러 case에 대하여 해당 event가 동시에 발생한 경우 이들에 대한 처리 순서는 일정하지 않다. 이 경우 *[[ordered]]* 속성을 사용하여 처리 순위를 명시적으로 지시할 수 있다. 예를 들어 2개의 event가 동시에 발생한 경우 case A이 먼저 선택된다.

```
[[ordered]]
select {
case A:
         ...
break;

case B:
         ...
break;
}
```

(**예** 2) 다음은 [[ordered]]를 사용한 예이다. 이벤트가 순서대로 처리되는 것을 확인할 수 있다[3].

[3] 이것은 앞에서 살펴본 '#pragma ordered'와 기능은 같다. 차이점이 있다면 [[ordered]]는 select문 위에 작성해야 순서대로 동작이 가능하게 하며, '#pragma ordered'는 어디에 놓아도 제대로 동작한다.

```
#include<stdio.h>//for use printf
#include<xs1.h>//for use the port declaration

in port inp1 = XS1_PORT_1A;
in port inp2 = XS1_PORT_1C;
in port inp3 = XS1_PORT_1E;

//signal generator ports for simulation
out port outp1 = XS1_PORT_1B;
out port outp2 = XS1_PORT_1D;
out port outp3 = XS1_PORT_1F;

int main() {
    outp1 <: 0x1;    // Simultor용 신호 발생 포트
    outp2 <: 0x1;
    outp3 <: 0x1;

    while(1){

 [[ordered]]
      select {
      case inp1 when pinseq (0x1) :>void:
                printf("event 1\n");
                outp1 <: 0x0;
                break;

      case inp2 when pinseq (0x1) :>void:
                printf("event 2\n");
                outp2 <: 0x0;
                break;

      case inp3 when pinseq (0x1) :>void:
                printf("event 3\n");
                outp3 <: 0x0;
                break;
      }
    }
   return 0;
}
```

<결과 화면>

event 1

event 2

event 3

(3) Guard 기능

select를 사용하여 여러 개의 이벤트를 대기할 때, 일부 이벤트에 대해서는 추가적인 조건문을 적용하여 참이 되는 경우에만 해당 이벤트를 처리하도록 하는 필터링 기능을 추가 기술할 수 있다. 이를 위해 '=>' 연산자를 사용한 다음과 같은 guard expression 구문이 사용된다. 이 조건이 non-zero인 경우에만 해당 case문이 처리된다.

```
case expression=> ... :
```

(**예** 3) 아래의 예는 myPeriodic2, myPeriodic3 변수가 '0'이 아닐 때만 timer 이벤트에 반응한다.

```
1.  #include<stdio.h>//for use printf
2.  #include<xs1.h>//for use the port declaration
3.  #include<stdint.h>//for use uint32_t type
4.
5.  int main() {
6.    int myPeriodic2, myPeriodic3;
7.    timer tmr1, tmr2;
8.    uint32_t t1;
9.    int i = 1;
10.
11.   while (1){
12.       myPeriodic2 = i%2;
13.       myPeriodic3 = i%3;
14.
15.       select {
16.         case myPeriodic3 => tmr1 when timerafter(t1) :>void:
17.                t1+=1000;
18.       printf("%d. event 1 : %d\n", i, myPeriodic3);
19.       break;
20.         case myPeriodic2 => tmr2 when timerafter(t1) :>void:
21.                t1+=1000;
22.       printf("%d. event 2 : %d\n", i, myPeriodic2);
23.       break;
24.     }//select
25.       i++;
26.   }//while
27. return 0;
28. }
```

<결과 화면>

1. event 2 : 1

2. event 1 : 2

3. event 2 : 1

4. event 1 : 1

5. event 2 : 1

나머지가 1이거나 2 일 경우에는 myPeriodic3이 '0'이 아니므로 case 문이 동작한다. 또한 나머지가 1일 경우에 myPeriodic2가 '0'이 아니므로 동작한다. 이때 i가 '6'이 되면 myPeriodic2과 myPeriodic3이 모두 '0'이 되므로 동작이 멈춘다. 25번째 줄의 i++에 의해서 계속 수행될 것 같지만, select문이 이벤트 발생을 대기하기 때문에 i++ 은 수행되지 않는다.

(4) default 문

일반적으로 select문은 하나의 이벤트가 발생할 때까지 대기한다. 그러나 default 를 select문에 넣으면 select문 실행 시 아무런 이벤트가 발생하지 않았을 때 default 문이 수행된다.

```
select {
case A:      ...;   break;

```

```
case B:      ...;  break;

default:     ...;  break;
}
```

(**예** 4) 이것은 앞의 예에 default문을 추가한 것이다. default문이 추가되면서 '6'에서 멈추지 않고 계속 동작이 이어지는 것을 확인할 수 있다.

```
int main() {
int myPeriodic2, myPeriodic3;
timer tmr1, tmr2;
uint32_t t1;
int i = 1;

        while (1){
                myPeriodic2 = i%2;
        myPeriodic3 = i%3;
        select {
        case myPeriodic3 => tmr1 when timerafter(t1) :>void:
                                t1+=1000;
                                printf("%d. event 1 : %d\n", i, myPeriodic3);
                        break;
        case myPeriodic2 => tmr2 when timerafter(t1) :>void:
                                t1+=1000;
                                printf("%d. event 2 : %d\n", i, myPeriodic2);
                        break;
        default :
                                printf("default\n");
                        break;
                }
                i++;
        }
return 0;
}
```

<결과 화면>

```
1. event 2 : 1
2. event 1 : 2
3. event 2 : 1
4. event 1 : 1
5. event 2 : 1
default
7. event 2 : 1
8. event 1 : 2
9. event 2 : 1
10. event 1 : 1
11. event 2 : 1
default
…
```

(5) Replicated case문 [심화 학습]

이것은 동일한 case문을 여러 번 반복할 때 사용된다. 이 구문은 동작을 반복해야 하는 배열 변수가 있을 때 사용하면 유용하다.

(예 5) 다음은 다중 복제된 타이머와 이에 관련된 만기시간 값에 대한 이벤트 처리과정에 대한 예이다.

- 5개의 timer 블록을 사용한다.
- 최초 만기시간 값을 timeout[]에 설정한다.
- period[] 값을 달리 설정한다. period의 값이 짧을 수록 더 자주 수행된다.
- timeout[i]의 값이 작은 순서대로 실행된다.

```
#include<stdio.h>
#include<stdint.h>

int main() {
      timer    tmr_array[5];
      uint32_t timeout[5] = {1, 2, 3, 4, 5};
      uint32_t period[5] = {10, 20, 30, 40, 50};

      while (1){
          select {
       case (int i=0 ; i<5 ; i++)
                    tmr_array[i] when timerafter(timeout[i]) :>void:
                    printf("tmr_array[%d] = %d, timeout[%d] = %d\n",
                      i, tmr_array[i], i, timeout[i]);
                    timeout[i] += period[i];
                    break;

       default :
                    printf("???\n");
                    break;
            }
       }
       return 0;
}
```

위 프로그램의 결과는 <그림 4.5>와 같다.

```
tmr_array[0] = 1, timeout[0] = 1
tmr_array[1] = 1, timeout[1] = 2
tmr_array[2] = 1, timeout[2] = 3
tmr_array[3] = 1, timeout[3] = 4
tmr_array[4] = 1, timeout[4] = 5
tmr_array[0] = 1, timeout[0] = 11
tmr_array[0] = 1, timeout[0] = 21
tmr_array[1] = 1, timeout[1] = 22
tmr_array[0] = 1, timeout[0] = 31
tmr_array[2] = 1, timeout[2] = 33
tmr_array[0] = 1, timeout[0] = 41
tmr_array[1] = 1, timeout[1] = 42
tmr_array[3] = 1, timeout[3] = 44
tmr_array[0] = 1, timeout[0] = 51
tmr_array[4] = 1, timeout[4] = 55
tmr_array[0] = 1, timeout[0] = 61
tmr_array[1] = 1, timeout[1] = 62
```

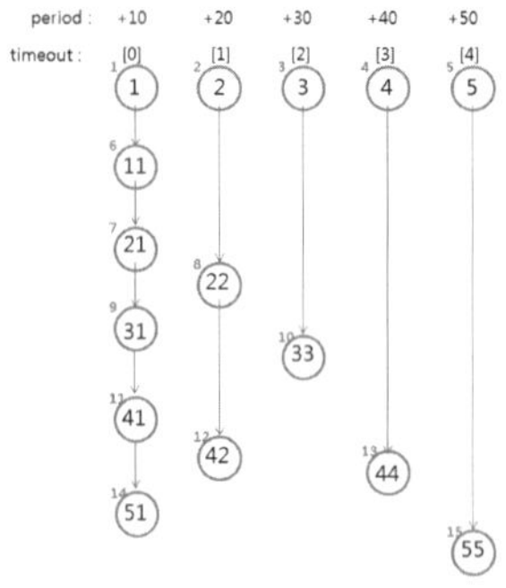

결과 화면

4.8 메모리 접근 보호 기능

C 및 xC 언어를 사용하여 메모리에 접근하는 방법은 <그림 4.6>과 같이 다양하다. 이 예에서는 모두 동일한 메모리 영역을 가리키거나 사용하고 있다.

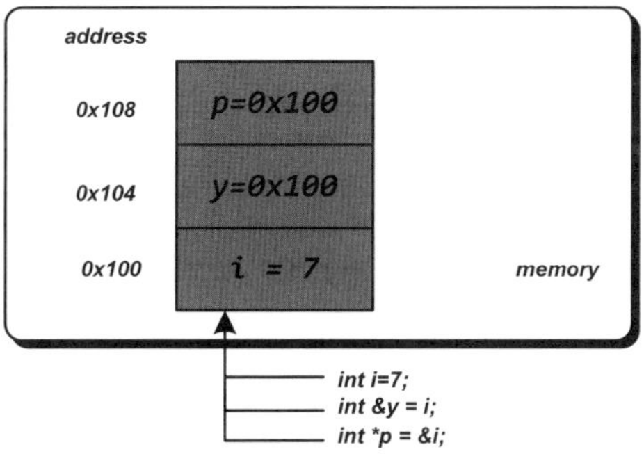

동일한 곳을 가리키는 예

C 언어에서는 변수 선언이나 *malloc()* 함수에 의해 메모리가 할당된다. 어떤 태스크가 할당한 메모리영역에 대하여 다른 태스크가 쓰기 동작을 한다면 다음과 같은 심각한 시스템 오류를 유발시킬 것이다. <그림 4.7>을 보자.

- Dangling 포인터 오류 : *int a*[5]는 함수 내부에 임시로 할당된 것임에도 불구하고 a[2] 값의 포인터를 반환시키는 경우이다. 이 경우 메모리는 함수 종료 시 dealloc되므로 해당 포인터는 무효화된 것으로써 오류가 발생한다.
- Race 조건 오류 : 2개의 태스크가 공유변수 *g*에 대한 쓰기동작을 하는 race조건이 발생하는 오류가 발생한다.
- Out of bounds 접근 오류 : 할당 영역 외의 자료에 대한 접근 시 오류가 발생한다.

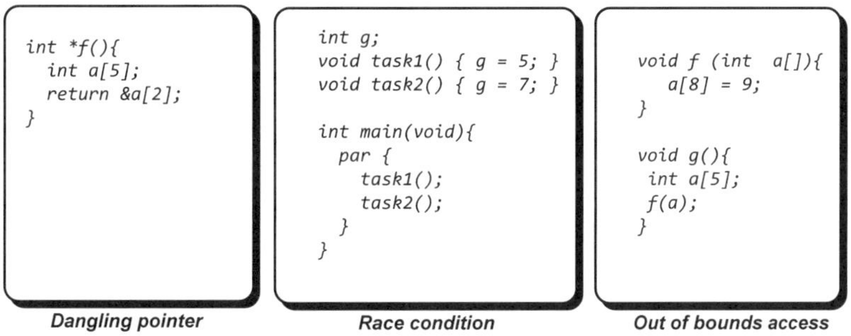

심각한 오류의 종류

xC 언어에서는 이러한 경우를 사전에 예방하기 위하여 다른 태스크가 소유한 메모리에 접근하는 것을 기본적으로 금지한다.

만약, 태스크간에 상대방 메모리에 접근하려면 xC 언어에서 정의해 놓은 포인터 접근에 관한 프로그래밍을 해야 한다. 그 방법은 뒤의 4.7~4.11 장의 포인터에서 다루겠다.
xC 컴파일러는 이러한 메모리 접근오류를 검사하여 위와 같은 오류를 사전에 발견한다.

4.9 포인터

포인터는 메모리에 저장위치를 가리키는 유용한 기능이지만 잘못된 프로그래밍에 의해 무효한 메모리 영역에 접근하는 등의 심각한 런타임 오류를 발생시킬 수 있다.
xC 언어에서는 이러한 오류를 컴파일 단계에서 미리 감지하여 수정할 수 있도록 보다 정교한 포인터 종류를 정의하고 있다.
즉, 각 포인터는 다음과 같은 형식으로 *{restricted, aliasing, movable, unsafe}* 와 같은 4종류(kind) 중 하나를 사전에 명시하여 할당해야 한다.

```
pointee-type * pointer-kind    pointer-variable
```

다음 예는 int형의 *p*변수를 restrict 포인터로 할당한 것이다.

```
int * restrict  p;
```

만약 이러한 포인터 종류를 명시하지 않으면 다음과 같은 각 상황에 따라 서로 다른 기본 종류로 할당된다. 기본 종류는 이 포인터 변수가 전역변수, 전달인자, 또는 지역변수인가에 따라 달라진다.

종류	*포인터의 기본 종류(kind)*
전역변수	*Restricted 포인터*
전달인자	*Restricted 포인터*
지역변수	*Aliasing 포인터*
함수 반환값	기본 종류 없음 - 반드시 명시적으로 종류를 설정해야 함.

4.10 Aliasing 포인터

할당되지 않거나 메모리에 부적절한 병렬접근을 하는 포인터인지를 사전에 점검하기 위하여 컴파일러는 해당 포인터 별칭(aliasing)을 검사한다.

예를 들어 <그림 4.8>과 같은 경우 상이한 이름의 3개의 변수는 모두 동일한 메모리 영역을 참조한다. 즉, {i, *p, *q}는 'Aliasing'된 변수이고 포인터 p와 q는 aliasing된 포인터이다.

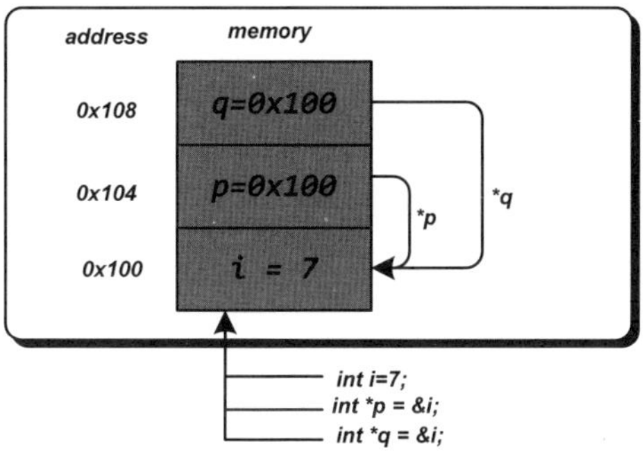

Aliasing 된 포인터의 예

지역 포인터(local pointer)는 기본적으로 aliasing이 가능하므로 다음은 유효한 코드이다.

```
int f() {
    int i = 5, j = 7;
    int *p = &i;   // this is an aliasing pointer
    int *q = &j;   // so is this

    p = q;   // aliasing pointers can be reassigned and copied

    return (i + *p + *q);
}
```

하지만 "alias"형 포인터는 다음과 같은 제약사항이 있다.

- alias 포인터는 다른 task에 전달될 수는 없다.
- alias 포인터에 간접적으로 접근할 수 없다. (e.g. a pointer to an alias pointer)
- xC에서는 전역 포인터 변수에 대한 aliasing은 금지된다.

만약 함수가 포인터형의 전달인자를 받거나 포인터형으로 반환하는 경우 이들은 alias포인터일 수 있지만 명시적으로 alias를 명시해야 한다. 다음은 그 예이다.

```
char * alias strchr(const char * alias haystack, int needle);
```

또한 전역 포인터 변수는 명시적으로 unsafe나 movable포인터로 표시하지 않으면 기본적으로 restricted 포인터이다.

4.11 Restricted 포인터

C와 마찬가지로 xC도 alias될 수 없는 포인터인 *restricted* 포인터 개념을 갖는다. 이것은 해당 메모리에 접근 시 해당 포인터를 직접 이용할 수 밖에 없도록 제한된 포인터이다. 이러한 포인터의 제약 사항을 다음과 같은 예로 설명한다.

(예 1) 일단 restricted pointer(p)가 메모리에 있는 어떤 변수(i)를 가리키고 있다면 이후 메모리에 있는 원래의 변수값(i)에 대한 직접적인 접근은 금지된다. 즉 변수 i와 *p는 동일하게 alias될 수 없다. xC 컴파일러는 이러한 오류를 사전에 검사한다.

int i = 5;
*int * restrict p = &i; // p is pointing to i*
 	
printf("%d", i);
//this is an error
	int i = 5;
	*int * restrict p = &i; // p is pointing to i*
	
	*printf("%d", *p); //출력결과 = 5*

(예 2) 모든 함수의 전달인자는 기본적으로 restricted형이다.

XC	*C*

int i = 5;
 	
void f(int *p) { //p=restricted pointer
  i = 7;   // 오류
  printf("%d ", i);
}
 	
void g() {
  f(&i);   //restricted인 int *p로 i가 전달됨
}
 	
void main() {
  g();
}
	int i = 5;
	
	void f(int *p) {
	  *p = 7;
	  printf("%d ", *p);// No Error
	}
	
	void g() {
	  f(&i);
	}
	
	void main() {
	  g();
	}

이를 수정하려면 다음과 같이 해당 포인터에 직접 접근해야 한다.

```
void f(int *p) {
    *p= 7;
    printf("%d ",*p);
}
```

(예 3) xC에서의 restricted형 포인터는 재할당되거나 복제될 수 없다. 다음 예를 보자. 여기서 포인터 *p*와 *q*는 모두 restricted형 포인터로 선언되었다. 특히 포인터 *p*는 초기화 시 변수 *i*에 대한 포인터로 설정되었다. 그럼에도 불구하고 5번 줄에서 또 다른 변수 *j*에 대한 포인터로 재 설정 시키면 컴파일 오류를 발생한다. 6번 줄은 restricted형 포인터를 또 다른 restricted형 포인터에 복제하기 때문에 오류를 발생한다.

```
1.  int i = 5, j = 7;
2.  int * restrict p = &i;
3.  int * restrict q;
4.
5.  p = &j;     // invalid - cannot reassign to a restricted pointer
```

```
q = p;      // invalid - cannot copy a restricted pointer
```

또한 다음 예에서도 오류를 발생시키는데 이것은 restricted 포인터는 복제될 수 없기 때문이다.

(예 4) 함수인자로 포인터 전달

```
// Function that takes two restricted pointers
void f(int *p, int *q);

void g() {
        int i;
        f(&i, &i);  // this is invalid since the arguments alias
}
```

함수를 통해 포인터를 전달하면서 포인터 종류를 변경할 경우 다음과 같은 규칙에 따라야 한다.

- restricted포인터는 해당 함수의 인자가 alias 포인터로 명시된 경우 전달될 수 있다.
- 함수의 restricted 포인터로 전달되는 인자는 함수 내부에서 aliasing 포인터로 간주된다. 따라서 내부에서는 자유롭게 포인터를 활용할 수 있다.

```
void f(int * alias x) {
        printf("%d",*x);     //5
}

void g(int *y) {
        int *p;

        f(y);     // y is implicitly restricted but can be passed as an alias

                // within the function 'y' acts like an aliasing pointer
        p = y;
        y = p;
}

void main() {
        int i = 5;
        g(&i);
}
```

또한 Aliasing 포인터는 다른 전달인자를 alias하지 않는다면 restricted 포인터 인자를 받는 함수로 전달될 수 있다.

```
#include <print.h>
void f(int *x, int *y) {
        printintln(*x);     //5
}

int g() {
        int i = 5, j = 8;
        int *p = &i;
        int *q = &j;

        //p = q;        // 이 부분이 추가될 경우 오류 발생
```

```
            f(p, q);        // valid since p does not alias q
}
```

Aliasing 포인터는 출처가 함수의 지역변수인 경우에만 동작한다. Aliasing 포인터가 함수의 매개변수로써 전달되거나 전역 변수에 할당되는 경우, 호출되는 함수에 추가적인 제한사항이 저절로 만들어져 어떤 전역변수에도 접근할 수 없게 된다.

아래의 경우 변수 'i'는 함수 *g()*의 지역변수가 아닌 전역변수이므로 컴파일 시 오류가 보고된다. 보고된 오류를 보면 어느 부분에서 오류가 발생했는지는 알려주지 않는다.

컴파일러는 2번째 줄에 오류가 없다고 판단하지만, 사실을 함수 *f()*에 aliasing 포인터를 매개변수로 할당할 수 없다는 제한사항이 저절로 생겨났기 때문에 5번째 줄에서 오류가 발생하게 된 것이다.

(예 5) 전역 변수를 alias 해서 생기는 오류

```
1.  int i = 5;
2.  int f(int *q)   {return *q + i;} // compiler assumes 'q' does not alias 'i'
3.  void g() {
4.          int *p = &i;
5.          f(p); // invalid since f accesses a global and 'p' has   non-local scope.
6.  }
7.  ...
8.
9.  p.xc:10: error: passing non-local alias to function `f' which accesses a global variable
```

위와 같은 오류는 아래와 같이 alias 포인터를 사용하면 수정할 수 있다.

```
int i = 5; // 전역변수 //default : restrict

int f(int * alias q) {
   printf("%d", *q); //5
   return *q + i;
}

void g() {
      int *p = &i;
      f(p);
} // alias 처리를 했으므로 정상 동작
```

```
int i = 5; // 전역변수

int f(int * alias q) {
   printf("%d", *q);   //5
   return *q + i;
}

void g() {
      int *p = &i;
      f(&i);
} // int *p가 restrict가 아니므로 &i 사용 가능
```

4.12 Movable 포인터

이것은 프로그램의 일부분에서 다음과 같이 포인터의 소유권을 전달 시 유용하다.

- 나중에 사용될 전역 변수에게 소유권을 이전
- 태스크 간의 소유권 이전

Restricted 포인터는 재할당이나 복제될 수 없다. Movable 포인터는 소유권을 이전함으로써 이에 대한 해결책을 제공한다. 이 포인터는 non-aliasing 특성을 유지하면서 할당된 메모리만 참조할 수 있는 방식으로만 전달될 수 있다. 즉 메모리가 중복되지 않게 하면서 새로운 메모리 공간을 참조할 수 있게 한다.
이러한 movable 포인터는 "movable" 형으로 선언한다.

(예 1) 다음은 move()연 산자를 이용해 전역변수 global_p와 지역변수 p가 포인터를 주고 받는 예이다. 만약 18번째 줄에서 변수 p에 대한 연산을 수행했다면 p는 null인 상태에 있으므로 에러가 발생했을 것이다.

```
1.    int * movable global_p;
2.
3.    void   myF(int * movable p) {
4.                    printf("%d", * p);
5.                    *p = 6;
6.            global_p = move(p);
7.            printf("%d", *global_p);   //6
8.    }
9.
10.   int * movable   myG(void) {
11.                   *global_p = 7;
12.           return   move(global_p); // need   to use the move operator here
13.   }
14.
15.   void   myH(void) {
16.           int i = 5;
17.           int * movable p = &i;
18.
19.           printf("%d", *p);   //5
20.           myF(move(p));   // need to use the move operator here
21.
22.           p = myG();
23.           printf("%d", *p);   //7
24.   }
25.
26.   void main() {
27.           myH();
28.   }
```

Movable포인터의 값은 move() 연산자를 사용하여 전달될 수 있다. 이러한 move() 연산자는 source(변수p) 포인터를 null로 설정해 오직 하나의 변수만이 한번에 하나의 메모리 위치의 소유권을 가질 수 있도록 보장한다. 또한 move ()연산자는 movable 포인터를 함수로 전달하거나 movable 포인터로 반환시 사용해야 한다.

(예 2) 다음과 같이 restricted포인터의 경우와 마찬가지로 해당 포인터의 non-aliasing 특성을 위반하므로 i 를 사용할 수 없다.

```
int i = 5;
int * movable p = &i;

printf("%d ", i);        //오류
printf("%d ", *p);       //5
```

(예 3) Movable 포인터는 할당되지 않은 메모리를 참조할 수 없다. 이 특성을 보장하기 위해 아래의 제한요건이 적용된다. 범위를 벗어날 경우, movable 포인터는 반드시 초기화 될 때와 같은 영역을 가리켜야 한다. 이를 위하여 해당 포인터가 범위를 벗어나면 오류를 보고하는 런타임 검사기능이 추가 수행된다. 예를 들어 다음의 경우는 오류가 보고되는 경우이다.

```
int* movable global_p;

void myF() {
        int i = 5;
        int *p = &i;
        global_p = move(p);
}

// 'p'가 초기화된 영역을 가리키지 않기 때문에 예외가 발생한다.
```

이것은 global_p 가 할당되지 않은 메모리를 가리키는 것을 예방한다.

[참고] 태스크간에 포인터를 전달할 경우 interface 연결을 사용하면 가능하다(interface는 제 8 장에서 다룬다.).

4.13 Unsafe 포인터 형식

"unsafe" 포인터 형식은 기존 C와의 호환을 위해 사용되는 것으로써 동적으로 생성되며 aliasing 이 가능하므로 linked list를 구현할 때 사용할 수 있다.
주의할 점은 xC 언어에서 이러한 unsafe 포인트 형식은 기본적으로 꺼려하는 형식이므로 불가피하게 사용할 경우 "unsafe" 를 명시해야 한다.
unsafe 포인터는 unsafe 영역 내에서 사용되지 않으면 그 결과를 보장하지 않는다.
해당 함수가 unsafe 영역임을 명시할 경우 "unsafe"를 함수명 선두에 사용한다.

(예 1) unsafe 영역의 함수임을 표시

```
#include <print.h> //printintln을 사용하기 위해서
unsafe void f(int * unsafe x) {
   // We can dereference x in here,
   // but be careful - it may point to garbage
  printintln(*x);
}
```

이러한 unsafe 함수를 호출할 경우 자신의 unsafe 영역 내에서만 호출할 수 있다. 따라서 복합구문(Compound statement)인 '{ }' 를 사용해 지역적인 unsafe 영역을 지정해야 한다.

다음 예는 함수 g()가 unsafe 함수 f()를 호출할 경우이다.

(예 2) unsafe region 설정

```
void g(int * unsafe   p) {
        int i = 99;

        unsafe {
                p = &i;
                f(p);
          }
          // Cannot dereference p or call f from here
}
```

이러한 unsafe 영역은 프로그래머에게 이 영역 내에서 자유롭게 aliasing 기능을 활용하지만 안전성이 보장되지 않음을 명시적으로 표시하면서 프로그래밍 할 수 있도록 한다. 즉 unsafe 영역 내에서는 unsafe 포인터를 alias 할 수 있다.

지금까지 다룬 4종류의 포인터들의 기능을 정리하면 아래와 같다.

- 하나의 메모리 영역에 여러 개의 변수가 접근하는 것을 aliasing이라고 한다.
- Restriced 포인터 : aliasing을 방지하기 위하여 원래의 변수값(i)에 대한 직접적인 접근은 금지된다.
- Movable 포인터 : 포인터의 소유권을 다른 메모리로 이전해 하나의 변수만이 하나의 메모리 위치의 소유권을 갖도록 보장한다.
- Unsafe 포인터 : unsafe 영역 안에서만 aliasing이 가능하다.

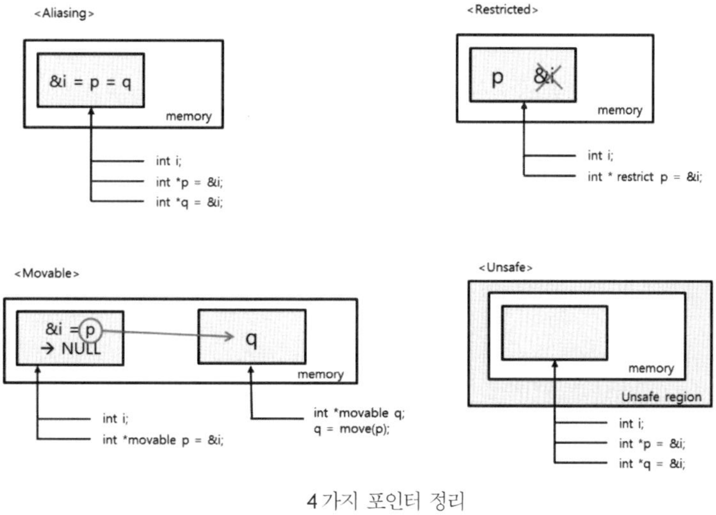

4가지 포인터 정리

4.14 Runtime 오류와 컴파일러의 기능

(1) 메모리 경계 검사기능(Bound check)

xC 컴파일러는 컴파일 단계에서 메모리 접근 오류를 보고함으로써 런타임 오류를 예방한다.

예를 들어, 다음과 같은 코드에 대하여 컴파일러는 다음과 같이 오류를 표시한다.

```
void f()
{
        int a[5];
        a[7] = 10;
}
```

<결과 화면>

```
bad.xc: In function `f':
bad.xc:4: error: index of array exceeds its upper bound
```

또한 컴파일러는 여전히 함수가 호출 될 때 경계가 올바른지 확인한다.

다음과 같은 경우 역시 오류를 보고한다

```
void f(int a[n], unsigned n);

void g() {
        int a[5];
        f(a, 8);    // error - bound does not match
}
```

배열의 경우, 그 검사는 컴파일러에게 배열의 경계가 아래 구문을 사용하여 다른 변수와 관련된다는 것을 나타냄으로써 생략될 수 있다.

참고로 다음과 같은 경우에는 메모리 경계 검사기능이 불필요하다.

컴파일러가 모든 접근이 배열의 범위 내에 있다는 것을 가정할 수 있기 때문이다.

```
void f(int a[n], unsigned n) {
        for (int i = 0; i < n; i++)    a[i] = i;
}
```

[참고] 다음과 같이 컴파일 단계에서는 식별할 수 없는 메모리 관련 오류에 대해서도 xC 컴파일러는 추가적인 검사기능을 수행한다.

```
void f(int a[]) {
        a[7] = 10;
}
```

컴파일러는 모든 배열과 포인터가 유효한 영역에 있는지를 추적한다. 만약 유효 영역 경계를 넘어가면 컴파일러 오류 또는 런타임 오류가 발생한다.

만약 컴파일러가 컴파일 시에 사용이 안전한지 확인할 수 없다면, 런타임 체크를 실행한다. 하지만, 이러한 검사는 실행하는 데 시간이 추가로 소요된다.

만약 안전하지 않은 경우는 예외가 발생한다. 이 예외는 디버거가 연결되어 있는 경우는 발생 위치가 보고된다.

일반적인 시스템 프로그래밍 시 이러한 오류가 발생하면 워치독 타이머 등을 사용하여 자동으로 재부팅하도록 설계한다. xCore기반의 시스템 설계 시에도 이와 유사한 예외처리기를 프로그램에 설치하는 것이 가능하다.

(2) Parallel usage 검사기능

컴파일러는 parallel usage 위반오류 보고기능을 제공한다. 이것은 특정 태스크가 소유한 메모리에 다른 태스크가 접근하는 것을 탐지하는 것을 보고하는 기능이다.

예를 들어 특정 변수에 write하는 태스크를 감지함으로써 메모리 소유권을 감지할 수 있다.

예를 들면 아래와 같은 프로그램을 컴파일해 봄으로써 알 수 있다.

```
#include <stdio.h>

int g = 7; //global variable

void task1() { g = 7; }
void task2() { printf("%d",g);}

int main() {
        par {
                task1();
                task2();
        }
return 0;
}
```

<결과 화면>

```
par.xc:10: error: use of `g' violates parallel usage rules
par.xc:7: error: previously used here
par.xc:5: error: previously used here
```

만약 공유 데이터를 read만 한다면 두 태스크는 이것에 접근 할 수 있다.

따라서 아래의 프로그램은 유효하다.

```
#include <stdio.h>

const int g = 7; //global variable

void task1() { printf("%d", g+2); }
void task2() { printf("%d", g);}

int main() {
	par {
			task1();
			task2();
	}
return 0;
}
```

제 5 장 Hello Timer/Clock

5.1 타이머와 클럭 블럭

xCORE 프로세서 내의 각 타일에는 100MHz의 기준 클럭 소스인 XS1_CLKBLK_REF 클럭 블럭이 내장되어 있다. 이 기준 클럭에 동기되어 10nsec마다 단순 증가하는 32비트 카운터를 타이머라고 한다. 이러한 타이머는 각 타일별로 10개가 내장되어 있다.
또한 이 기준 클럭을 소스로 받아 추가적인 50MHz, 25MHz 등의 클럭을 재생성 할 수 있는 5개의 추가적인 클럭 블럭인 XS1_CLKBLK1~5도 내장하고 있다.
그리고 각 포트별로 16비트 길이의 포트 카운터를 가진다. 이것은 해당 포트에 적용된 클럭 소스의 하강 엣지마다 1씩 증가한다. 이를 이용하여 포트 및 태스크는 <그림 5.1>과 같이 10nsec 단위의 정밀도를 제공하는 기능 블럭을 설계할 수 있다.

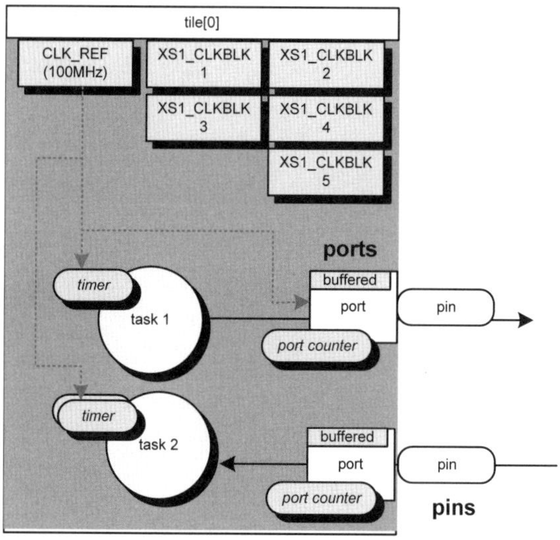

<그림 5.1> 타이머와 클럭 블럭

5.2 타이머

타이머는 xCORE에 내장된 100MHz로 동작하는 32비트의 단순 증가 카운터이다. 10nsec마다 1씩 증가하므로 약 42초에 한번씩 순환한다. 이것의 기능은 범용 MCU에 내장된 타이머와 같다.

이것을 사용하여 프로그램의 동작지연 및 일정 시간 간격마다의 반복 동작 등의 작업을 수행할 수 있다.

이것의 특징은 다음과 같다.

- 타이머는 10ns 단위로 증가하는 카운터이다.
- xCore당 10개의 타이머 모듈이 내장된다.

(1) 선언 및 카운터 값 읽기

- 타이머는 다음과 같이 "timer" 형식을 사용하여 타이머를 할당한다. 이러한 timer 변수는 xC 프로그램 어느 곳에서든 선언될 수 있다.

```
timer t;
```

- 현재의 타이머 카운터 값이 필요하면 ":>" 연산자를 사용하여 그 값을 읽을 수 있다
- " when" 구문을 사용하여 주기적으로 필요한 작업을 할 수 있다.

(예) 이것은 시작시점과 완료시점간의 경과시간을 출력하는 예이다. 출력값은 10nsec 단위의 tick 값이다.

```
#include <platform.h>
#include <print.h>
int main(void){
   timer t;
   unsigned start_time, end_time;

   t :>start_time;

   // Do something here
   for(i=0;i<1000;i++){}

   t :>end_time;

   printf("timer ticks elapsed: %u Ticks", end_time - start_time);

   return 0;
}
```

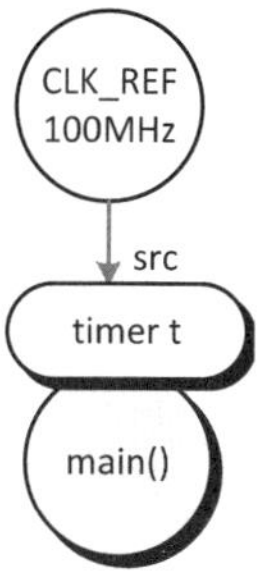

<그림 5.2> 타이머

(2) 타이머 이벤트

타이머는 지정된 카운터 값에 도달했을 때, 해당 이벤트를 발생시킨다. 이러한 이벤트는 다음과 같이 select 구문 내에서 다음과 같은 형식으로 처리한다.

```
case timer when timerafter ( value ) :> [ var | void ] :
```

(예) 다음은 타이머 카운터 값이 정해진 값 x에 도달 시 타이머 이벤트가 발생하는 예이다.

XMOS	*Velilog*
1. uint32_t x; 2. timer tmr; 3. ... 4. select { 5. case tmr when timerafter(x) :> void: 6. // handler the timer event 7. ... 8. break; 9. }	1. input clk, 2. input [31:0]x, 3. ... 4. always@(negedgeclk) begin 5. cnt<= cnt + 32'b1; 6. end 7. 8. always@* begin 9. if(cnt== x) begin 10. //handler the timer event 11. //... 12. end 13. end

참고로 5번 줄의 void는 이벤트가 발생한 시간에서 반환되는 타이머 카운터 값이 불필요하여 무시한다는 의미이다.
만약, 그 시간값이 필요하다면 다음과 같이 새로운 변수에 대입시킬 수 있다

```
case tmr when timerafter(x) :> int y:
```

(3) timestamp 출력기능과 timed 출력기능

특정 포트를 통한 출력 시점을 포트카운터에 기록하거나 특정시간에 출력을 수행하도록 할 경우에는 “@” 연산자를 사용한다.

(예) 다음 예는 3번째 클럭 주기에서 출력 핀으로 ‘1’을 출력한다. 이후 다시 2번째 클럭 주기에서 ‘0’을 출력하는 예이다. 즉 duty가 3/5인 펄스를 생성한다.

[참고] 여기서 해당 포트에 별도의 클럭 블럭을 설정하지 않아, 해당 포트 카운터는 10nsec마다 1씩 증가한다.

```
1.  void do_toggle ( out port p) {
2.  int cnt ;
3.
4.  p <: 0 @ cnt ; // timestamped output
5.
6.    while (1) {
7.                cnt += 2;
8.                p@ cnt <: 1; // timed output
9.
10.               cnt += 3;
11.               p@ cnt <: 0; // timed output
12.       }
13. }
```

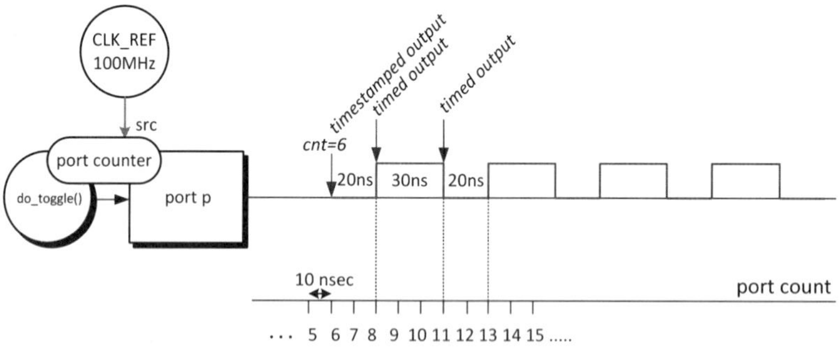

<그림 5.3> timestamp 와 timed output 의 예

4번 줄 "p<: 0 @ count"은 *timestamped output*을 수행한 것이다. 즉, 포트 p에 0을 출력하면서 타이머 카운터의 현재값을 읽어*count* 변수에 기록한다. 이어 while 루프 내의 7~8번 줄에서는count 변수값에 2를 더한 후 "p@count <: 1"를 수행하는데 이것을 *timed output* 문을 수행한다고 한다.

이것은 해당 핀으로 1을 출력하려면 내장 타이머카운터 값이 앞에서 설정된 count+2이 될 때까지(즉, 2개의클럭이 지날 때까지 대기하도록 하는 것이다.

그리고 마지막 2줄은 다시 count 변수값에 3을 더하여 앞으로 3클럭이후에 0을 출력하도록 한다. 참고로 이러한 전 과정에서 포트 카운터는 매 100MHz 클럭의 하강 엣지에서 증가된다.

(4) 입력 시점에 대한 time stamping 기능

다음 프로그램은 pRXD 포트의 입력값이 0이 되었을 때의 포트 카운터 값을 cnt 변수에 기록하는 예이다. 이것은 UART의 Start 비트 입력 시점을 기록할 때 유용하다.

```
int cnt;
pRXD when pinseq (1) :> void;   // idle(MARK)일 때까지 대기
pRXD when pinseq (0) :>void @ cnt; // wait for a start bit. Timestamped input.
        // 입력신호가 0으로 되면(예: Start비트) 현재의 포트카운터 값을 cnt 변수에 기록.\
unsigned Getts(port canTX){
        unsigned ret;
        // get current port time stamp
        asm ("getts %0, res[%1]" : "=r"( ret ) : "r"(canTX));
        return ret;
}
```

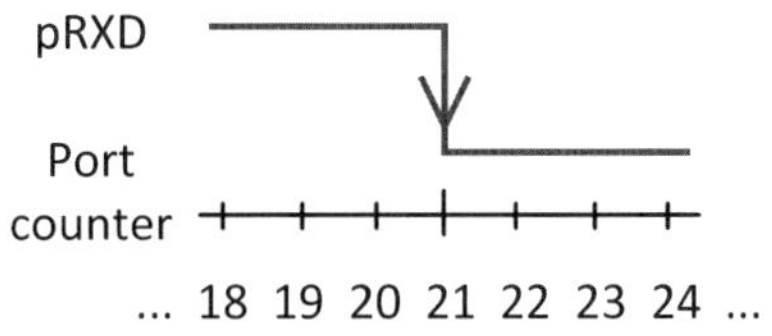

<그림 5.4> 포트 카운터를 활용한 입력 timestamping.

[참고] 현재의 포트 카운터 값은 다음과 같은 inline 어셈블리 함수를 사용하여 얻을 수 있다.

(5) 5 MHz 클럭생성기

분주되지 않은 100MHz의 클럭과 각 포트에 내장된 포트 카운터를 사용하여 100nsec마다 1과 0을 교대 출력함으로써 5MHz의 클럭을 생성하는 예는 다음과 같다.

[참고] 이 경우도 분주되지 않은 XS1_CLKBLK_REF 클럭을 사용하므로 포트 카운터는 10nsec마다 1씩 증가한다.

```
on tile[0]: clock refClk = XS1_CLKBLK_REF;   // 100MHz
on tile[0]: out port pTxC = XS1_PORT_1P;

clkGenTask(){
  unsigned t;
configure_out_port (pTxC, refClk, 1);        // 초기값 = High
pTxC <: 0 @ t;   // [timestamped output]
                  // START bit (0)을 출력하면서 현재 포트카운터 값을 t에 기록.\
    while(1){
       t += 10;
       pTxC @ t <: 1;   // [timed output] 포트카운터 값이 이전에 설정된 값이 되면, 즉
                        // 10*10nsec가 경과한 뒤라면 1을 출력
       t += 10;
       pTxC @ t <: 0;   // 다시 100nsec가 경과한 뒤라면 0을 출력
    }
}

int main(void){
     par {
        on tile[0]: clkGenTask();
     }
     return 0;
}
```

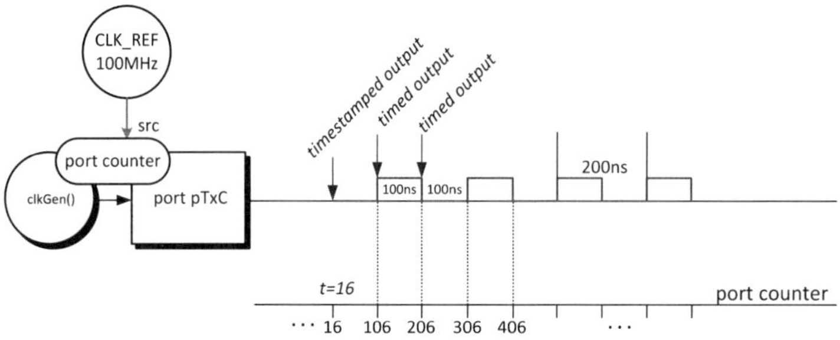

<그림 5.5> 5MHz 클럭 생성기의 동작

(6) 포트 카운터 값의 설정방법

16비트 길이의 포트 카운터는 클럭 소스의 하강 엣지마다 1씩 단순 증가한다. 따라서 프로그래머가 임의의 포트 카운터 값을 설정할 수 있는 라이브러리 함수는 현재 없다.
하지만 필요 시 다음과 같은 in-line assembly를 사용하여 포트 타이머 값을 설정할 수는 있다. 아래 예는 포트 카운터 값으로 63을 설정한 것이다.

```
asm("setpt res[%0], %1": ""r"(port), "r"(63));
```

5.3 타이머의 활용

(1) 지연 작업

(예 1) 다음은 동작 중 1초간 멈추는 예이다.

```
#include <print.h>
#include <platform.h>

#define SECOND 100000000 //10nsec granulity

int main(void) {
    timer       t;
    unsigned    start_time, end_time;
    t :> start_time; // start_time 변수값에 현재 시간값(타이머 카운터 값)을 기록.
    t when timerafter(start_time + SECOND) :> end_time;
    //timer가 (start_time + SECOND)시간이 되면 timer 값 t를 end_time에 기록한다.
    //그동안 대기한다.
    printf("timer ticks elapsed: %u Ticks", end_time - start_time);
    return 0;
}
```

(예 2) 지정된 시간 동안의 지연 작업

앞의 예를 활용하여 d*10nsec 동안 대기하도록 하는 함수는 다음과 같이 프로그래밍된다. 여기서 사용되는 when 및 timeafter 등의 token은 모두 xc 언어용이며, 이것의 실행 결과는 10nsec 단위로 정교하다.

```
void delay(unsigned d){
 timer t;
 unsigned time;
 t :> time;   // time 변수값에 현재 시간값(타이머 카운터 값)을 기록한다.
 t when timeafter(time + d) :> time; // timer값이 (time+d)시간이 되면 timer counter 값 t를 time에 기록한다. 그동안 대기한다.
}
```

(2) 주기적인 작업

타이밍 이벤트에 반응해야 하는 응용은 다양하다. 예를 들면, 아래의 loop는 매 1ms마다 select구문을 사용하여 실행하는 경우이다.

XMOS

```
timer t;
uint32_t time;
const uint32_t period = 100000;
// 100000 timer ticks = 1ms

// get the initial timer value
t :> time;
while(1) {
   select {
   case t when timerafter(time) :> void:
      // perform periodic task
      ...
      time += period;
      break;
   }
}
```

Velilog

```
input clk,
input [31:0] period,
input reset,
...
reg [31:0]x;

always@(negedgeclk , negedge reset)begin
if(!reset)
cnt<= 0;
else
cnt<= cnt + 32'b1;
end

always@(negedgeclk , negedge reset)begin
if(!reset)
x<= period;
else if(cnt == x)begin
//handler the timer event
//...
x<= x + period;
end
end
```

(예 1) 다음은 select 구문을 사용하여 주기적인 작업을 구현한 예이다.

```
#include <platform.h>
#include <print.h>

int main(void){

timer t;
unsigned time;
 while(1){
   t when timerafter(time) :> void;
   time+= XS1_TIMER_MHZ * 1000 * 1000;
   printstr("This message is printed once a second \n");
   }
}
```

5.4 클럭 블럭

각 tile마다 내장된 6개의 클럭 블럭의 구성은 <그림 5.6>과 같다.

- XS1_CLKBLK_REF : 100MHz의 내부 기준 클럭을 클럭 소스로 입력받아 100MHz의 클럭 출력을 제공한다. 이것은 다른 클럭 블럭과 달리 분주할 수 없다.
- XS1_CLKBLK_1~_5 클럭 블럭 : 100MHz의 내부 기준 클럭 또는 1비트 포트 입력, 즉 외부 클럭 입력을 클럭 소스로 입력받아 필요 시 분주하여 포트 카운터에 공급한다.

이러한 클럭 블럭에 의해 xCore의 각 포트에서 수행되는 입출력과정은 기준 클럭에 동기된다.

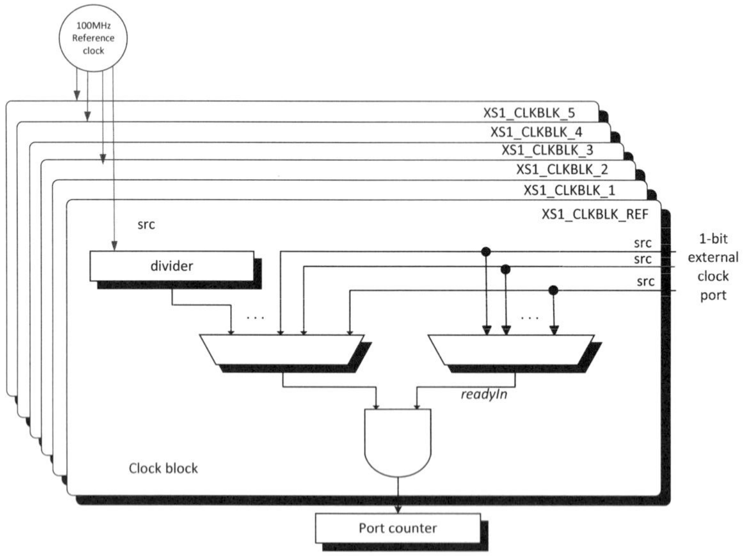

<그림 5.6> 클럭 블럭의 구성

만약 추가의 클럭이 필요한 경우 다음과 같이 *clock* 형의 전역변수를 선언하고 나머지 5개의 클럭 블럭 중 하나를 할당한 후 초기 설정되어야 한다.

```
clock myClk1 = XS1_CLKBLK_1;
clock myClk2 = XS1_CLKBLK_2;   //_3~_5까지 추가 할당할 수 있음.

main(){
  configure_clock_rate(myClk1, 100, 1); //Drive the port at 100MHz?!
  configure_clock_rate(myClk2, 100, 1); //Drive the port at 100MHz?!
  start_clock(myClk1);
  start_clock(myClk2);
}
```

여기서 "myClk1" 및 myClk2는 XS1_CLKBLK_1및 XS1_CLKBLK_2 클럭 블럭의 instance이다. 그리고 다음과 같은 2개의 함수가 사용되었다.

configure_clock_rate(clock clk, unsigned a, unsigned b);
start_clock(clock clk);

여기서 "a"는 설정할 clock rate의 분자이고 "b" 는 분모이다. 이에 클럭 블럭은 100MHz의 기준 클럭(ClkRef)에 대하여 (ClkRef/2n) MHz 의 클럭으로 설정된다. 실제 클럭의 동작은 *start_clock(clock clk)* 함수 호출에 의해 개시된다.

5.5 클럭 블럭을 활용한 클럭 신호 출력

xCORE에 내장된 클럭 블럭을 이용하여 분주된 클럭 신호를 특정 포트로 출력할 수 있다. 다음과 같은 3가지 방법이 있다.

(1) configure_clock_rate () 사용 방법

특정 포트를 클럭 출력 전용 포트로 설정하고 여기에 분주시킨 클럭 블럭을 연결시키는 방법이다. 이를 위하여 다음과 같은 함수를 사용한다.

configure_port_clock_output(void port p, const clock clk);

"clk"은 해당 출력포트에 연결된 내부 클럭 블럭이다.

[참고] 클럭 신호 출력용으로 설정된 포트 "p"는 반드시 1비트 포트이어야 한다.

(예) 100MHz의 기준 클럭을 100/8로 분주시킨 클럭 블럭 1을 pOutClock포트에 연결한다.

```
myRefClk = XS1_CLKBLK_1;      // XMOS 내부의 클럭 모듈 중 하나인 XS1_CLKBLK_1
모듈을 myRefClk 블록으로 할당함.
int main(void){

 out port pOutClock = XS1_PORT_1E;

 configure_clock_rate(myRefClk, 100, 8); //Drive the port at 100/8 MHz
 configure_port_clock_output(pOutClock, myRefClk);
 start_clock(myRefClk);
}
```

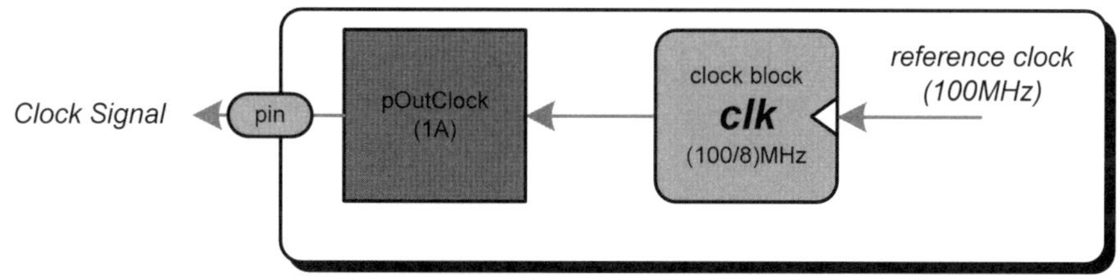

<그림 5.7> 1/8 분주된 클럭 출력

(2) set_clock_div() 방법

클럭 블럭에 대하여 다음과 같은 set_clock_ref(clk) 과 set_clock_div(clk, divide)함수를 사용하여 원하는 클럭을 생성시킬 수 있다.

```
void set_clock_div(clock  clk, unsigned char div)
```

이것은 100 MHz 기준 클럭을 8비트 값인 divide에 2배를 곱한 값으로 분주하도록 한다. 만약 divide 값으로 2를 설정하면 클럭 블럭 clk의 출력 클럭은 25MHz가 된다.

(예) 12.5MHz 클럭 생성 방법

```
1.  myRefClk = XS1_CLKBLK_1;
2.  int main(void) {
3.          set_clock_ref(myRefClk);        // 100MHz
4.          set_clock_div(clk,4);           // 100/(4*2) =12.5MHz
5.          configure_in_port(inP, clk);
6.          configure_port_clock_output(pOutClock,myRefClk);
7.          start_clock(myRefClk);
8.  }
```

6번 줄에서 pOutClk 포트는 이 클럭 신호를 전용으로 출력하는 클럭 출력 포트가 된다.

(3) configure_clock_ref 사용 방법

보다 간편하게 configure_clock_ref() 함수를 사용할 수 있다. 여기서 divide 인자값으로 n을 사용하면 내부적으로는 2*n 분주된다.

```
void configure_clock_ref(clock  clk, unsigned char divide)
```

(예) CLKBLK_1 클럭 블록의 클럭 원으로 100MHz의 기준 클럭을 사용하고 이 클럭 블럭의 출력으로 2* divide 값을 분주된 클럭 신호를 pOutClk 포트로 출력한다.

```
myRefClk = XS1_CLKBLK_1;
int main(void) {
configure_clock_ref (myRefClk,  4); //100/(4*2) =12.5MHz
configure_in_port(inP, clk);
configure_port_clock_output(pOutClock,myRefClk);
start_clock(myRefClk);
}
```

5.6 외부 클럭 입력 신호의 활용

외부로부터의 클럭을 입력받아 내부 로직에 공급할 경우에는 다음과 같은 함수를 사용한다.

```
configure_clock_src(clk , pInClock );
```

이것은 입력 포트인 p_clock_in를 통해 입력되는 외부 클럭 신호를 클럭 블럭인 clk의 클럭 소스로 전달하여 내부적으로 활용되도록 한다. 역시 외부 클럭 입력용 포트는 반드시 1비트 포트이어야 한다.

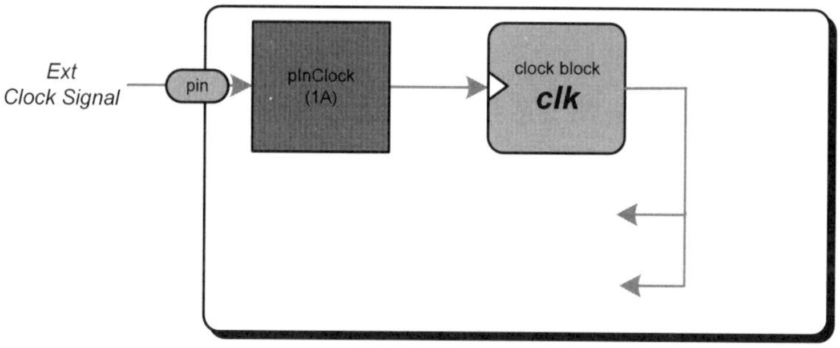

<그림 5.8> 외부 클럭 입력에 대한 클럭 블럭의 활용

```
# include <xs1.h>
clock clk = XS1_CLKBLK_1 ;
in port pInClock = XS1_PORT_1A ;

int main ( void ) {
  configure_clock_src (clk ,pInClock );
  start_clock (clk);
...
}
```

(예) p_clock_in를 통해 입력되는 외부 클럭 신호를 클럭 블럭인 clk의 클럭 소스로 전달하고 이 클럭을 다시 1/2분주하여 출력 클럭으로 하는 경우는 다음과 같다.

```
# include <xs1.h>
clock clk = XS1_CLKBLK_1 ;
in port pInClock = XS1_PORT_1A ;
out port pOutClock = XS1_PORT_1E;

int main ( void ) {
  configure_clock_src (clk , pInClock );
  configure_clock_rate(clk, 100, 2); //Drive the port at 100/2 MHz
  configure_port_clock_output(pOutClock, clk);
  start_clock (clk);
...
}
```

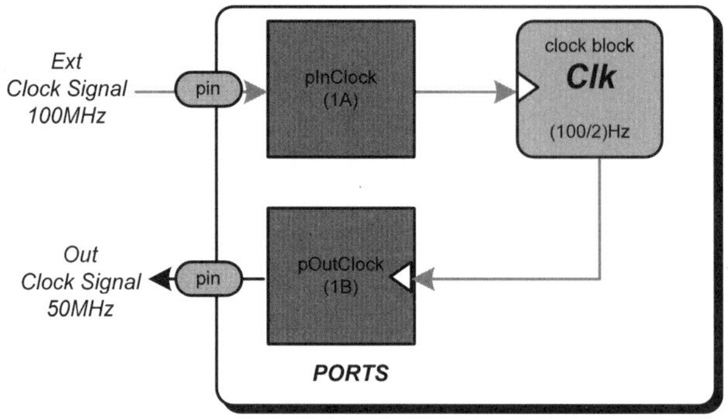

<그림 5.9> 외부 클럭 입력을 분주하여 출력하는 경우

5.7 포트의 SERDES 기능을 활용한 클럭 생성 방법 (참고)

각 포트에 내장된 SerDes기능을 활용하여 전달받은 4바이트의 데이터를 직렬화시켜 클럭 신호처럼 출력한다.

아래의 예는 16비트의 0xAAAA(즉, 0b1010101010101010)데이터를 포트에 전달하여 기준 클럭의 1/2로 분주된 클럭 파형이 출력되도록 한 것이다. 참고로 LSB부터 송신된다.

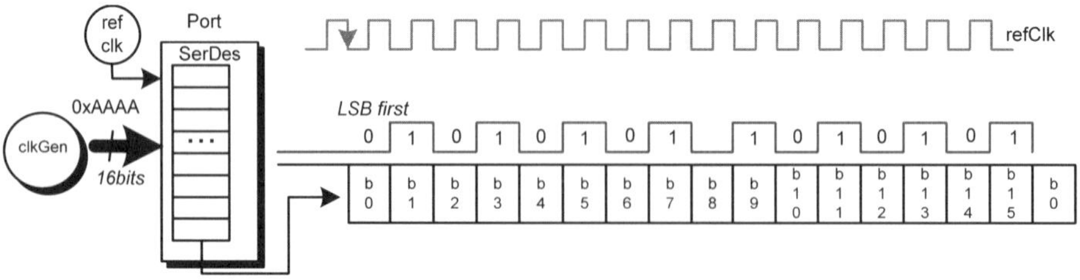

<그림 5.10> 포트의 serdes 기능을 활용한 클럭 생성

(예) 기본 클럭 블럭의 100MHz 클럭으로부터 100MHz의 클럭과 12.5MHz의 클럭 신호를 각각 생성하는 방법을 설계한다.

```
#include <platform.h>
#include <xs1.h>
#include <xclib.h>
#include <print.h>

// Ports
// 실제clk 출력 핀은 1핀으로서 8비트값을 출력 요청하면 해당 포트의 SERDES 기능에
   의해 직렬화되어 전송됨.
out port              pclk1 = XS1_PORT_1A ;
out buffered port:8 pclk2 = XS1_PORT_1B;

// Clock Blocks
```

```
clock clkblk1 = XS1_CLKBLK_1 ; //Reference Clock = 100MHz
clock clkblk2 = XS1_CLKBLK_2 ; //Reference Clock = 100MHz

void clkgen_with_serdes_config()
{
        // configure ports and clock blocks
        //clock 1
        configure_clock_rate(clkblk1, 100, 100); //100/100 =100MHz
        configure_out_port(pclk1, clkblk1, 0);

        //clock 2
                configure_clock_src(clkblk2, pclk1);   //clkblk2's source = pclk1
        configure_out_port(pclk2, clkblk2, 0); //pclk2's reference clock = clkblk2.

        clearbuf(clkblk1);
        clearbuf(clkblk2);

        start_clock(clkblk1);
        start_clock(clkblk2);
}

main()
{
        unsigned        clk_val81;

        clkgen_with_serdes_config();

        clk_val81 = 0x0F; //00001111...

        while(1){
                        // 8비트의 CLK 비트 패턴을 1-핀 포트로 출력한다.
                        pclk2<: clk_val81;
                        sync(pclk2);
        }
}
```

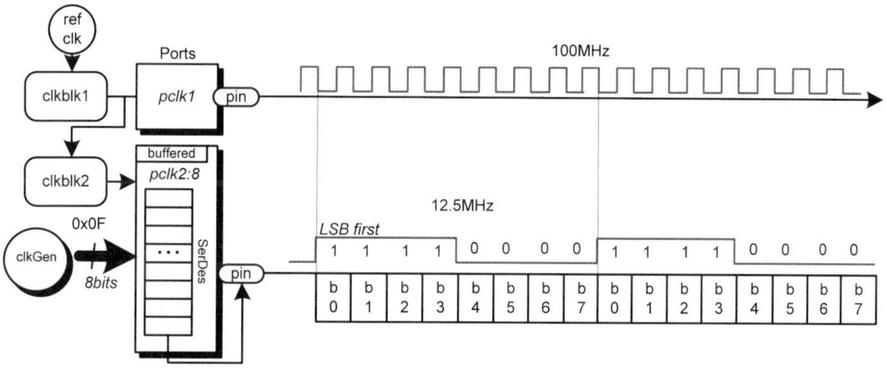

<그림 5.11> 포트의 serdes 기능을 활용한 12.5MHz 클럭 생성

여기서 "sync()" 함수는 클럭의 시작시점에 동기시키는 함수로써 다음 하강 엣지까지 충분한 시간을 지연시킨다. 이렇게 함으로써 프로세서는 출력 버퍼 내의 데이터를 모두 송신할 수 있으며, 하강 엣지 직후에 다음 명령어를 실행할 수 있다.

5.8 타이머와 클럭 블럭을 함께 사용한 예

해당 포트에 대한 클럭 소스는 외부의 클럭 입력 신호 또는 내부의 클럭 블럭을 사용한다. 분주할 경우에는 다음과 같이 set_clock_ref(clk) 과 set_clock_div(clk, divide) 등의 함수를 활용한다.

이것은 100 MHz 기준 클럭을 8비트 값인 divide값에 2배를 곱한 값으로 분주한다. 이에 클럭 블럭 clk는 25MHz를 공급하게 된다.

```
1.  in buffered port:8 inP = XS1_PORT_4B;
2.  out port    pClockOut = XS1_PORT_1A;
3.  clock              clk = XS1_CLKBLK_1;
4.
5.  int main(void) {
6.          set_clock_ref(clk); //100MHz
7.          set_clock_div(clk,2);    //100/(2*2) = 25MHz
8.          configure_in_port(inP, clk);
9.          configure_port_clock_output(pClockOut,clk);
10.         start_clock(clk);
11.         inP :> int x;
12. }
```

8번 줄에서 inP 데이터포트에 대하여 25MHz의 클럭킹된 데이터 입력을 위해 inP 포트의 기본적인 clocked 포트를 위해 25MHz 클럭 블럭을 연결시킨다.

9번 줄에서 pClockOut 포트는 이 클럭 신호를 전용으로 출력하는 클럭 출력 포트가 된다.

또는 다음과 같이 configure_clock_rate() 함수를 사용해도 된다.

```
out port    pClockOut = XS1_PORT_1A;
clock          clk = XS1_CLKBLK_1;

int main(void) {
        configure_clock_rate(clk,100,4); //100/4 MHz
        configure_in_port(inP, clk);
        configure_port_clock_output(pClockOut,clk);
        start_clock(clk);
        inP :> int x;
}
```

5.9 포트 카운터의 활용

xCore 프로세서의 각 tile마다 내장된 10개의 타이머는 각각 32비트 길이의 카운터로써 100MHz의 기준 클럭에 의해 단순 증가한다.

반면에 각 포트에 포함된 포트 카운터는 16비트 길이를 가지며 외부 클럭이나 분할된 내부 클럭의 하강 엣지에서 증가한다.

포트 카운터의 특징은 클럭 원으로 내부 클럭을 사용할 수도 있지만, 대신에 외부 입력 신호를 사용하여 하강 엣지마다 포트 카운터 값이 증가되도록 할 수도 있다.

이러한 포트 카운터를 활용한 예는 다음과 같다.

```
out buffered port:1 toggle = XS1_PORT_1B;
in port inClock = XS1_PORT_1C;
clock clk = XS1_CLKBLK_1;

int main(void) {
        int count;
        configure_clock_src(clk, inClock);
        configure_out_port(toggle, clk, 0);
        start_clock(clk);
        toggle <: 0 @ count; // read    port counter

        while (1) {
                count += 1;
                toggle @ count <: 1; // timed output
                count += 1;
                toggle @ count <: 0; // timed output
        }
}
```

(1) 외부 입력신호의 하강 엣지 계수 기능

다음 예는 외부 입력 신호(P1C)의 하강 엣지 개수를 계수하는 구조이다. 이것의 동작은 다음과 같다.

- P1C: 외부 입력 신호의 하강 엣지마다 1씩 포트 카운터를 증가시킨다. 이를 위하여 이 신호를 클럭 원으로 설정한다.
- P1B: 출력 포트로써 포트 카운터 값이 1 증가하면 1을 출력하고 이후 다시 1 증가하면 0을 출력한다.

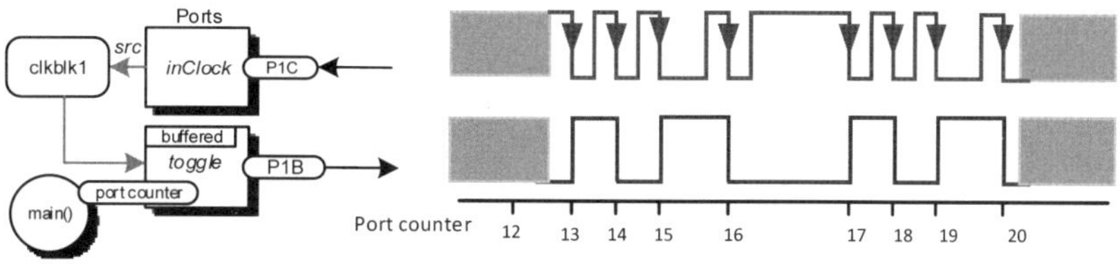

<그림 5.12> 포트 카운터의 활용(엣지 카운터)

여기서 P1C는 외부 입력 신호를 클럭 신호 입력으로 간주하도록 unbuffered 포트이어야 한다.

본 예에서는 외부 입력 클럭 신호가 비 주기적이므로 포트 카운터의 값은 시간을 측정용이 아니라 입력 신호의 하강 엣지 횟수를 계수한다. 이 포트카운터 값을 직접 읽는 방법은 in-line 어셈블리를 사용하여 구현할 수 있지만 간접적으로 P1B의 상승 및 하강 엣지의 개수를 세면 된다.

(2) 주기적 외부 입력 클럭 신호를 활용한 시간 측정 기능

외부 입력 클럭 신호가 주기적이고 미리 알려진 주파수라면 포트 카운터의 값도 주기적으로 증가하기 때문에 시간값으로 사용될 수 있다.

예를 들어 P1C로부터의 입력신호가 주기적이라면, 앞의 예와 동일한 프로그램을 사용할 경우에는 <그림 5.13>과 같이 주기적인 입력 신호의 하강 엣지마다 반전되는 출력신호를 얻을 수 있다. 이를 통해 해당 입력 신호의 주기를 알 수 있다.

또한 1B 출력 신호는 입력 신호 주파수의 1/2에 해당되므로 클럭 분주용으로도 활용할 수 있다.

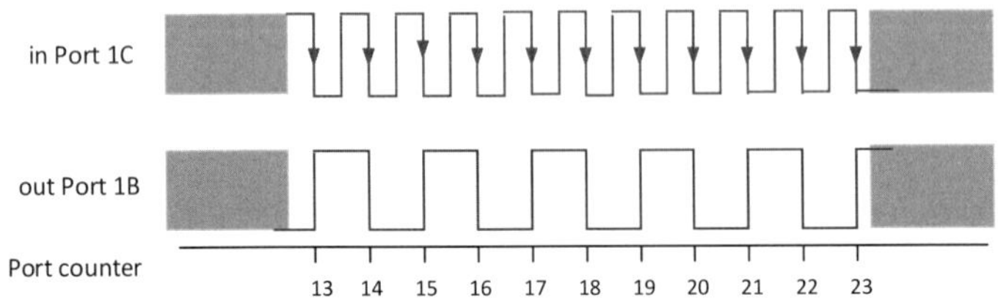

<그림 5.13> 포트 카운터의 활용(시간 측정)

제 6 장 Hello Port

6.1 포트

xCore 프로세서의 수 많은 GPIO 핀에 연결된 내장 포트 블럭은 범용 MCU의 GPIO 포트의 단순한 입출력 기능에 다음과 같은 특별한 기능이 추가된 지능형 포트이다.

- Timing
- Buffering
- Serialisation/deserialisation,
- Strobing
- Pattern matching

<그림 6.1>은 xCore 프로세서의 이러한 흥미 있는 포트의 기능 일부를 도시한 것이다. 이것은 포트의 다양한 기능을 활용하여 설계된 SPI 마스터 모듈이다. 이것은 내부의 클럭 블럭으로부터 공급되는 SCLK 클럭에 동기된 MOSI핀으로 16비트 길이의 직렬 데이터를 출력한다.

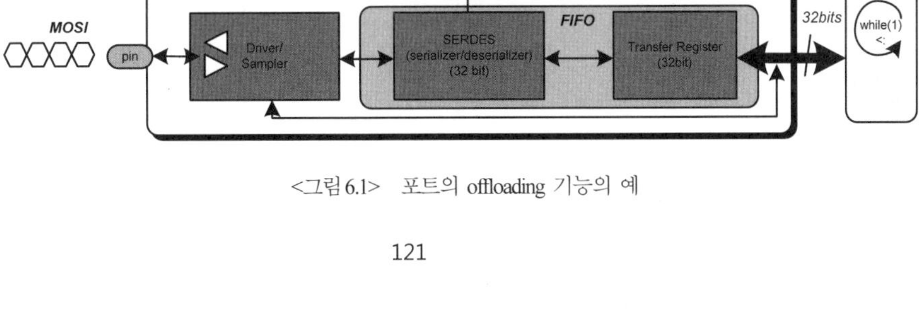

<그림 6.1> 포트의 offloading 기능의 예

이 경우 프로세서는 16개의 SCLK 클럭 주기마다 한번만 16비트의 short int형의 데이터를 한 포트에 전달하면 된다. 왜냐하면 xCORE의 포트 블럭 내부에는 64비트 깊이의 FIFO가 내장되어 있고 이것은 직렬화 기능을 지원하기 때문이다. 또한 각 비트는 SCLK의 하강 엣지(또는 설정에 따라 상승 엣지)에 동기되어 전송된다. 이러한 모든 과정은 바로 포트 블럭이 전담하므로 프로세서는 다른 작업을 할 수 있다. 즉, 포트의 offloading 기능에 의해 프로세서는 보다 효율적인 작업을 할 수 있다.

또한 범용 MCU의 포트는 물리적으로 하나의 핀을 가진다. 하지만 xCORE 프로세서는 1개 이상의 핀이 조합된 것을 포트라고 한다. xCore의 각 핀은 다음과 같은 포트(그룹)에 속한다.

- 단일 포트(그룹): 한 port에 하나의 pin이 할당되어 있어 독립적으로 활용할 수 있다.
- 4핀 포트(그룹): 한 port에 4개의 pin이 할당되어 있어 한번에 4개의 핀을 제어할 수 있다.
- 8핀 포트(그룹): 한 port에 8개의 pin이 할당되어 있어 한번에 8개의 pin을 제어할 수 있다.
- 16핀 포트(그룹): 한 port에 16개의 pin이 할당되어 있어 한번에 16개의 pin을 제어할 수 있다.
- 32핀 포트(그룹): 한 port에 32개의 pin이 할당되어 있어 한번에 32개의 pin을 제어할 수 있다.

<그림 6.2>에서 하나의 핀이 하나의 포트에만 연결되어 있는 게 아니라는 것을 알 수 있다. 예를 들어, X0D00 핀은 1비트 전용 포트인 P1A0용 핀이다. 반면에 X0D02 핀은 4비트 포트인 P4A 포트의 첫 번째 핀인 동시에 8비트포트인 P8A의 첫 번째 핀이기도 하다. 또한 이것은 16비트 포트인 P16A의 첫 번째 핀이면서, 32비트 포트인 P32A포트의 첫 번째 핀이기도 하다.

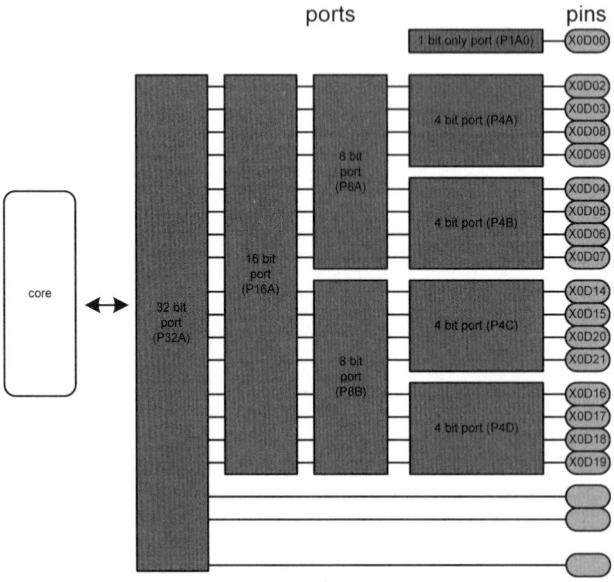

<그림 6.2> xCore의 I/O핀 구성

[참고] xCore에서의 포트는 다음과 같이 Verilog에서는 wire의 폭을 정의하는 것과 비슷한 개념이다.

```
input wire       GPIO1,
output wire [3:0]GPIO2,
output wire [7:0]GPIO3,
input wire [15:0]GPIO4,
inout wire [31:0]GPIO5
```

6.2 포트의 내부 구성

각 포트는 xCORE 프로세서와 외부 장치간을 하나 이상의 실제 핀을 사용하여 연결한다. 각 포트의 로직 입출력 값은 high 또는 low이다. 이러한 포트의 내부구성은 <그림 6.3>과 같다.

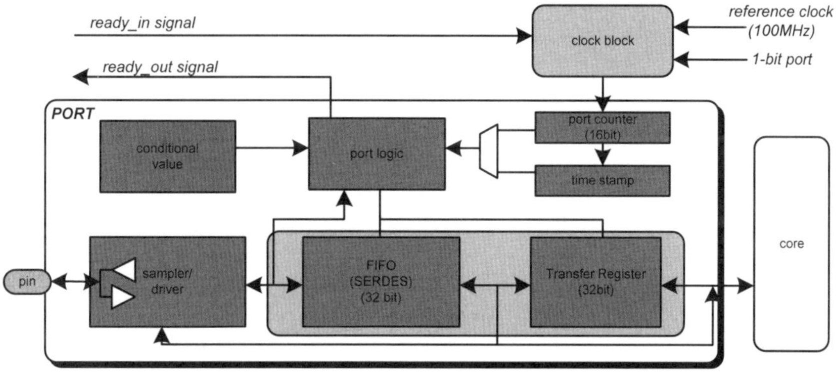

<그림 6.3> 포트의 내부구성

먼저 이 포트는 설정된 시간에 입력 또는 출력할 수 있는 timed input/output 기능을 지원한다. 그리고 모든 입출력을 클럭 블럭으로부터의 하강 엣지에 동기시킬 수 있으며 외부의 타이머 카운터를 활용하여 입력시점 기록과 같은 타임 스탬핑 기능도 수행할 수 있다.
이러한 기능은 각 포트 별로 내장된 16비트의 포트 카운터에 의해 지원된다. 즉, 이 포트카운터는 포트에 적용된 클럭의 하강 엣지마다 1씩 증가하는데 이 카운터 값을 활용하여 데이터의 송수신 시점을 결정한다. 또한 데이터가 transfer 레지스터를 통해 유입되거나 유출될 때마다 항상 현재의 포트 카운터 값이 timestamp 레지스터에 기록된다.

또한 해당 핀의 입력값에 대하여 특정 조건이 만족될 때까지 대기하는 predicated input 기능과 상대방으로부터의 ready_in 신호 입력이 활성화된 경우에만 데이터를 래치하는 즉, strobe 신호에 따른 입력기능도 가진다. 물론 자신이 상대방에게 ready_out 신호를 송신할 수도 있다.

특히, 각 xCore의 포트는 32비트 길이의 SERDES(Serialization and Deserialization) 기능이 있는 32비트 깊이의 FIFO와 32비트의 transfer 레지스터를 갖는다. 필요 시 이 2개를 double buffering 방법으로 조합할 경우 최대 64비트 깊이의 버퍼로 작동시킬 수 있어 프로세서의 작업을 경감시킨다.
만약 w-bit 포트에 SerDes 기능이 사용될 경우dpsms 다음과 같이 버퍼링된 후 직렬화 또는 역직렬화된다.

	:4	:8	:32
1-bit 포트	ok	ok	ok
4-bit 포트	-	ok(2개 버퍼링)	ok(8개 버퍼링)
8-bit 포트	-	-	ok(4개 버퍼링)
16-bit 포트	-	-	ok(2개 버퍼링)
32-bit 포트	double buffering only		

예를 들어 <그림 6.4>를 보자. 먼저 1비트 포트를 사용하여 4비트 폭의 nibble 단위로 역직렬화하는 경우, 일련의 비트들은 차례대로 FIFO에 버퍼링 되다가 4비트가 되면 transfer 레지스터로 이동되어 프로세서가 가져가도록 한다. 이때 FIFO는 비워진다.

또한 4비트 포트가 :8로 역 직렬화 한다면, 2개의 nibble이 수신될 때까지 버퍼링 한 후 transfer 레지스터로 이동시켜 프로세서가 가져가도록 한다.

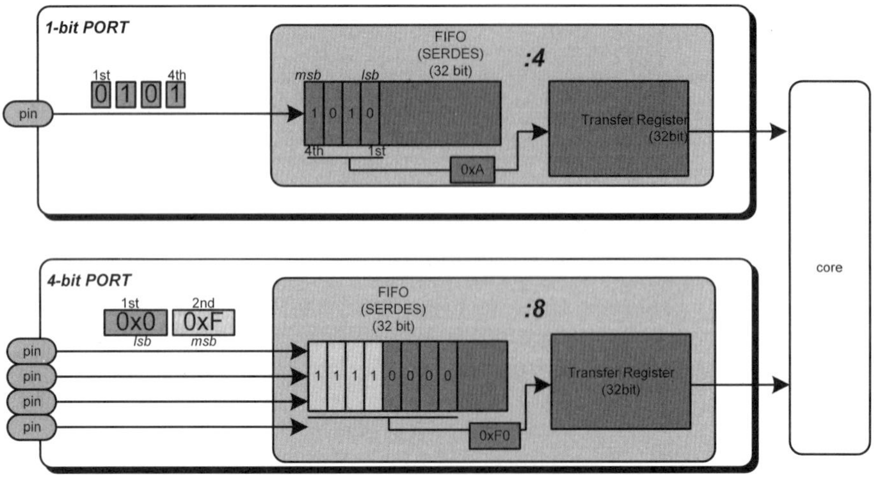

<그림 6.4> SerDes 기능 활용 시 포트 FIFO와 transfer 레지스터의 동작 예

즉, xCore의 포트는 단순히 핀의 모음이 아님을 알 수 있다. 이러한 기능을 활용하여 16비트 직렬화 기능이 필요한 SPI, 32비트 직렬화 기능이 필요한 I2S, 4비트 직렬화 기능이 필요한 이더넷 MII 등의 기능을 모두 구현할 수 있다.

<그림 6.5>는 포트가 제공하는 5가지 기능을 도식화 한 것이다.

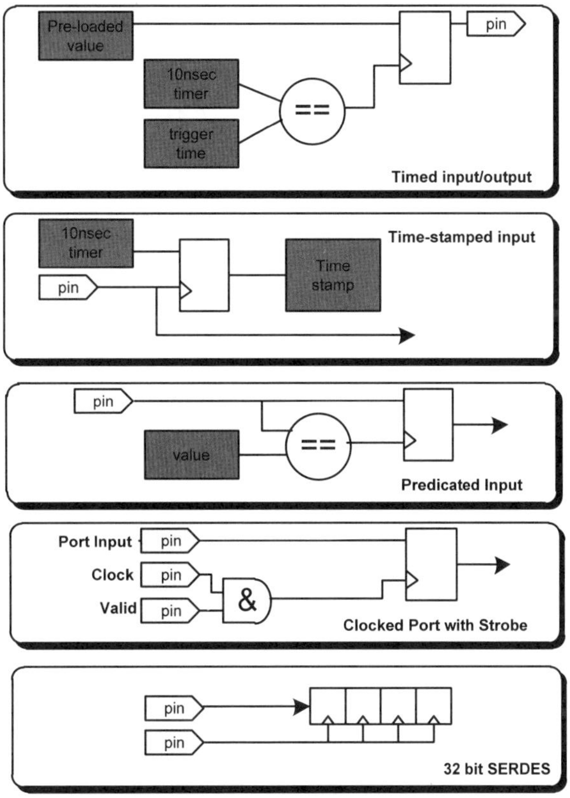

<그림 6.5> 포트의 활용

6.3 포트의 기본 활용

포트에 대한 선언 및 입출력 동작에 대하여 알아보자.

(1) 포트 선언 및 입출력 연산자

- 포트 선언 시 *"port" 형을 사용한다.* 모든 포트는 **전역 변수**로 선언되어야 한다.
- 해당포트를 출력 포트용으로 지정할 경우, "out port"로 선언한다.
- 해당포트를 입력 포트용으로 지정할 경우, "in port"로 선언한다.
- 입력 포트로부터의 값을 받을 경우 ":>"연산자를 사용한다.
- 출력 포트로 값을 내보낼 경우 "<:" 연산자를 사용한다.

(2) 포트 출력 동작

다음 예는 출력 포트로 1과 0을 교대 출력시킨 것이다. 여기서 pOut으로 선언된 포트는 출력포트로써 1비트 포트인 XS1_PORT_1A이다.

그리고 "<:" 연산자는 해당 포트 pOut으로 1 또는 0을 출력하도록 한다. 참고로 이 핀의 초기 출력 값은 hi-Z이다.

```
#include <xs1.h>

out port pOut = XS1_PORT_1A;

void main(){
pOut <: 1; // 1 을 pOut port 로 출력
pOut <: 0; // 0 을 pOut port 로 출력
}
```

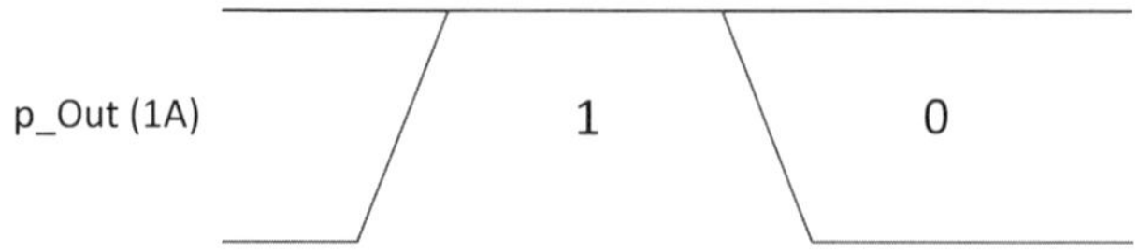

<그림 6.6> 포트 출력

(3) 포트 입력 동작

다음 예는 pIn으로 선언된 입력포트로부터의 샘플링 된 값을 내부 변수 x값에 저장하는 것이다. 여기서 ":>" 연산자는 해당 포트 pIn으로부터의 신호를 입력 받도록 하는 것이다.

```
#include <xs1.h>

in port pIn = XS1_PORT_1B;

void main(){
int x;
pIn:> x; // pIn 의 입력값을 x 에 할당
}
```

(4) 양방향 입출력 동작(Bidirectional I/O)

I2C 버스의 경우, 데이터 포트는 송수신 기능을 겸해야 한다. 즉 한 비트를 송신한 포트는 즉시 수신측 ACK 비트를 대기하기 위하여 수신 기능올 전환해야 한다. 또한 LIN이나 CAN버스의 경우에는 송신된 비트값은 동시에 수신비트값으로 읽혀져야 한다.

이러한 기능을 지원할 수 있도록 해당 포트를 송수신 기능을 함께 갖는 양방향 포트로 설정할 수 있다. 이 경우 단순히 "port"로 선언한다. 즉, xCore 프로세서에서의 포트는 기본적으로 양방향 포트이다.

```
#include <xs1.h>
port pInOut = XS1_PORT_1C;
void main(){
  int x=1;

```

```
    pInOut <: x;   //출력
    pInOut :> x;   //입력
}
```

[참고] 이러한 양방향 포트를 통한 입력작업 시 해당 핀으로의 출력레벨은 tri-state가 된다. 또한 양방향 포트로 설정되면 버퍼링이 불가하므로 양방향 포트를 buffered 모드로 설정할 수 없다.

(5) 다중 핀 포트에 대한 입출력

여러 개의 핀으로 구성된 한 포트에 대한 입출력은 다음과 같은 예로 설명된다.

(**예**) 다음은 4비트 입력 포트인 p_In4에 수신된 값이 9를 초과한 경우에 1비트 포트 p_out으로 출력하는 것이다.

```
# include <xs1.h>
In port p_in4 = XS1_PORT_4A ;
out port p_out = XS1_PORT_1A ;

int main ( void ) {
        int x;
        while (1) {
                p_in4 :> x;
                if (x > 9)
                        p_out <: 1;
                else
                        p_out <: 0;
        }
}
```

<그림 6.7>은 이 프로그램의 동작 예이다. 0x8과 0x2입력 시에는 0을 출력하고 9를 초과한 0xA가 입력된 경우 p_out 포트로 1을 출력한다.

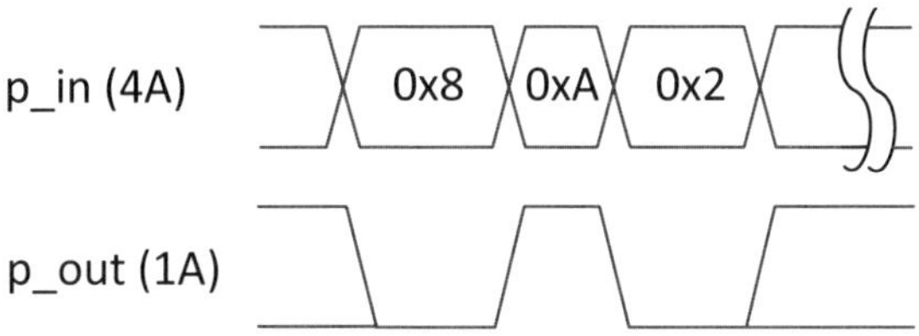

<그림 6.7> 출력 파형

(6) 함수의 전달 인자로써의 포트

포트 변수를 함수의 전달 인자로 사용할 수 있다.

```
#include <xs1.h>

in port pIn = XS1_PORT_1A;
```

```
out port pLED0 = XS1_PORT_1B;

void input_handler(in port p, out port q){
  p :> q;
}

void main(){
    while(1) input_handler(pIn, pLED0);
}
```

[참고] 이것을 verilog로 기술하면 다음과 같다.

```
module input_handler(
        input wire p,
        output wire q
        );
        assign q = p;
endmodule

module mainModule(
        input wire pIn,
output wire LED0    // LED에 출력
        );

input_handler module1(
        .p(pIn),
        .LED(LED0)
        );
endmodule
```

6.4 입력 포트에 대한 조건적 트리거링 기능

(1) predicate input 기능

포트의 입력 값에 조건문을 추가하여 해당 조건이 만족되거나 만족되지 않을 때까지 대기시킬 수 있다. 이것을 포트의 predicated input 기능이라고 한다.

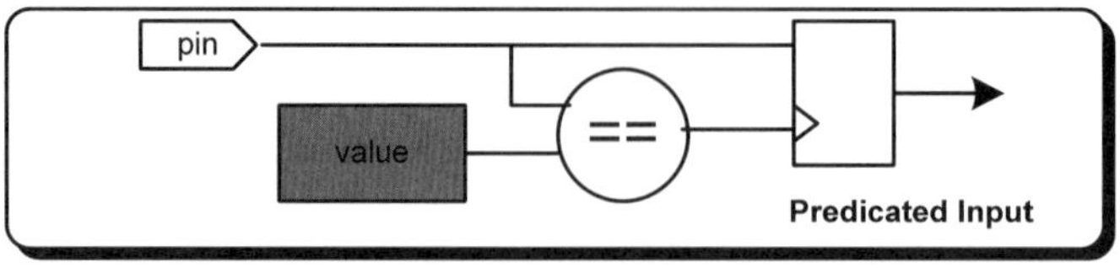

<그림 6.8> 포트의 predicated 입력 기능

기본적인 조건문의 형식은 다음과 같다.

p when pinseq(x) :> x:

이것은 "waits until the pins value being equal to x"의 의미로써 입력 조건이 만족될 때까지 대기하도록 한다. 즉 해당 조건에 만족될 때까지 입력 신호를 무시한다. 양방향 포트인 경우 출력 레벨은 hi-Z이다.

반면에

p when pinsneq(x)   :> x:

는 포트p의 입력값이 x와 상이하게 될 때까지 대기하고, 같아지면 즉시 해당 포트값을 x에 할당할 때 사용된다[1].

[참고] 이러한 조건적 입력을 대기할 경우 해당 핀의 출력 레벨은 tri-state가 된다.

이러한 조건적 트리거링 기능은 클럭 엣지에서의 입력 값을 판정하거나 송신하는 경우에 널리 활용된다.

(**예** 1) 다음 프로그램은 입력포트값이 천이할 때 1씩 증가시키는 예이다. 일종의 카운터 프로그램이다.

```
#include <xs1.h>

in port p1 = XS1_PORT_1A;
out port p4 = XS!_PORT_4A;

//signal generator port for simulation (you should loopbacked it to p1)
out port p2 = XS1_PORT_1B;

void main(){
 int counter=0;
       int x = 0;

 p1 :> x;  // p1 입력포트의 초기값을 읽어 x에 할당한다.

 while(1) {
         p2 <: ~x;      // toggle for signal generator in simulation environment.
  p1 when pinsneq (x) :> x; // 이전의 x값이 변경될 때까지 대기하다가 변경되면
                  // 즉, 기존 x값과 현재 읽은 값이 상이할 경우, x값을 현재 값으로
대치한다.
  counter += 1; // 입력값이 변할 때마다 1씩 증가시킨다.
   P4 <: counter;
       }
}
```

[1] 여기서 사용된 “when” 구문을 술어(predicate)라고 한다.

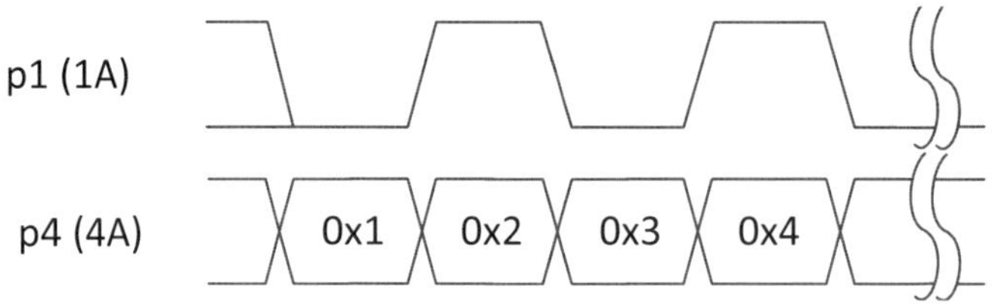

<그림 6.9> 출력 파형

(**예** 2) 이더넷 MII의 경우

이더넷 프레임의 선두에 전송되는 프리앰블 영역의 마지막에 수납되는 SFD 영역은 0xD5 값을 갖는다. 각 바이트가 LSB부터 송신되므로 수신측 입장에서는 SFD 영역에서 마지막으로 수신되는 4비트의 값(nibble)은 0xD이다. 다음은 SFD의 수신 이벤트를 감지하는 예이다. 여기서":>" 다음의 void는 해당 입력값을 굳이 저장할 이유가 없기 때문에 폐기하는 의미이다.

```
in buffered port pRxD4 = XS1_PORT4A; //4-bit port

void eth_mii_rxTask(){
  while(1){
    ..
    select pRxD4 when pinseq(0xD) :> void:
          ..
          break;
    ..
  }
}
```

이렇게 select문에 포트의 조건적 입력 기능을 활용하면 소프트웨어 방식으로 무한정 폴링하면서 대기하는 방법에 비하여 프로세서를 보다 효율적으로 활용할 수 있다.

6.5 기본적인 포트 입력과 출력 프로그래밍

(1) 포트 프로그래밍 예제 I

이것은 1과 0을 교대 출력하면서 입력되는 값을 printf하는 것이다.
여기서 사용된 delay_micorseconds()는 timer.h 헤더 파일에 있는 지연 관련 라이브러리 함수이다.

```
[Simulation]
// myPout ->myPin 으로 Loopback 설정
#include<stdio.h>
#include<xs1.h>
#include<timer.h>

out port myPout   = XS1_PORT_1A;
in port   myPin       = XS1_PORT_1B;

```

```
int main(){
  int x;
  while(1)
  {
       myPout <: 1;                    // output the value 1 to port myPout
                   delay_microseconds(1);    // delay(1us)
                   myPin:> x;                // input from myPin port.
                   printf("%d",x & 0x00000001);  //최하위 비트 출력

                   myPout<: 0;               // output the value 0 to port myPout
                   delay_microseconds(1);
                   myPin:> x;                // input from myPin port.
                   printf("%d",x& 0x00000001);  // 최하위 비트 출력
                   printf("\n");//output
       }

  //optional
  set_port_use_off(myPout);
  set_port_use_off(myPin);
  return 0;
}
```

6.6 클럭에 동기된 출력 기능

출력포트에 내부 또는 외부의 클럭을 연결함으로써 클럭의 엣지에 동기된 데이터를 출력시킬 수 있다. 이 경우 해당 포트는 clocked port라고 하며 내부의 FIFO를 사용하지 않는 unbuffered 포트 특성을 갖는다. 출력 값은 다음 클럭의 하강 엣지에서 표출된다.

필요한 라이브러리 함수는 다음과 같다.

```
// Clock block에게 a/b(MHz)의 클럭을 생성하도록 설정한다.
void configure_clock_rate(clock clk, unsigned a, unsigned b);

// 포트와 클럭블럭을 연결한다.
void configure_out_port(void port p, const clock clk, unsigned initialValue

// 클럭블럭 clk의 동작을 개시하도록 한다.
start_clock (clk);
```

여기서 "p"는 해당 출력포트이고, "clk"은 클럭 블럭이며, "initialValue"는 해당 포트출력의 초기값(1또는 0)이다.

다음 프로그램은 클럭 블럭이 공급하는 12.5MHz로 동기된 데이터가 출력되도록 하는 것이다. 또한 이때 사용된 클럭 신호도 별도의 1비트 포트로 출력한다.

1비트 포트이므로 최하위 비트인 0, 1, 0, 1, 0이 차례로 출력된다.

```
# include <xs1.h>
out port p_clock_out = XS1_PORT_1A ;  // 생성된 클럭 신호의 외부 출력용 포트
out port p_out = XS1_PORT_1B;
clock clk = XS1_CLKBLK_1 ;   // xCore 내부에 있는 6개의 클럭 블럭 중 하나를 사용함.

int main ( void ) {
        configure_clock_rate (clk , 100 , 8);
        configure_out_port (p_out , clk , 0);
        configure_port_clock_output ( p_clock_out , clk );
        start_clock (clk);

        for (int i =0; i <5; i++)   p_out <: i;
}
```

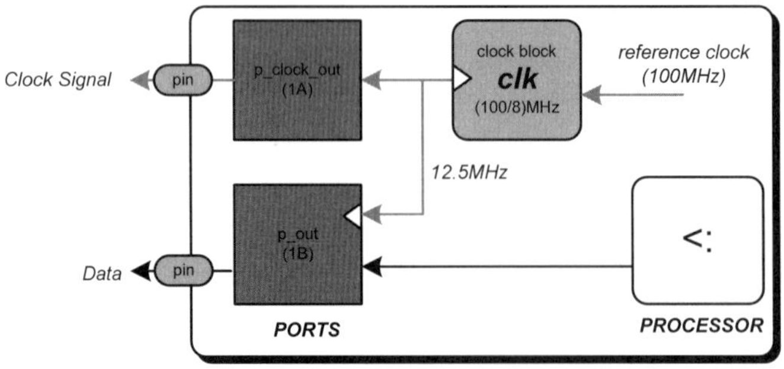

<그림 6.10> 클럭 블럭에 동기된 포트

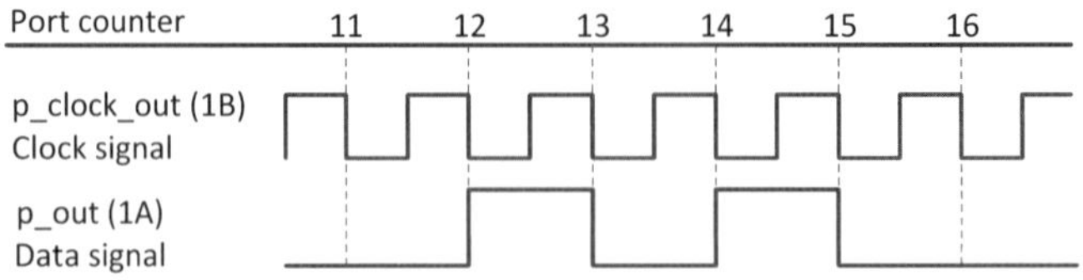

<그림 6.11> 출력 파형

6.7 외부 클럭에 동기된 입력 기능

입력 신호에 대하여 내부 또는 외부의 클럭의 상승 엣지에서 샘플링 하도록 설정할 수 있다. 이 경우 해당 포트는 clocked port라고 하며 내부의 FIFO를 사용하지 않는 unbuffered 포트 특성을 갖는다. 특히 이 기능은 2개 이상의 핀을 갖는 포트 및 다중 포트 입력에 대하여 동일한 시점에서의 샘플링이 필요할 때 필수적이다. 다음은 클럭 소스를 설정하고 그 클럭 신호를 입력포트에 공급하는 라이브러리 함수이다.

```
configure_clock_src (clk , p_clock_in);  // 외부로부터의 클럭을 클럭 블럭 clk에 공급
configure_in_port (p_in8 , clk );  // p_in8 포트에 대한 샘플링 클럭 할당
```

다음 예는 이러한 함수를 사용하여 8비트의 병렬 입력 포트에 대하여 입력 신호를 외부 클럭의 상승 엣지에서 샘플링 하도록 동기화시킨 것이다.

```
# include <xs1.h>
in port p_in8 = XS1_PORT_8A ;
in port p_clock_in = XS1_PORT_1A ;
clock clk = XS1_CLKBLK_1;

int main ( void ) {
  int x;
  configure_clock_
configure_clock_src (clk , p_clock_in);  // 외부로부터의 클럭을 클럭 블럭 clk에 공급
configure_in_port (p_in8 , clk );  // p_in8포트에 대한 샘플링 클럭 할당
        start_clock (clk);

        for (int i =0; i <5; i++)
    p_in8 :> x;   // p_in8 포트의 입력 신호는 clk 블럭의 상승 엣지에서 샘플링된다.
}
```

이 프로그램은 p_in8 포트에서 사용할 샘플링 클럭으로 외부의 p_clock_in을 <그림 6.12>과 같이 사용한다.

여기서 configure_clock_src(clk, p_clock_in);문은 1-bit 입력 포트인 p_clock_in 신호를 클럭 블록인 clk에 공급하는 것이다. 그리고 configure_in_port(p_in, clk);은 입력포트 p_in 이 clock블록 clk의 클럭에 동기되어 샘플링 되도록 설정한다.

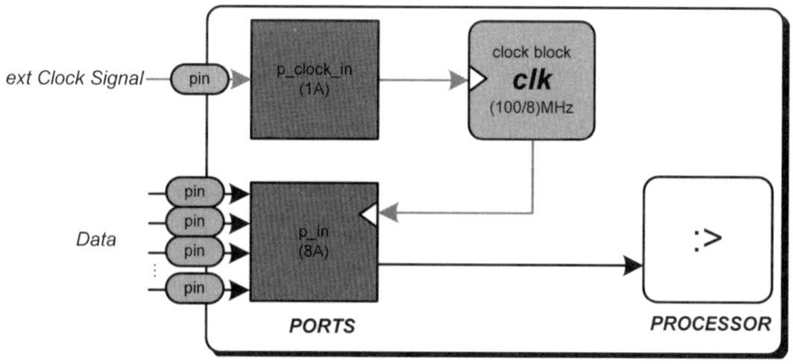

<그림 6.12> 외부 클럭을 이용한 데이터 입력

6.8 timestamped 출력과 timed 출력 기능

해당 포트에 적용된 클럭 엣지마다 1씩 증가하는 포트 카운터 값을 사용하여 특정 포트의 출력시점을 기록하거나 설정할 수 있다. 이 기능을 각각 timestamped 출력 기능과 timed 출력 기능이라고 한다.

참고로 포트 카운터는 16비트 길이를 가지며 각 포트별로 내장되어 있다. 이러한 timestamped port 및 timed port는 모두 내부의 FIFO를 사용하지 않는 unbuffered 포트 특성을 갖는다.

- timestamped 출력 기능 : 출력시점을 기록한다.
- timed 출력 기능 : 지정된 시간까지 출력을 지연한다.

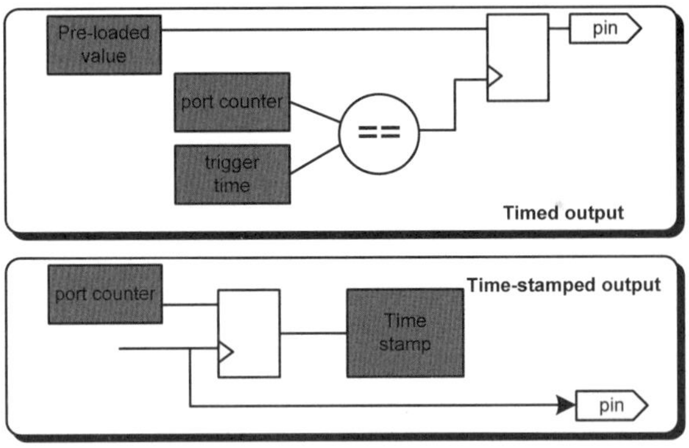

<그림 6.13> 포트 카운터 기반의 timed 및 timestamped 출력 기능

[참고] 만약 timed와 조건적 트리거링 기능이 모두 적용된 경우라면 먼저 포트 카운터에 의한 만기시간까지 지연한 후 해당 조건을 적용한다. 그리고 timed 입/출력 포트로 사용할 경우 tri-state나 drive 모드로의 진입은 포트 카운터가 특정값에 도달할 때까지 지연된다. 따라서 bidirectional 포트는 정밀한 timed sample이 불가능하다.

(예) 다음 프로그램은 LED가 연결된 포트로 1usec 이후에 1을 출력한 후, 다시 1usec 뒤에 0을 출력한다. 여기서 현재 시간은 포트카운터의 값이다. 여기서 timed 출력 연산자인 "@"을 사용되었다.

```
# include <xs1.h>
out port ledPort = XS1_PORT_1A ;

int main(){
 while(1){
  ledPort @ 100 <: 1; // 현재 시간에서 100(즉 1usec)을 더한 시간이 되면 1 을
                      //출력한다. 그 동안 대기한다.
  ledPort @ 100 <: 0 // 이후 다시 현재 시간에서 100 을 더한 시간이 되면 1 을
                      //출력한다. 그 동안 대기한다.
 }
}
```

(예) 다음 프로그램은 세 번째 클럭 주기에서 출력 핀으로 '1'을 출력하고 5번째 클럭 주기에서는 '0'을 출력하는 예이다. 즉 3 클럭 주기 동안 '1', 2 클럭 주기 동안 '0'을 출력하는 duty 3/5인 펄스를 생성하는 것이다. 이러한 예는 PWM 신호를 생성할 때 유용하다. 여기서 timestamped output과 timed output의 차이점에 유의해야 한다.

```
void do_toggle ( out port p) {
        int count ;

p <: 0 @ count ;        // timestamped output (0을 출력하고, 이 시점을 count에 기록)

 while (1) {
                count += 3;
```

```
8.                  p @ count <: 1; // timed output
9.                  count += 2;
10.                 p @ count <: 0; // timed output
11.         }
12. }
```

먼저 3번 줄의 "p <: 0 @ count"은 *timestamped output*으로써 포트 p로 0을 출력하면서 동시에 해당 포트에 내장된 포트타이머(카운터)의 현재값을 변수 count에 기록하는 것이다.

이어 해당 count값에 3을 더해서 이후 포트타이머 값이 3클럭 이후에 그 값이 될 때까지 대기시킨다.

이후 이후 포트타이머 값이 (count+3)에 도달하면 해당 포트로 1을 출력한다. 즉 p @ count <: 1; 구문은 해당 포트의 *timed output* 기능이 적용된 것이다.

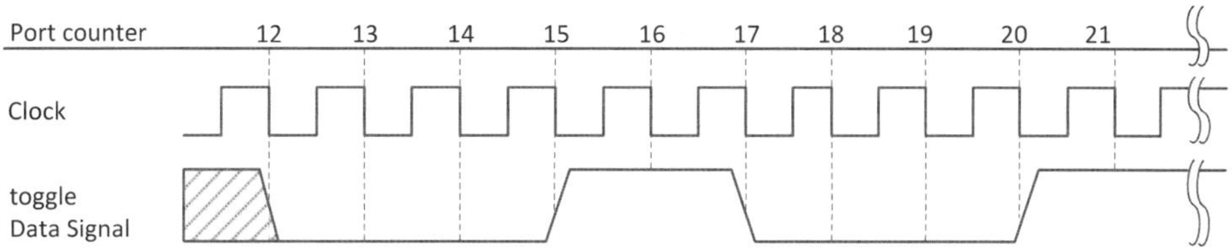

<그림 6.14> 결과 파형

[참고] 포트타이머(카운터)는 100MHz 참조 클럭의 하강 엣지에서 증가한다. 따라서 출력신호는 모두 100MHz 참조 클럭의 하강 엣지에서 출력된다.

6.9 timestamped 입력 기능

포트의 timestamped 입력 기능은 입력 시점을 포트 카운터에 기록하는 기능이다.

(예) 다음 프로그램은 포트 p1에 입력된 신호가 천이한 시점에서의 포트 카운터 값을 기록한다.

```
#include<xs1.h>

in port p1 = XS1_PORT_1A;   // XS1_PORT_1A 핀을 port p1 입력 포트로 설정함.
out port p2 = XS1_PORT_1B;

void main(){
      unsigned timestampIn;
      unsigned x = 0

  p1 :> x;   // p1 입력 포트의 초기값을 읽어 x에 할당한다.

  while(1) {
        p1 when pinsneq (x) :> x @ timestampIn; //timestamped input.
      }
}
```

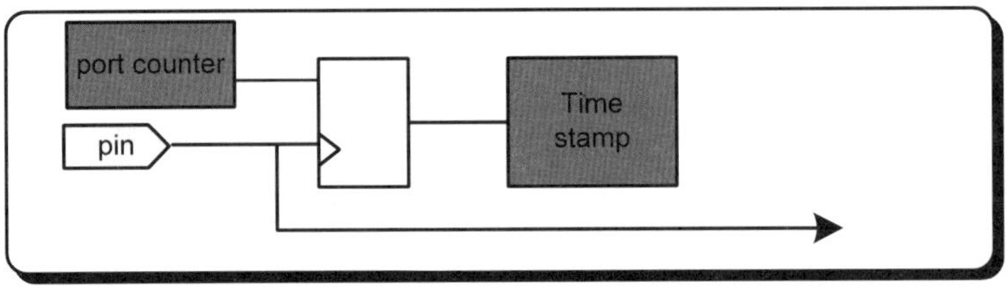

<그림 6.15> 포트 카운터 기반의 timestamped 입력 기능

6.10 timed 입력 기능

다음과 같이 timer와 timeafter() 함수를 사용하여 지정된 시간까지 대기한 후 입력 포트로부터의 데이터를 읽도록 한다.

```
#define SECOND 100000000 //10nsec granulity

void do_timed_input ( in port p) {
    timer        t;
    unsigned     start_time, indata;

    t :>  start_time; // start_time 변수값에 현재 시간값(타이머 카운터 값)을 기록.
    t when timerafter(start_time + SECOND) :> void;
   // timer가 (start_time + SECOND) 시간이 될 때까지 대기한다.

     p :> indata;     // 입력
     return 0;
}
```

또는 다음과 같이 연산자인 @를 사용하여 timestamped input 기능을 구현할 수도 있다.

```
void do_timed_input ( in port p) {
  int portcount ;
  unsigned x;
  p :> x @ portcount ; // timestamped input (이 시점을 portcount에 기록)
  while (1) {
       portcount += 3;          //현재 값에서 30nsec 를 더한 후 대기.
       p @ portcount   :> x; // 그 시간이 경과했을 때 포트 p 입력값을 x 에 씀. (timed input)
       portcount += 2;
       p @ portcount :> x; // timed input
  }
}
```

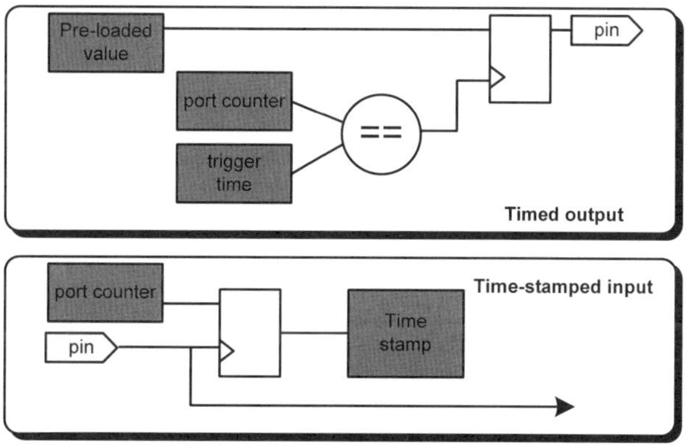

<그림 6.16> 포트 카운터 기반의 timestamped 입력 기능

6.11 Buffered 포트 기능

(1) 기능과 선언

특정 포트를 buffered 포트로 선언할 수 있다. 이 포트는 프로세서로부터 전달받은 출력 데이터를 내부의 FIFO에 버퍼링하고 해당 포트에 적용된 클럭의 하강 엣지에서 출력을 개시한다. 프로세서 입장에서는 해당 포트에 버퍼가 있으므로 일단 송신 데이터를 포트에 쓴 후 즉시 다른 작업을 계속할 수 있다.

또한 buffered 포트는 입력 데이터 처리시에도 유용하다. 즉 입력되는 데이터는 FIFO에 저장되므로 프로세서는 다른 작업을 하다가 포트의 하강 엣지에서 고속으로 읽어갈 수 있기 때문이다. 이렇게 buffered 포트를 사용하면 프로세서 입장에서는 포트 입출력 작업을 비교적 자유롭게 할 수 있으므로 한 개의 태스크로도 입력 및 출력 포트를 통한 입출력 작업을 무리 없이 처리할 수 있다. 또한 동일한 클럭에 하나 이상의 buffered 포트를 통합시킴으로써 연결된 두 개 이상의 포트를 하나의 큰 포트처럼 동작시킬 수 있다.

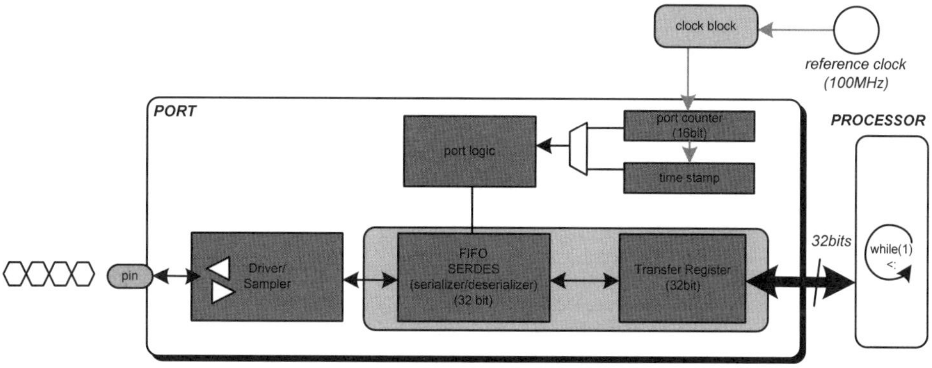

<그림 6.17> Buffered 포트 블록 다이어그램

특정 포트에 이러한 버퍼링 기능을 설정할 경우 다음과 같이 "buffered port"로 선언한다.

in *buffered* port:8 inP = XS1_PORT_8A;
out *buffered* port:8 outP = XS1_PORT_8B;

여기서 ":x" 를 이용하면 내부 버퍼의 폭을 정의할 수 있다. 위의 경우 8비트 폭의 buffered 포트를 선언한 것이다. 참고로 양방향 포트로 설정되면 버퍼링이 불가하므로 양방향 포트를buffered 모드로 설정할 수 없다.

(예 1) <그림 6.18>은 2개의 8비트 입출력 포트를 buffered 포트로 설정한 것이다. 이렇게 함으로써 하나의 태스크로 입력과 출력을 모두 처리할 수 있으며, 추가로 다른 작업도 수행할 수 있다.

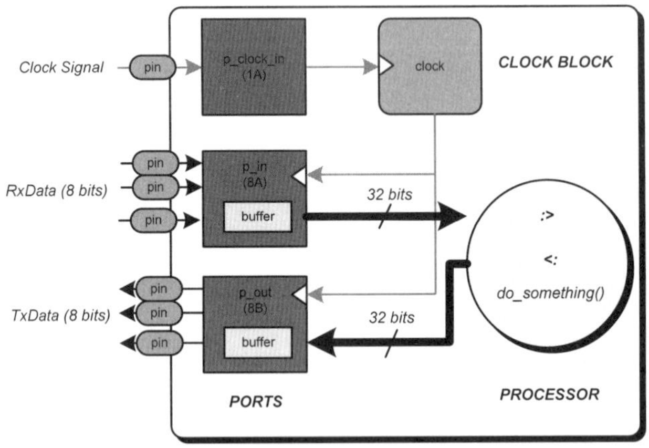

<그림 6.18> buffered 입력 및 출력의 예

```
# include <xs1.h>
in buffered port :8 p_in = XS1_PORT_8A ;
out buffered port :8 p_out = XS1_PORT_8B ;
in port p_clock_in = XS1_PORT_1A ;
clock clk = XS1_CLKBLK_1 ;

void do_something(){
}

int main ( void ) {
        configure_clock_src (clk , p_clock_in );
        configure_in_port (p_in , clk );
        configure_out_port (p_out , clk , 0);
        start_clock (clk);

while (1) {
                int x;
                p_in :> x;          // 입력
                p_out <: x + 1;   // 출력
                do_something();
        }
}
```

(**예** 2) 4비트 포트 p와 q를 하나의 8비트 포트로 활용하는 경우를 buffered 방식과 unbuffered 방식으로 각각 프로그래밍하여 비교하면 다음과 같다.

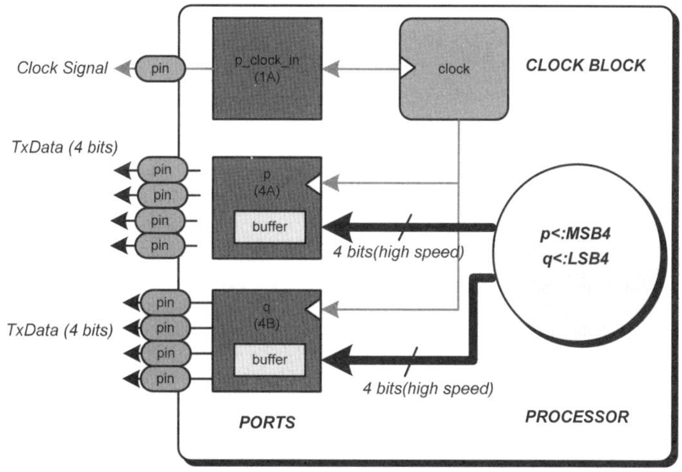

<그림 6.19> 2개의 4비트 포트를 통합한 경우

a) Buffered 포트의 경우

```
#include<xs1.h>

out buffered port:4 p = XS1_PORT_4A;
out buffered port:4 q = XS1_PORT_4B;
out port   p_clock_out = XS1_PORT_1A;
clock myClk = XS1_CLKBLK_1;

int main ( void ){
 configure_clock_rate(myClk, 10,5);   // (10/5)MHz의 clock 생성
 configure_port_clock_output(p_clock_out, myClk);
 configure_out_port(p, myClk, 0);
 configure_out_port(q, myClk, 0);
 start_clock(myClk);

 for( char c= 'A'; c <= 'Z'; c ++){
        p <: (c & 0xF0) >> 4;   // MSB 4bit 출력
        q <: (c & 0x0F);        // LSB 4bit 출력
   }
 return 0;
}
```

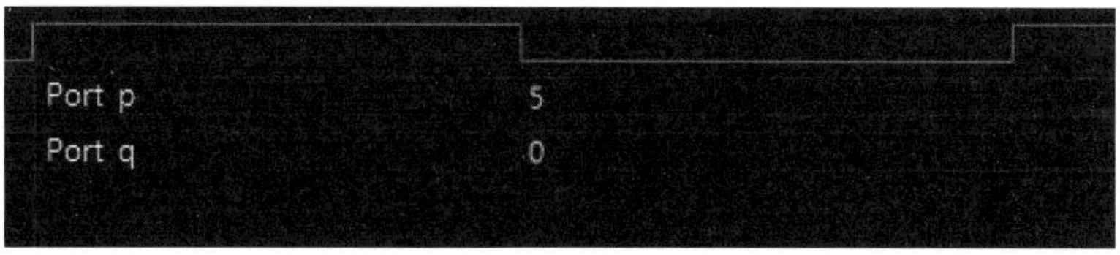

b) 일반 포트의 경우 (참고)

```
#include<xs1.h>
out port p = XS1_PORT_4A;
out port q = XS1_PORT_4B;

int main ( void ){
   for( char c= 'A'; c <= 'Z'; c ++){
         p <: (c&0xF0) >> 4;   //c 의 MSB 4bit 출력
         q <: (c&0x0F);        //c 의 LSB 4bit 출력
    }
    return 0;
}
```

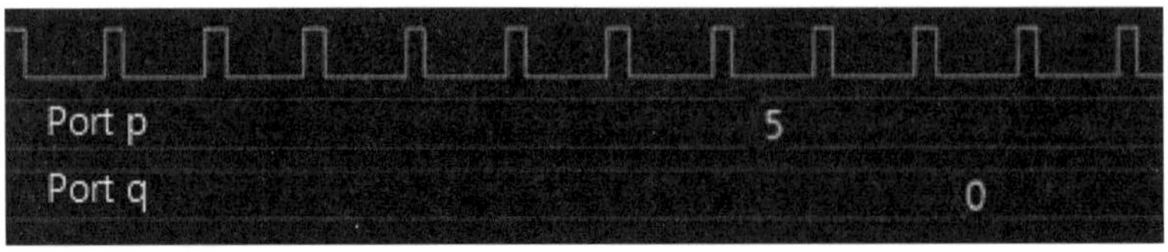

c) 검토

buffered 포트 : Port p와 port q의 출력 시점이 동기된다.
unbuffered 포트 : Port p와 port q의 천이 시점이 다르다.

6.12 직렬화 출력 기능

(1) 기능과 선언

xCORE의 포트 별로 내장된 FIFO는 직렬화 전송기능을 제공한다. 이것은 다양한 직렬통신 시스템의 설계를 용이하게 한다.

이러한 직렬화 전송 기능을 사용할 경우 해당 포트는 buffered 포트로 선언해야 하고 반드시 클럭에 동기된 입출력이 수행되어야 한다.

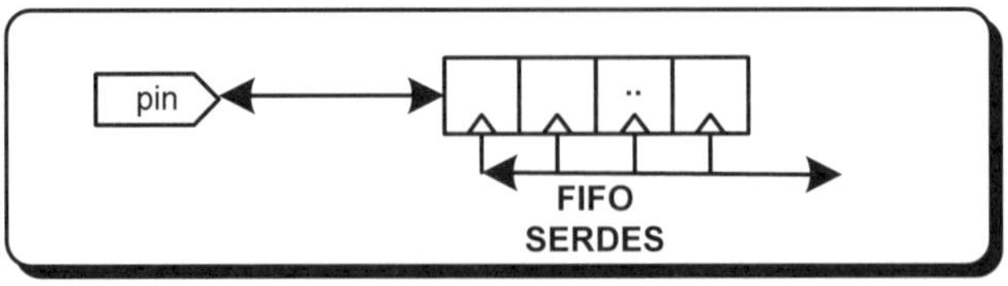

<그림 6.20> 포트의 SerDes 기능

m-비트 출력 포트에 대하여 n비트 단위의 데이터에 대한 직렬화 기능을 적용하려면 아래와 같이 해당 포트의 FIFO 폭을 ":n"로 지정하고 반드시 buffered 형태로 선언해야 한다.

다음은 1-비트 출력 포트에 대하여 8비트 단위의 직렬화 기능을 선언한 경우와 4-비트 출력 포트에 대하여 32비트 단위의 직렬화 기능을 각각 선언한 예이다.

```
out buffered port:8 outP_8_1 = XS1_PORT_1A;
in buffered port:32  inP_32_4 = XS1_PORT_4B;
```

즉, port:8 또는 :32는 프로세서와 해당 포트간의 비트 폭을 의미하는 *transfer width*이다. 반면에 XS1_PORT_1A 및 XS1_PORT_4B 는 각각 물리적인 핀 수, 즉 *port width*가 각각 1과 4핀으로 구성된 것이다.

선언 후 1비트 포트인 outP_8_1에 8비트 데이터를 전달하면 자동으로 직렬화하여 전송한다. 이때 데이터는 LSB부터 전송된다.

그리고 4비트 포트인 outP_32_4에 32비트 데이터를 전달하면 자동으로 4비트씩 직렬화하여 전송한다.

(2) 예 1

다음 예는 4비트 폭의 포트에 대해 버퍼 폭을 8비트로 선언한 경우이다. 프로세서가 8비트 데이터를 포트에 전달하면 4비트씩 분할하여 차례로 전송한다. 이때 LSB 4비트가 먼저 전송된다.

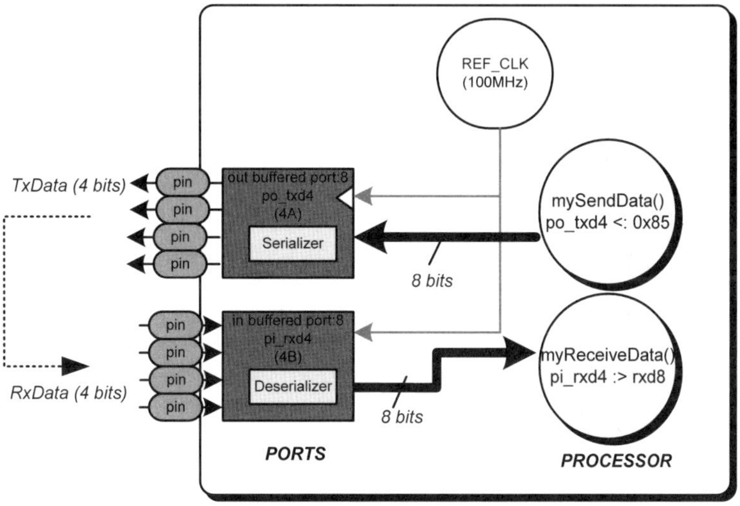

<그림 6.21> 포트의 SerDes기능 예

```
// simulation 시 po_txd4 -> pi_rxd4 Loopback을 설정해야 한다.
#include<xs1.h>
#include<stdio.h>

```

```
out buffered port:8 po_txd4 = XS1_PORT_4A ;
in buffered    port:8 pi_rxd4 = XS1_PORT_4B;

void mySendData(void){

   while(1) po_txd4 <: 0x85;  // 4-bit 포트로 8비트 데이터를 출력
}

void myReceiveData(void){
  int rxd8;

  while(1){
    pi_rxd4 :> rxd8;              // 4-비트 포트에서 8비트 데이터를 입력
    //printf("/Data : %x/",rxd8);
  }
}

int main(void){
  par{
    mySendData();
    myReceiveData();
  }
  return 0;
}
```

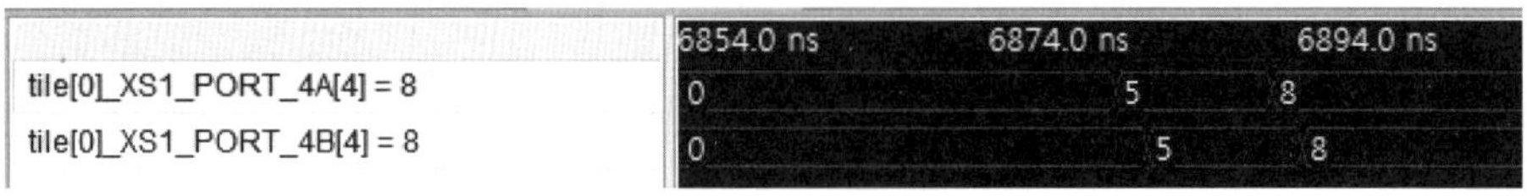

(2) 예 2

이것은 32비트 단위의 데이터를 8-비트 병렬 포트로 직렬화하여 전송한다. 송신 시 사용되는 8비트 단위의 클럭은 p_ExtClkIn 핀 입력에 의해 외부에서 공급된다. 결과적으로 xCore의 포트의 직렬화 기능에 의해 프로세서는 매 4클럭마다 한번만 32비트 데이터를 해당 포트에 write하면 된다. 각 클럭의 하강 엣지에서 shift register의 LSB 8비트가 출력되면서 8비트씩 shift right한다.

여기서 "out buffered port:32 p_out = XS1_PORT_8B;"로 선언한 것은 32-bit shift register로부터 8핀의 포트 p_out 을 통해 전송되도록 함을 지시한다.

```
// simulation 시 p_out_clk -> p_ExtClkIn으로 Loopback을 설정해야 한다.
#include <xs1.h>

// for simulation: Clock Gen
out port p_out_clk = XS1_PORT_1B;

out buffered port:32 p_out = XS1_PORT_8B ;
in port p_ExtClkIn= XS1_PORT_1A ;
clock clk1 = XS1_CLKBLK_1;
clock clk2 = XS1_CLKBLK_2;

do_something(){
}
```

```

int main(){
    int x = 0xAA00FFFF;
    configure_clock_rate(clk1, 100, 8);
    configure_port_clock_output(p_out_clk, clk1);
    configure_clock_src(clk2, p_ExtClkIn);
    configure_out_port(p_out, clk2, 0);
    start_clock(clk1);
    start_clock(clk2);

    while(1){
        p_out <: x;
        do_something();
    }
    return 0;
}
```

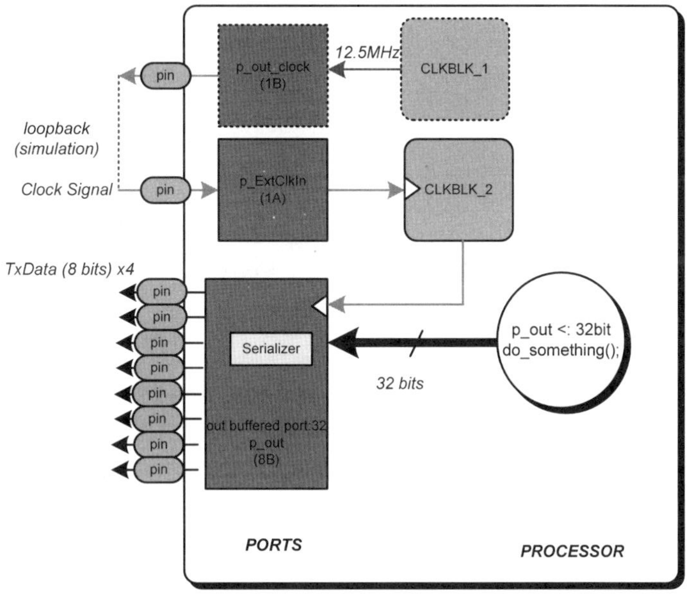

<그림 6.22> 32비트/8비트 SERDES 기능의 동작 예(simulation 환경)

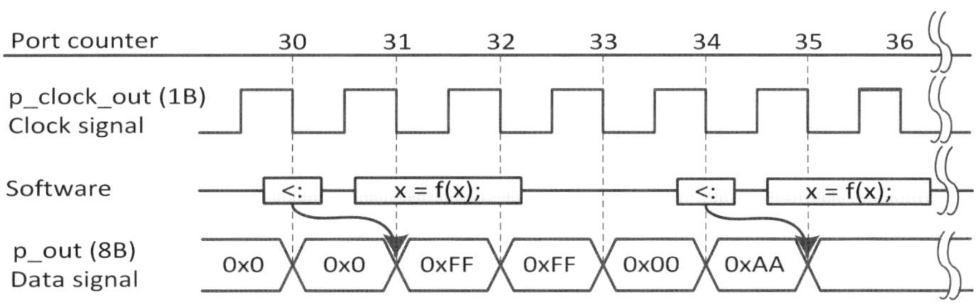

<그림 6.23> 결과 파형

6.13 병렬화 입력 기능 (Deserialization 기능)

(1) 기능과 선언

수신되는 비트 열로부터 복원하는 기능도 포트 내부의 deserializer 기능에 의해 수행된다.

(2) 예

다음 예는 25MHz 클럭에 동기된 4비트 폭의 포트이면서 8비트 폭의 transfer 폭을 가지도록 선언한 것이다,. 즉, 프로세서로의 8비트 데이터 전달은 2클럭마다 수행된다.

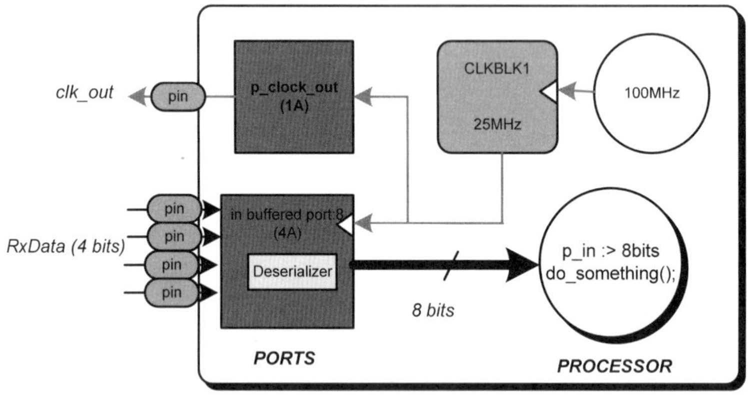

<그림 6.24> 4-비트 포트의 8비트 병렬화

```
[Target]
# include <xs1.h>
in buffered port:8 p_in = XS1_PORT_4A ;
out port     p_clock_out = XS1_PORT_1A ;   //참고용
clock clk                          = XS1_CLKBLK_1 ;

void do_something(){
}

int main ( void ) {
configure_clock_rate (clk , 100 , 4);    // 25MHz 클럭(기준 클럭인 100MHz를 4로 분주한 것임)
configure_in_port (p_in, clk );//입력 포트 p_in을 clocked port로 설정하고 그 클럭은 clk 블록에서 받음.
        configure_port_clock_output(p_clock_out, clk); // 참고용 클럭임.
        start_clock (clk);

        while (1) {
                        int x;
        p_in :> x;    // 8비트씩 수신함.
                        do_something();
        }
}
```

[참고] 프로세서는 ":>" 에 의해 고속의 내부 시스템 클럭의 상승 엣지에서 SerDes FIFO에 저장된 데이터를 가져간다. 이때 8비트가 한꺼번에 전달된다. 이때 포트의 FIFO를 구성하고 있는 shift register는 해당 포트의 클럭(25MHz)에 의해 shift되므로 결국 2개의 포트 클럭 싸이클에 8비트 데이터가 프로세서로의 전달이 준비된다.

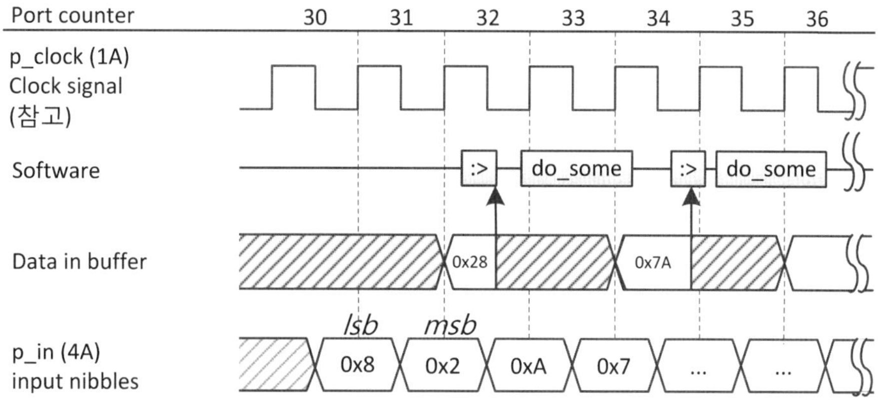

<그림 6.25> 결과 파형

6.14 Strobed 포트 기능

(1) 기능

본 절에서는 <그림 6.26>과 같은 포트의 strobed 입출력 기능을 다룬다.

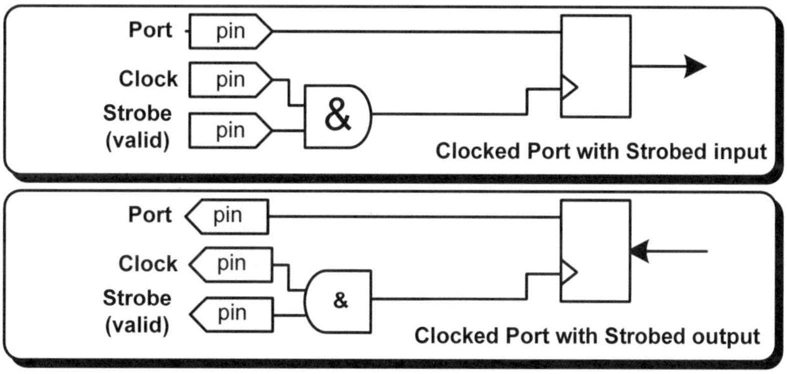

<그림 6.26> 포트의 strobe 기능

잡음과 함께 입력되는 신호와 유효한 신호를 구분할 수 있도록 단거리 통신의 경우 별도의 data valid 신호를 송신측에서 추가 제시한다. 예를 들면 이더넷에서 RXD[3:0] 데이터 선로 외에 추가적으로 RxDV 신호가 사용된다.

이것을 수신하는 측은 RxDV 포트 입력 신호가 valid한 경우에만 RXD 포트의 데이터를 샘플링하도록 해야 한다. 이러한 신호 방식을 *strobing* 기능이라고 한다.

xCore의 clocked 포트는 <그림 6.27>과 같이 외부의 *ready-in* strobe 신호를 참조하여 입력 데이터의 유효성을 판단할 수 있다. 또한 데이터 출력인 경우 외부로 strobe 신호를 생성할 수도 있다. 이들을 각각 ready-in 신호와 ready-out 신호라고 한다.

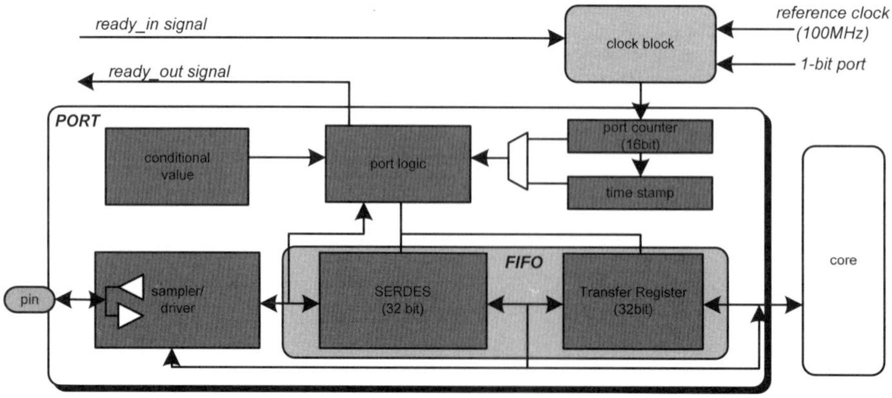

<그림 6.27> Strobe 기능이 포함된 포트 블록 다이어그램

(2) 이더넷의 경우

이더넷 프레임의 전송 시 25MHz의 TXCLK의 하강 엣지마다 4비트의 nibble씩 전송하고, 전송 중에는 TX_EN 제어 신호를 활성화시킨다. 프레임의 송신 완료 시 TX_EN 신호를 비활성화 시킨다.

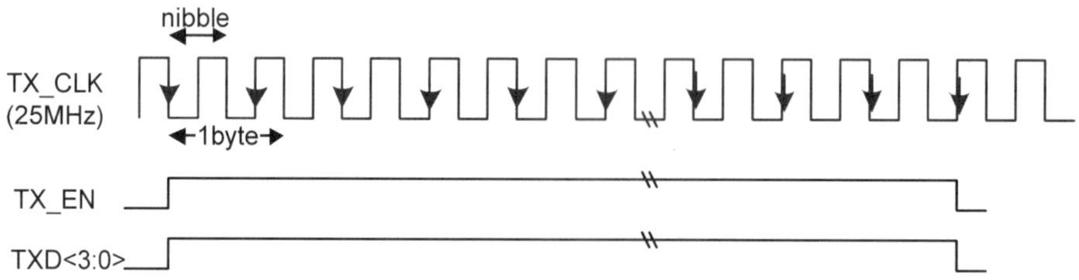

<그림 6.28> 송신 관련 신호

프레임 수신 시에는 입력되는 RX_DV(rx_data_valid) 신호가 ON되면, 25MHz의 RX_CLK에 맞춰 nibble 단위씩 수신한다.

이후 RX_DV 신호가 0으로 되면 종료 시점을 알게 된다.

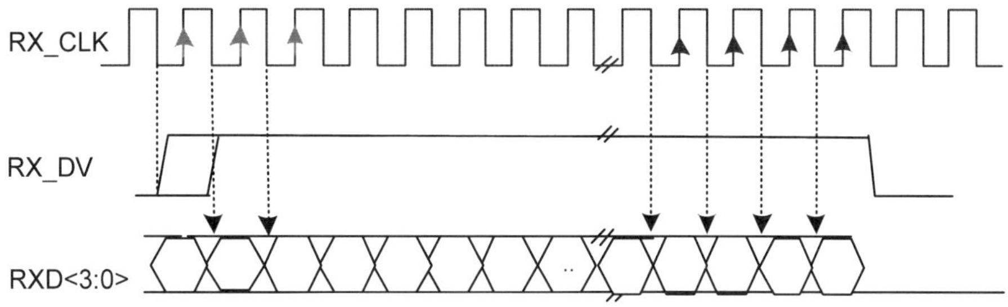

<그림 6.29> 수신 관련 신호

(3) Strobe 방식의 종류

xCore의 포트는 다음과 같은 4가지 중 하나의 strobe 모드로 설정될 수 있다.

- No ready(Implicit Strobe): 포트의 기본 설정 모드로써 지금까지 다루었던 일반적인 포트의 동작에 해당된다.
- Strobed master : 데이터 출력 시 별도의 1비트 출력포트를 통하여 ready_out 신호를 자동으로 출력한다.
- Strobed slave : 별도의 1비트 입력 포트로부터의 ready_in 신호가 수신되어야 데이터를 샘플링할 수 있다.
- Bidirectional strobe : 양방향 데이터 포트에 대하여 1비트 입력 포트와 1비트 출력 포트를 추가 사용하여, ready-input 신호를 입력받을 때 데이터를 수신하고 데이터 출력 시에는 ready-output 신호를 자동 출력한다.

이러한 기능을 이용하여 ready-in 신호가 있을 때에만 송신하고 수신측은 ready-out strobe 신호를 상대방에게 보냄으로써 상대방이 송신할 수 있도록 하는 흐름제어 기법을 구현할 때 사용할 수 있다.

[참고] 클럭용 포트와 마찬가지로 이러한 ready input 및 output용 포트는 buffered 포트로 선언하면 안 된다. 반면에 strobe 기능을 활용하는 데이터 포트는 buffered 포트로 선언되어야 한다.

[참고] ready-output 또는 ready_in 신호가 active low 이어야 한다면 해당 포트의 신호 방식을 반전시키는 설정, 즉 set_port_inv(port p) 함수를 사용하면 된다.

(4) strobed_master 포트의 예

다음 프로그램은 데이터 출력 포트인 p_out에서 데이터가 출력될 경우 자동으로 *ready-out* strobe 신호도 함께 생성하는 것이다.

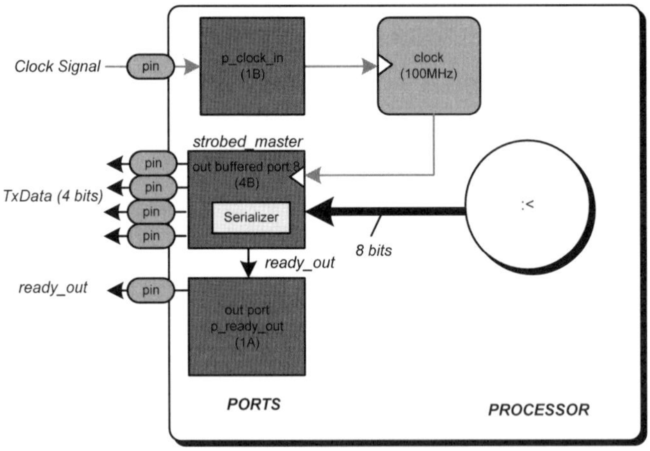

<그림 6.30> ready_out Strobe의 기능

```
1.  // [Simulation 가능]
2.  # include <xs1.h>
3.  in port p_clock_in = XS1_PORT_1B ;
4.
5.  out buffered port :8 p_out84 = XS1_PORT_4B ;
6.  out port p_ready_out = XS1_PORT_1A ;
7.  clock clk = XS1_CLKBLK_1 ;
8.
9.  int main ( void ) {
10.         configure_clock_src (clk , p_clock_in );
11.         configure_out_port_strobed_master (p_out84 , p_ready_out , clk , 0);
12.         start_clock (clk);
13.         p_out 84<: 0 x85 ;
14. }
```

9번 줄의 "configure_out_port_strobed_master()"은 4비트 출력 포트 p_out84 포트로 출력될 때마다 data valid 신호를 p_ready_out 포트로 생성한다. 출력 시 p_ready_out 핀도 함께 1을 출력하도록 한다. 이러한 ready-out 포트는 반드시 1비트 포트이어야 한다. 4비트 출력 포트로의 1바이트 출력 시 4비트 값이 2클럭 기간에 연속 송신되며 이 기간 동안 자동으로 ready-out 신호를 1로 활성화 시킨다.

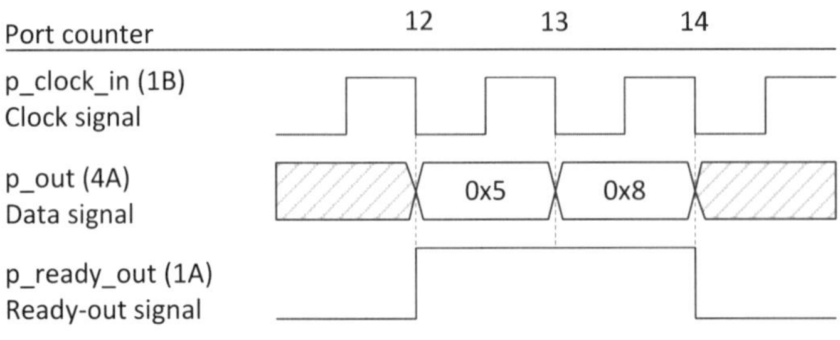

<그림 6.31> 결과 파형

(5) Strobed_slave 포트의 예

자신의 송수신 작업이 외부 장치가 공급하는 ready-in strobe 신호에 의해 제어되는 경우이다. 아래 프로그램은 ready-in 입력 신호가 1인 경우에만 데이터 입력 포트를 활성화시킨다.

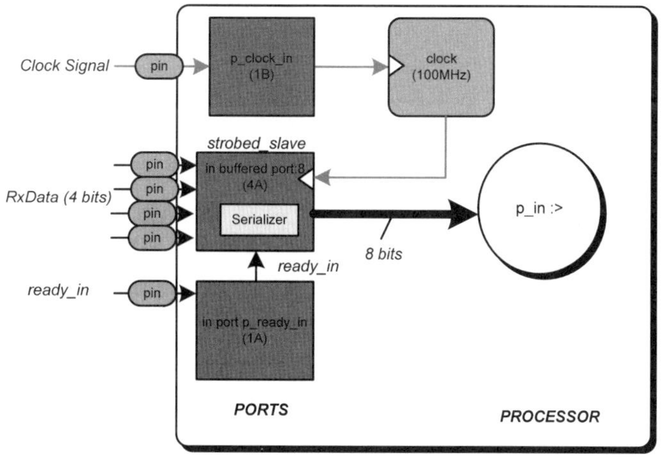

<그림 6.32> ready_in strobe 기능의 예

```
1.   [Target]
2.   # include <xs1.h>
3.   in buffered port:8 p_in4 = XS1_PORT_4A ;
4.   in port p_ready_in = XS1_PORT_1A ;
5.   in port p_clock_in = XS1_PORT_1B ;
6.   clock clk = XS1_CLKBLK_1 ;
7.
8.   int main ( void ) {
9.           configure_clock_src (clk, p_clock_in);
10.          configure_in_port_strobed_slave (p_in4 , p_ready_in , clk );
11.          start_clock (clk);
12.          p_in4 :> void ;
13.  }
```

9번 줄의 configure_in_port_strobed_slave()문은 입력 포트 p_in4로 하여금 클럭의 상승 엣지에서 포트 p_ready_in == 1일 때에만 샘플링 하도록 한다.

<그림 6.33>은 그 결과로써 해당 포트가 2개의 4비트 값을 샘플링하고 이것을 한 바이트로 조합하여 프로세서에 전달한다. 이 예에서 데이터 입력값은 0x28이다.

참고로 포트 카운터는 strobe 신호값과 무관하게 매 클럭 주기마다 증가한다.

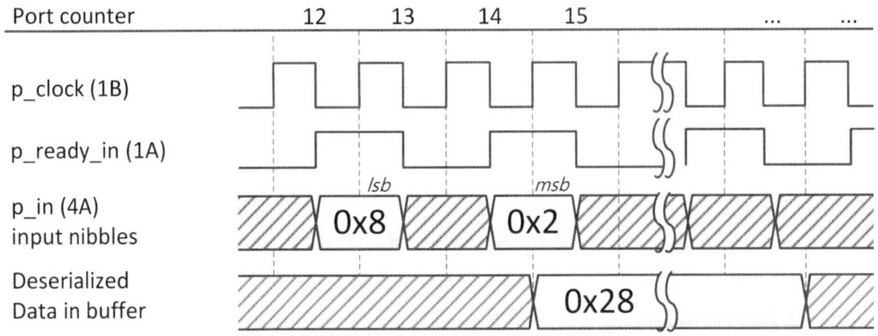

<그림 6.33> 결과 파형

(6) Master strobe 와 slave strobe의 활용

6.7절의 예제 1의 SerDes 예제에서 출력값과 입력값 간의 지연이 있었다. 다음과 같이 master strobe와 slave strobe를 함께 사용하면 이러한 지연을 해결할 수 있다.

- 송신측 (Serializer) : 데이터 송신 시 Master strobe 신호 발생
- 수신측 (Deserializer) : Slave strobe 신호가 활성화 되었을 때 데이터 수신

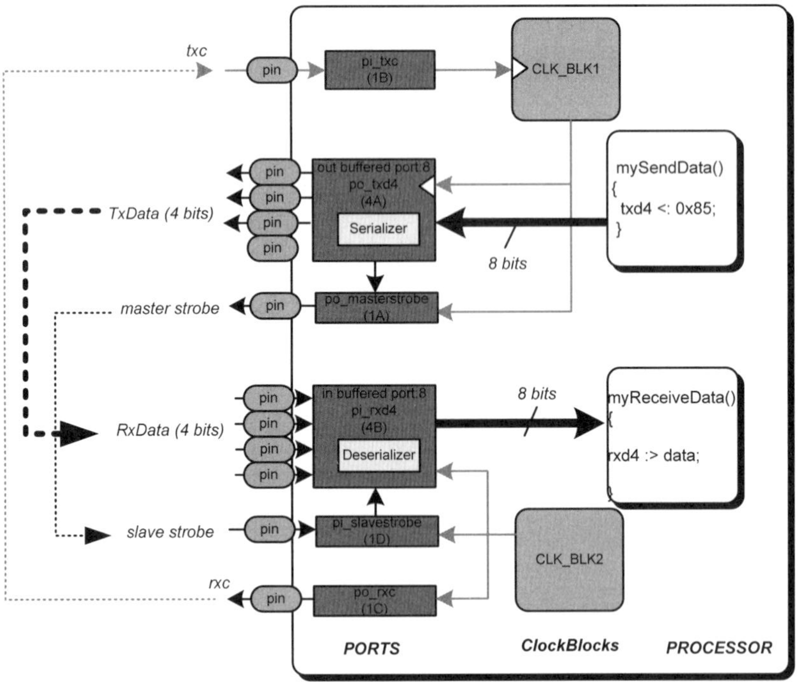

<그림 6.34> 포트의 serial 출력 / deserial 입력

```
[Simulation]
// po_txd4 ->pi_rxd4   Loopback 설정
// po_txc   ->   pi_rxc   Loopback 설정
// po_masterstrobe -> pi_slavestrobe Loopback 설정
#include <xs1.h>
#include <stdio.h>
#include <timer.h>//for 'delay_microseconds'

// serializer
out buffered port:8 po_txd4   = XS1_PORT_4A ;
out port po_masterstrobe = XS1_PORT_1A ;                    // ReadyOut
in port pi_txc = XS1_PORT_1B ;
clock clk1 = XS1_CLKBLK_1 ;

// Deserializer
in buffered port:8 pi_rxd4 = XS1_PORT_4B;
in port pi_slavestrobe = XS1_PORT_1D;                      // slave strobe (ReadyIn)
out port po_rxc = XS1_PORT_1C;
clock clk2 = XS1_CLKBLK_2;

int mySendData(void){
 configure_clock_src(clk1, pi_txc);       // 외부 클럭을 받아 내부 클럭으로 사용
 configure_out_port_strobed_master(po_txd4, po_masterstrobe, clk1, 0);
 start_clock(clk1);

 while(1){
    po_txd4 <: 0x85;   // 8-bit data 입력
    delay_microseconds(1);   // one microsecond delay
 }
 return 0;
}

int myReceiveData(void)
{
 int data;
 //clock master
 configure_clock_rate(clk2, 10,2);       // (10/2)MHz clock 생성
 configure_port_clock_output(po_rxc, clk2);
 configure_in_port_strobed_slave(pi_rxd4, pi_slavestrobe, clk2);
 start_clock(clk2);

 while(1){
   pi_rxd4 :> data;       // 8bit data를 4bit port에서수신
   printf("/Data : %x/",data);
 }
 return 0;
}

int main(void)
{
 par   {
    mySendData();
    myReceiveData();
 }
return 0;
}
```

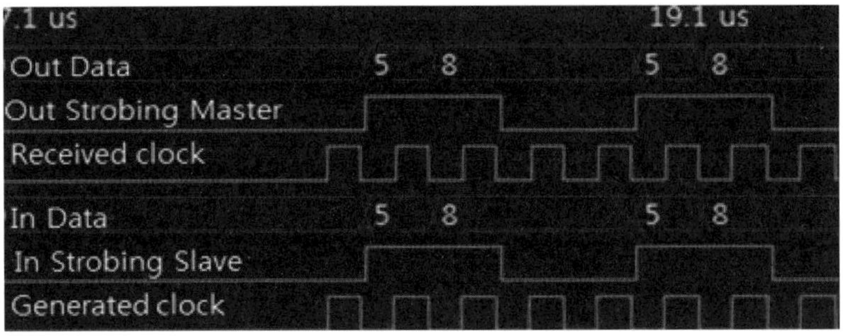

<그림 6.35> 결과 파형

6.15 Cusco 보드상에서의 포트 활용

(1) 개요

지금까지는 주로 시뮬레이터 기반에서의 포트 활용을 다루었다.

본 절에서는 실제 xCore 프로세서가 탑재된 Cusco 보드상의 LED와 버턴에 연결된 포트를 제어하는 프로그래밍 한다.

<그림 6.36>은 관련 포트 맵이다.

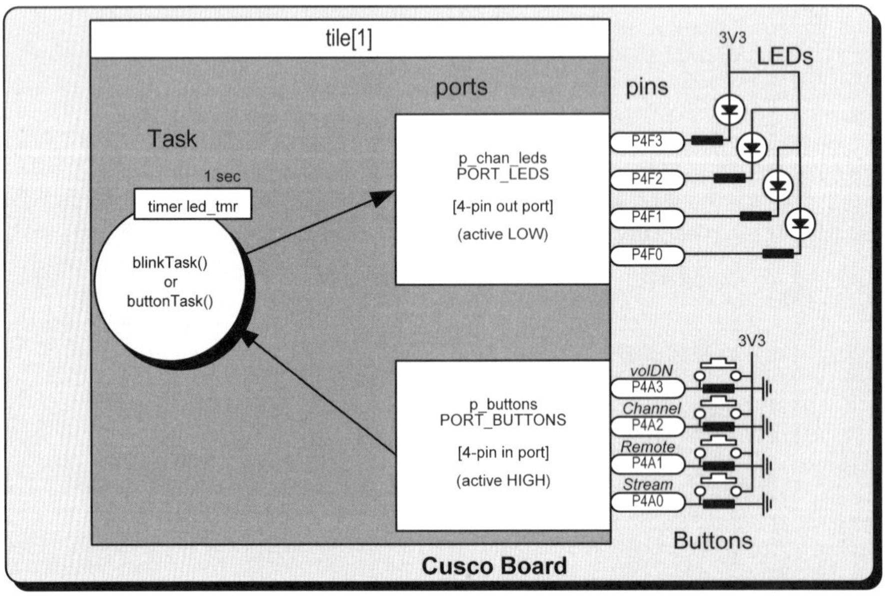

<그림 6.36> Cusco보드상의 LED와 버튼의 활용

(2) LED Blinking 예제

- **목적** : LED가 연결된 포트로 0과 1을 교대 출력한다. 참고로 LED는 0일 때 켜지고 1일 때 꺼지는 Active Low 동작을 한다.
- **포트 설정** : LED에 대응하는 포트는 평가보드의 경우 tile[1]: XS1_PORT_4F이다.
- **핀 개수** : 포트 이름이 4F이므로 핀의 개수가 4개이다. 이는 보드상에 있는 LED 중 4F 포트에 해당하는 4개의 LED를 한 번에 제어할 수 있는 것이다. 예를 들어 4비트 값을 ~0x3으로 주면 2진법으로 ~0011이기 때문에 핀0과 핀1에 해당하는 LED만 켜진다.
- **포트 방향** : LED를 제어하기 위해서는 xCore의 출력으로 LED에게 신호를 보내야 하므로 out port로 선언해야 한다.
- **Hardware Run과 Flash** : [Run Configuration]에서 [Hardware]를 선택하여 Run을 한다. Flash는 보드상의 EEPROM에 코드를 저장하는 것이다. Flash 방법은 프로젝트 폴더 우 클릭 → flash as → xCore Application을 클릭하거나 eclipse 상단의 노란 번개모양( ) 아이콘을 클릭하여 수행할 수 있다.

STEP 1> 다음 코드를 작성하여 빌드한 후 플래시한다.

```
#include<xs1.h>
#include<platform.h>//for 'tile'

// Set the period to 1sec based on the Xcore 100Mhz timer.
#define PERIODIC_BLINK_TIME 100000000 //1sec
out portp_leds = on tile[1]:XS1_PORT_4F;//assign the 4F port(4 pins) to output port

void blink_task(out port leds){
  timer led_tmr;
  unsigned led_timeout;
  unsigned char i=0;

  led_tmr :> led_timeout; //get current timer counter value.
  led_timeout += PERIODIC_BLINK_TIME;

  while(1){

    led_tmr when timerafter(led_timeout) :>void; //wait for timeout
    if(i==0){

        leds<: ~0x0 ; //OFF
        i=1; //toggle
    }else{

        leds<: ~0x1 ; //ON
        i=0; //toggle
    }

    led_timeout += PERIODIC_BLINK_TIME; //set next timeout(1sec)

  }

}

```

```
int main(void){
   par{
      on tile[1]: blink_task(p_leds);
   }
   return 0;
}
```

STEP 2> 보드의 리셋 버튼을 눌러 하드웨어 리셋을 수행한다. 이후 프로그램이 동작하면서 LED가 깜빡이는지 확인할 수 있다.

(3) 버튼 이벤트 활용

평가보드 상의 버튼 입력을 처리하는 프로그램을 작성한다.

- **목적** : 버튼을 누르면 해당 버튼 식별값을 콘솔로 출력한다.
- **포트 이름** : 버튼에 할당된 포트는 tile[1]: XS1_PORT_4A이다. 버튼 입력은 active high 입력이다.
- **핀** : 버턴이 연결된 포트는 4비트 포트인 4A이다.
- **포트 방향** : 버튼 신호는 입력이므로 해당 프트를 in port로 선언한다.

STEP 1> 다음 코드를 작성하여 빌드한 후 flash한다.

```
#include<xs1.h>
#include<stdio.h>
#include<platform.h>

in port p_button = on tile[1]: XS1_PORT_4A;

void buttonTask (in portp_button)
{

 // The last read value off the port.
 int current_val = 0;

 while (1) {

    select {
     // event when the button changes value

     case p_button when pinsneq(current_val) :>int new_val:

       if ((new_val& 0x1) == 0x1) printf("Button1 down\n");
       else printf("Button1 up\n");

       if(((new_val& 0x2) == 0x2)) printf("Button2 down\n");
       else printf("Button2 up\n");

       if(((new_val& 0x4) == 0x4)) printf("Button4 down\n");
       else printf("Button4 up\n");

       current_val = new_val;
       printf("\n");
       break;
```

```
        }
      }

  }

  int main(){
    par{
        on tile[1]: buttonTask(p_button);
    }

    return 0;
  }

```

STEP 2> 보드의 리셋 버튼을 눌러 하드웨어 리셋을 수행한다. 이어 버튼을 눌렀을 때 콘솔 화면에 표시되는 결과를 확인한다.

제 7 장 Hello Task

7.1 Task

태스크(Task)는 독립적으로 동작하는 단위 프로그램이다. 여러 개의 단위 작업을 동시에 수행하는 시스템을 멀티 태스킹 시스템이라고 한다. 이러한 시스템은 parallelism 기능이 있다고 한다.

이러한 동시 작업을 시간 축 관점에서 보면 다음과 같이 구분된다.

- 시분할 스케듈링
- 멀티 프로세서에 의한 동시 병렬 작업
- 전용 게이트 로직에 의한 동시 병렬 작업

먼저 시분할 스케듈링은 일반적으로 단일 프로세서 기반에서 짧은 시간 간격 즉, time slice마다 해당 태스크의 작업 일부를 수행한 후 다음 time slice에서 다른 태스크의 작업의 일부를 수행하는 time sharing 스케듈링 기법에 의해 마치 병렬 작업을 하는 것처럼 보이게 하는 것이다. 일반적인 멀티태스킹 운영 체제는 이러한 스케듈링 기법을 활용한다.

반면에 멀티 프로세서를 사용하는 방식은 여러 개의 프로세서를 사용하여 각 단위 작업을 전담하여 동시 병렬작업을 하는 것이다. 만약 태스크의 개수가 프로세서의 개수보다 많은 경우에는 일부 태스크는 하나의 프로세서에서 시분할 스케듈링 기법으로 병렬 처리하도록 한다.

마지막으로 단위 작업 전용의 게이트 로직을 구현함으로써 다수의 단위 작업들이 동시에 동작하도록 할 수 있다. 이러한 방법은 FPGA 기반에서 Verilog 등으로 구현할 수 있다.

xCORE 프로세서는 FPGA용으로 사용되는 Verilog 처럼 여러 개의 태스크를 하드웨어적으로 독립적인 태스크를 동작시킬 수 있다. 이것은 범용 MCU와 상이한 xCORE 프로세서의 큰 특징 중 하나이다.

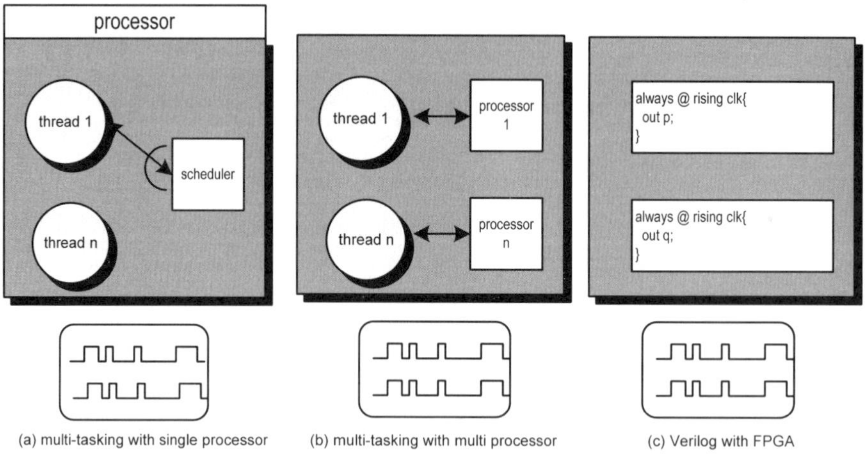

<그림 7.1> 멀티태스킹 방법

7.2 xC Task

(1) 특징

최근에 출시되는 범용 멀티코어 프로세서는 여러 개의 프로세서를 코어형태로 하나의 패키지에 내장한 것이다.

xCORE 프로세서도 여러 개의 코어 프로세서를 내장한 멀티코어 프로세서로써 동시에 여러 개의 태스크를 운영할 수 있다.

리눅스 또는 윈도우 운영 체제의 멀티태스킹 기능과 다른 점은 이러한 다중 처리 기능을 소프트웨어 기반의 운영 체제가 아니라 물리적으로 분리된 프로세서 코어가 하드웨어로 지원한다는 점이다.

xCORE 프로세서에서의 태스크는 다음과 같은 특징을 갖는다.

- 각 tile별로 core 프로세서가 1개씩 내장된다.
- Tile 당 최대 8개의 태스크를 생성할 수 있다[1].
- 각 태스크는 Logical Core기능을 지원받는다. 따라서 개별적인 태스크는 core 프로세서가 하드웨어적으로 수행하는 타임 스케듈링에 의해 코어프로세서의 처리능력의 일부를 할당 받는다. 예를 들어 한 tile에 4개의 태스크가 동작한다면 각 태스크는 core프로세서의 처리 능력의 1/4을 고정 할당 받는다. XMOS사에서는 각 태스크 별로 할당된 프로세서의 처리 능력을 논리적인 코어, 즉 logical core라고 한다. 따라서 각 타일에는 최대 8개의 logical core 프로세서가 있다고 할 수 있다.

[1] 2 Tile 프로세서인 경우 최대 16개의 쓰레드를 생성할 수 있다.

- 다음 태스크를 처리하기 위하여 현재의 태스크를 대피시키는 문맥 전환(Context switch) 작업과 같은 스케듈링 오버헤드가 없다.
- xC 언어는 이러한 다중 태스크의 병렬 동작을 지원하기 위해 "par" 구문을 제공한다.
- 기본적으로 각 태스크는 독립적인 한 개의 logical core상에서 동작한다. 단, 다음과 같은 경우는 예외이다.
  - Combinable 태스크들은 동일한 logical core상에서 멀티태스킹이 되면서 동작한다.
  - Distibutable 태스크는 여러 개의 logical core상에 분포되어 동작한다.

(2) 동작과 활용

<그림 7.2>는 xCore 프로세서에 3개의 logical core에 할당된 3개의 태스크가 수행하는 동시작업의 예이다. 각 태스크의 역할은 다음과 같다.

- Task A : 무한 반복 작업
- Task B : 대기 중에 이벤트 발생시 기동된다. 특정 이벤트의 경우 Task C에 채널을 통해 알린다.
- Task C : 대기 중에 채널을 통해 Task B로부터 이벤트를 수신하면 포트로 출력한다.

이러한 모든 과정에서 각 태스크는 다른 태스크의 동작에 독립적으로 동작한다.

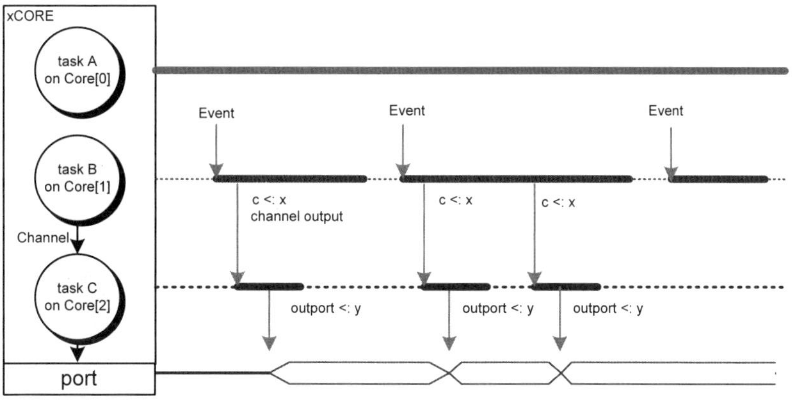

<그림 7.2> xCore 의 동시 작업

이러한 다중 코어 기반의 물리적인 멀티 태스킹 기능을 사용하여 <그림 7.3>과 같이 상태천이기, 이더넷 모듈 등의 직렬 통신 모듈, 그리고 DSP 로직 등의 하드웨어 모듈을 설계할 수 있다.

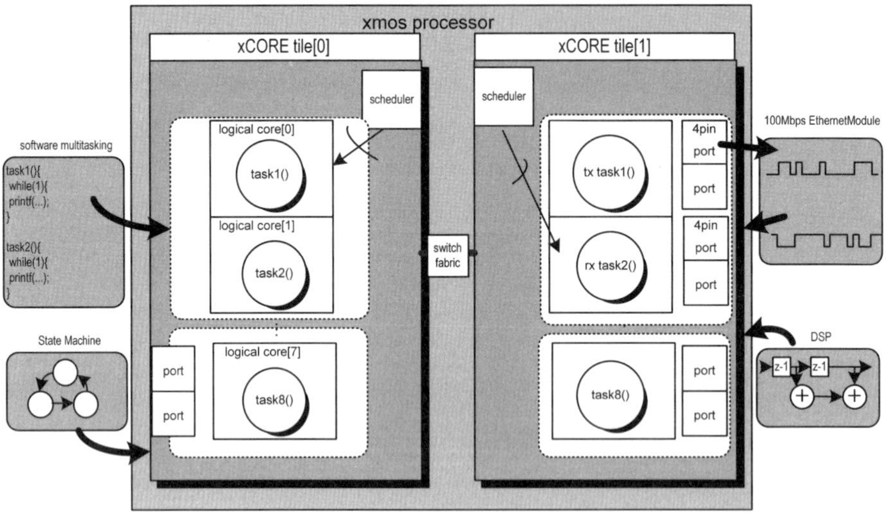

<그림 7.3> 다중코어 기반의 물리적 멀티태스킹

7.3 par 구문

xC 언어는 XMOS MCU의 다중 병렬 처리 기능을 위해 "parallel"의 의미를 갖는 "par" 문을 제공한다. 이것의 사용 예는 다음과 같다.

(1) 예 1

이것은 task1()과 task2()를 병렬로 동시에 동작시키는 것이다. 각 태스크는 XMOS MCU의 논리적으로 분리된 코어 별로 독립적으로 작동한다.

물론 이들 둘 간의 우선순위나 동작 순서는 없다.

single task program	xC

task1(){
  while(1) printf("1");
}
 	
task2(){
  while(1) printf("2");
}
 	
void main(){
  task1();
  task2();
}
	task1(){
	  while(1) printf("1");
	}
	
	task2(){
	  while(1) printf("2");
	}
	
	void main(){
	  par {
	    task1();
	    task2();
	  }
	}

[결과] 1111....	[결과] 1212... 또는 2121...

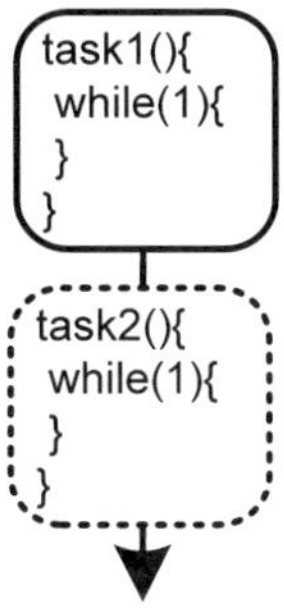

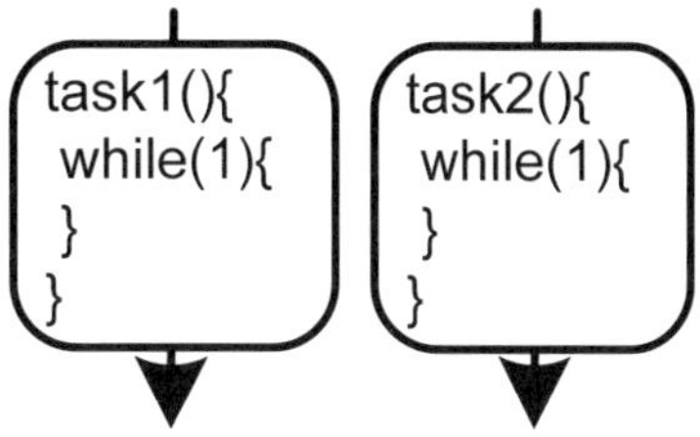

(2) 예 2

다음 예를 보자. xCore 프로세서는 par 구문 내의 { } 단위 문장도 개별적인 태스크로 처리한다. 각 태스크 내에서의 처리순서는 차례를 지킨다.

single task program

```
int main(void) {

  int a = 4;
  int b = 3;
  int x = 0;
  int y = 0;

  x = a + b;
  printf("x=%d,",x);
  y = a - b;
  printf("y=%d,",x);

  return 0;
}
```

[결과] x=7, y=1

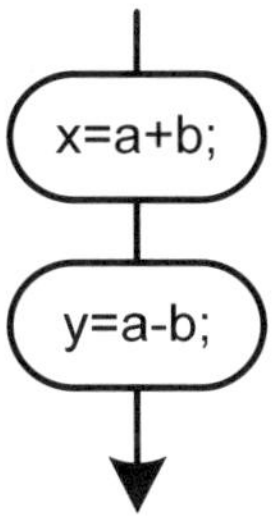

Xc

```
int main(void) {
  int a = 4;
  int b = 3;
  int x = 0;
  int y = 0;
  par
  {
    {
      x = a + b;
      printf("x=%d,",x);
    }
    {
      y = a - b;
      printf("y=%d,",y);
    }
  }
  return 0;
}
```

[결과] x=7, y=1 또는 y=1, x=7

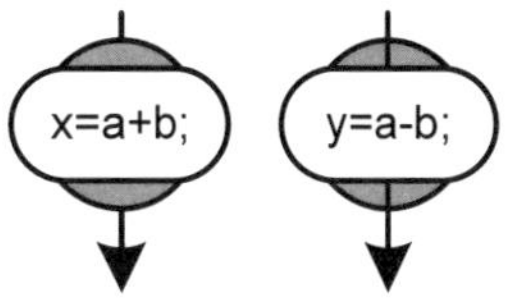

(3) 예 3

다음 예를 보자. xCore 프로세서는 par 구문 내의 함수를 개별적인 태스크로 처리한다.

single task program

```
void fAdd(int a, int b){
   printf("x=%d,",a+b);
}

void fSub(int a, int b){
   printf("y=%d,",a-b);
}

int main(void) {

    int  a  =   4;
    int  b  =  3;

    fAdd(a,b);
     fSub(a, b);
    return 0;
}
```

[결과] x=7, y=1

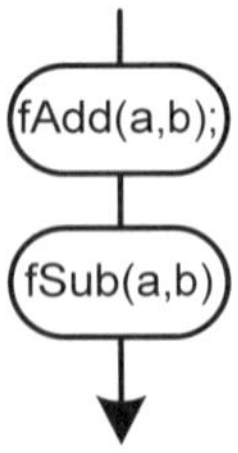

Xc

```
void fAdd(int a, int b){
   printf("x=%d,",a+b);
}

void fSub(int a, int b){
   printf("y=%d,",a-b);
}

int main(void) {
    int  a  =   4;
    int  b  =  3;
    par
    {
            fAdd(a,b);
            fSub(a,b);
     }
     return 0;
}
```

[결과] x=7, y=1 또는 y=1, x=7

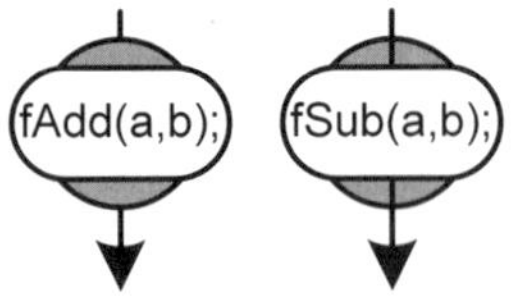

7.4 태스크의 복제 (Replicated par)

다음과 같이 "par" 구문을 for 구문처럼 사용하여 동일한 이름의 서로 다른 태스크를 생성할 수 있다. 단, 반복 생성 최대 개수는 반드시 상수(아래 예에서 4)이어야 한다.

```
void task(int i){
     while(1) printf("%d",i);
}

int main(void){
   par(int i=0; i<4; i++){
                    task(i);
    }
}
```

이것은 C 언어의 for 구문과 유사한 구문으로 기술됨을 알 수 있다.

따라서 위의 예는 다음과 동일하다.

```
void task(int i){
        while(1) printf("%d",i);
}

int main(void){
  par{
        task(0);
    task(1);
    task(2);
    task(3);
  }
}
```

7.5 태스크간의 동기

(1) Interracing 문제

xC 에서 태스크 처리를 작성할 시 경쟁조건이 일어나는 소스는 작성할 수 없다. 예를 들면 다음과 같은 소스는 컴파일 에러를 발생시킨다.

왜냐하면 각 라인은 개별적인 태스크처럼 동시에 수행되는데 Task2는 결정되지 않은 x값을 read 하므로 y값은 비확정적이 될 수 있기 때문이다.

```
#include <print.h>

int main(void) {
    int  a  =  4;
    int  b  =  3;
    int  x  =  0;
    int  y  =  0;

    par
    {
        x  =  a + b;   // Task 1
        y  =  x + b;   // Task 2
    }
    return 0;
}
```

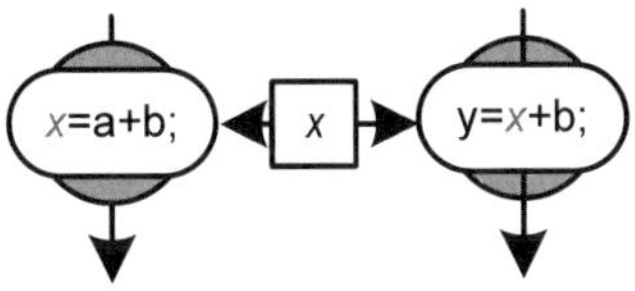

이렇게 태스크간 공유하는 변수에 대한 접근은 일반 운영 체제에서는 mutex 또는 semaphore 등의 태스크간 동기 방법을 사용하여 이러한 interrace 문제를 해결한다. 만약 이렇게 보호하지 않으면 컴파일은 되지만 runtime 오류를 발생하는 버그가 된다.

반면에 xCore에서는 태스크간 변수의 공유를 아예 금지하고 있어 태스크간 동기용 mutex 또는 semaphore 가 불필요 하다. 만약 전역변수를 두 태스크가 공유한다면 아예 XC컴파일러는 컴파일 단계에서 오류로 처리한다.

7.6 Task의 배치

기본적으로 각 태스크는 자신만의 logical core상에서 독립적으로 동작한다. 하지만 태스크의 개수가 최대 logical core ro수를 초과하거나 효율적인 프로그래밍을 위하여 여러 개의 태스크가 하나의 logical core상에 배치하거나 특정 core에 배치하지 않을 수도 있다.

즉, 태스크는 다음과 같이 3가지의 형태로 배치시킬 수 있다.

- Normal : 각 태스크 별로 하나의 logical core에서 독립적으로 동작한다.
- Combinable : 하나의 logical core에서 다른 태스크와 함께 동작할 수 있는 태스크이다. 해당 core가 적절한 문맥전환 기능을 수행하여 다중 태스크를 소프트웨어적으로 스케듈링한다. 이러한 스케듈링 기능은 컴파일 단계에서 포함된다.
- Distributable : 여러 개의 core 상에서 동작할 수 있는 하나의 태스크이다.

(1) Combinable 태스크

여러 개의 combinable 태스크는 한 개의 logical core상에서 결합되어 <그림 7.4>와 같이 동작한다.

combined된 해당 태스크들에 대하여 컴파일러는 각 태스크 내부에 기술된 각각의 초기화 과정 부분들을 결합하여 먼저 수행될 수 있도록 한다. 물론 그 차례는 비확정적이다. 이후 각 태스크의 main부분을 결합시킨다.

이러한 combinable 태스크는 다음과 같은 제약사항을 준수해야 한다.

- 해당 태스크는 void return type이어야 한다.
- 이것의 마지막 구문은 select 구문이 포함된 while(1) 문이어야 한다.

이러한 구조의 태스크에 대해서는 combinable 속성을 다음과 같이 명시할 수 있다.

```
[[combinable]]
```

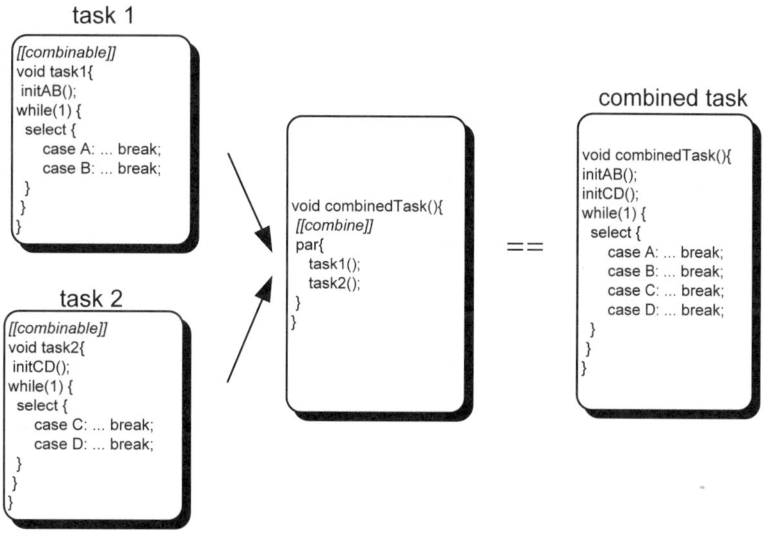

<그림 7.4> combinable 태스크

(예 1) 예를 들어 타이머 이벤트에 반응하는 다음과 같은 태스크를 보자. 이것은 select문을 사용하고 반환 값이 void한 것이므로 2개가 생성되더라도 결국 한 개의 태스크로 결합될 수 있다. 즉 task1과task2는 동일한 core에 할당된다.

만약 core를 명시하지 않으면 컴파일러가 임의의 core를 할당한다. 또한 non-combinable function이 동일한 core에 할당되도록 지시된 경우 컴파일 단계에서 오류로 보고된다.

```
[[ combinable ]]
void counter_task ( const char * taskId ) {
        int count = 0;
        timer tmr ;
        unsigned time ;

        tmr :> time ;

    // This task performs a timed count a certain number of times , then exits
        while (1) {
            select {
            case tmr when timerafter ( time ) :> int now :
            printf (" Counter tick at time %x on task %s\n", now , taskId );
            count ++;
            time += 1000;
            break ;
            }
        }
}

int main () {
  par {
    on tile [0]. core [0]: counter_task (" task1 ");
    on tile [0]. core [0]: counter_task (" task2 ");
  }
  return 0;
}
```

또한 이러한 태스크에 대하여 par문 앞에 "[[combine]]" 지시문을 사용하여 하나로 결합된 combinable 태스크를 만들 수 있다.
다음은 그 예로써 2개의 task1과 task2를 하나의 combinable한 combined_task를 만든 것이다.

```
void combined_Task() {
 [[ combine ]]
 par {
       counter_task (" task1 ");
       counter_task (" task2 ");
  }
}
```

[주의] 한 core에 할당된 combined 태스크들간에 채널을 통한 통신은 불가하다. 왜냐하면 채널은 core간을 연결하는 하드웨어적인 연결로이기 때문이다. 대신에 Interface 연결로를 사용해야 한다.

(**예** 2) Flashing LEDs

고속으로 on off를 반복하면 LED 불빛을 볼 수 없으므로 1sec간격으로 on-off를 반복할 수 있도록delay_milliseconds 내장함수를 사용하여 설계한다. 관련 delay_ 함수는timer.h에 정의되어 있다. 여기서 사용된[[combinable]] 속성은 하나의 logical core가 다른 combinable function과 함께 이 기능을 처리할 수 있도록 허용하는 것이다.

```
void flashing_led_task1(port p, int delay_in_ms) {
   while (1) {
      p <: 0;
      delay_milliseconds(delay_in_ms);
      p <: 1;
      delay_milliseconds(delay_in_ms);
   }
}
[[combinable]]
void flashing_led_task2(port p, int delay_in_ms) {
   timer tmr;
   unsigned t;
   // Convert delay from ms to 100Mhz timer ticks
   const int delay_ticks = delay_in_ms * 100000;
   // The value we are going to output
   unsigned val = 0;

   // read the initial timer value
   tmr :> t;
   while (1) {
      select {
      // This case will event when the timer moves past (t + delay_ticks) i.e
      // delay_ticks after when we took the timestamp t
      case tmr when timerafter(t + delay_ticks) :> void:
         p <: val;
         val = ~val;
         // set up the next event
         t += delay_ticks;
         break;
      }
   }
}
```

(2) Distributable 태스크

어떤 태스크가 외부의 이벤트에 대하여 반응할 필요가 없고 단지 <그림 7.5>와 같이 다른 태스크와의 통신 연결로를 통한 작업만 하는 경우, 이것은 굳이 자신만의 core를 할당 받을 필요가 없어 두 태스크가 할당 받은 core의 처리기능의 일부를 활용한다. 즉 컴파일러는 이 태스크에 대하여 특정 core를 할당하지 않는다. <그림 7.5>에서 taskAny()와 같은 태스크를 distributable 태스크라고 한다.

이러한 distributable task는 관련 태스크가 동일한 tile 내에 인터페이스형 연결로 연결되어 있을 때 효율적이다(만약 서로 상이한 tile에 걸쳐진다면 distributable 태스크는 컴파일러에 의해 일반적인 태스크로 처리하여 core를 할당한다.). 이러한 distributable 태스크의 특성은 다음과 같아야 한다.

- [[distributable]] 속성을 태스크 명 앞에 명시해야 한다.
- 이것은 *combinable* 한 특성을 가져야 한다. 즉 while 루프 내의 select문을 가져야 한다.
- select문 내의 case에는 interface형 연결의 이벤트에 대해서만 반응해야 한다.

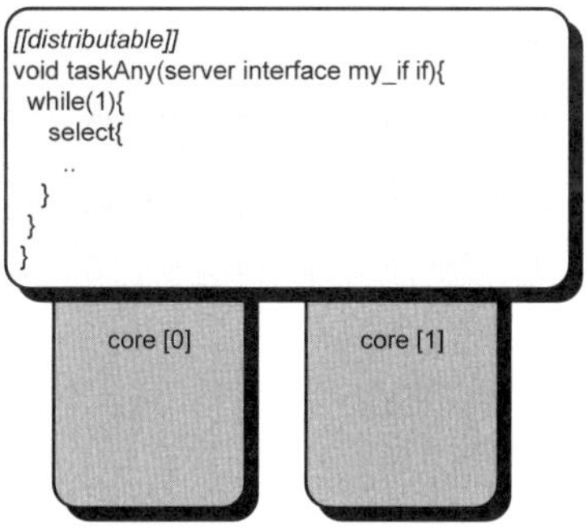

<그림 7.5> distributable 태스크

(**예**) 다음 예는 인터페이스 연결로를 통해 전달받은 i횟수만큼 출력 포트 p를 통해 1과 0을 반복 전송하는 distributed 태스크의 예이다.

```
interface wiggle_if {
        wiggle(int i);
}

[[ distributable ]]
void port_wiggler ( server interface wiggle_if i, port p)
{
// This task waits for a transaction on the interface i and    wiggles the port p the required
// number of times .
                        while (1) {
                                select {
                                case i. wiggle ( int n):
                                        printstrln (" Wiggling port .");
                                        for (int j = 0; j < n;j++) {
                                                p <: 1;
                                                p <: 0;
```

```
                    }
                    break ;
                case i. finish ():
                    return ;
                }
        }
}

void task1(client interface wiggle_if i){
    while(1) i.wiggle(5);
}

void task2(){
        while(1) do_something();
}
int main (void) {
        interface wiggle_if i;
        par {
                on tile [0]: task1 (i);
                on tile [0]: port_wiggler (i, p);
                on tile [0]: task2 ();
        }
        return 0;
}
```

이 경우 task1()과 task2()는 각각의 core를 할당 받지만 port_wiggler()은 그렇지 않다.
task1이 port_wiggler()태스크에게 인터페이스 연결을 통하여 5를 송신하면 해당 코어는 port_wiggler()의 case문으로 문맥을 전환한다. 이후 처리가 완료되면 원래의 task1으로 문맥을 복귀한다.
사실 이러한 distributed task는 여러 개의 다른 태스크와 연결될 수도 있으므로 관련 태스크가 작업을 개시한 경우 다른 태스크가 이 distributed 태스크의 작업을 가로채지 못하도록 컴파일러는 lock 기능을 사용하여 보호한다.

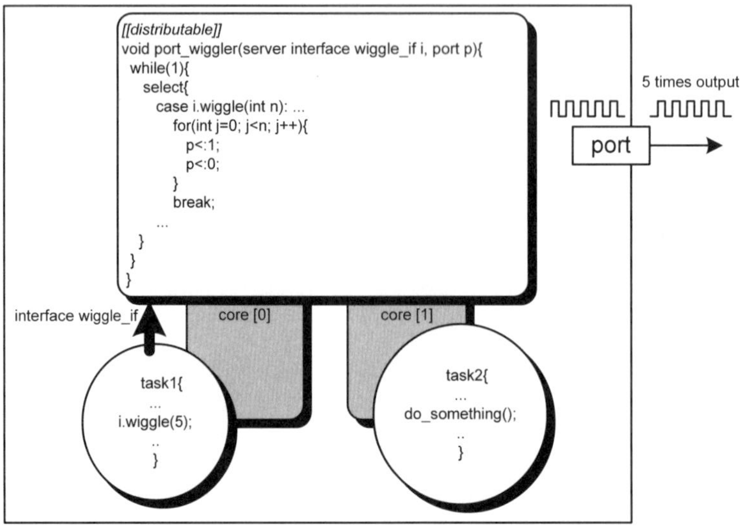

<그림 7.6> core 가 할당되지 않는 port_wiggler() 함수

7.7 멀티타일 프로그래밍

앞에서 수행한 예는 모두 기본 core인 core[0]에서 수행한 것이다. XMOS는 앞에서도 언급했듯이 단일 코어가 아닌 xCore 단위의 여러 개의 물리적인 코어를 가진 MCU이다. 또한 각 코어 별로 최대 8개의 logical core가 할당될 수 있지만 하나의 xCore가 담당해야 할 logical core 개수가 증가할 수록 각 logical core의 처리 능력은 떨어진다. 따라서 사용하는 프로세서가 멀티코어라면 가급적 이러한 논리 코어 기능을 분산시켜 할당하는 것이 효율적이다. xC 언어를 사용하여 각 태스크가 동작될 하드웨어 코어(tile)를 다음과 같은 형식으로 지정할 수 있다.

(1) 예

다음은 두 개의 태스크를 각각 다른 tile에서 동작시키는 예이다. 이렇게 특정 태스크가 속할 tile을 명시할 경우 "platform.h" 헤더 파일을 추가 사용하고 해당 태스크 이름 앞에 'on tile[tile 번호]'를 선행한다. Tile 번호는 프로세서에 내장된 tile의 최대 개수로 제한된다. 즉, 2개의 tile을 가진 프로세서인 경우 0 번과 1번 tile을 명시할 수 있다.

이러한 tile 지정을 위한 'on tile[]:'는 반드시 main() 함수 내에서만 사용할 수 있다.

```
#include <platform.h>
#include <print.h>
int main(void) {
    par
    {
        on tile[0]:
        {
            int  x  =  2;
            int  y  =  0;
            y  =  x + 1;
        }
        on tile[1]:
        {
            int  x  =  2;
            int  y  =  0;
            y  =  x - 1;
        }
    }
    return 0;
}
```

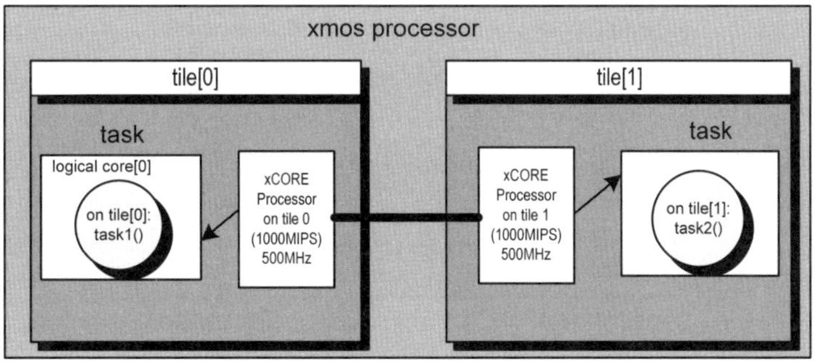

<그림 7.7> 멀티타일 프로그래밍 환경의 예

(2) 포트에 대한 tile 식별자

멀티코어 환경에서는 각 tile별 포트도 해당 tile식별자를 사용하여 명시해야 한다. 왜냐하면 각 포트이름은 타일과 상관없이 동일한 이름을 가지므로 tile 구분명을 명시하여 구분해야 한다.

```
#include <platform.h>
on    tile [0] :  out   port puartTx          =  XS1_PORT_1A ;
on    tile [0] :  in    port puartRx          =  XS1_PORT_1B ;
on    tile [1] :  in    port pi2cSCL    =  XS1_PORT_1B ;
on    tile [1] :  in    port pi2cSDA    =  XS1_PORT_1A ;
on    tile [0] :  out   port pmiiTXD    =  XS1_PORT_4A ;
on    tile [1] :  in    port pbuttons  =  XS1_PORT_4A ;
int main ( void ) {
    par {
        on tile [0]    : uartTX ( puartTx, puartRx);
        on tile [1]    : i2cModule ( pi2cSCL, pi2cSDA );
        on tile [1]    : i2cTask(i2cSCL, i2c);
on tile        [0]    : miiEthernet(pmiiTXD);
on tile        [1]    : gpio_task(pbuttons);
  }
}
```

(3) 멀티타일 사용시 고려사항

멀티 코어를 사용시 main() 함수에는 데이터 타입이 "chanend"를 제외한 모든 타입은 지역 변수로 선언할 수 없다[2].

굳이 사용해야 하면 main 함수 외부에 전역 변수를 선언하여 사용해야 한다.

X를 지역 변수로 사용

```
#include <platform.h>
on   tile [0]:   out port p1= XS1_PORT_1A ;
on   tile [1]: in port p2= XS1_PORT_1A ;

void task1(port p, int x, chend c){};
void task2(port p, int x, chend c){};

int main ( void ) {
    chan c;
    int x=0;

    par {
        on tile[0]: task1(p1,x,c);
        on tile[1]: task2(p2,x,c);
    }
}
```

→ 컴파일 오류 발생

X를 전역 변수로 사용

```
#include <platform.h>
on   tile [0]:   out port p1= XS1_PORT_1A ;
on   tile [1]: in port p2= XS1_PORT_1A ;

void task1(port p, int x, chend c){};
void task2(port p, int x, chend c){};
int x=0;

int main ( void ) {
    chan c;
    par {
      on tile[0]: task1(p1,x,c);
      on tile[1]: task2(p2,x,c);
    }
}
```

[2] 앞으로는 이러한 제약 조건이 없어질 수 있다.

제 8 장 Hello Channel

8.1 태스크간 통신 연결

일반적인 멀티태스킹 운영 체제는 태스크간 통신을 위해 메시지 큐, 파이프, 세마포어, 공유 메모리, 소켓 등의 다양한 interprocess communication 기능을 제공한다.
xCore의 경우, 태스크간 통신을 위해 다음과 같은 점 대 점 연결로를 제공한다.

- Channel
- Streaming Channel
- Interface

8.2 채널

(1) 특성

채널은 xCORE 프로세서가 제공하는 기본적인 태스크간 통신로이다. 이것은 바이트 스트림 연결을 제공하므로 채널을 통해 전달되는 내용의 자료형은 제한이 없다. 따라서 쌍방이 약속만 하면 데이터뿐만 아니라 <START>, <STOP> 등의 명령어도 함께 전송할 수 있다.

채널 종단은 8바이트 크기의 버퍼를 가진다. 이러한 채널을 사용하면 한번에 1~8바이트 단위의 데이터를 상대방 태스크에게 전송할 수 있다. 이러한 한번의 전송 과정을 transaction이라고 한다. 예를 들어 한 바이트씩 문자를 보낼 경우에는 이 채널상에 한 바이트만 송신되는 transaction 절차가 수행된다. 반면에 4바이트의 정수형 데이터를 송신할 경우에도 역시 이것은 하나의 트랜잭션이다[1].

---

1 실제 채널상의 단위 전송 시 한 바이트 단위의 데이터 token으로 송신되며 필요 시 <END>, <PAUSE> 등의 제어 token도 함께 송신된다.

이러한 단위 전송 과정에서 수신 태스크가 이 채널 종단의 버퍼를 읽지 않으면 송신 태스크는 다음 단위 전송을 중지하고 대기한다. 이러한 전송 절차를 동기적(synchronous)이라고 한다.

동일한 tile 내에서 설정할 수 있는 채널 종단의 개수는 최대 64개이다. 다른 tile과의 채널 연결은 중간에 내장된 스위치를 경유하는 4개의 xLink 중 하나를 사용한다.

따라서 이러한 채널이 xLink를 경유해야 한다면 이들은 이 xLink을 공유하는 일종의 패킷교환방식으로 전달된다. 이러한 링크 공유 방식을 지원하기 위하여 채널종단은 자신의 단위 전송(transaction) 시에만 링크를 사용하고 완료 후에는 끊는다.

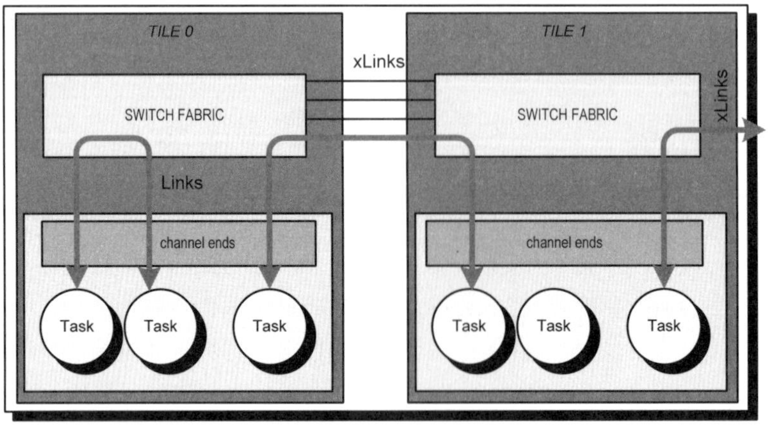

<그림 8.1> 채널

이러한 채널의 특성을 정리하면 다음과 같다.

- 각 채널은 송수신 태스크간에 동기된 전송로이다. 즉 task A가 해당 채널로 바이트 스트림을 한 바이트 write 했을 때 상대 태스크가 해당 바이트를 read 하지 않으면 송신 태스크는 다음 바이트를 송신하지 못하고 대기(block)한다. 이것은 마치 SPI 연결로와 유사하다고 할 수 있다.
- 각 채널은 "*chan*"형으로 선언된다. (예) chan simpleChannel;
- 각 채널은 항상 2개의 태스크간을 연결하는 것이므로 2개의 종단(endpoint)를 갖는다. 즉, 다른 태스크는 이 채널을 사용할 수 없다. 그리고 각 태스크는 해당 채널의 종단에 대하여 "*chanend*" *형*으로 선언하고 각 **task** 함수의 인자값으로 전달된다.
- 각 채널은 전이중 채널 기능을 제공한다. 즉 각 태스크는 상대방 태스크에 대하여 송신하거나 수신할 수 있다.
- 해당 채널을 통한 송신과 수신 시 각각 "<:" 과 ":>" 연산자를 사용한다.

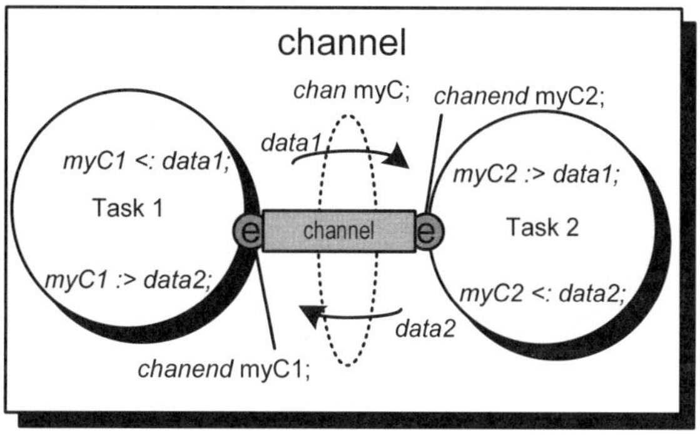

<그림 8.2> 채널의 선언 및 동작

(예) <그림 8.3>은 "chan" 선언에 의한 myChan 채널을 사용하여 2개의 태스크를 연결한 예이다. 해당 채널을 사용하여 값5를 전송하고, 다른 채널 종단에서는 이 데이터에 대한 수신 작업을 이벤트에 기동되는 select 문을 사용하여 처리한다.

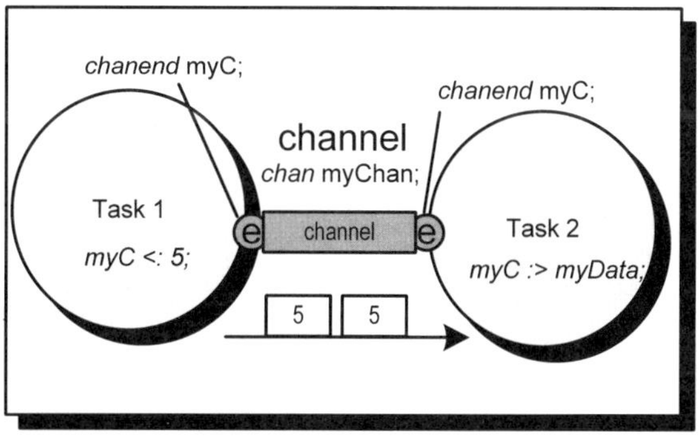

<그림 8.3> 채널의 사용 예

```
void task1(chanend myC) {
   while(1)
      myC <: 5;
}

void task2(chanend myC) {
  int myData;
  while(1) {
     select {
     case myC :>myData :
        printf("myData = %d\n", myData);
        break;
     }
  }
}

int main(void) {
          chan myChan;
```

```
	par{
		task1(myChan);
		task2(myChan);
		}
	return 0;
}
```

```
Console ⌧   Prob
<terminated> myChannel_2
myData = 5
myData = 5
myData = 5
myData = 5
myData = 5
myData = 5
myData = 5
myData = 5
myData = 5
myData = 5
```

(2) 채널의 동기화 기능

채널을 사용하여 2개의 태스크 간의 동작을 동기화할 수 있다. 예를 들어 한 태스크가 채널을 통하여 다른 태스크에게 데이터를 전송한다고 하자. 이 경우 만약 수신 태스크가 이 채널 종단의 버퍼를 읽지 않으면 송신 태스크는 다음 송신을 중지하고 기다리는 synchronous 특성을 가진다.

즉, 채널을 통한 전송 과정은 다음과 같은 특성이 있다.

- 송신측 태스크는 채널 버퍼가 찬 경우 대기한다.
- 수신측 태스크는 채널 버퍼가 빈 경우 대기한다.

(예) <그림 8.4>는 채널의 동기적인 동작을 확인하기 위하여 slaveTask는 1ms씩 읽기 동작을 지연한다. 그 결과 송신측은 연속 송신하지 못하고 수신 간격에 의해 송신 간격이 제어된다.

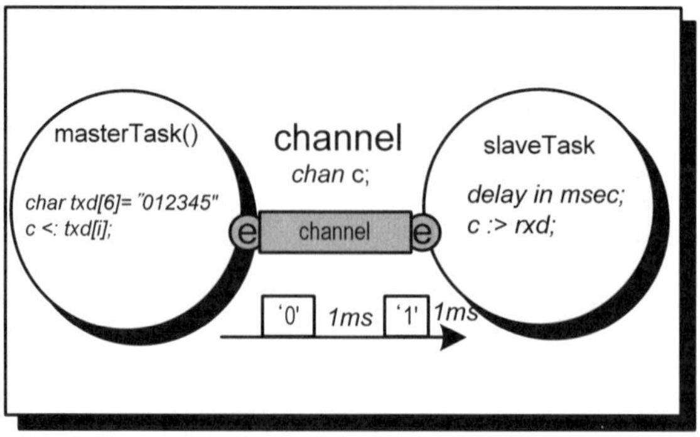

<그림 8.4> 채널의 사용 예

```
1.  #include<stdio.h>
2.  #include<xs1.h>
3.  #include<timer.h>//for use 'delay_milliseconds()'
4.
5.  outport outP1 = XS1_PORT_1A;
6.
7.  char txd [6]= "012345";
8.  char rxd[6];
9.
10. int main() {
11.     chan c;
12.
13.     par {
14.             masterTask {
15.                     for(int i=0;i<6;i++) {
16.                             printf("Master>%c\n",txd[i]);
17.                                     c <: txd[i];
18.                     }
19.                     }
20.
21.             slaveTask {
22.                     for(int i=0;i<6;i++) {
23.                             delay_milliseconds(1);
24.                             c :> rxd[i];
25.                             printf("Slave>%c\n", rxd[i]);
26.                     }
27.                     }
28.             }
29.     return 0;
30. }
```

26번 줄의 delay 함수에 의해 slave task가 1ms 동안 해당 채널을 통해 가져가지 않으므로 master task의 추가 송신은 중지된다.

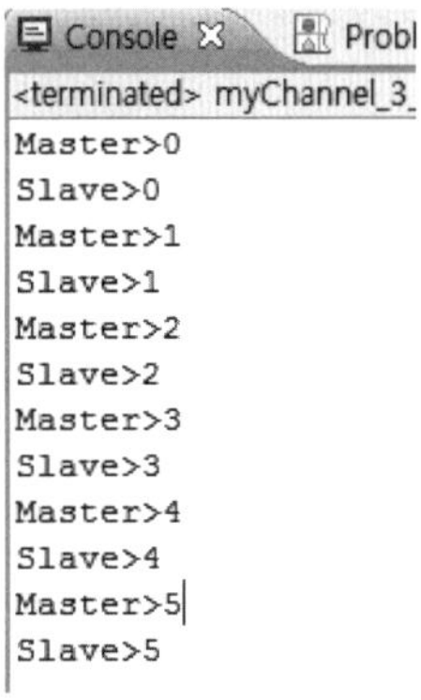

8.3 Streaming 채널

기본적으로 일반 채널을 통한 입출력은 동기(synchronous)된다. 예를 들어 A와 B가 채널을 통해 바이트 또는 word데이터(4바이트)를 송신한다고 하자. 이 채널의 종단에 연결된 태스크 B가 해당 채널로부터 데이터를 가져가지 않으면 A의 추가 송신작업은 중지된다.

이러한 동기 기능은 유용할 경우도 있지만 해당 쓰레드의 다른 작업이 필연적으로 지연되는 문제가 있다.

Streaming 채널은 이 문제에 대한 해결책을 제공한다. 이것은 두 쓰레드 간에 동기화 없이 효과적으로 통신할 수 있는 경로를 제공한다. 이것도 태스크를 연결하는 또 다른 통신로로써 일반적인 채널과 상이한 다음과 같은 특성을 가진다.

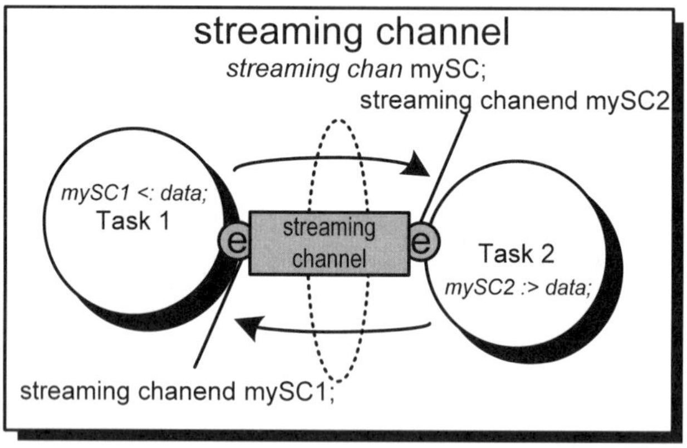

<그림 8.5> Straming 채널

- Streaming 채널은 "streaming chan" type을 갖는 변수로 할당된다. (예) **streaming chan** sc;
- Streaming 채널의 종단은 "streaming chanend" 형식으로 설정된다. (예) **streaming chanend** sc;
- Streaming 채널을 통한 출력은 채널 종단의 버퍼(8바이트 길이)가 가득 차지 않는 한 블록킹되지 않는다. 즉 비동기적이다.
- Streaming 채널을 통한 입력도 채널버퍼가 빈 경우에만 수신을 대기하면 블록킹된다.

일반 채널 종단은 각 트랜잭션 단위의 전송, 즉 단위 데이터 송신 시에만 해당 채널을 점유한다. 물리적으로는 xLink 자원을 그 시간에만 점유한다. 이후 다른 태스크간을 연결하는 또 다른 채널의 트랜잭션에 대하여 xLink 자원이 재 할당된다.

반면에 streaming채널은 일단 두 태스크간에 설정되면 그 연결로를 영속적으로 독점적으로 사용한다.

따라서 일반 채널과 streaming 채널을 비교하자면 일반 채널은 패킷 교환 방식의 연결로인 반면에 streaming 채널은 회선 교환 방식의 연결로라고 할 수 있다.

일반 채널처럼 각 채널 종단은 8바이트 길이의 버퍼를 갖는다. 하지만 각 트랜잭션마다 연결 해제 과정이 수행되어야 하는 일반 채널과 달리 불필요하므로 streaming 채널을 통하여 최대 8바이트의 데이터를 상대방 태스크의 상태와 무관하게 전송할 수 있다.

즉, streaming 채널은 비동기적이다[2]. 따라서 2개의 태스크 각각은 상대방의 동작과 무관하게 자신의 송신/수신을 지속할 수 있다.

[참고] 동일한 tile 내 streaming 채널의 수는 최대 채널 종단의 개수가 64개이므로 32개까지 설정할 수 있다. 하지만 다른 tile과의 streaming 채널은 switch fabric을 경유하는 4개의 xLink의 개수에 제한된다. 따라서 최대 4개의 streaming 채널만 상이한 tile간을 연결할 수 있다. 물론 다른 프로세서와의 연결 시에는 1개만의 streaming 채널을 사용할 수 있다.

(예) <그림 8.6>은 포트 루프백 기반의 시뮬레이션 환경에서의 Streaming 채널 사용 예이다.
myOutP : inP 포트 입력 이벤트 생성을 위한 신호 생성 포트에 불과하다.
receiveData 태스크 : inP포트 입력에 대하여 streaming 채널1을 통하여 processData() 태스크에 수신 데이터를 전달한다.
processData() 태스크 : sc1으로부터 읽은 데이터를 1초 지연 후 100을 더하여 sendData() 태스크에 streaming 채널2를 통하여 전달한다.
sendData 태스크 : sc2로 부터 읽은 데이터를 outP 포트로 출력한다.

이 과정에서 아무 막힘 없이 모든 동작이 수행되는 것을 확인할 수 있다.

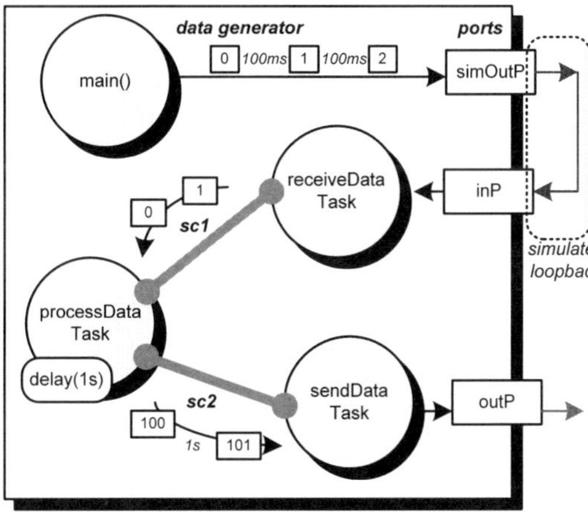

<그림 8.6> Straming 채널의 예

---

[2] 물론 버퍼가 full이거나 empty하면 중지한다.

```
#include<stdio.h>
#include<xs1.h>

port simOutP = XS1_PORT_1C;   // 1A와 1C는 Loopback시킬 것(시험용)
port InP = XS1_PORT_1A;
port OutP = XS1_PORT_1B;

void receiveDataTask(port inP, streaming chanend sc1) {
  int inData;
  while(1){
   inP :> inData; //get the receive data from the input port.
   printf("R>Receive data : %d\n", inData);
            sc1 <: inData;
   printf("R>Toss it to the processDataTask via sc1. \n");
   }
}

void processDataTask(streaming chanend sc1,streaming chanend sc2) {
  int passedData;
  while(1){
   sc1 :> passedData; //get data from receiveDataTask.

   delay_milliseconds(1000);

          sc2 <: passedData+100; //add 100, and toss it to sendDataTask.
  }
}

void sendDataTask(port outP,streaming chanend sc2) {
  int processedData;
  while(1){
            sc2 :> processedData;    // get data from processDataTask.
            outP <: processedData;   // output it to the output Port.
   printf("S>Output %d\n",processedData);
  }
}

int main() {
   int i=1;
   streaming chan s1, s2;

   while(1) {  //data generator
                  simOutP<: i;   // PORT_1C로 송신 → PORT_1A로 i값이 전달
            i++;
          printf("Gen>%d\n",i);
            delay_milliseconds(100);
         }

   par {
           receiveDataTask(InP, s1);
           processDataTask(s1, s2);
           sendDataTask(OutP, s2);
        }
   return 0;
}
```

[비교 1] 다음과 같이 processDataTask()에서 streaming channel 1의 data를 읽지 않도록 comment 처리해 보자. 이 경우 sendDataTask()는 2번의 데이터 송신을 가능하지만 이후 동작이 중지될 것이다.

```
void processDataTask(streaming chanend sc1,streaming chanend sc2) {
  int passedData;
  while(1){
     //sc1 :> passedData; //get data from receiveDataTask.

     delay_milliseconds(1000);

     sc2 <: passedData+100; //add 100, and toss it to sendDataTask.
  }
}
```

[비교 2] 동일한 환경에서 streaming 채널이 아닌 일반 채널을 사용한 경우를 보자. 앞에서와 마찬가지로 processDataTask()에서 streaming channel 1의 데이터를 읽지 않도록 comment 처리해 보자. 이 경우 sendDataTask()는 한번의 데이터 송신을 가능하지만 이후 동작이 중지될 것이다.

```
#include<stdio.h>
#include<xs1.h>

port simOutP = XS1_PORT_1C;   // 1A와 1C는 Loopback시킬 것(시험용)
port InP = XS1_PORT_1A;
port OutP = XS1_PORT_1B;

void receiveDataTask(port inP, chanend sc1) {
  int inData;
  while(1){
     inP :> inData; //get the receive data from the input port.
     printf("R>Receive data : %d\n", inData);
   sc1 <: inData;
     printf("R>Toss it to the processDataTask via sc1. \n");
   }
}

void processDataTask(chanend sc1,chanend sc2) {
  int passedData;
  while(1){
     //sc1 :> passedData; //get data from receiveDataTask.

   delay_milliseconds(1000);

   sc2 <: passedData+100; //add 100, and toss it to sendDataTask.
  }
}

void sendDataTask(port outP, chanend sc2) {
  int processedData;
  while(1){
              sc2 :> processedData; //get data from processDataTask.
              outP <: processedData;   //output it to the output Port.
              printf("S>Output %d\n",processedData);
  }
}

int main() {
```

```
    int i=1;
    chan s1, s2;

    while(1) {  //data generator
                    simOutP<: i;   // PORT_1C로 송신 → PORT_1A로 i값이 전달
          i++;
        printf("Gen>%d\n",i);
          delay_milliseconds(100);
  }

    par {
          receiveDataTask(InP, s1);
          processDataTask(s1, s2);
          sendDataTask(OutP, s2);
        }
    return 0;
}
```

[검토] 이러한 3가지 결과로 부터 채널과 streaming 채널의 차이점을 수 있을 것이다. 채널의 경우 상대방 chanend에서 바로 읽혀지지 않으면 송신작업이 중지된다. 반면에 streaming 채널의 경우, 최대 64비트의 포트 내부 버퍼가 찰 때까지 데이터를 송신할 수 있다.

8.4 채널 활용 예 : TicToc

채널을 통해 전달되는 데이터의 자료형은 쌍방간에 합의하여 설정할 수 있다고 하였다.

다음 예는 Tic 태스크와 Toc태스크 간에 <TIC> 명령어와 <TOC> 응답어를 규정하고 이를 상호 교환하면서 순차적으로 동작하는 예이다.

추가로 <FIN> 명령어도 사용한다. 또한 이 과정에서 데이터도 함께 보낸다.

채널 c로 연결된 2개의 task인 tic()과 toc()은 다음과 같이 동작하도록 한다.

- tic() : "TIC" command(0)를 채널 c로 보낸다. 이때 data도 함께 보낸다. 이후 "TOC"응답을 대기한다. 응답 수신 시 다시 TIC command 송신 과정을 반복한다. 최대 반복 횟수에 도달하면 "FIN" 명령을 보낸다.
- toc() : 대기 중에 "TIC" command를 수신하면 "TOC" response(1)을 채널 c로 응답한다. 이러한 과정을 반복하다가 "FIN" 명령이 수신되면 종료한다.

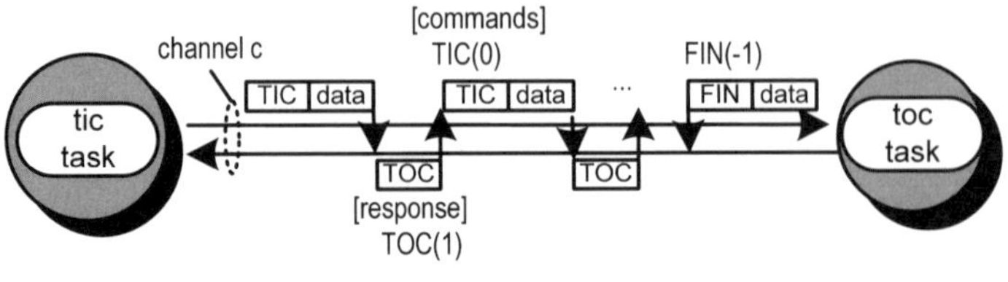

<그림 8.7> TicToc

```
#include <platform.h>
#include <stdio.h>

#define TIC 0
#define TOC 1
#define FIN -1

#define MAXRETRY 5

void ticTask(chanend c){
    int reply;

    c <: TIC;           //send command
    c<: 0xFFFFFFFF; //send data

    for(int i = 0; i < MAXRETRY; i++){
            select
            {
            case c :> reply :   // TOC 응답 수신 시까지 대기
                    switch(reply)
                    {
                    case TOC :
                            printf("TIC> received TOC\n");
                            c <: TIC; //command
                            c <: i; //data
                            break;

                    default :
                            printf("TIC> received unknown reply\n");
                            break;
                    }
            break;
            }
    }

    //finally
    c :> reply;
    c <: FIN;
    c <: i;
    printf("Tic>Bye TOC\n");
}

void tocTask(chanend c){
    int msg;
    unsigned rxd;

    while(1){
            select
            {
            case c :>msg :
                    switch(msg)
                    {
                    case TIC :
                    c :> rxd; //get data
                    printf("TOC> received TIC (rxd=%d)\n",rxd);

                    c <: TOC; //response
                    break;

                    case FIN :
                    c :> rxd; //get data
```

```
                        printf("TOC> received FIN (rxd=%d)\n",rxd);
                        return;

                        default :
                        printf("TOC> received unknown message\n");
                        break;
                        } //switch
                break;
                }//select
        }//while
}

main(void){
        chan c;

        par {
                tocTask(c);
                tickTask(c);
        }

        printf("Main> Done.\n");
        return 0;
}
[[[ 결과 ]]]
Toc> received Tic,-1
Tic> received Toc
Toc> received Tic,0
Tic> received Toc
Toc> received Tic,1
Tic> received Toc
Toc> received Tic,2
Tic> received Toc
Toc> received Tic,3
Tic> received Toc
Toc> received Tic,4
Tic> Bye Toc
Toc> received FIN,5
Main> Done.
```

이 예에서 알 수 있듯이 2개의 task를 연결하는 채널 c는 양방향 연결로 기능을 제공한다. 또한 이들은 상호간에 철저히 동기 되어 동작한다. 즉 상대방으로부터의 command나 응답이 수신되어야 동작한다.

이렇게 Channel을 사용하여 2개의 task간의 동작을 동기화 할 수 있다. 즉 한 task가 다른 task에게 channel을 통하여 데이터를 전송했을 때에만 상대방 task가 동작 개시한다. 이러한 작업을 개별적인 transaction이라고 한다.

8.5 채널 활용 예 : 하드웨어 기반의 User Interface 설계

지금까지는 시뮬레이터 기반에서의 채널 활용을 다루었다. 본 절에서는 평가보드인 Cusco 보드에 장착된 LED 4개와 4개의 버튼을 제어하는 gpio task()를 설계한다. 구조는 <그림 8.8>과 같다. gpio_task()는 입출력 포트와의 입출력 데이터를 채널을 통하여 demoApp 태스크에 전달하거나 전달받는다.

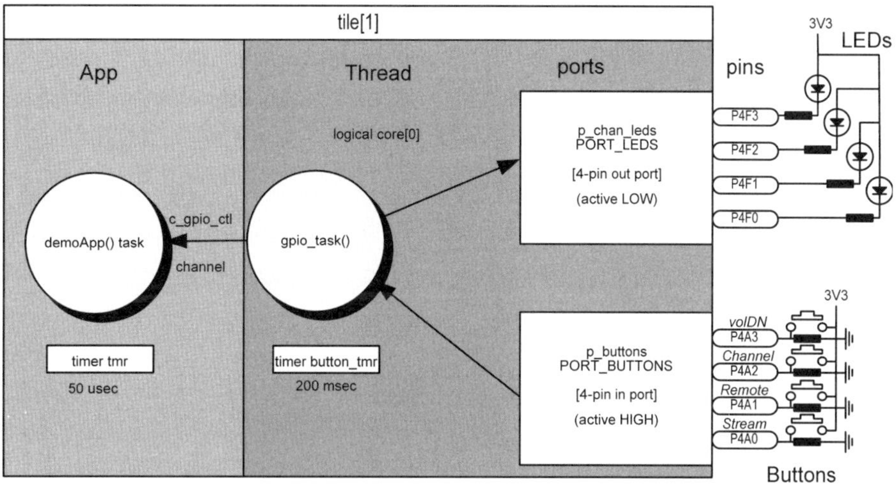

<그림 8.8> user interface 설계

```
#include <platform.h>
#include <print.h>
#include <xccompat.h>
#include <stdio.h>
#include <string.h>
#include "datongBoardConfig.h"

// Set the period inbetween periodic processing to 50us based on the Xcore 100Mhz timer.
#define PERIODIC_POLL_TIME 5000 //50usec

// Timeout for debouncing buttons
#define BUTTON_TIMEOUT_PERIOD (20000000) //200msec

// Buttons on reference board
enum gpio_cmd
{
  STREAM_SEL=1, REMOTE_SEL=2, CHAN_SEL=4, VOL_DN=8
};

// Note that this port must be at least declared to ensure it
// drives the mute low
out port p_chan_leds = PORT_LEDS; //P4F 4-pin port on tile 1
in port p_buttons = PORT_BUTTONS; //P4A 4-pin port on tile 1

void gpio_task(chanend c_gpio_ctl)
{
  int button_val;
  int buttons_active = 1;
  unsigned buttons_timeout;
  int selected_chan = 0;
  timer button_tmr;

  p_chan_leds <: ~(1 << selected_chan);
  p_buttons :> button_val;

  while (1)
  {
```

```
    select
    {
// 버튼이 눌러졌을 때, buttons_active가 참인 경우에만 입력된 button_val 값으로 new_button_val을 갱신.
      case buttons_active => p_buttons when pinsneq(button_val) :> unsigned new_button_val:
       if ((button_val & STREAM_SEL) == STREAM_SEL && (new_button_val & STREAM_SEL) == 0)
       {
        c_gpio_ctl <: STREAM_SEL;
        buttons_active = 0;
       }
       if ((button_val & REMOTE_SEL) == REMOTE_SEL && (new_button_val & REMOTE_SEL) == 0)
       {
        c_gpio_ctl <: REMOTE_SEL;
        toggle_remote = !toggle_remote;
        buttons_active = 0;
        p_mute_led_remote <: (~0) & ~(toggle_remote<<1);
       }
       if ((button_val & CHAN_SEL) == CHAN_SEL && (new_button_val & CHAN_SEL) == 0)
       {
        selected_chan++;
        if (selected_chan > ((AVB_NUM_MEDIA_OUTPUTS>>1)-1))
        {
         selected_chan = 0;
        }
        p_chan_leds <: ~(1 << selected_chan);
        c_gpio_ctl <: CHAN_SEL;
        c_gpio_ctl <: selected_chan;
        buttons_active = 0;
       }
       if (!buttons_active)
       {
        button_tmr :> buttons_timeout;
        buttons_timeout += BUTTON_TIMEOUT_PERIOD;
       }
       button_val = new_button_val;
       break;
      case !buttons_active => button_tmr when timerafter(buttons_timeout) :> void:
       buttons_active = 1;
       p_buttons :> button_val;
       break;
    }
  }
}

/** The main application control task **/
void demoApp(chanend c_gpio_ctl)
{
  timer tmr;

  unsigned periodic_timeout;

  tmr :> periodic_timeout;
  while (1)
  {

    select
    {
      // Receive any events from user button presses from the GPIO task
      case c_gpio_ctl :> int cmd:
```

```
        {
          switch (cmd)
          {
            case STREAM_SEL:
            {
              change_stream = 1;
              break;
            }
            case CHAN_SEL:
            {
              int selected_chan;
              c_gpio_ctl :> selected_chan;
              break;
            }
            break;
          }
          break;
        }
        // Periodic processing
        case tmr when timerafter(periodic_timeout) :> unsigned int time_now:
        {
          periodic_timeout += PERIODIC_POLL_TIME; //50 usec
          break;
        }

      } // end select
    } // end while
}

int main(void)
{

    chan c_gpio_ctl;

    par
    {
      // AVB - Ethernet
      on tile[1]: gpio_task(c_gpio_ctl);

      // Application
      on tile[1]:
      {
        demoApp(c_gpio_ctl);
      }
    }

    return 0;
}
```

8.6 인터페이스 연결

(1) 개요

xCore 프로세서 환경에서는 태스크간 연결을 위해 *interface*형 연결로를 추가적으로 사용할 수 있다. 이것은 채널에 비하여 보다 구조적이고 유연한 태스크간 연결로이다.
이러한 인터페이스는 다음과 같이 정의된다.

- interface형 연결 : "interface"형으로 정의된다. (예 : ***interface*** my_interface { ...})
- 클라이언트 종단 : "*client interface*"형으로 정의된다. (예 : ***client interface*** my_interface c_if;)
- 서버 종단: "*server interface*"형으로 정의된다. (예 : ***server interface*** my_interface s_if;)

<그림 8.9>를 보자. Task1과 task2 간을 연결하는 "interface"형 연결인 my_interface 연결은 화살표가 있는 연결로에 의해 도식화되며, 이것의 각 종단인 c_if와 s_if는 "client interface" 종단과 "server interfacee" 종단으로 구분된다.

이러한 interface형 연결은 이를 통하여 다양한 형식의 데이터를 전달할 수 있도록 다음과 같이 정의된다.

- 전송 절차(트랜잭션) : 한 개 이상의 함수형으로 기술된다.
- 전송 데이터 : 이 함수의 전달인자로 기술된다.

<그림 8.9>의 예를 다시 보자. 여기서 정의된 인터페이스 형 연결인 my_interface는 2개의 int형 데이터를 전송할 수 있는 fA()와 1개의 char형 데이터를 전송할 수 있는 fB() 전송 절차를 제공한다.

비록 이러한 interface형 연결이 화살표가 있는 연결로로 도식화되어 마치 단방향 연결로 처럼 간주될 수 있다. 하지만 전달되는 인자가 참조형(reference)이므로 반환값을 얻을 수 있어 인터페이스 연결을 통한 데이터의 양방향 전송이 가능하다.

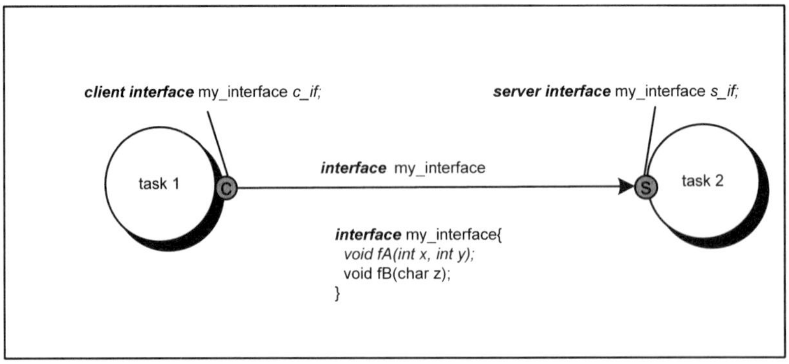

<그림 8.9> 인터페이스 연결의 구성

(**예** 1) <그림 8.10>은 2종류의 데이터를 전달할 수 있는 my_interface 연결을 사용하여 clientTask가 {5,10}와 {'A'}를 각각 전송하는 예이다.

이 예에서 송신측 clientTask는 자신의 인터페이스 종단인 c_if가 제공하는 2개의 전송 절차 즉, fA()와 fB()를 마치 함수 호출 하듯이 사용하고, 전송 데이터는 이 함수의 전달인자 형태로 넘기는 것을 알 수 있다.

참고로 my_inteface에 정의된 void fA() 및 fB() 함수는 실제 함수가 아니라 해당 인터페이를 통해 송수신될 자료형을 정의한 것이다.

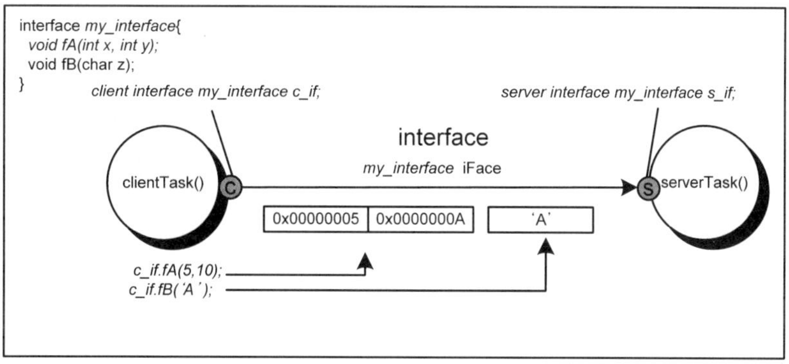

<그림 8.10> 인터페이스 연결의 예

```
#include<stdio.h>

interface my_interface {
  void fA( int x, int y);
  void fB(char z);
};

void clientTask(client interface my_interface c_if)
{
  int i=1;
  while(1){
      if(i%2==0) c_if.fA (5, 0x0A);
      else c_if.fB ('A');
      i++;
  }
}

void serverTask(server interface my_interface s_if)
{
  while(1){
      // wait for either fA or fB over connection 'interFace '.
      select {
        case s_if.fA(int x, int y):
                printf (" Received fA: %d, %d\n", x, y);
      break ;

        case s_if.fB( char   z):
                printf (" Received fB: %c\n", z);
      break ;
          }
```

```
    }
}

int main ( void )
{
    interface my_interface iFace;
    par {
                    //2개의 task를 interface로 연결
                        clientTask (iFace);
                        serverTask (iFace);
    }
    return 0;
}
```

위의 예에서, 서버 종단을 갖는 태스크인 serverTask()는 해당 연결을 통해 수신되는 데이터를 이벤트로 처리하기 위하여 select 구문을 사용하였다. 물론 이벤트가 도착하지 않으면 대기한다. 이 select 구문은 2 종류의 단위 전송 방법 즉, fA와 fB를 각각 구분하여 처리할 수 있음을 알 수 있다.

[주의] 이러한 인터페이스 연결은 점 대 점 연결이다. 따라서 해당 인터페이스 연결은 한 개의 클라이언트 태스크 와 서버 태스크간 연결에만 사용된다. 만약 두 개 이상의 태스크가 이 연결의 한 종단을 중복 사용한다면 컴파일 시 오류가 보고된다.

(**예** 2) 여러 개의 인터페이스 연결을 갖는 경우의 예이다.
이것은 동일한 형식을 갖는 2개의 interface 연결인 interFace1과 interFace2를 사용하여 2개의 clientTask와 serverTask를 연결한 것이다.
serverTask는 하나의 select 구문으로 2개의 interface연결에 대한 각각의 이벤트를 통합 처리할 수 있음을 알 수 있다.

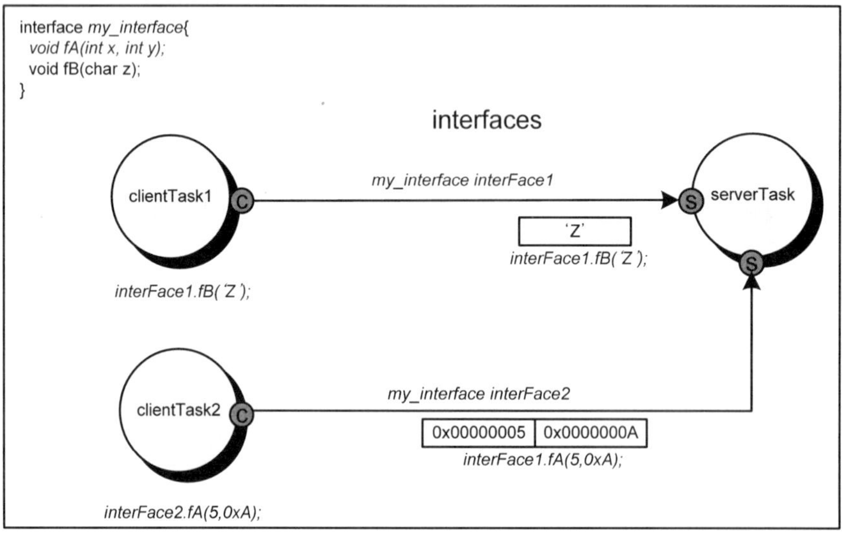

<그림 8.11> 여러 개의 인터페이스를 갖는 경우

```
#include<stdio.h>

interface my_interface {
  void fA( int x, int y);
  void fB( char x);
};

void clientTask1(client interface my_interface interFace1) {
  interFace1.fB ('Z');
}
void clientTask2(client interface my_interface interFace2) {
  interFace2.fA (500, 1000);
}

void serverTask(server interface my_interface server interFace1,
                interface my_interface server interFace2)
{
  while (1) {
  // wait for either fA or fB over either connection .
  select {
   case interFace1.fA(int x, int y):
          printf (" Received fA on interface end interFace1: %d, %d\n", x, y);
     break ;

   case interFace1.fB( char x):
          printf (" Received fB on interface end interFace1: %c\n", x);
     break ;

   case interFace2.fA(int x, int y):
          printf (" Received fA on interface end interFace2: %d, %d\n", x, y);
     break ;

   case interFace2.fB( char x):
          printf (" Received fB on interface end interFace2: %c\n", x);
     break ;
   }//select
  }//while
}

int main () {
  interface my_interface interFace1;
  interface my_interface interFace2;

  par {
              clientTask1(interFace1);
              clientTask2(interFace2);
              serverTask(interFace1, interFace2);
  }
  return 0;
}
```

8.7 인터페이스를 통한 역방향 데이터 전달

(1) 함수 반환 형식을 활용한 역방향 데이터 전달

앞의 예에서는 interface 함수의 인자 형태로 데이터를 전달함으로써 client 종단에서server 종단 측으로의 데이터 전송을 수행하였다.
반면에 서버 종단에 클라이언트종단으로의 데이터 전송도 가능하다. 이것은 클라이언트 종단이 인터페이스 함수 호출 시 그 함수의 반환값을 읽는 형태로 수행된다.

(예) <그림 8.12>는 역방향 전송 예이다. 서버 종단은 클라이언트로부터의 get_value() 이벤트에 반응하여 0x33을 전송한다. (13번 줄: case문 시작 부에 return_val 변수를 할당하고 case문의 마지막에서 이 값을 클라이언트에게 송신한다.)
인터페이스의 client 종단은 서버로부터의 데이터 수신을 위하여 해당 interface 함수 호출에 대한 반환값을 얻는다.

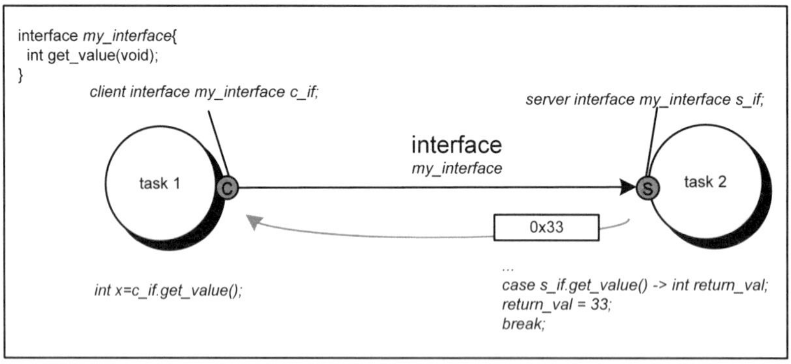

<그림 8.12> 함수 반환 형식을 이용한 역방향 전송 예

```
1.   interface my_interface {
2.       int get_value ( void );
3.   };
4.
5.   void task1 ( client interface my_interface c_if) {
6.     int x;
7.     x =c_ if. get_value ();
8.     printintln (x);
9.   }
10.
11.  void task2 ( server interface my_interface s_if) {
12.    select {
13.        case s_if. get_value () ->   int return_val :
14.        // Set the return value
15.        return_val = 0x33;
16.        break ;
17.    }
18.  }
```

interface형 함수의 전달 인자에 참조형(&)을 사용하여 데이터를 전달할 수 있다. 다음의 예는 interface의 update 함수를 사용하여 전달 인자로 제공된 변수 x값을 변경시킨다[3].

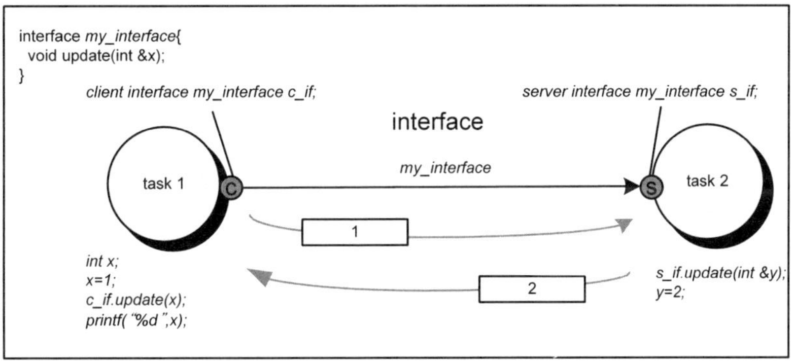

<그림 8.13> 참조형 변수를 이용한 역방향 전송 예

```
interface my_interface {
    void update(int &x);    //  int형의 전달을 정의함.
};

void task2(server interface my_interface s_if) {

    while(1) {

      select {
        case s_if.update(int &y) :
          y=2;
        break;
      }
    }


}

void task1(client interface my_interface c_if) {

while(1) {
    ...
    x=1;
    printf("x was %d",x);
    c_if.update(x);   // this may change the value of x
    printf("x is updated with %d",x);
  }

}
```

[3] interface 형은 태스크간 연결로이므로 update(y)의 실행은 상대방 태스크에게 y값을 송신하는 것과 같다.

8.8 인터페이스를 통한 다양한 데이터 전달 방법

(1) 배열 형식에 의한 데이터 전달

<그림 8.14>와 같이 인터페이스를 통해 배열형 데이터도 전송할 수 있다.

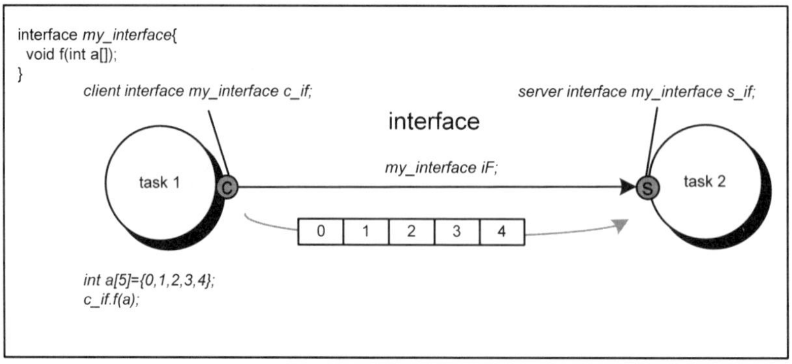

<그림 8.14> 배열형 데이터 전송

```
interface my_interface {
  void f( int a []) ;
};

void task1 ( client interface my_interface c_if)
{
  int a[5] = {0 ,1 ,2 ,3 ,4};
  c_if.f(a);
 printf("a[3]=%d",a[3]);
}
```

이 경우 데이터는 해당 배열에 대한 참조 형태로 전달되므로 서버 인터페이스 종단을 갖는 task2는 다음과 같이 이벤트를 처리하는 select문을 사용하여 데이터를 읽거나 쓸 수 있다.

```
select {
  case s_if.f( int a[]) :
     x = a [2]; //read from client
     a [3] = 7; //write to client (change the value of a[3])
     break ;
  ..
}
```

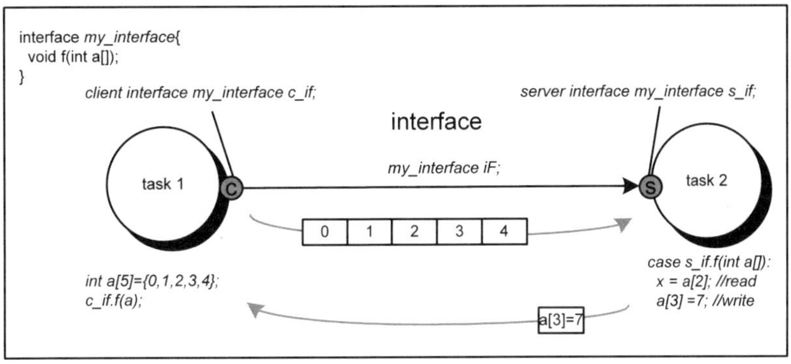

<그림 8.15> 배열형 데이터 전송 시 역방향 전송

[참고] 위의 예에서 task2()가 a[3]=7을 실행하는 것은 a[3] 메모리에 7을 쓰는 것이다. 따라서 이러한 배열에 접근기능을 활용하면 memcpy() 기능도 가능하다

[참고] 이러한 작업은 상이한 tile에서 동작하는 태스크를 연결하는 인터페이스에서도 동작한다.

(2) 인터페이스형 연결을 활용한 memcpy 기능

배열 자료에 대한 접근 기능을 활용하면 다음과 같은 memcpy() 기능도 가능하다.

여기서 인터페이스의 서버 종단은 memcpy() 라이브러리 함수를 이용하여, local 데이터(a[])를 다른 곳의 배열(data[])에 복사할 수 있는 태스크 간의 데이터 전달 기능도 가능하다.

```
interface my_interface {
  void fill_buffer ( int buf[n], unsigned n);
};
...
void srvTask(){
  int data [5];
  ...
  select {
     case iF. fill_buffer ( int a[n], unsigned n):
                 // Copy data from the local array to the remote
                 memcpy (a, data , n* sizeof ( int ));
     break ;
  }
}
```

(3) 인터페이스를 통한 포인터 전달

태스크간 포인터를 용이하게 전달하려면 interface 형 연결을 사용하면 좋다. 다음은 포인터 p을 alias 포인터로 선언하고 이것을 서버 종단에서도 사용할 수 있도록 한 것이다. 즉, 태스크들은 이 포인터를 공유한다.

```
interface if1 {
   void f(int * alias p);
};

void f(server interface if1 i) {
  select {
    case i.f(int * alias p):
       printf("%d", *(p+2));
       break;
  }
}
```

[주의] 하지만 서로 상이한 tile에 위치한 태스크간을 연결한 interface 연결을 사용하여 포인터를 전달할 수는 없다. 왜냐하면 각 tile은 독립된 메모리 공간을 갖기 때문이다.

[주의] Restricted 및 alias 포인터는 인터페이스를 통한 하나의 송수신 과정에서만 유효하다. 따라서 다음 프로그램은 그릇된 코드이다.

```
void f(server interface if1 i) {
int * alias q;
 select {
   case i.f(int * alias p):
       q = p; // invalid, cannot move the alias to a larger scope
   break;
 }
 printf("%d", *q);
}
```

만약 인터페이스를 통한 송수신 작업 시 영속적인 포인터로 유지하려면 movable포인터 형식이어야 한다. Movable 포인터를 사용하게 되면, move()함수를 호출한 태스크는 자신의 소유권을 포기하게 된다. 따라서 다른 태스크에서 해당 포인터를 사용할 때 경합 조건이 발생하지 않는다.

예를 들어 다음 코드를 보면 client 종단에서 movable 포인터 p를 server 종단으로 전달하고 서버 종단은move() 연산자를 사용하여 소유권을 자신으로 전달받는다. 이후 포인터 q에 대한 접근이 가능하다.

```
interface if2 {
   void f(int * movable p);
};

void f(server   interface   if2   i) {
   int * movable q;
   select {
   case i.f(int * movable p):
       q = move(p); // ok, ownership is transferred
   break;
   }
   printf("%d", *q);
}
```

8.9 서버측에서 클라이언트로의 통지 기능 : [[notification]] 속성

기본적으로 interface 연결을 이용한 태스크간 통신 시 클라이언트 종단이 통신을 개시하면 서버 종단은 이것을 이벤트로 처리하였다. 물론 이벤트가 도착하지 않으면 대기하였다.

하지만 거꾸로 서버 종단이 클라이언트 종단에게 데이터 송신 작업을 개시하도록 통보할 필요도 있을 것이다. 이 경우 notification 신호를 사용한다.

<그림 8.16>의 예를 보자. 이것은 입력 포트에서의 데이터 입력을 수신한 task1()이 이 사실을 task2()에 notification으로 통보하고 이에 task2()가 가get_data()로 가져가도록 하는 것이다.

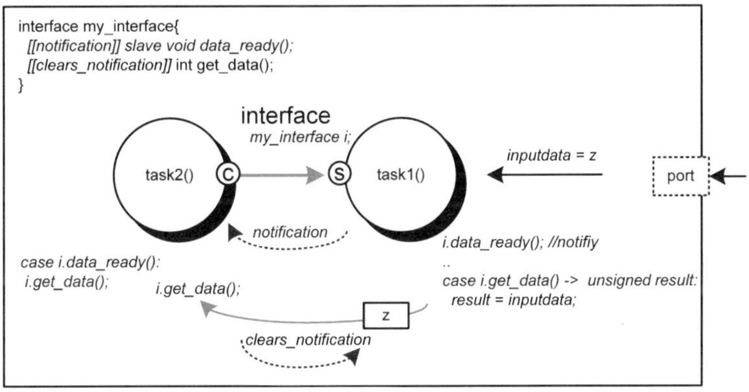

<그림 8.16> 배열형 데이터 전송

<그림 8.16>에서 정의한 interface는 get_data()뿐만 아니라 추가적으로 notification 함수인 data_ready()도 함께 가진다.

이때 notification용 함수는 "[[notification]]" 속성이 앞에 명시되어야 한다.

이러한 notification이 있는 interface를 선언하면 이 연결은 서버 종단에서 클라이언트 종단측으로의 통신은 다음 절차에 따라 진행된다.

- **서버** : 자신이 클라이언트에게 전달할 데이터가 준비되면 notification 함수로 선언된 data_ready()를 호출한다. 이러한 notification 함수는 전달인자가 없어야 하며 반환값도 없는 void return형이어야 한다. 이에 notification 신호가 전송된다. 이어 응답을 기다리지 않고 다음 작업을 계속한다. 즉 non-blocking 방식으로 동작한다.
- **클라이언트** : 해당 인터페이스의 클라이언트 종단에 notification 이벤트로 접수되면 즉 data_ready() 이벤트가 입력되면 get_data() 함수를 호출하여 데이터를 가져온다. 이 과정에서 해당 notification에 대한 처리를 완료할 때까지는 추가 발행되는 notification은 무시하도록 interface 정의 시 미리 [[clears_notification]] 속성으로 표기한다.

```
1.  interface my_interface {
2.    void f( int x);
3.
4.    [[ clears_notification ]]
5.    int get_data ();
6.
7.    [[ notification ]] slave void data_ready ( void );
8.  };
9.
10. void task1 ( server interface my_interface s_if) {
11.   ...
12.   s_if. data_ready (); //notification to client. (non-blocking)
13.   do_something();
14.   ...
15. }
16.
17. void task2 ( client interface my_interface c_if)
18. {
19.   c_if.f(5) ; // 클라이언트는 일반적인 전송기능 수행 가능
20.   select {  // 추가적으로 notification 이벤트를 처리함.
21.     case c_if. data_ready ():  // 서버로부터의 notification이 수신된 경우
22.       int x = c_if. get_data ();
23.       printf (" task2 : Got data %d\n",x);
24.       break ;
25.   }
26. }
```

[참고] 해당 인터페이스의 클라이언트 종단은 notification 없이도 언제든지 데이터를 전송할 수 있다 (19번 줄 참고).

8.10 인터페이스 연결의 추가 기능

(1) Interface 배열

<그림 8.17>과 같이 task3이task1과 task2를 모두 연결한 경우, interface를 배열 형식으로 선언하여 프로그램을 간결하게 할 수 있다. 즉 한 태스크가 여러 개의 다른 태스크를 동일한 형의 interface를 여러 개 연결할 경우 이 태스크는 interface를 배열 형식으로 선언하여 사용할 수 있다. 단, 자신의 인터페이스 종단은 server interface이어야 한다.

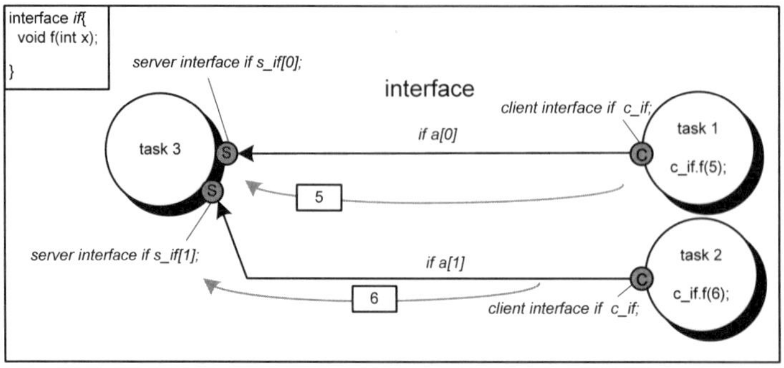

<그림 8.17> 인터페이스 배열의 예

```
interface if{
   void f(int x);
}

void task1 ( client interface if c_if)
{
   c_if.f(1) ;
}

void task2 ( client interface if c_if)
{
   c_if.f(2) ;
}

void task3 ( server interface if a[n], unsigned n)
{
   while (1) {
        select {
        case a[ int i].f(int x):
        printf (" Received value %d from connection %d\n", x, i);
        break ;
        }
   }
}

int main () {
   interface if1 a [2];
   par {
        task1 (a[0]) ;
        task2 (a[1]) ;
        task3 (a,2);
   }
   return 0;
}
```

여기서task1와task2는 각각 서로 독립적인 interface 종단을 갖는다. 반면에 task3은 2개의 server종단을 모두 갖는다.

따라서 task3은 select문을 사용하여 이러한 연결에 대한 입력을 처리한다. 이 경우 select case문내에 인터페이스별 이벤트를 구분하기 위하여 배열의 index값을 사용한다. 즉, 수신 이벤트가 발생하면 해당 이벤트가 발생한 인터페이스의 index값이 i에 설정된다.

(2) client interface 종단에서의 인터페이스 기능 확장

정의된 인터페이스에 대하여 필요 시 기능을 추가하여 기능을 확장할 수 있다.
예를 들어, 다음은 output_char 기능만 갖는 인터페이스가 있다고 하자.

```
interface uart_tx_if {
   void output_char ( uint8_t data );
};
```

이 인터페이스 정의를 기반으로 다음과 같은 "extends"를 사용한 다음과 같은 형식을 사용하여 추가된 기능이 포함된 새로운 인터페이스를 선언할 수 있다.

extends client interface *T* { *function-declarations* }

(예) 다음은 output_char() 함수만 있던 기존 인터페이스인 uart_tx_if에 output_string() 기능을 추가한 것이다.

```
1.  extends client interface uart_tx_if : {
2.      void output_string ( client interface uart_tx_if   self , uint8_t data [n], unsigned n)
3.      {
4.          for ( int i = 0; i < n; i ++)   self.output_char ( data [i]);
5.      }
6.  }
7.
8.  void f( client interface uart_tx_if   iF) {
9.    uint8_t data [8];
10.   ...
11.   iF.output_string (data , 8);
12. }
```

15번 줄의 output_string()은 바로 client interface인 uart_tx_if의 기능을 확장한 것이다.

이렇게 기존 인터페이스에 확장된 함수를 추가할 경우 첫 번째 인자는 반드시 기본 인터페이스 형이어야 한다. 이러한 함수의 유일한 제약 조건은 내부에서 전역변수에 접근할 수 없다는 점이다.

8.11 인터페이스형 연결을 사용한 BUFFRED RECEIVER 설계 (참고)

지금까지 xCore프로세서의 다양한 기능을 활용하기 위한 xC 언어를 다루어 왔다.

본 절에서는 task, notification, interface, strobed slave 포트, clock 등의 다양한 기능이 대부분 포함된 예들 다루도록 한다.

<그림 8.18>은 2개의 태스크로 구성된 수신 전용 모듈이다. receiver 태스크는 이것은 외부 입력 핀으로부터의 데이터를 읽어 1024 x 4바이트의 버퍼에 버퍼링하고, consumer 태스크에 notification을 이용하여 가져 가도록 한다.

- ReceiverTask() : 32비트의 직렬 데이터가 수신되면 병렬화하여 내부의 버퍼에 저장하고 client에게 receiver_if 인터페이스를 통하여 data_ready 신호로 통지한다.
- ClientTask() : get_data()를 발행하여 32비트의 워드 단위로 읽어간다.

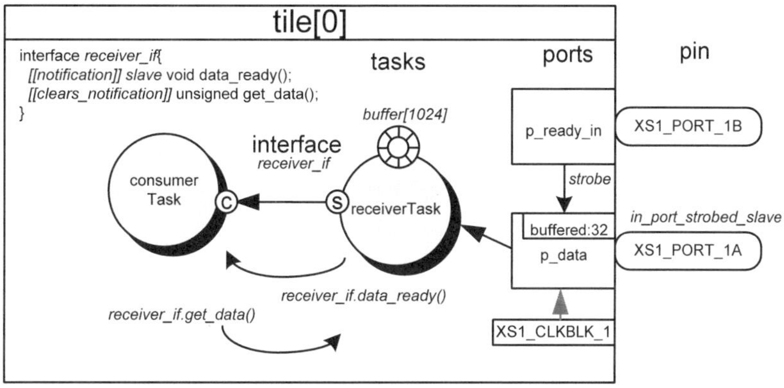

<그림 8.18> Buffered Receiver 모듈의 구조

```
#include <xs1.h>

//globals
in buffered port:32 p_data = XS1_PORT_1A;
clock clk = XS1_CLKBLK_1;
in port p_ready_in = XS1_PORT_1B;

interface receiver_if {

  // This *notification* function signals to the client when there is
  // data in the buffer. Since it is a notification function it is
  // special - instead of being called by the client it is used
  // by the client to event when data is ready.
  [[notification]] slave void data_ready();

  // This function can be used by the client to pull data out of the fifo.
  // It clears the notification raised by the data_ready() function.
  [[clears_notification]] unsigned get_data();
};

//=====================================
void receiverTask(server interface receiver_if i,
                  static const unsigned bufsize,
                  in buffered port:32 p_data,
                  clock clk,
                  in port p_ready_in)
{
  unsigned buffer[bufsize];
  unsigned fifo_first_elem = 0, fifo_last_elem = 0;

  configure_in_port_strobed_slave(p_data, p_ready_in, clk);

  while (1) {
    select {
    case p_data :> unsigned data:
      unsigned new_last_elem = fifo_last_elem + 1;
      if (new_last_elem == bufsize)
        new_last_elem = 0;
      if (new_last_elem == fifo_first_elem) {
        //handle buffer overflow
        break;
```

```
         }
         buffer[fifo_last_elem] = data;
         fifo_last_elem = new_last_elem;
         i.data_ready();
         break;

      case i.get_data() -> unsigned result:
         if (fifo_first_elem == fifo_last_elem) {
            // handle buffer underflow
            result = 0;
            break;
         }
         result = buffer[fifo_first_elem];
         fifo_first_elem++;
         if (fifo_first_elem == bufsize)
            fifo_first_elem = 0;

         if (fifo_first_elem != fifo_last_elem)
            i.data_ready();
         break;
      }//select
   }//while
}
//==========================================
void consumerTask(client interface receiver_if i) {
   // This consumer task can wait for the data from the receiver task
   while (1) {
      select {
      case i.data_ready():
         unsigned x = i.get_data();
         // handle the data here
         break;
      }
   }
}
//================================================
int main()
{
   interface receiver_if i;
   par {
      consumerTask(i);
      receiverTask(i, 1024, p_data, clk, p_ready_in);
   }
   return 0;
}
```

제 9 장 Hello UART

UART(Universal Asynchronous Receiver/Transmitter)는 프로세서 내부에서 사용하는 8비트 길이의 병렬 바이트를 직렬로 변환하여 비동기식으로 전송하고 수신측에서는 다시 병렬로 복원하는 기능을 수행한다. 따라서 물리적으로 분리된 2개의 선로를 가진다.

본 장에서는 비동기 전송 방식, UART 기능, RS232를 차례로 소개한 후 xCore 기반의 프로세서용 UART 모듈을 설계한다.

9.1 비동기 전송

수신측은 송신측 클럭에 동기되지 않은 자신만의 수신 클럭을 사용하여 통신하는 방식을 비동기 전송방식이라고 한다[1]. 즉, 이것은 수신측에게 송신측 클럭 정보가 전혀 전달되지 않은 상태에서 통신하는 방식이다. 따라서 수신측은 무한정 대기하거나 신호 상태 변화에 따른 인터럽트 처리 방식을 사용하여 언제 도착할지 모르는 데이터를 하염없이 기다려야 한다.

<그림 9.1>은 기본적인 비동기 전송 형식이다. 송신측은 이러한 수신측을 배려하여 한 바이트를 송신할 때 stop 비트를 먼저 송신한다. 이것은 선로 상태를 한 비트 구간 동안 0으로 변화시킨 것이다. 이 선로 상태 변화는 수신측에게 "이제 드디어 송신이 개시되는구나."라고 통지할 수 있도록 한다.

한 바이트 데이터 송신이 완료되면 1~2 bit time 동안 High 상태를 유지한다. 이것을 Stop 비트 구간이라고 한다[2]. 이것도 역시 수신측을 배려한 것이다. 수신측은 이 구간에서 그 동안 수집된 비트들을 병렬화(deserialize)하여 프로세서에 전달하는 충분한 시간을 갖게 된다. 또한 이 stop 비트 구간은 바이트간 경계를 구분하는데 도움이 된다.

---

[1] 물론 쌍방은 사전에 클럭 속도는 약속된다. 하지만 이들의 클럭의 평균값은 일치하더라도 항상 동일하지는 않다.

[2] 특히 1.5비트 구간의 stop영역은 오래 전에 사용되었던 텔레타이프 시스템에서 사용된 것이다.

필요 시 패리티 비트를 추가할 수 있는데, 단거리 통신 시스템에서는 전송 오류 발생률이 극히 낮으므로 no 패리티를 대부분 사용한다.

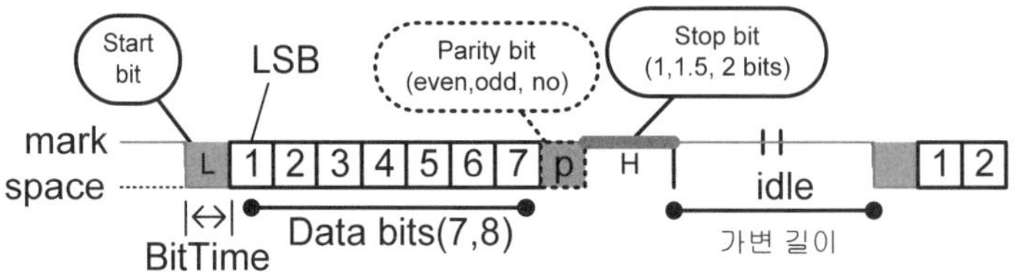

<그림 9.1> UART의 비동기 전송 형식

물론 쌍방간의 전송속도, 데이터비트의 수와 stop 비트열의 지속시간, 그리고 패리티비트의 사용 여부, LSB부터 송신할 것인지의 데이터 비트의 송신순서 등에 대하여 다음과 같이 사전에 약속되어야 한다.

- **통신 속도** : 송수신측의 기본 전송속도인 bps를 일치시켜야 한다.
- 스톱비트의 길이 : 각 데이터 바이트의 끝은 스톱 비트로 마감된다. 이 스톱 비트는 1과 1.5, 2비트 중 하나가 선택되며 이 기간 동안 'H' 상태, 즉 idle 상태를 유지한다. 다음에 전송될 데이터의 start비트는 이 기간 이후에 송신 가능하다.
- **패리티 사용 여부 및 패리티 종류 결정** : 데이터 전달 중 발생하는 오류를 수신측에서 검출하기 용이하도록 송신측에서 삽입하는 오류 검출 비트이다. 이것의 종류에는 {짝수, 홀수, 사용하지 않음}이 있다. 짝수 패리티로 설정된 경우, {데이터 비트 열, 패리티} 영역에서 1의 개수가 짝수가 되도록 패리티 비트의 값이 설정된다. 예를 들어 {011010}이면 짝수 패리티의 값은 {1}이다. 이러한 패리티 비트는 데이터의 길이가 7비트인 경우에 8번째 비트 영역에 패리티 비트가 추가될 수 있다. 하지만 각 문자가 2바이트로 구성되는 한글의 경우, 각 바이트는 8비트의 데이터 비트로 구성되므로 Non-Parity로 설정되어야 한다.
- **문자별 데이터 비트 수** : 각 문자의 길이가 7비트인 영문자의 경우에는 7로 설정하고, 한글의 경우에는 8로 설정해야 한다.

9.2 UART의 기능

<그림 9.2>는 UART의 송수신 기능에 대한 것이다. 수신되는 비트 열에 대한 클럭 신호를 별도로 받지 않으므로 수신측은 송신측이 보내주는 송신개시시점과 종료시점을 감지하고, 미리 약속된 송신률을 참조하여 자신의 수신 클럭을 활용하여 비트값을 인식해야 한다.

이를 위하여 프로세서가 한 바이트 송신을 요구하면 start 비트와 stop 비트를 생성하여 요구된 한 바이트의 데이터를 직렬 전송하는 송신 기능과 start/stop 비트 감지 및 병렬하여 프로세서에 전달하는 수신 기능을 함께 갖는 하드웨어 모듈이 UART이다.

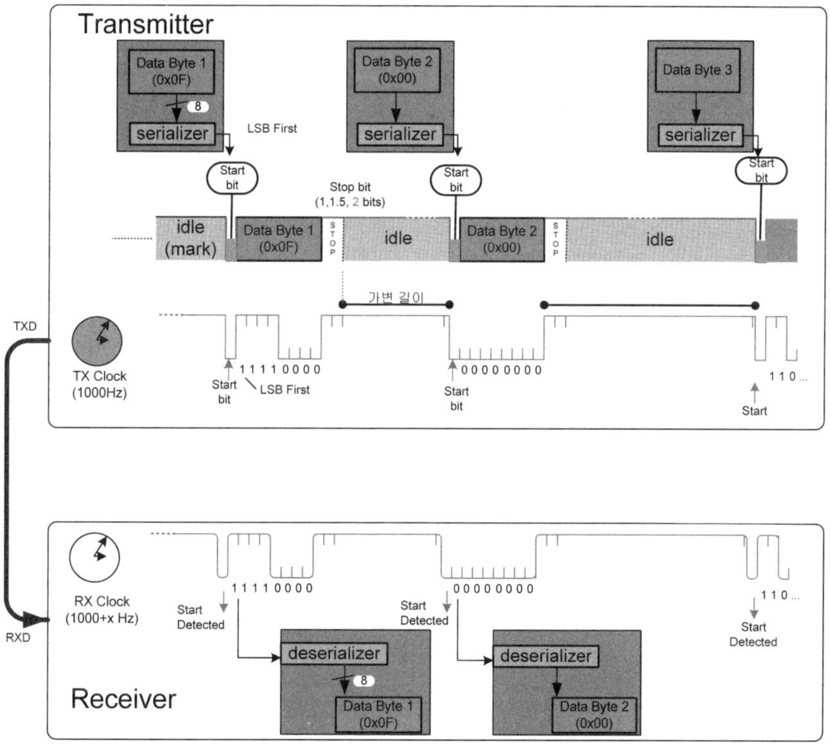

<그림 9.2> UART의 비동기 전송 형식

9.3 UART의 구조

<그림 9.3> 은 범용 UART 모듈의 내부 구성이다.

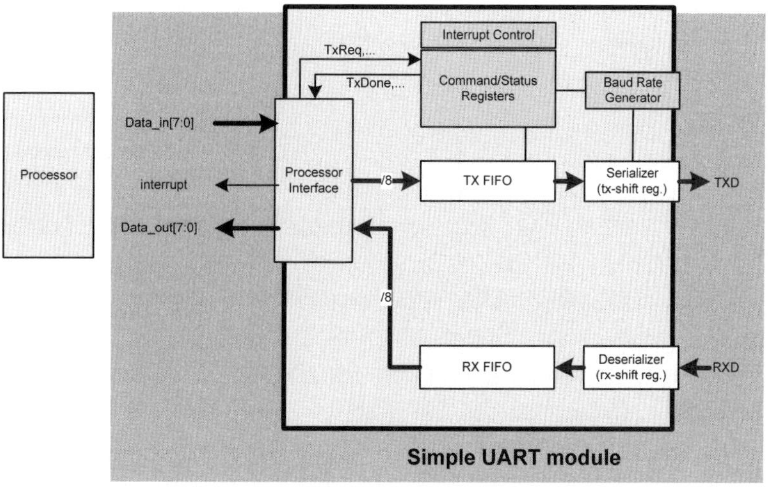

<그림 9.3> UART의 비동기 전송 형식

(1) 송신부

송신부는 TX FIFO에 저장된 바이트를 parallel-to-serial 변환기를 사용하여 직렬 전송한다. 이때 송신부의 제어부는 먼저 start bit 를 송신후 해당 바이트의 LSB부터 데이터비트 열을 송신한다. 이어 필요 시 parity bit를 송신한 후, 마지막으로 stop bit 영역을 송신한다. 패리티비트의 부착 여부 및 stop 비트 영역의 길이는 해당 설정 레지스터의 내용에 따른다.

(2) 수신부

수신부는 수신선로의 상태가 idle 상태에서 START 비트를 감지하고 이어 수신되는 직렬비트 열을 바이트로 변환하여 수신 FIFO에 저장하는 serial-in-parallel-out(SIPO) 로직 즉 shift register로 구성되어 있다. 수신이 완료되면 RX 인터럽트를 발행한다. 또한 버퍼의 overrun, parity, frame error 검사,break 신호감지 등을 함께 수행하여 그 결과를 status 레지스터에 표시한다.

(3) Modem Control부

종래에는 MCU측 UART의 상대는 모뎀이었다. 모뎀은 UART와의 흐름 제어를 위한 RTS 및 CTS를 이용한 제어 신호 처리 및 DTR/DSR 등의 동작 상태 정보를 교환해야 한다. 근래에는 이러한 모뎀을 사용한 장거리 전송을 거의 사용하지 않기 때문에 UART와 UART간의 단거리 전송 시에는 이러한 모뎀 제어 신호가 불필요하다.

9.4 UART의 세부 동작

비동기 전송 특성상 송신측은 수신측에게 자신의 송신 클럭 신호를 보내지 않는다. 따라서 수신측은 자신의 수신 클럭만을 활용하여 스스로 수신비트 열을 샘플링하는 "self synchronizing" 방식을 사용해야 한다. 따라서 Start와 stop 비트 내에서의 비트 전송률은 반드시 준수되어야 한다. 특히 idle 구간에서는 아무런 신호가 전달되지 않는다. 따라서 송신측과 수신측의 클럭은 서로 free running한다. 각 바이트의 구분은 Start와 stop 비트에 의해서만 가능하다[3]. UART의 세부적인 동작은 다음과 같다.

(1) 송신

- CPU가 UART에게 한 바이트의 송신을 명령하면 UART는 우선 "Start Bit" 를 먼저 송신한다. 이 Start 비트는 수신측에게 수신 준비하라는 신호인 동시에 수신측의 클럭을 활용하여 이어지는 비트 열을 샘플링하라는 의미이다. 물론 송신측의 클럭과 수신측의 클럭은 일치할 수 없지만 10% 내외로 허용된다.
- Start 비트 이후 데이터 바이트의 Least Significant Bit (LSB)부터 송신한다.
- 데이터 비트 열을 모두 송신하면 필요 시 패리티 비트를 송신하고 마지막으로 Stop 비트를 송신한다. 이후 idle상태로 복귀한다.

[3] 이러한 UART 관련 특허는 1961년에 등록되었다.

(2) 수신

- Idle 상태에서 Start 비트의 감지를 대기한다.
- Idle(High) 상태에 있던 링크 상태가 Low 값으로 천이할 경우 Start 비트로 인식한다.
- 이후 1.5BT 이후 첫 번째 데이터 비트를 샘플링한다. 이것은 수신 신호의 비트 기간 중간에 해당된다.
- 나머지 비트에 대하여 1BT 간격으로 샘플링한다. 이것은 각 비트 기간(bitTime,BT)의 중간점에서 신호의 값을 읽어 1 또는 0을 판정한다[4].
- 모든 데이터 비트와 패리티 비트를 수신한 후 Stop 비트를 기대한다. 만약 Stop 비트가 인식되지 않는다면 전송로상에서 오류가 발생했다고 간주하고 이것을 Framing Error이벤트로 보고한다[5].
- Start, Parity, Stop 비트 부분이 제거된 데이터 부분만 FIFO에 저장한 후 프로세서에 status register 및 interrupt 등으로 이를 알린다.

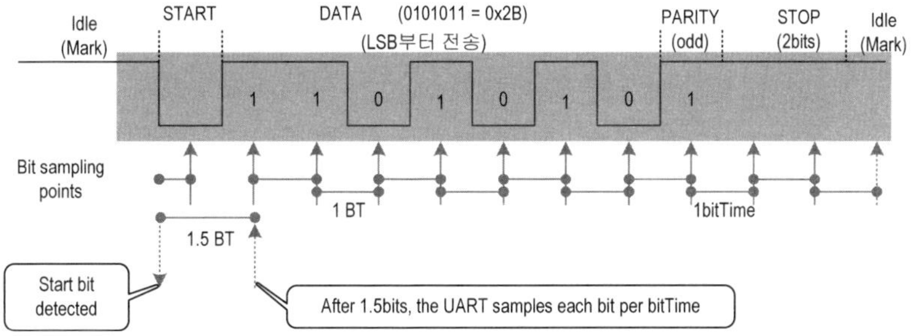

<그림 9.4> UART의 비동기 전송과정

9.5 상용 UART 칩의 기능

(1) 개요

고전적인 UART 칩은 8250 UART (universal asynchronous receiver/transmitter)이다. 이것의 기능은 다음과 같다.

- 시프트 레지스터 기반의 SERDES 기능을 지원한다.
- start, stop, parity 비트를 자동 생성하고 검사한다.
- 인터럽트 발생 기능을 가진다.
- 한 바이트 단위의 송신과 수신을 수행한다.
- 상대방 장치(모뎀 등)과의 제어 신호를 생성하고 감지한다.

---

4 예를 들어 각 비트를 보내는 시간이 1초라면 Start 비트의 변화를 감지한 후 0.5+1초 뒤에 첫 번째 데이터비트를 샘플링하고 이후 1초 간격으로 다음 비트들을 샘플링 한다.
5 이러한 Framing Error는 송수신측간에 송신율을 서로 상이하게 설정한 경우 대부분 발생한다.

이후 개발된 16550 UART는 바이트 단위의 송수신에 의한 잦은 인터럽트 발생 문제점을 해결하기 위하여 16바이트 크기의 FIFO를 내장하여 1, 4, 8, 14 등의 threshold를 초과할 경우에만 인터럽트를 발생하고 DMA로 메모리에 직접 데이터를 전달할 수 있도록 개선한 것이다. 또한 최대 5~10Mbps까지 가능하다[6].

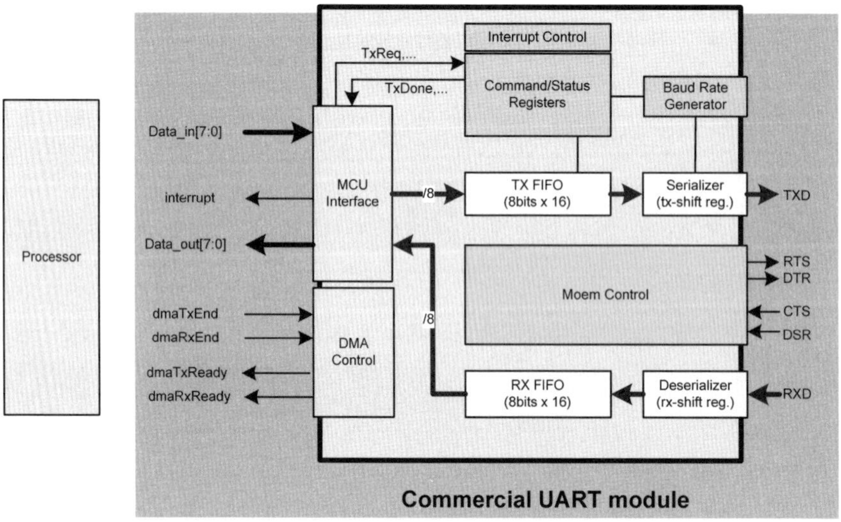

<그림 9.5> 상용 UART 모듈의 구성

(2) 다양한 인터럽트 발생기능

UART가 CPU에게 발행할 수 있는 인터럽트는 다음과 같은 상황에서 가능하다.

- Transmit : 송신 완료 시 발행된다. 대부분의 경우 사용하지 않는다.
- Receive : 수신 완료 시, 즉 Threshold를 초과한 바이트가 FIFO에 저장된 경우 발행된다.
- Receive Timeout : RX FIFO가 empty하지 않을 때 32BT 동안 추가적으로 데이터가 입력되지 않을 때 발생한다. 이것은 Threshold에 도달하지 않아 CPU나 메모리로 데이터를 옮기지 못해 지연되는 것을 예방한다.
- Overrun Error : Fifo가 넘치는 경우 발행된다.
- Break Error : Start비트 이후 규정보다 긴 시간 동안 low 상태를 유지하는 경우 발행된다.
- Parity Error : 수신된 바이트의 패리티 오류 감지 시 발행된다.
- Framing Error(FE) : 규정보다 긴 시간 동안 stop 비트 상태로 천이하지 않는 경우 발행된다.

[6] MCU에 내장된 UART는 Line-break 신호의 생성과 감지 기능도 제공한다. 또한 IrDA serial-IR(SIR) encoder/decoder 기능도 함께 가지고 있어 최대 115.2 Kbps의 적외선 통신을 할 수 있다. 그리고 자동차 내부 통신 방식인 LIN도 지원한다.

(3) 루프백 기능

디버깅이나 프로그램 개발 시 UART에 대하여 내부적인 루프백 동작을 설정할 수 있다. 이 경우 TXD 값은 RXD에 내부적적으로 루프백되어 입력된다.

(4) Break 신호 생성 및 감지 기능

Break신호는 {Start + byte + Parity + Stop}으로 구성된 하나의 전송단위 전송소요시간보다 길게 '0'을 유지하는 신호이다. 대부분의 UART는 이러한 Break 신호를 생성하기도 하고 이를 감지할 수 있다.

현재 2종류의 Break신호가 사용되고 있다. Break신호가 1.6초 이상이면 "Modem Break" 신호라고 하는데, 이것은 상대방에게 "이제 통신과정을 종료하자"라는 신호로 사용된다. 반면에 1.6초 보다 짧은 경우에는 "Data Break"신호라고 하며 상대방에게 이 신호에 대한 응답을 요청하는 용도로 사용된다.

이 경우 Break신호는 마치 Ctrl-C 문자처럼 Attention 또는 Interrupt 신호로 간주된다. DMX512 및 LIN에서는 나름대로의 Break 신호 규정이 있다.

(5) UART의 micro sampling 기능 (참고)

앞에서 수신측은 선로 상태가 idle(Mark 상태)에서 Space 상태로 천이하는 순간을 start 비트의 시작이라고 판단하였다. 하지만 만약 외부 잡음에 의해 순간적으로 0으로 천이하고 1로 복귀할 수도 있을 것이다.

상용 UART는 보다 정밀한 샘플링을 위하여 내부적으로 bitTime의 16배 빠른 Micro Sampling 클럭을 사용한다. 샘플링 기능부는 수신되는 RXD 값이 high(=idle)에서 low(Start)로 천이하는 것을 감지하면 유효한 Start 비트 영역인지 판정하는 절차가 개시된다.

<그림 9.6>에서 idle상태에 있던 입력 신호값이 천이된 것을 최초의 micro sample 시 감지한 후 {8,9,10}번째의 micro sample 값도여전히 모두 0이라면 이것을 유효한 start 비트의 중간 부분으로 판단한다. 이후부터는 16개의 microsample마다 해당 데이터 비트에 대한 샘플링을 반복한다.

이러한 과정은 START비트로 시작되는 각 바이트별로 재시작 된다.

그리고 Stop 비트는 지정된 Stop 비트기간 동안 샘플링 된 값이 '1'인지 판단한다. 만약 '0'으로 감지되면 Frame Error(FE)로 간주하여 이를 프로세서에 인터럽트로 알린다.

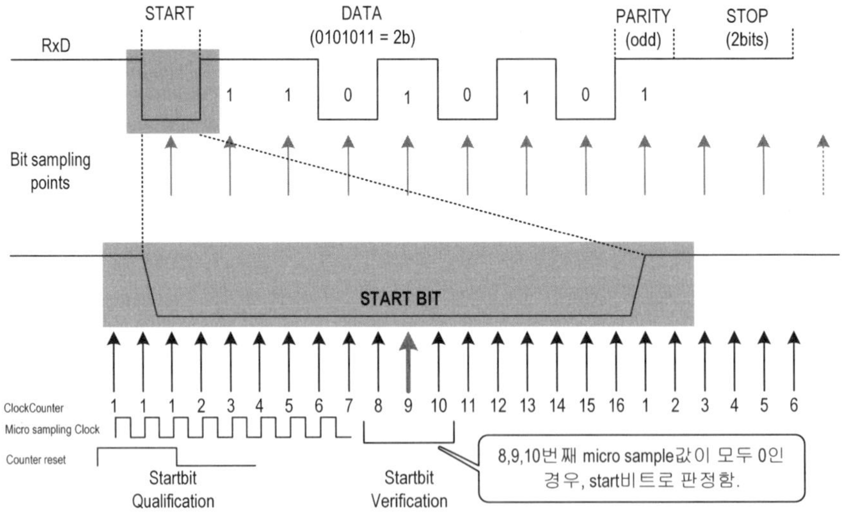

<그림 9.6> Micro Sampling기능과 Start 비트 감지 동작

9.6 UART와 RS232

(1) 개요

RS-232 는 DTE (Data Terminal Equipment)와 DCE (Data Circuit-terminating Equipment)간을 연결하는 직렬 single-ended 신호 규격과 커넥터의 사양을 규정한 것이다. 여기서 single-ended란 모든 데이터와 제어 신호선은 모두 GND를 공유하는 것이다. 또한 TXD와 RXD라인을 분리함으로써 전이중 전송이 가능하다. 케이블 길이 규정은 없지만 15~300m를 연결할 수 있다.

MCU 내부의 UART 모듈 또는 외장형 UART 칩의 송신 핀의 신호는 3.3V 또는 5V의 TTL 레벨이고 구동 전류값도 작기 때문에 장거리 전송이 불가능하다. 이를 가능하게 하기 위하여 UART는 보다 높은 신호 전압(최대 15V) 과 큰 전류(500mA)를 공급할 수 있는 RS232 전용 라인드라이버를 사용한다.

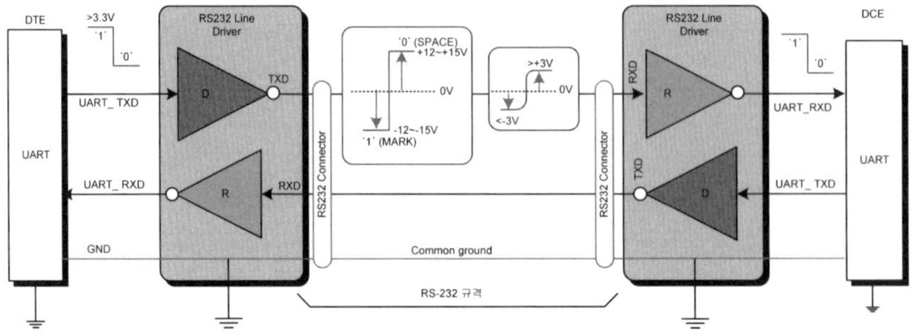

<그림 9.7> RS232의 기능

(2) RS232 신호레벨

- **데이터 신호 레벨** : 데이터 라인(TxD, RxD)의 경우 logic '1'은 -3 ~ -15 V 전압값이며 이것을 mark 상태라고 한다. 반면에 Logic '0'은 3 ~15 V이며 space 상태라고 부른다. 송신하지 않는 경우 즉, 통신로가 idle하면 "Mark" 상태 또는 연속적으로 1을 전송하고 있는 상태이다.
- **제어 신호 레벨** : 제어 신호선(RTS, CTS, DTR, DSR 등)의 경우 데이터 신호와 반대로 Mark인 경우 +3 ~ +15 V이며 Space 값은 −3 ~ −15 V이다. 대부분의 UART는 이러한 제어 신호에 대하여 active low 로직을 사용하므로 nRTS, nCTS 등의 핀을 가진다.

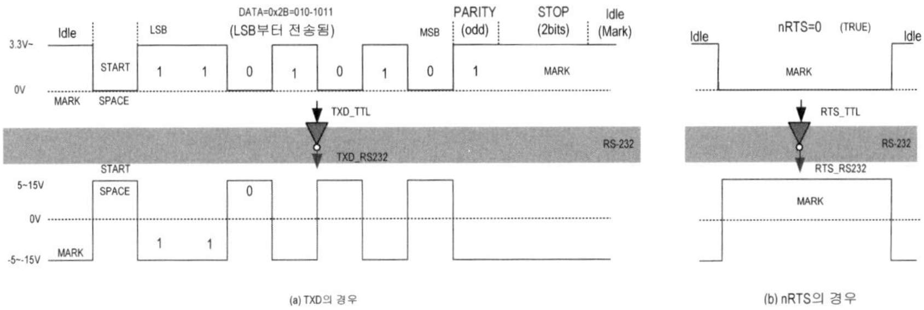

<그림 9.8> RS232의 신호 레벨

(3) RS232 라인 드라이버

+-12V의 RS232의 신호 전압은 3.3~5V의 TTL 레벨로 작동하는 일반적인 UART는 생성할 수 없는 것이므로 별도의 라인 드라이버 칩을 추가 사용한다. 그 이유는 TTL 레벨로 통신하는 경우 낮은 신호 전압에 의해 외부 잡음에 취약하여 장거리 통신을 할 수 없기 때문이다.

이러한 칩으로는 5V의 동작 전원을 사용하는 MAX232와 3.3V의 동작 전압으로 동작하는 SP3232 등이 있다. 이것은 5V 또는 3.3V의 전원을 공급받아 8~12V의 RS232 신호를 생성하기 위하여 대용량 커패시터를 사용하는 charge pump 방식의 DC-to-DC 승압 회로를 가지며, 내부적으로는 4개의 inverter 로직으로 구성되어 있다.

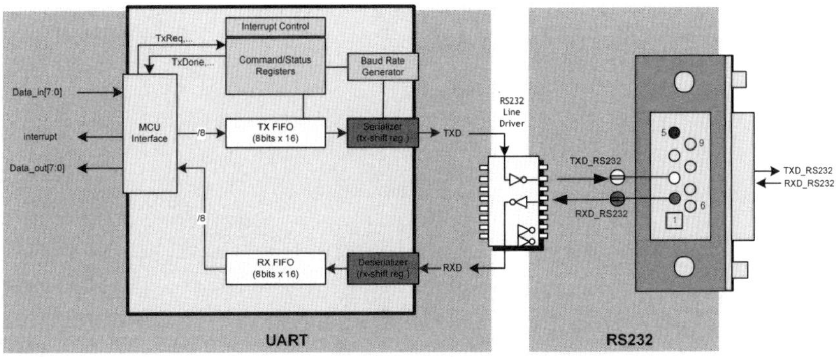

<그림 9.9> RS232 라인 드라이버

(4) RS-232 커넥터와 케이블

D-subminiature(D-sub)는 다목적으로 사용되는 인터페이스이다. 이 D-sub는 외부에서 봤을 때 'D'자 모양이어서 붙여진 이름이다. 이 'D'자 모양의 금속은 소켓이 결합될 때 시스템의 접지선로에 접속되어 외부로부터의 전자파를 차폐할 수 있도록 한다.
이것은 핀의 개수에 따라, (A=15 pin, B=25 pin, C=37 pin, D=50 pin, E=9 pin 등으로 명시된다. 예를 들어 DB25M은 25핀의 Male 커넥터이다. PC 부착된 직렬 포트용 9핀 커넥터도 있는데 정식 명칭인 DE9 대신에 DB9 커넥터라고 부르고도 있다. 단말 즉 DTE측은 male 커넥터를 사용하고 DCE측은 female 커넥터를 사용한다. 그리고 기본적인 커넥터는 25핀의 DB-25 커넥터이지만 오늘날 해당 핀의 기능이 대부분 필요 없기 때문에 DE-9 이 많이 사용된다.
또한 데이터의 송수신만 활용할 경우에는 TXD, RXD, Ground 등 3개의 선만 사용할 수 있다. 심지어 GPS 수신기로부터의 데이터를 MCU의 UART가 수신할 경우에는 단방향 통신만 수행되므로 MCU의 UART 입장에서는 RXD와 Ground선만 있어도 된다. 필요 시 양방향 통신과 RTS/CTS를 활용한 hardware flow control기능이 필요할 때는 5핀 커넥터를 사용하기도 한다.
아래 표는 9핀의 경우에 대한 것이며 이름은 모두 DTE 관점에서 명명된 것이다. 다시 상기하면 GND 선은 다른 모든 신호선에 대한 기준 GND 선으로써 common return이라고도 부른다.

<표9.1> DB25와 DB9 규격

Signal	DB9	DB25	Description
DCD	1	8	Data Carrier Detect
RxD	2	3	Received Data (by DTE)
TxD	3	2	Transmitted Data (by DTE)
DTR	4	20	Data Terminal Ready
GND	5	7	Signal Ground
DSR	6	6	Data Set Ready
RTS	7	4	Request To Send
CTS	8	5	Clear To Send
RI	9	22	Ring Indicator

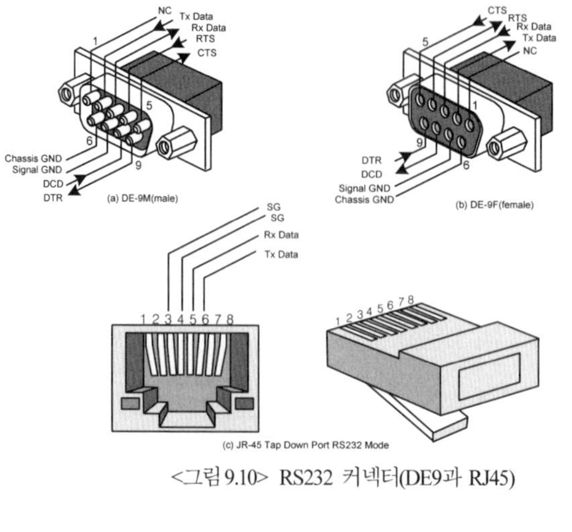

<그림 9.10> RS232 커넥터(DE9과 RJ45)

(5) 유사 RS232

- TTL 레벨 RS232 : RS232 라인 드라이버 없이 UART간 직접 연결하는 경우 TTL 신호 레벨(0..+5V)로 통신할 수 있다.
- Current Loop : 20 mA Current Loop는 상대방에 대하여 20mA의 전류 공급 여부로 이진 데이터를 전송하는 장거리 전송 기술이다.

(6) UART 응용 제품

- UART-to-USB 변환기 : 최근의 PC 및 노트북 컴퓨터의 경우 UART/RS232 포트를 제공하지 않는다. 대신 필요 시 USB를 이용한 UART 기능을 제공할 수 있는 다양한 변환 칩이 있다. 여기에는 Prolific사의 PL-2303, Silicon Labs의 CP2102, FTDI사의 FT232RL 등의 USB to Serial Bridge Controller 이다.
- UART-to-GPIO 브리지 : SC18IM700 Master I2C-bus controller with UART interface 칩은 GPIO 입출력 데이터를 UART로 송수신하는 브리지 기능과 I2C 송수신 데이터를 UART로 송수신하는 브리지 기능을 선택적으로 제공한다.

9.7 xCORE 기반의 UART 모듈 설계

(1) 기본 개념

xCORE 기반의 완전한 UART 모듈을 설계한다면 <그림 9.11>과 같은 구조가 될 것이다. 각 태스크의 기능은 다음과 같다.

- uartTx : 직렬화 기능 및 start/stop/parit비 트 생성 기능 수행
- uartRX : start/stop/parit 비트 처리 기능 수행 병렬화 기능 수행
- txFIFO handler : Host 인터페이스와 라인간의 속도 정합용 FIFO 기능 수행
- rxFIFO handler : Host 인터페이스와 라인간의 속도 정합용 FIFO 기능 수행
- data_bus 인터페이스: Host 인터페이스와 FIFO간의 데이터 전달 및 제어 신호 처리

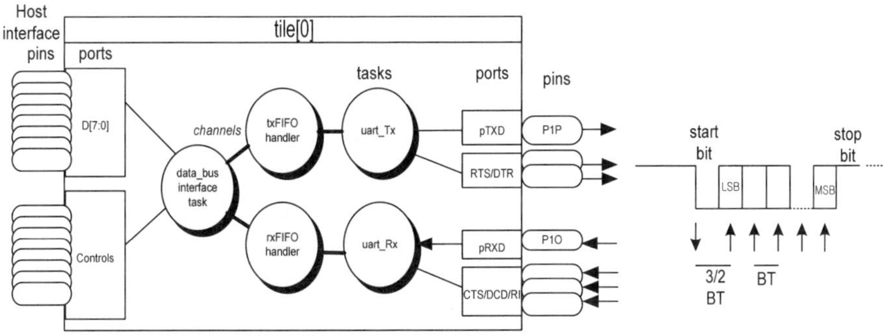

<그림 9.11> xCORE 기반의 UART 모듈 구조

본 절에서는 위의 구조를 참조하여 보단 간단한 UART 모듈 설계를 수행하도록 한다.

XMOS사에서 제공하는 UART 관련 참조 모듈은 다음과 같다.

- Simple UART(module_uart_fast_rx 및 module_uart_fast_tx) : Simple UART 모듈은 송신과 수신 기능으로 분리된 2개의 태스크를 사용하여 패리티 변경이나 stop 비트 길이 선택기능을 모두 제거하고 {8bit data, no parity, 1 stop bit}로 고정한 간단한 모듈로서 활용도가 제한적이다(물론, 이러한 설정값은 해당 모듈 소스를 수정하여 변경할 수 있다.) 하지만 10Mbps까지 전송할 수 있는 Fast UART 기능을 제공한다.
- Generic UART(module_uart_rx 및 module_uart_tx) : Generic UART는 범용 UART 기능을 모두 제공하면서 FIFO 버퍼링 기능도 제공한다. 역시 송신과 수신 기능으로 분리된 2개의 태스크를 사용한다. 하지만 최대 115200bps까지만 가능하다.

우리는 이것을 참조하여 다음과 같은 여러 종류의 UART 기능을 구현한다.

- 2개의 태스크를 사용하는 UART 프로그래밍
- 1개의 태스크를 사용하는 UART 프로그래밍

(2) 핵심 고려 사항

이러한 UART 기능 설계 시 고려해야 할 핵심 사항은 다음과 같다.

- Bit Timing : <그림 9.12>와 같이 start 비트가 감지되면 1.5BT 이후에 첫 번째 비트를 샘플링하고 이후 비트에 대해서는 1BT 마다 샘플링하도록 한다.
- SERDES 기능 활용 여부 : 포트에 내장된 SerDes 기능을 활용해도 되지만 비교적 간단한 기능이므로 이 기능을 사용하지 않고 설계한다.

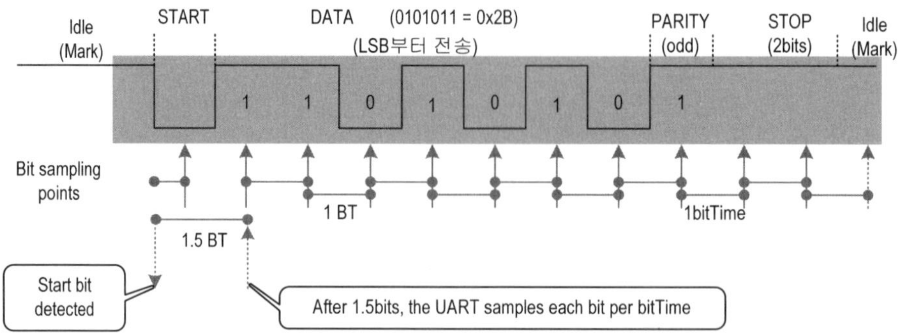

<그림 9.12> UART 비트 타이밍

9.8 수신 전용 UART 프로그래밍

본 절에서는 수신 기능을 독립적인 태스크에서 수행하도록 설계한다. 각 수신 비트 별로 비트의 중간 지점에 대한 정확한 샘플링을 위해 timer couter를 사용한다. UART 포트는 tile [0]에 있는 U1RX 포트를 사용한다.

프로그래밍 시 주의할 점은 2개의 tile을 갖는 프로세서인 경우 2개의 태스크를 사용할 경우 항상 main문장에 par{} 구문을 사용하여야 하며, 각 태스크가 어떤 tile에서 동작할 것인지 2개의 입출력 포트뿐만 아니라 명시해야 한다.

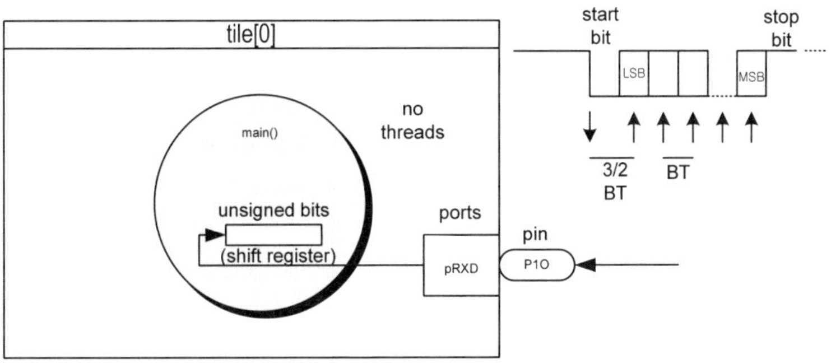

<그림9.13> 수신 전용 UART 모듈의 구조

```
// Name        : UART RxOnly Test
// Author      : Tom Carter <tom@tomcarter.org.uk>
// Description : A simple program to test communication over a serial link
// modified by Arami

#include <platform.h>
#include <xs1.h>
#include <print.h>
#include "cuscoBoardConfig.h"

#define BIT_RATE 115200
#define BIT_TIME XS1_TIMER_HZ / BIT_RATE

on tile[0]: in port pRXD = PORT_UART1_RX;   //P1O
on tile[0]: out port pTXD = PORT_UART1_TX ; // P1P

unsigned char getByte(void)
{
unsigned time;
unsigned bits = 0;   // 32비트 크기를 갖는 shift register처럼 사용된다.
unsigned char c;

pRXD when pinseq (1) :> void;   // idle(MARK)일 때까지 대기

        pRXD when pinseq (0) :>void @ time;    // wait for a start bit. Timed input.
         // 입력 신호가 0으로 되면(즉 start비트), 현재 port counter값을 time에 기록
         // [주의] port counter는 각 포트에 내장된 16비트 카운터임.
time += BIT_TIME + (BIT_TIME >> 1);
         // 이후 수신신호의 각 비트 중간을 샘플링하도록 3/2 BT을 더한다.

for (int i = 0; i < 8; i += 1){   // 이후 8비트를 BT마다 연속 수신한다.
```

```
      // (첫 번째 비트만 START 비트 시작 시점에서 1.5 BT 지연된다.
        pRXD @ time :> (>> bits);   // (timed input)
                // LSB부터 32비트의 bits 변수에 shift right한 후 해당 비트값을 추가한다.
        time += BIT_TIME;  // 이후 각 비트값을 BT마다 샘플링 한다.
      }

      // got a byte
    c = (unsigned char) (bits >> 24);  // 수신된 바이트를 c로 할당하고 반환한다.
    return {c};
}

int main(void)
{
  char input;

  while (1) {
      input = getByte();
      printf("[Byte received]=%c", input);
      if (input == 'x') break;
  }
  printf("Terminating.");
  return (0);
}
```

a) Makefile

다음과 같이 우리가 사용하는 타겟보드 환경에 맞는 이미지가 생성될 수 있도록 다음과 같이 makefile을 수정한 후 이 makefile을 이용하여 시험한다.

```
# The TARGET variable determines what target system the application is
# compiled for. It either refers to an XN file in the source directories
# or a valid argument for the --target option when compiling
TARGET = myXmosL16AC10Board

# The APP_NAME variable determines the name of the final .xe file. It should
# not include the .xe postfix. If left blank the name will default to
# the project name
APP_NAME = app_uart_rxonly

# The USED_MODULES variable lists other module used by the application.
USED_MODULES =
# The flags passed to xcc when building the application
# You can also set the following to override flags for a particular language:
# XCC_XC_FLAGS, XCC_C_FLAGS, XCC_ASM_FLAGS, XCC_CPP_FLAGS
# If the variable XCC_MAP_FLAGS is set it overrides the flags passed to
# xcc for the final link (mapping) stage.
XCC_FLAGS_Debug    = -O0 -g
XCC_FLAGS_Release = -O2 -g

# The VERBOSE variable, if set to 1, enables verbose output from the make system.
VERBOSE = 0

XMOS_MAKE_PATH ?= ../..
-include $(XMOS_MAKE_PATH)/xcommon/module_xcommon/build/Makefile.common
```

9.9 2개의 태스크를 사용한 self_tx/rx UART 모듈

다음 예는 송신과 수신기능을 각각 독립적인 task에서 수행하도록 설계한 것이다. 외부의 UART 1 TX 핀을 UART1 RX핀에 연결하여 물리적으로 루프백되도록 한다.

- **송신부** : 0xF0 데이터를 무한 반복 송신한다.
- **수신부** : 수신 데이터를 printf로 출력한다.

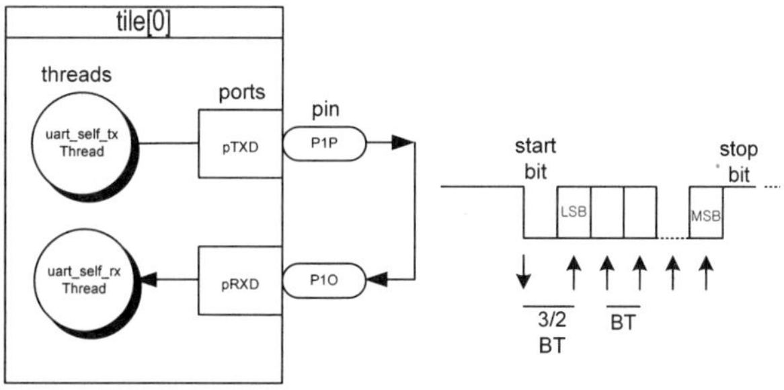

<그림 9.14> 송수신 UART 모듈의 구조

```
#include <platform.h>
#include <xs1.h>
#include "cuscoBoardConfig.h"
#include <print.h>

#define BIT_RATE 115200
#define BIT_TIME XS1_TIMER_HZ / BIT_RATE

on tile[0]: in port pRXD = PORT_UART1_RX; //P1O
on tile[0]: out port pTXD = PORT_UART1_TX ; //P1P
//=====================================
void uart_txThread ( out port pTXD ) {
unsigned byte , time ;
timer t; //timer counter (32비트)

while (1) {
 byte = 0xF0;
 t :> time ;     // 현재시간을 time counter에 기록한다.

 pTXD<: 0;     // start bit를 출력포트로 출력.
 time += BIT_TIME ;  // 현재 시간값에서 BT값을더함.
 t when timerafter( time ) :>void ;  // timer t의 시간이 time값이 될 때까지 대기함.

 // 이후, 8비트 데이터를 연속 송신
 for (int i =0; i <8; i++) {
  pTXD <: (>> byte);     // LSB부터 shift right하면서 1비트씩 송신.
  time += BIT_TIME;
  t when timerafter (time) :>void ;
  // timer t의 시간이 time값이 될 때까지 대기함.
 }

 pTXD<: 1;    // 마지막으로 stop 비트 출력
 time += BIT_TIME ;
```

```
  t when timerafter ( time ) :> void ;      //BT 기간 동안 stop 비트값(MARK)를 유지함.
  }
}

// 수신 태스크 ================================
void uart_rxThread (in port pRXD ) {
  unsigned rxd , time ; //
  timer t;

  while (1) {
    pRXD when pinseq (0) :>void ;
    // RXD 입력 포트에 '0'값(START 비트)이 입력될 때까지 대기
    t :>time ;                              // timer t의 현재값을 time값에 할당
    time += BIT_TIME /2;  // 입력 비트의 중간 지점 샘플링을 위한 1/2BT 지연

    for (int i =0; i <8; i++) {  //데이터비트 연속 수신
      time += BIT_TIME ;
      t when timerafter( time ) :>void ;  // BT 기간 동안 대기
      pRXD :>(>>rxd) ; //LSB부터 수신하면서 shift right.
    }
    time += BIT_TIME ;
    t when timerafter( time ) :>void ;  // STOP 비트 대기
    pRXD :>void ; //수신된 STOP비트값폐기
    printf ("%d",rxd>> 24) ;  // byte의 형식이 u32이므로, 이것을>>24한 후 출력.
  }
}
//=========================================
int main(){
  par{
    on tile[0]: uart_txThread(pTXD);
    on tile[0]: uart_rxThread(pRXD);
  }
  return 0;
}
```

9.10 3개의 태스크를 사용한 loopback_tx/rx UART 설계

다음 예는 loopback 태스크를 추가하여 수신된 데이터를 송신하는 루프백 기능을 설계한 것이다. 이를 위해 UART 송신 및 수신 태스크를 연결하는 채널을 2개 사용한다.

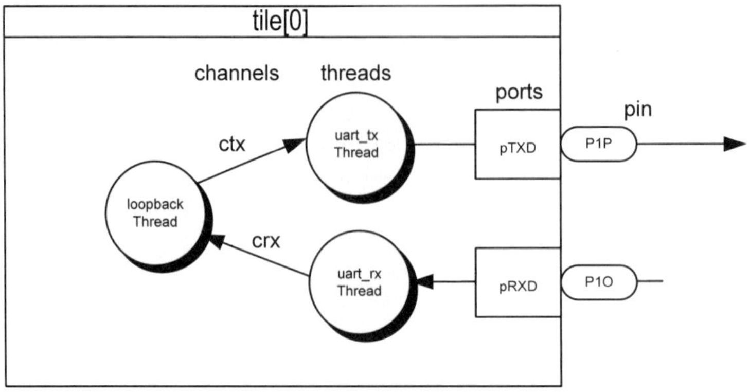

<그림 9.15> 루프백 기능이 있는 UART 모듈의 구조

```
#include <platform.h>
#include <xs1.h>
#include "datongBoardConfig.h"
#include <print.h>

#define BIT_RATE 115200
#define BIT_TIME XS1_TIMER_HZ / BIT_RATE

on tile[0]: in port pRXD = PORT_UART1_RX; //P1O
on tile[0]: out port pTXD = PORT_UART1_TX ; //P1P

void uart_txThread (chanend cTx,    out port pTXD) {
        unsigned byte , time ;
        timer t; //timer counter

        while (1) {
                        byte <: cTx;   // get a byte via the channel of cTx
                        t :>time ;      //현재 시간을 time counter에 설정한다.
                        pTXD<: 0;     // start bit를 출력 포트로 출력.
                        time += BIT_TIME ;   // 현재 시간값에 BT값을 더 함.
                        t when timerafter( time ) :>void ;   // START비트 송신기간 동안 대기함.
                        // 이후, 8비트 데이터를 연속 송신
                        for (int i =0; i <8; i++) {
                                pTXD<: >> byte ;
                                time += BIT_TIME;
                                t when timerafter (time) :>void ;
                        }
                        pTXD<: 1;   // 마지막으로 stop 비트 출력
                        time += BIT_TIME ;
                        t when timerafter ( time ) :> void ;   // STOP 송신 기간 동안 유지.
        }
}

//수신 thread ========================================
void uart_rxThread (chanend cRx, in port pRXD ) {
        unsignedrxd , time ; //
        timer t;
        while (1) {
                        pRXD when pinseq (0) :>void ;   // START 비트가 입력될 때까지 대기
                        t :>time ;                              // timer t의 현재값을 time값에 할당
                        time += BIT_TIME /2;   // 샘플링을 위한 1/2BT 지연

                        for (int i =0; i <8; i++) {   // 데이터 비트 연속 수신
                                time += BIT_TIME ;
                                t when timerafter( time ) :>void ;   // BT 기간 동안 대기
                                pRXD :>(>>rxd) ;
                        }
                        time += BIT_TIME ;
                        t when timerafter( time ) :>void ;   // S TOP 비트 수신 기간 동안 대기
                        pRXD :>void ;   // 수신된 STOP 비트값 폐기
                        cRx <: (rxd>>24);   // 채널 cRx로 수신 바이트를 전송.
        }
}

//loopback thread ===================================
void uart_loopbackThread (chanend cTx, chanend cRx) {
        unsigned data;
        while (1) {
                        cRx :> data;
                        cTx <: data;
```

```
        }
}

int main(){
        chan cTx;
        chan cRx;
        par{
                    on tile[1]: uart_txThread(cTx,pTXD);
                    on tile[1]: uart_rxThread(cRx,pRXD);
                    on tile[1]: uart_loopbackThread(cTx,cRx);
        }
        return 0;
}
```

9.11 인터페이스 연결을 사용한 loopback_tx/rx UART 설계

채널 대신에 인터페이스 연결을 정의하여 루프백 기능을 설계한다.

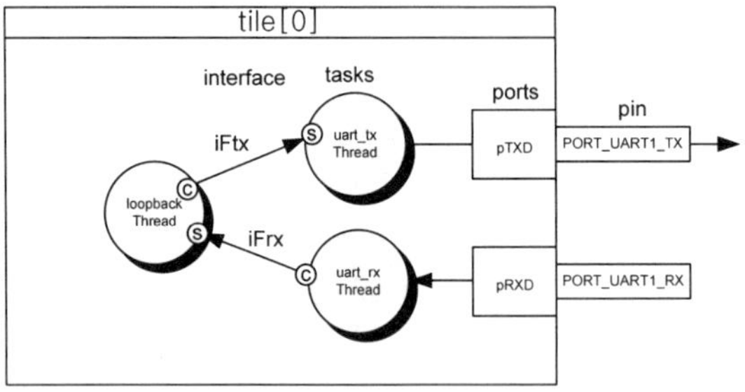

<그림9.16> 인터페이스 연결을 사용한 루프백 기능이 있는 UART 모듈의 구조

```
#include <platform.h>
#include <xs1.h>
#include "datongBoardConfig.h"
#include <print.h>

#define BIT_RATE 115200
#define BIT_TIME XS1_TIMER_HZ / BIT_RATE

on tile[0]: in port pRXD = PORT_UART1_RX; //P1O
on tile[0]: out port pTXD = PORT_UART1_TX ; //P1P

//interface declaration
interface UART_IF{
        void uartF(unsigned char x);
}

void uart_txThread (server interface UART_IF txIF,    out port pTXD) {
        unsigned byte , time ;
        timer t; //timer counter

        while (1) {
                select{
                case txIF.uartF(unsigned char txd):
                byte <: txd;
                t :>time ;      // 현재시간을 time counter에 설정.
                pTXD<: 0;   // start bit를 출력 포트로 출력.
```

```
                    time += BIT_TIME ; // 현재 시간값에서 BT값을 더함.
                    t when timerafter( time ) :>void ;// time값이 될 때까지 대기.

                    for (int i =0; i <8; i++) {
                            pTXD<: >> byte ;
                            time += BIT_TIME;
                            t when timerafter (time) :>void ; // BT 동안 대기.
                    }
                    pTXD<: 1;  // 마지막으로 stop 비트 출력
                    time += BIT_TIME ;
                    t when timerafter ( time ) :> void ; // BT 동안 대기
                    break;
                    }//select
        }//while
}

// 수신 thread
void uart_rxThread (client interface UART_IF rxIF, in port pRXD ) {
        unsignedrxd , time ;
        timer t;

        while (1) {
                    pRXD when pinseq (0) :>void ;   // '0'값(START 비트)이 입력될 때까지 대기
                    t :>time ;
                    time += BIT_TIME /2; // 중간 지점을 샘플링하기 위해 1/2BT 지연

                    for (int i =0; i <8; i++) { // 데이터 비트 연속 수신
                            time += BIT_TIME ;
                            t when timerafter( time ) :>void ; // BT 기간 동안 대기
                            pRXD :>(>>rxd) ;
                    }
                    time += BIT_TIME ;
                    t when timerafter( time ) :>void ; // STOP 비트 대기
                    pRXD :>void ; // 수신된 STOP 비트값 폐기
                    rxIF. uartF(rxd>>24); // byte의 형식이 u32이므로, 이것을 >>24한 후 보냄
        }
}

//loopback thread ===================================
void uart_loopbackThread (client interface UART_IF txIF, server interface UART_IF rxIF) {
        while (1) {
            select{
                case rxIF.uartF(unsigned char rxd): //wait for data from rxThread via rxIF interface.
                    txIF.uartF(rxd); //toss the rxd to txThread via txIF interface.
                    break;
            }
        }
}
//=============================
int main(void){
        interface UART_IF txIF;
        interface UART_IF rxIF;

        par{
          on tile[1]: uart_txThread(txIF,pTXD);
          on tile[1]: uart_rxThread(rxIF,pRXD);
          on tile[1]: uart_loopbackThread(txIF,rxIF);
        }
        return 0;
}
```

9.12 1개의 태스크로 동작하는 UART 프로그래밍

지금까지 송신 및 수신 기능을 각각의 태스크로 구현하였다. 본 절에서는 한 개의 태스크로 송수신 기능을 지원하는 모듈을 설계한다.

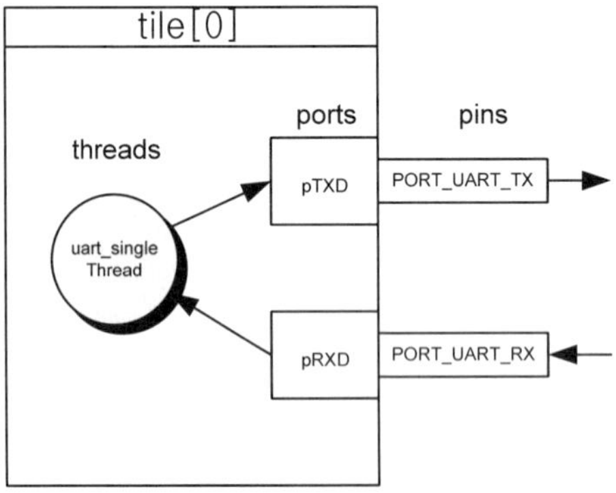

<그림 9.17> Single task 기반의 UART 모듈

```
#include <platform.h>
#include <xs1.h>
#include "datongBoardConfig.h"
#include <print.h>

#define BUFF_LEN 16
void singleThreadUART (in port pRXD , out port pTXD ,
                        chanend chRXD,
                        streaming chanend chTXD )
{
        int txByte , rxByte ;
        int txI , rxI;
        int rxTime , txTime ;
        int isTX = 0;
        int isRX = 0;

        char rxData;
        unsigned int txData;
        timer tmrTX , tmrRX ;

        char txFifoBuf[BUFF_LEN];
        unsigned int txFifoRead = 0, txFifoWrite = 0;

        // 송신 전용 루프
        while (1){
                if (! isTX&& (txFifoRead != txFifoWrite) ) { // 송신할 데이터가 있다면
                        isTX = 1;
                        txI = 0;

                        txByte = txFifoBuf[txFifoRead];
                        txFifoRead = (txFifoRead + 1) % BUFF_LEN;

                        pTXD<: 0; // transmit START bit
                        tmrTX :>txTime ; // set timeout for data bit
                        txTime += BIT_TIME ;
```

```
            }

            // 수신 이벤트 처리부
            select {
            case !isRX =>pRXD when pinseq (0) :> void :
                    isRX = 1;
                    tmrRX :>rxTime ;
                    rxI = 0;
                    rxTime += BIT_TIME ;
                    break ;

            case isRX =>tmrRX when timerafter ( rxTime ) :> void :
                    if ( rxI< 8)
                            pRXD :>>>rxByte ;          // 수신 데이터 비트 저장
                    else {   // receive stop bit
                            pRXD :> void ;
                            rxData = (rxByte>> 24);    // get the whole byte
                            chRXD<: rxData;
                            isRX = 0;
                    }
                    rxI ++;
                    rxTime += BIT_TIME ;
                    break ;

            case isTX =>tmrTX when timerafter ( txTime ) :> void :
                    if ( txI< 8)        pTXD<: >>txByte ;    // bit별 송신
                    else if (txI == 8)  pTXD<: 1;   // stop bit 송신
                    else                isTX = 0;

                    txI ++;
                    txTime += BIT_TIME ;
                    break ;

            case chTXD :>txData : //Got a character from  the external UART via the channel
                    txFifoBuf[txFifoWrite] = (unsigned char)txData;
                    txFifoWrite = (txFifoWrite + 1) % BUFF_LEN; // incr or rollover to 0
                    break;
            } //select
    } //while
}
//===============================================
void uartServer(chanend chRXD, streaming chanend chTXD)
{
    char cmdBuf[BUFF_LEN];// hold command from the UART
    unsigned int bufPos;// current position we are filling in the cmdBuf array
    int bGotCR;                        // have we receive the CR character
    char rxd;                  // the character received.  It comes from the channel from the UART

    // initialize buffer
    bufPos = 0;
    bGotHeader = FALSE;
    printstr("\nxUART TEST");

    while(1){
            select {
            case chRXD :>rxd : // got a character from the UART via the channel
                    txChar<: ACK;
                    chTXD<: rxd; //echo back
                    if (!bGotCR) {// check for the CR character
                            if (rxd == CR){
                                    bGotCR = TRUE;
```

```
                                        bufPos = 0;
                                }
                                else{
                                        cmdBuf[bufPos] = rxd;
                                        bGotCR = FALSE;
                                        bufPos++;
                                }
                        }
                        else { // 모두 받으면 parsing
                                parser(cmdBuf);
                                bGotCR = FALSE;
                                bufPos = 0;
                        }
                break;
                }
        }
}
//=====================================================
on tile[0]: in port pRXD = PORT_UART1_RX; //P1O
on tile[0]: out port pTXD = PORT_UART1_TX ; //P1P

int main() {

        chan chRXD;
        streaming chan chTXD;

        par {
                on tile[0]: singleThreadUART (pRXD, pTXD, chRXD, chTXD);
                on tile[0]: uartServer(rxChar,txChar);
         }

        while(1) ;
        return 0;
}
```

9.13 Simple UART 프로그래밍

공개된 uart 모듈인 sc_uart_simple 모듈 코드를 분석해 보자. 이것은 10Mbps로 송수신한다. 참고로 여기서 분주되지 않은 100MHz의 클럭을 각 포트가 사용하므로 UART 각 포트 의 내장 포트 카운터는 10nsec마다 1씩 증가한다.

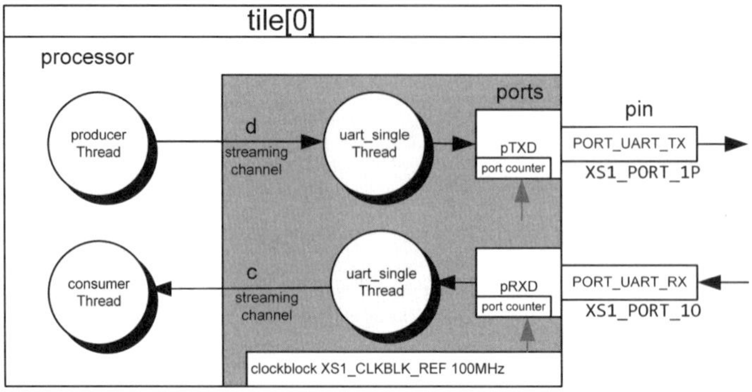

<그림 9.18> Simple UART 모듈

a) Makefile

먼저 다음과 같이 우리가 사용하는 타겟보드 환경에 맞는 이미지가 생성될 수 있도록 다음과 같이 makefile을 수정한다.

```
# The TARGET variable determines what target system the application is
# compiled for. It either refers to an XN file in the source directories
# or a valid argument for the --target option when compiling
TARGET = myXmosL16AC10Board

# The APP_NAME variable determines the name of the final .xe file. It should
# not include the .xe postfix. If left blank the name will default to
# the project name
APP_NAME = app_uart_fast

# The USED_MODULES variable lists other module used by the application.
USED_MODULES = module_uart_tx_fast module_uart_rx_fast

# The flags passed to xcc when building the application
# You can also set the following to override flags for a particular language:
# XCC_XC_FLAGS, XCC_C_FLAGS, XCC_ASM_FLAGS, XCC_CPP_FLAGS
# If the variable XCC_MAP_FLAGS is set it overrides the flags passed to
# xcc for the final link (mapping) stage.
XCC_FLAGS_Debug    = -O0 -g
XCC_FLAGS_Release = -O2 -g

# The VERBOSE variable, if set to 1, enables verbose output from the make system.
VERBOSE = 0

XMOS_MAKE_PATH ?= ../..
-include $(XMOS_MAKE_PATH)/xcommon/module_xcommon/build/Makefile.common
```

b) uart_tx_fast.xc 파일

```
// Copyright (c) 2011, XMOS Ltd, All rights reserved
// This software is freely distributable under a derivative of the
// University of Illinois/NCSA Open Source License posted in
// LICENSE.txt and at <http://github.xcore.com/ >
//Modified by Arami

#include <xs1.h>
extern clock refClk;
/ /100MHz의 클럭을 분주하지 않고 그냥 사용하므로
// 출력 포트 p의 내장 포트 카운터는 10nsec마다 1씩 증가한다.

void uart_tx_fast(out port p,
                  streaming chanend c,
                  int clocks) {
    int t;
    unsigned char b;

    configure_out_port (p, refClk, 1);  // 초기값 = High.

    p <: 1 @ t ; // [timestamped output] 1을 출력하면서, timer counter값을 t에 저장
    while (1) {
        c :> b; // 송신 바이트를 채널 c로부터 전달 받음.
        p <: 0 @ t; // [timestamped output] START bit (0)을 출력하면서 시간을 t에 기록.
```

```
            t += clocks;    // BT // clocks가 10인 경우, 내장 포트카운터는 10nsec마다 1씩
                                  // 증가하므로 결국 t는 100nsec를 의미한다.

#pragma loop unroll(8)
            for(int i = 0; i < 8; i++) {
                  p @ t <: >> b; // [timed output] BT 지연 시 출력 포트로 LSB부터 송신한다.
                  t += clocks;   // BT 기간 지연.
            }
            p @ t <: 1;   // 마지막으로 STOP 비트를 출력한다.
            t += clocks;
            p @ t <: 1;   // idle 1비트를 추가한다.
      }
}
```

c) uart_rx_fast.xc파일

```
// Copyright (c) 2011, XMOS Ltd, All rights reserved
// This software is freely distributable under a derivative of the
// University of Illinois/NCSA Open Source License posted in
// LICENSE.txt and at < http://github.xcore.com />
//Modified by Arami

#include <xs1.h>
#include <xclib.h>

extern clock refClk; //added
void uart_rx_fast(in port pIn, streaming chanend cOut, int clocks) {
      int dt2 = (clocks * 3)>>1; // 클럭의 3/2 주기 시간을 설정.
      int dt = clocks;
      int t;
      unsigned int data = 0; // 32비트 shift register로 사용함.

      configure_in_port (pIn, refClk);
      clearbuf(pIn);

      while (1) {
            pIn when pinseq(0) :> void    @ t;
            // 0이 될 때까지 대기 후, 0 수신 시 port counter값을 t에 할당.
            t += dt2;  // 수신 신호의 각 비트 중간을 샘플링 하도록 3/2 BT을 더 함.

#pragma loop unroll(8)
            for(int i = 0; i < 8; i++) {   // 8비트 데이터의 수신
                  pIn @ t :> (>> data);   // [timed input] 지정된 시간까지 지연 후 입력
                  t += dt;  // 다음 샘플링 시간으로 BT 시간을 더 함.
            }
            data >>= 24;  // 수신 완료 시 8비트 데이터 획득.
            cOut <: (unsigned char) data; // 수신 데이터를 cOut 채널로 전달.
            pIn @ t :>   void;// int _; // 이후 입력되는 STOP 비트값 무시.
            data = 0;   // data 변수를 리셋.
      }
}
```

d) main.xc 파일

```
// Copyright (c) 2011, XMOS Ltd, All rights reserved
// This software is freely distributable under a derivative of the
// University of Illinois/NCSA Open Source License posted in
// LICENSE.txt and at <http://github.xcore.com/>
```

```
//Modified by Arami

#include <platform.h>
#include <xs1.h>
#include "cuscoBoardConfig.h"
#include <print.h>

on tile[0]: clock refClk = XS1_CLKBLK_REF; //100MHz

// 평가보드의 UART1 포트는 Tile[0]에 위치한 1P 및 1O포트를 사용한다.
on tile[0]: in port rx = XS1_PORT_1O;
on tile[0]: out port tx = XS1_PORT_1P;

// :: Producer task
void produceTask(streaming chanend c) {
        while(1){
        for(int i = 0; i < 256; i++)    c <: (unsigned char) i;    // channel c로 데이터 송신
        }
}

// :: Consumer task
void consumeTask(streaming chanend c) {
  unsigned char buf[256];
         while(1){
              for(int i = 0; i < 256; i++)    c :> buf[i];   // channel c로부터 데이터 수신
        }//while
}

static inline x() {
      set_thread_fast_mode_on();
}

// :: Main program
int main(void) {
      streaming chan c, d;

      par {
        on tile[0]: produceTask(d);
        on tile[0]: consumeTask(c);
        on tile[0]: uart_tx_fast(tx, d, 10);
        on tile[0]: uart_rx_fast(rx, c, 10);
      }
      return 0;
}
```

9.14 xSOFTip 브라우저를 이용한 Simple UART Loopback Example Import 방법 (참고)

사실 XMOS 프로세서에 내장할 모든 주변 장치 기능은 소프트웨어로 설치하므로 임의로 수정하여 사용할 수 있다. 10Mbps의 송수신 기능을 제공하는 xSOFTip의 sc_uart 모듈을 import하여 uart 모듈을 시험한다.

xSOFTip 브라우저는 유용한 Software component IP block을 다운받는데 사용하는 도구로써 xTIMEcomposer의 좌측 하단에 표시된다.

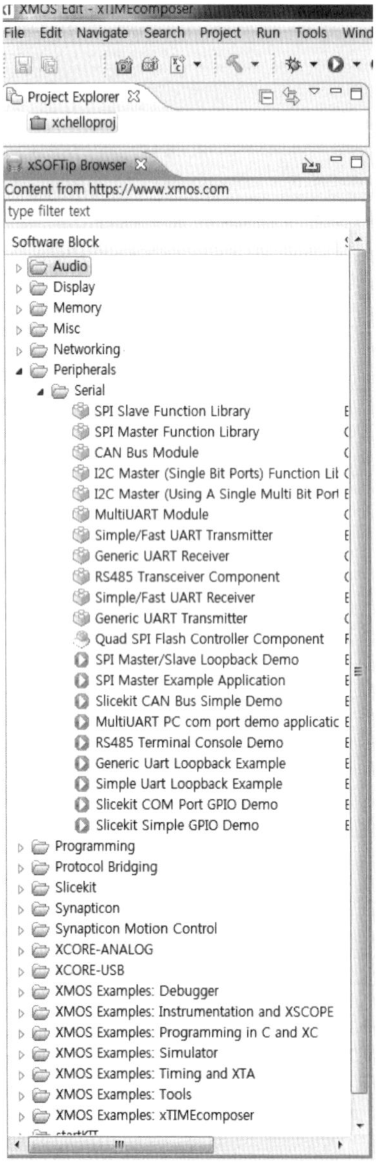

다음과 같은 절차를 실행한다.

STEP 1> Peipheral/Serial/SimpleUartLoopbackExample 폴더를 선택한다. 이때 IDE 우측 상단의 Developer Column 창에 관련된 정보가 표시된다.

STEP 2> 마우스를 더블클릭하면 표시되는 import 여부에 대하여 OK한다.

STEP 3> Project Explorer창에 다음과 같은 메인 프로그램이 있는 "app_uart_fast" 폴더와 관련된 software component인 module_uart_fast_rx 및 module_uart_fast_tx 모듈이 함께 표시된다. 이 2개의 모듈은 sc_uart 소프트웨어 컴퍼넌트의 구성요소이다.

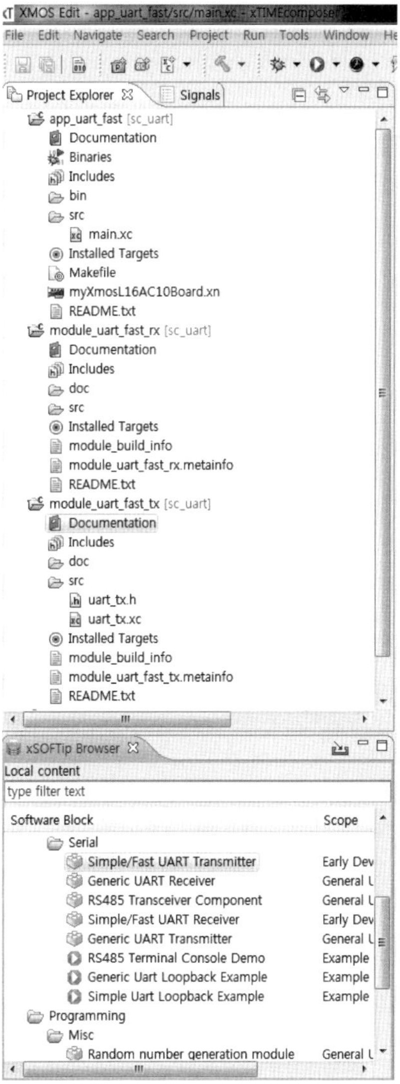

STEP 4> 다음과 같이 소스를 수정한다. 우리는 core가 2개의 프로세서를 사용하는 특정보드를 타겟보드로 사용하기 때문이다.

a) Makefile

먼저 다음과 같이 우리가 사용하는 타겟보드 환경에 맞는 이미지가 생성될 수 있도록 다음과 같이 makefile을 수정한다.

```
# The TARGET variable determines what target system the application is
# compiled for. It either refers to an XN file in the source directories
# or a valid argument for the --target option when compiling
TARGET = myXmosL16AC10Board

# The APP_NAME variable determines the name of the final .xe file. It should
# not include the .xe postfix. If left blank the name will default to
# the project name
APP_NAME = app_uart_fast

# The USED_MODULES variable lists other module used by the application.
USED_MODULES = module_uart_tx_fast module_uart_rx_fast

# The flags passed to xcc when building the application
# You can also set the following to override flags for a particular language:
# XCC_XC_FLAGS, XCC_C_FLAGS, XCC_ASM_FLAGS, XCC_CPP_FLAGS
# If the variable XCC_MAP_FLAGS is set it overrides the flags passed to
# xcc for the final link (mapping) stage.
XCC_FLAGS_Debug     = -O0 -g
XCC_FLAGS_Release = -O2 -g

# The VERBOSE variable, if set to 1, enables verbose output from the make system.
VERBOSE = 0

XMOS_MAKE_PATH ?= ../..
-include $(XMOS_MAKE_PATH)/xcommon/module_xcommon/build/Makefile.common
```

b) uart_tx_fast.xc 파일

```
// Copyright (c) 2011, XMOS Ltd, All rights reserved
// This software is freely distributable under a derivative of the
// University of Illinois/NCSA Open Source License posted in
// LICENSE.txt and at <http://github.xcore.com/ >

#include <xs1.h>
extern clock refClk;
void uart_tx_fast(out port p, streaming chanend c, int clocks) {
    int t;
    unsigned char b;
    configure_out_port_no_ready(p, refClk, 1); //added
    while (1) {
        c :> b;
        p <: 0 @ t;
        t += clocks;
#pragma loop unroll(8)
        for(int i = 0; i < 8; i++) {
            p @ t <: >> b;
            t += clocks;
```

```
            }
            p @ t <: 1;
            t += clocks;
            p @ t <: 1;
        }
}
```

c) uart_rx_fast.xc 파일

```
// Copyright (c) 2011, XMOS Ltd, All rights reserved
// This software is freely distributable under a derivative of the
// University of Illinois/NCSA Open Source License posted in
// LICENSE.txt and at <http://github.xcore.com/ >

#include <xs1.h>
#include <xclib.h>

extern clock refClk; //added
void uart_rx_fast(in port pIn, streaming chanend cOut, int clocks) {
    int dt2 = (clocks * 3)>>1;
    int dt = clocks;
    int t;
    unsigned int data = 0;

    configure_in_port_no_ready(pIn, refClk); //added
    clearbuf(pIn); //added

    while (1) {
        pIn when pinseq(0) :> int _ @ t;
        t += dt2;
#pragma loop unroll(8)
        for(int i = 0; i < 8; i++) {
            pIn @ t :> >> data;
            t += dt;
        }
        data >>= 24;
        cOut <: (unsigned char) data;
        pIn @ t :> int _;
        data = 0;
    }
}
```

d) main.xc 파일

2개의 tile을 갖는 프로세서이므로 항상 par{} 구문을 사용하여야 하며, 2개의 입출력 포트뿐만 아니라 해당 태스크가 어떤 tile에서 동작할 것인지 명시해야 한다.

```
#include <platform.h> //added
#include <xs1.h>
#include "uart_rx.h"
#include "uart_tx.h"
#include <print.h>

// :: Port declarations
on tile[1]: clock refClk = XS1_CLKBLK_REF;

// 평가보드의 UART1 포트는 Tile[1]에 위치한 1C 및 1D 포트를 사용한다.
```

```
on tile[1]: in port rx = XS1_PORT_1C;
on tile[1]: out port tx = XS1_PORT_1D;

//:: Producer function
void produceTask(streaming chanend c) {
        while(1){
                    for(int i = 0; i < 256; i++) {
                                c <: (unsigned char) i;
                    }
        }
}

//:: Consumer function
void consumeTask(streaming chanend c) {
      unsigned char buf[256];
      while(1){
        for(int i = 0; i < 256; i++) {
                    c :> buf[i];
        }
      }
}
//::

static inline x() {
      set_thread_fast_mode_on();
}

//:: Main program
int main(void) {
      streaming chan c, d;

      par {
        on tile[1]: {x(); produceTask(d);}
        on tile[1]: {x(); consumeTask(c);}
        on tile[1]: {x(); uart_tx_fast(tx, d, 10);}
        on tile[1]: {x(); uart_rx_fast(rx, c, 10);}
      }
      return 0;
}
```

STEP 5> 빌드한다.

제 10 장 Hello SPI

SPI는 I2C와 마찬가지로 별도의 클럭 신호선을 제공하지만 송수신로가 물리적으로 분리된 단거리 동기식 전이중 전송 방식이다. 이것은 스마트폰 등의 임베디드 시스템 내부의 모듈간 연결 시 많이 사용된다. 예를 들어 온도 센서의 데이터를 MCU가 읽거나 EEPROM에 데이터를 기록하고 읽을 때, 그리고 10Mbps급 이더넷을 연결 시에도 사용된다.

이러한 SPI는 Motorola/Freescale사에서 처음 개발하였다. National Semicodcutor사에서는 이것과 동일한 기능을 수행하는 MicroWire, 또는 Synchronous Serial Interface(SSI)라고 부른다[1]. 특히 많이 사용되는 분야는 부팅용 EEPROM 이나 SD 카드 접속 분야이다.

본 장에서는 SPI 모듈을 설계하고 온도 센서와 EEPROM의 접속을 위한 회로 설계 및 프로그램 설계를 수행한다.

10.1 SPI

4가닥의 선로를 사용하는 Serial Peripheral Interface Bus(SPI) 직렬 버스는 I2C와 마찬가지로 클럭라인을 별도로 사용하는 동기식(synchronous) 직렬 데이터 버스 방식이다.

이것은 데이터 선로가 하나뿐인 I2C와 달리 물리적으로 분리된 송신 및 수신 데이터 선로를 사용하므로 전이중 통신이 가능한 장점이 있다. 하지만 주소 영역을 사용하지 않으므로 여러 개의 슬레이브 장치에 대한 어드레싱을 위해 각 장치별 slave select(SS) 신호선이 추가되어야 하는 문제점이 있다. 또한 여러 개의 마스터가 허용되는 I2C와 달리 하나의 마스터에 여러 개의 슬레이브 노드를 연결하는 경우에만 사용 가능하다.

---

[1] NS사는 Texas Instrument사에 합병되었음.

SPI 버스상의 마스터 노드는 클럭을 제공하고 슬레이브 장치를 선택하는 기능을 가진다. 나머지 노드는 슬레이브 노드로써 개별적인 slave select(chip select) 선로에 의해 선택된다.

SPI 버스는 <그림 10.1>과 같은 구성을 가지며 다음과 같은 4개의 선로를 사용한다[2].

- **SCLK(Serial Clock)** : 마스터가 생성하는 클럭 신호이다. 제조회사별로 SSIClk, SCK, CLK 등의 이름을 갖는다. 최대 40 Mbps를 지원한다.
- **MOSI(Master Output, Slave Input)** : 마스터가 출력하는 직렬 데이터 신호이다. MSB부터 송신된다. SIMO, SSITX, SDI, DIN 등의 이름도 사용된다.
- **MISO(Master Input, Slave Output)** : 마스터가 수신하는 직렬 데이터 신호로써 SOMI , SSIRX, SDO, DO 이름도 사용된다.
- **CSn(Chip Select-acvitve low)** : 마스터에 의한 슬레이브 선택용 제어신 호로써 SSIFss, SS(Slave Select), CS 등의 이름도 사용된다. CSn은 보통 active low 방식이지만 그 반대의 경우도 있다. 선택되지 않은 장치의 MISO 신호값은 하이임피던스 값을 유지한다.

이러한 SPI는 표준화기구를 통한 표준이 없는 사실표준(de facto standard)이므로 제조회사별로 다양한 변형이 존재한다.

즉, 전송 단위(워드)의 길이도 상이하고 LSB부터 먼저 송신하거나 MSB부터 먼저 송신하는 등 통신절차도 상이하며 핀 이름도 다르다. 어떤 장치는 송신전용기능 또는 수신 전용 기능만 갖추기도 한다. 심지어 Chip select 신호선도 active-high 또는 active-low이다.

일부 SPI 칩은 slave와 master간 흐름 제어를 위한 신호선을 추가하여 5wire를 사용하는 변형도 있다. 이것은 마스터가 저속 처리하는 슬레이브에게 연속된 여러 바이트로 구성된 메시지를 전송할 때 슬레이브가 '잠깐 쉬었다 보내'라고 지시하는 경우에 사용된다. 물론 이런 신호가 필요할 때도 있지만 대부분의 경우 송신측이 미리 알아서 소프트웨어적으로 지연시켜 전송하는 것으로 해결한다.

또한 일부 변형된 칩은 MOSI 및 MISO 핀을 하나의 data line(SI/SO)로 통합한 "3-Wire" 방식을 지원하기도 한다. 일부는 두 장치간 연결에만 사용할 경우 Slave Select(SS) 선을 제거하여 이것을 3-Wire 방식이라고도 부른다.

---

[2] 참고로 제조회사별로 상이한 이름을 가지기도 한다. 참고로 입력 또는 출력 데이터 핀만 가지는 경우에는 3-wire로 동작한다.

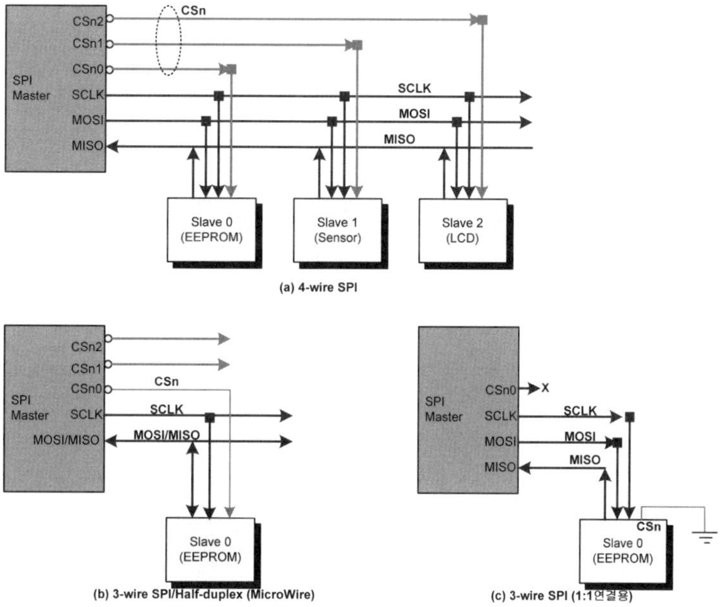

<그림 10.1> SPI 버스의 종류

10.2 SPI 버스의 구성

여러 개의 SPI 장치를 연결 시 다음과 같은 2가지 구성 방법이 있다.

- 개별적인 슬레이브 연결 구성
- 데이지 체인 연결 구성

(1) 개별적인 슬레이브 연결 구성

각 슬레이브별로 독립적인 CSn 선로를 사용하는 방법이다. 슬레이브의 MISO 핀은 다른 슬레이브와 함께 결선되므로 해당 핀은 tri-state 기능을 가져야 한다.

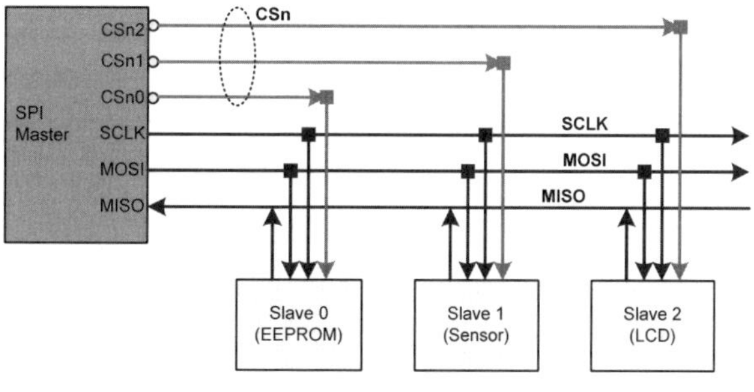

Independent Slave Configuration

<그림 10.2> Independent slave SPI 구성

(2) 데이지 체인 연결 구성

슬레이브의 MISO출력을 다음 슬레이브의 MOSI입력에 연결되도록 하는 방식이다.

예를 들어 3개의 슬레이브가 연결되어 있다면 마스터는 마지막 슬레이브에 대한 데이터부터 송신한다. 경로상의 슬레이브는 입력되는 데이터를 다음 슬레이브로 시프트한다. 결과적으로 마지막 싸이클에서 3개의 슬레이브 모두에게 해당 데이터가 전달될 수 있다. 이렇게 함으로써 한 개의 SS 선로만 사용하여도 여러 개의 slave에 대한 데이터를 전달할 수 있다.

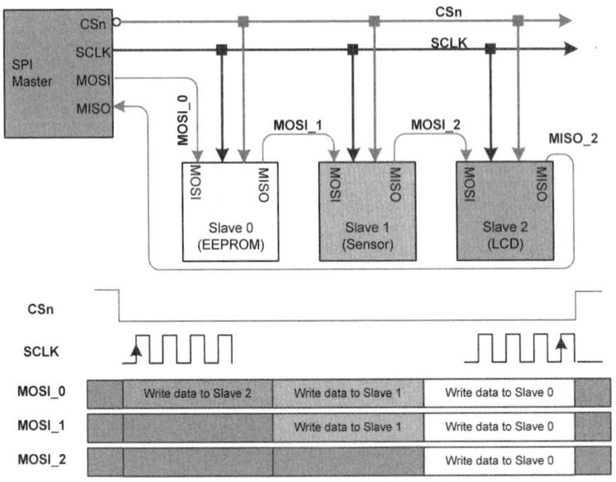

(b) Daisy-chained Configuration

<그림 10.3> Daisy-chained SPI 버스 구성과 동작

10.3 SPI 동작 절차

(1) 기본 절차

SPI버스는 하나의 master노드와 여러 개의 slave 노드가 접속된다. 만약 slave노드가 하나만 사용될 경우 이 슬레이브 노드의 SSn 신호선 입력값을 low로 고정시켜도 된다[3].

2개 이상의 slave 가 버스상에 접속될 경우 각 슬레이브 마다 독립적인 SSn 신호선이 마스터와 연결되어야 한다.

대부분의 slave는 자신이 선택되지 않았을 경우 MISO 데이터 선로 상태를 high impedance ("disconnected")로 설정한다. Tri-state 출력을 지원하지 않는 장치는 SPI 버스를 다른 장치와 공유할 수 없으므로 마스터와는 1:1로 연결되어야 한다.

[3] 물론 SS=falling edge 신호를 감지해야 하는 Maxim MAX1242 ADC과 같은 칩도 있다.

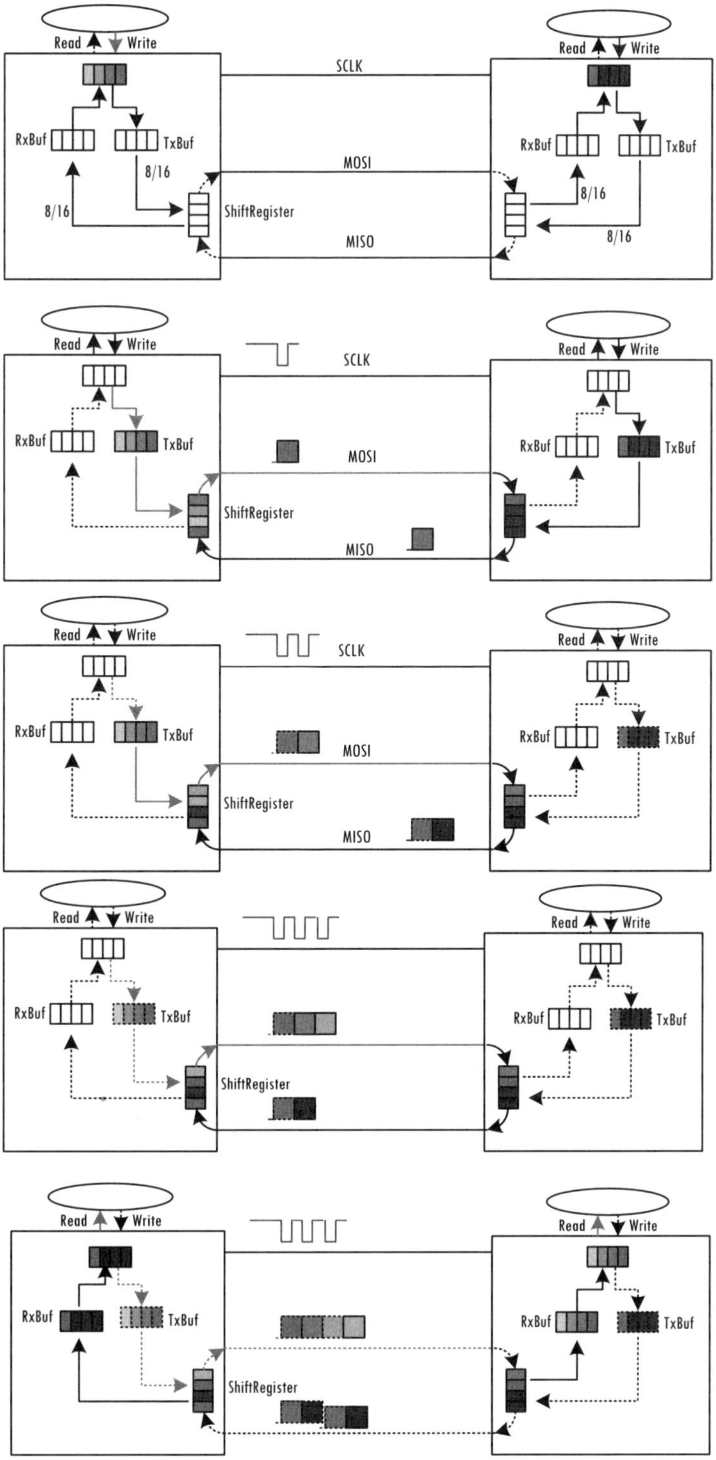

<그림 10.4> SPI 데이터 전송 과정

데이터 송신 절차는 다음과 같다.

참고로 SPI는 전송 단위로 1바이트 또는 2바이트의 길이를 가지는데 이것을 SPI 프레임이라고도 부른다.

① SIP 모듈 내부에 시프트 레지스터와 송수신용 버퍼가 있다.
② 마스터가 송신할 바이트를 TxBuffer에 Write하면 이것은 시프트 레지스터에 적재된다.
③ 마스터 : 선택할 슬레이브에 대한 ChipSelect(CSn) 신호를 Low로 인가한다[4].
④ 슬레이브: CSn 신호에 의해 자신의 송신 버퍼에 있던 바이트를 시프트 레지스터에 적재한다[5].
⑤ 마스터 : 이후 SCLK 클럭마다 MOSI를 통하여 한 비트씩 송신한다.
⑥ 슬레이브 : 역시 SCLK 클럭마다 자신의 시프트 레지스터의 내용을 한 비트씩 MISO를 통하여 송신한다.
⑦ 결과적으로 SCLK의 매 클럭마다 MOSI와 MISO 선로를 통하여 쌍방의 내용이 전송되는 전이중 데이터 송수신을 수행한다. 이러한 절차를 SPI의 double buffering 기능이라고 한다.
⑧ 일반적으로 전송 단위는 8비트이지만 12 또는 16비트 데이터도 사용되며 MSB부터 송신한다.
⑨ 필요 시 마스터는 전송 단위마다 지연이 필요한 경우 SCLK를 보내지 않으면 된다.
⑩ 송신이 완료되면 SCLK의 송신을 중지하고 CSn=H로 설정한다.

(2) 여러 개의 슬레이브가 있는 경우

분명히 MCU에는 SPI 모듈이 하나 밖에 없으므로 CSn(SS) 핀도 한 개 밖에 사용할 수 없다. 따라서 여러 개의 슬레이브를 제어하기 위해서는 SS 핀이 여러 개 있어야 할 텐데 어떻게 해야 할까? CSn 핀 제어를 SPI 모듈에 전담시키지 말고 CSn 기능을 별도의 여러 GPIO 핀으로 직접 제어하면 된다.

즉, SCLK, MOSI, MISO 핀은 모든 슬레이브에게 병렬로 연결한다. CS 핀의 역할은 프레임의 시작과 끝을 알려주는 것이므로 빠른 동작이 필요 없다. 별도의 GPIO 핀을 출력기능으로 설정하고, 이를 각 슬레이브의 CSn 입력 핀에 연결한다. 이후 프레임을 시작하기 전에 해당 모듈의 CSn=L로 설정하고, 프레임 전송이 완료되면 CSn=H로 복귀시킨다.

(3) SPI 전송 지연 방법

필요 시 마스터는 전송 단위마다 지연이 필요한 경우 SCLK를 보내지 않으면 된다. 이것은 마스터에 비해 슬레이브의 처리속도가 느리다는 것을 알고 있는 마스터가 적절히 자신의 송신량을 조절하는 것이다.

---

[4] 제조회사별로 CS 신호가 active low 또는 active high일 수 있다.
[5] 전송 단위는 한 바이트 또는 2 바이트로써 초기에 설정할 수 있다.

일부 SPI슬레이브 장치는 별도의 Busy 신호선을 사용하기도 한다.

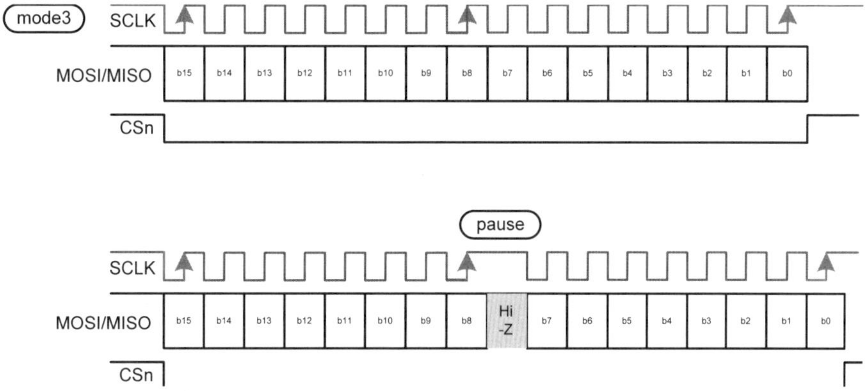

<그림 10.5> 전송 지연 동작

10.4 SPI의 4가지 동작 모드

SPI의 동작 시 SCK 클럭 파형의 {극성 CPOL(Clock Polarity), 위상(CPHA(Clock Phase)}의 조합에 따른 데이터 비트 의 송신 및 수신 샘플링 시점에 따라 다음과 같이 정의된다.

CPOL=0	SCK 클럭 신호의 기준 전위가 'L' 이다.	
CPOL=1	SCK 클럭 신호의 기준 전위가 'H' 이다.	
CPHA=0	data are sampled on the leading (first) clock edge	regardless of whether that clock edge is rising or falling.
CPHA=1	data are sampled on the trailing (second) clock edge	

이를 조합하여 다음과 같은 총 4가지의 동작 모드가 있다. 이것을 Freescale SPI 모드라고 하며 쌍방간에 동작 모드가 일치해야 한다.

- CPOL=0: SCK 클럭 신호의 기준 전위가 'L'이다.
  - CPHA=0: 수신 시에는 SCK의 상승 엣지에서 데이터 비트를 샘플링하고, 송신은 하강 엣지에서 개시된다 (모드 0).
  - CPHA=1: 수신 시에는 SCK의 하강 엣지에서 데이터 비트를 샘플링하고, 송신 시에는 상승 엣지에서 개시한다 (모드 1).
- CPOL=1 : SCK 클럭 신호의 기준전위가 'H'이다.
  - CPHA=0 : 수신 시에는 SCK의 하강 엣지에서 데이터 비트를 샘플링하고, 송신 시에는 상승 엣지에서 개시한다 (모드 2).
  - CPHA=1 : 수신 시에는 SCK의 상승 엣지에서 데이터 비트를 샘플링하고, 송신은 하강 엣지에서 개시된다 (모드 3).

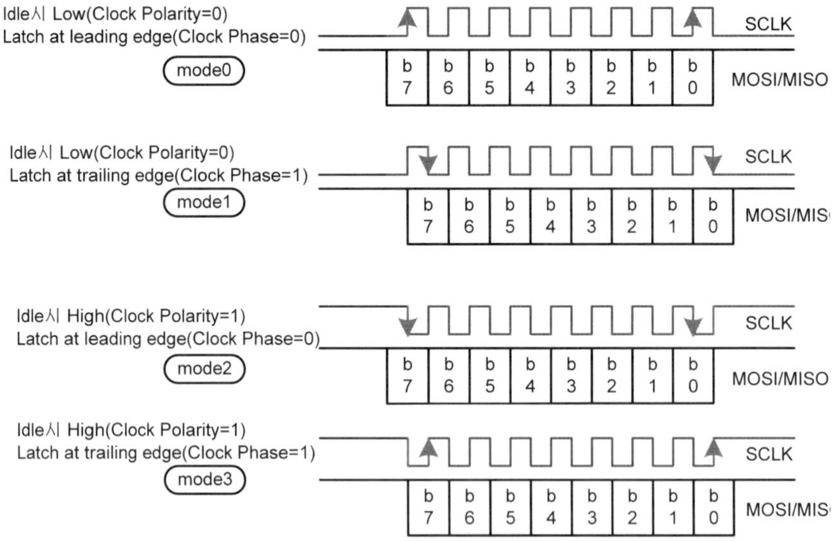

<그림 10.6> SPI 동작 모드의 종류

10.5 SPI 슬레이브 칩

SPI는 EEPROM, 오디오 코덱, 온도센서, LCD 디스플레이, 압력 센서, 특히 MicroSD 메모리 카드, 캐논사의 EF 렌즈 등의 주변장치 연결용으로 많이 사용된다. 일부 MCU의 경우 In-system programmable(ISP)용으로도 사용된다.

특히 전이중 통신 기능을 지원하므로 고속 전송이 필요한 디지털 카메라용 메모리인 MicroSD 메모리 카드 접속용으로 많이 사용된다.

[참고] SPI가 기본적으로는 전이중 전송 방식을 지원하지만 대부분의 경우 반이중 통신 방식으로 운영된다. 즉, 마스터가 슬레이브에게 제어 명령을 전송하면 이에 슬레이브가 응답하는 형태이다. 예를 들어 EEPROM의 경우 Read 명령에 대하여 결과 데이터를 응답한다.

(1) TC77 온도 센서

외부 온도를 SPI 방식으로 MCU에 전달하는 센서 칩이다. 이것은 내부의 온도센서의 값을 13비트 정밀도의 ADC를 수행한 결과 온도값을 2의 보수값을 가지는 13비트 직렬데이터로 변환하여 SPI를 통하여 Master에 보고한다. 마스터 입장에 대하여 읽혀지는 동작만 하므로 MISO 핀만 제공된다.

- SP I모드는 0이다.
- 전송 속도는 1Mbps이다.
- 16비트 모드로 동작한다.

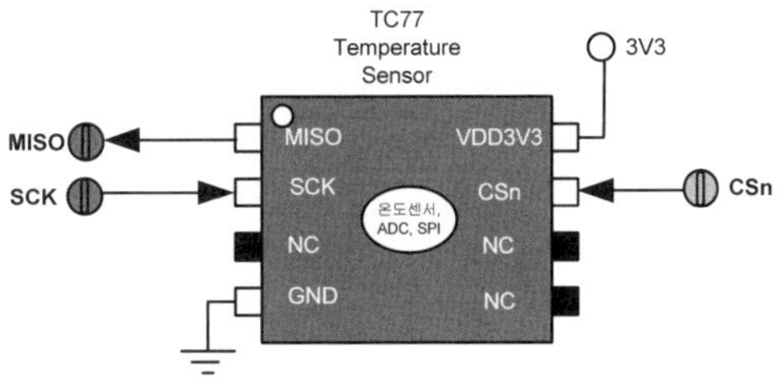

<그림 10.7> TC77 온도 센서

(2) SPI EEprom

많이 사용되는 SPI EEPROM에는 8Mbit의 M25P80과 Atmel사의 AT93C56B이 있다. 최대 64Mbit 크기의 SPI EEPROM이 있다. M25P80에서는 256바이트 단위를 page라고 부른다. 또한 256개의 page로 구성되는 영역을 sector라고 하는데 이 칩에는 총 16개의 sector, 즉 4096 page 또는 1,048,576 byte 메모리이다. READ 작업 시 SCK는 최대 40MHz가 가능하다.

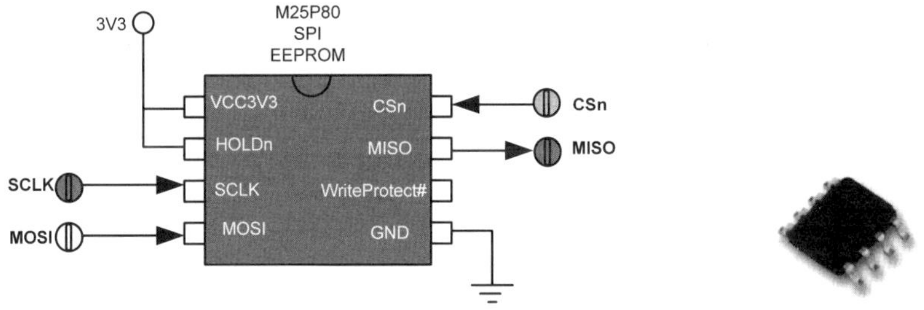

<그림 10.8> M25P80 SPI EEPROM

[참고] SPI용 EEPROM뿐만 아니라 I2C 방식의 직렬 EEPROM도 있다.

(3) TFT-LCD

128(H)*160(V)*16 해상도의 1.8인치 Full color TFT LCD 중에는 Graphic controller로 Sitronix사의 ST7735R 262K Color Single-Chip TFT Controller/Driver 칩을 장착한 것이 대표적이다. 이 칩은 8/16 비트 인터페이스뿐만 아니라 SPI 직렬인터페이스 기능도 제공한다.

(4) ADC

MCP3204는 SPI인터페이스를 제공하는 12비트 ADC이다.

(5) 10Mbps 이더넷

ENC28J60은 SPI 인터페이스를 제공하는 10Mbps 이더넷 칩이다. 외부에 25MHz 클럭이 추가되어야 한다.

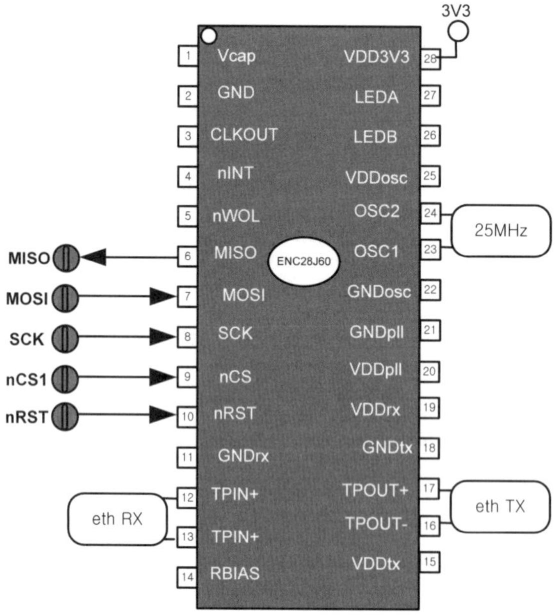

<그림 10.9> ENC28J60 SPI Ethernet Converter

10.6 SPI 마드터 모듈 설계

4개의 신호선에 대응하기 위하여 MISO, MOSI, SCLK 신호선은 모두 1-핀 포트를 사용한다. 반면에 비교적 저속으로 동작 가능한 chip select 신호(nCS1,2,3 등)는 여러 개가 필요하므로 4-핀 포트를 사용하도록 한다.

이러한 4개의 신호선을 제어하기 위하여 MISO, MOSI, SCLK 신호선은 하나의 전용 태스크인 spi_master()에서 처리하고, nCS 신호은 메인 태스크에서 직접 생성하도록 한다.

이를 위하여 해당 포트의 buffered기능과 SerDes 기능을 사용한다. 참고로 SPI에서는 UART와 달리 MSB부터 송신됨에 유의하여 설계해야 한다.

클럭은 100MHz의 기준 클럭에 대하여 16분주하여 6.25MHz로 작동하도록 한다. 각 buffered 포트에 대한 클럭을 위하여 2개의 클럭 블럭을 사용한다. SCLK용 클럭 버퍼인 clkblk1은 free running하도록 한다.

하지만 MOSI 및 MISO 포트에 대한 클럭은 모드 0과 2의 경우 MSB 데이터가 SCK보다 먼저 송신되어야 하므로 관련 클럭의 동작을 일시 중지시켜야 한다. 이를 위하여 clkblck2를 추가 사용한다.

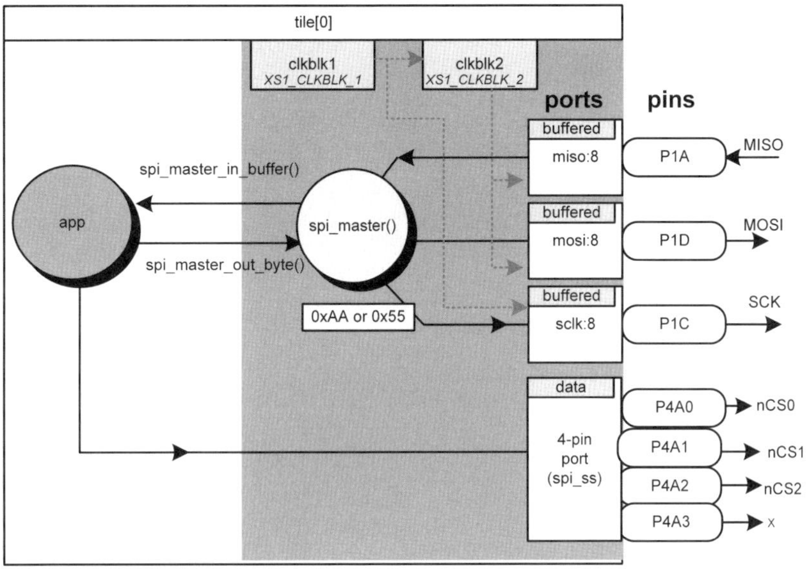

<그림 10.10> SPI Master 모듈 설계

10.7 SPI 마스터 모듈 프로그래밍

(1) 공통

```
// This software is freely distributable under a derivative of the
// University of Illinois/NCSA Open Source License posted in
// LICENSE.txt and at <http://github.xcore.com/>
// Copyright (c) 2011, XMOS Ltd., All rights reserved
// Modified by Arami
// SPI master
// SPI modes:
// +------+------+------+-----------+
// | Mode | CPOL | CPHA | Supported |
// +------+------+------+-----------+
// |  0   |  0   |  0   |    Yes    |
// |  1   |  0   |  1   |    Yes    |
// |  2   |  1   |  0   |    Yes    |
// |  3   |  1   |  1   |    Yes    |
// +------+------+------+-----------+

#include <xs1.h>
#include <xclib.h>
#include <print.h>
#include <platform.h>
#define DEFAULT_SPI_CLOCK_DIV 8   //8인 경우, 2*8, 즉 16분주된다.
#define SPI_MASTER_MODE 0

typedef struct spi_master_interface
{
    clock cblk1; //for miso and mosi
    clock cblk2; //for sclk
    out buffered port:8 mosi;
```

```
    // 실제 mosi 출력 핀은 1핀으로서 8비트 값을 출력 요청하면 해당 포트의
    // serializer기능에 의해 8클럭동안 출력됨.
     out buffered port:8 sclk8;
    // 실제 sclk 출력 핀은 1핀으로서 8비트 값을 출력 요청하면 해당 포트의
    // serializer 기능에 의해 8개의 클럭 신호를 출력함. (예) sclk=0xaa -> 10101010...
     in buffered port:8 miso;
} spi_master_interface;

unsigned sclk_val8; // SCLK를 생성하기 위한 32비트 길이 값.
                   // SCLK는 관련 SCLK 출력 핀으로 직렬화되어 송신된다.

// Configure ports and clocks, clearing port buffers.
void spi_master_init(spi_master_interface &spi_if, int spi_clock_div)
{
    // configure ports and clock blocks
     configure_clock_rate(spi_if.cblk1, 100, spi_clock_div); //(100/ spi_clock_div)
#if SPI_MASTER_MODE == 0
    // clocked 포트의 출력은 항상 sclk 하강 엣지에서 수행되므로 정상 위상을 설정함.
     set_port_no_inv(spi_if.sclk8);
     configure_out_port(spi_if.sclk8, spi_if.cblk1, 0);
     sclk_val8 = 0x55; //01010101... // sclk의 출력 파형값을 미리 설정함(CPOL=0).
#elif SPI_MASTER_MODE == 1
    // clocked 포트의 출력이 sclk의 상승 엣지에 수행될 수 있도록 반전시킴.
     set_port_inv(spi_if.sclk8);
     configure_out_port(spi_if.sclk8, spi_if.cblk1, 1);
     sclk_val8 = 0xAA; //10101010.... // 실제 sclk의 출력 파형값을 미리 설정함(CPOL=1).
#elif SPI_MASTER_MODE == 2
     set_port_inv(spi_if.sclk8);   // 반전시킴
     configure_out_port(spi_if.sclk8, spi_if.cblk1, 0);
     sclk_val8 = 0x55; //(CPOL=0)
#elif SPI_MASTER_MODE == 3
     set_port_no_inv(spi_if.sclk8);
     configure_out_port(spi_if.sclk8, spi_if.cblk1, 1);
     sclk_val8 = 0xAA; (CPOL=1)
#else
     #error "Unrecognised SPI mode."
#endif

     configure_clock_src(spi_if.cblk2, spi_if.sclk8); // cblk2의 클럭 소스를 sclk로 설정함.
    // mosi 및 miso 포트용 클럭은 cblk2가 공급함.
     configure_out_port(spi_if.mosi, spi_if.cblk2, 0);
     configure_in_port(spi_if.miso, spi_if.cblk2);

     clearbuf(spi_if.mosi);
     clearbuf(spi_if.sclk8);

     start_clock(spi_if.cblk1);
     start_clock(spi_if.cblk2);
}

//Receive one byte value(1 bytes)
static inline unsigned char spi_master_in_byte_internal(spi_master_interface &spi_if)
{
     // MSB-first bit order - SPI standard
     unsigned x;
     clearbuf(spi_if.miso);
     // 8비트의 SCLK 비트 패턴(4클럭 주기)을 sclk8포트(single pin port)로 출력한다.
     spi_if.sclk8 <: sclk_val8;
     // slave는 4비트의 데이터를 송신한다. master는 이것을 FIFO에 저장한다.
     // 8비트의 SCLK 비트 패턴(4클럭 주기)을 sclk8 포트(single pin port)로 추가 출력한다.
```

```
    spi_if.sclk8 <: sclk_val8;
    // slave는 나머지 4비트를 송신한다. master는 이것을 FIFO에 저장한다.
    sync(spi_if.sclk8);
    spi_if.miso :> x;            // FIFO에 버퍼링 되어 있는 miso 입력값을 read한다.
    return bitrev(x) >> 24;  // MSB부터 수신되었으므로 비트 위치를 반전.
}

// 1바이트 read 함수
unsigned char spi_master_in_byte(spi_master_interface &spi_if)
{
    return spi_master_in_byte_internal(spi_if);
}

// 2 byte read 함수
unsigned short spi_master_in_short(spi_master_interface &spi_if)
{
    // big endian byte order
    unsigned short data = 0;
    data |= (spi_master_in_byte_internal(spi_if) << 8);
    data |= spi_master_in_byte_internal(spi_if);
    return data;
}

//Receive one word value(4 bytes)
unsigned int spi_master_in_word(spi_master_interface &spi_if)
{
    // big endian byte order
    unsigned int data = 0;
    data |= (spi_master_in_byte_internal(spi_if) << 24);
    data |= (spi_master_in_byte_internal(spi_if) << 16);
    data |= (spi_master_in_byte_internal(spi_if) << 8);
    data |= spi_master_in_byte_internal(spi_if);
    return data;
}

#pragma unsafe arrays
// buffer에 num_bytes 길이만큼 읽어 반환함.
void spi_master_in_buffer(spi_master_interface &spi_if, unsigned char buffer[], int num_bytes)
{
    for (int i = 0; i < num_bytes; i++)
    {
        buffer[i] = spi_master_in_byte_internal(spi_if);
    }
}
```

(2) 송신 함수

모드 0과 2의 경우, SCK에 동기된 MOSI 핀에 대하여 SCK가 송신되지 전에 미리 MOSI 핀으로 MSB가 출력되어야 한다. 그런데 MOSI용 포트는 buffered 포트로 설정되어 있으므로 SCK가 들어오기 전에는 출력할 수 없다.

따라서 이 MOSI 포트를 buffered 포트에서 일반 포트로 잠시 변환시켜 MSB 비트를 송신한 후 SCK에 동기된 buffered 포트로 복원시키도록 한다. 이 과정에서 해당 클럭 블럭인 clkblk2도 재기동 시켜야 한다. 이러한 전환 작업에 적합한 라이브러리 함수가 없으므로 in-line assembly를 추가 사용한다.

```
//1바이트 데이터를 MOSI 포트로 송신함.
static inline void spi_master_out_byte_internal(spi_master_interface &spi_if, unsigned char data)
{
    // MSb-first bit order - SPI standard
    unsigned x = bitrev(data) >> 24;   // 하위 8비트 값의 MSB부터 송신하도록 설정함.

#if (SPI_MASTER_MODE == 0 || SPI_MASTER_MODE == 2)
    // clock 신호가 변화하기 이전에 미리 mosi 포트로 MSB가 출력되어야 하므로
    // 다음과 같이 in-line assembly를 사용한다.
    // handle first bit
    asm("setc res[%0], 8" :: "r"(spi_if.mosi)); // reset port to make not the buffered port
    spi_if.mosi <: x;                            // output the first bit (MSB)
    asm("setc res[%0], 8" :: "r"(spi_if.mosi)); // reset port to make restore to buffered port.
    asm("setc res[%0], 0x200f" :: "r"(spi_if.mosi)); // set to buffered port
    asm("settw res[%0], %1" :: "r"(spi_if.mosi), "r"(32)); // set transfer width to 32. "8로 해도 됨".

    stop_clock(spi_if.cblk2);
    configure_clock_src(spi_if.cblk2, spi_if.sclk8);
    configure_out_port(spi_if.mosi, spi_if.cblk2, x);
    start_clock(spi_if.cblk2);    // sck에 동기된 mosi용 클럭을 재 기동함.

   // 이후 나머지 비트들(7비트)를 mosi용 포트 버퍼에 전달함.
    spi_if.mosi <: (x >> 1);
#else
    spi_if.mosi <: x;   // 모드 1,3의 경우. SCK의 하강 엣지에서 MSOI 데이터가 출력됨.
#endif

    // 버퍼링 되었던 7(모드0과 2)/또는 8(모드 1과 3)비트가 클럭에 동기되어 출력됨.
    spi_if.sclk8 <: sclk_val8;
    spi_if.sclk8 <: sclk_val8;

    sync(spi_if.sclk8);

    spi_if.miso :> void; // 전송 과정에서 상대방으로부터 miso 핀으로 입력되는 것은 폐기함.
} void spi_master_out_byte(spi_master_interface &spi_if, unsigned char data)
{
    spi_master_out_byte_internal(spi_if, data);
}

//2 바이트 송신
void spi_master_out_short(spi_master_interface &spi_if, unsigned short data)
{
    // big endian byte order
    spi_master_out_byte_internal(spi_if,(data >> 8) & 0xFF);
    spi_master_out_byte_internal(spi_if, data & 0xFF);
}
//4바이트 송신
void spi_master_out_word(spi_master_interface &spi_if, unsigned int data)
{
    // big endian byte order
    spi_master_out_byte_internal(spi_if, (data >> 24) & 0xFF);
    spi_master_out_byte_internal(spi_if, (data >> 16) & 0xFF);
    spi_master_out_byte_internal(spi_if, (data >> 8) & 0xFF);
    spi_master_out_byte_internal(spi_if, data & 0xFF);
}

// 임의의 바이트 열 송신
#pragma unsafe arrays
void spi_master_out_buffer(spi_master_interface &spi_if, const unsigned char buffer[], int num_bytes)
{
```

```
    for (int i = 0; i < num_bytes; i++)
    {
        spi_master_out_byte_internal(spi_if, buffer[i]);
    }
}

```

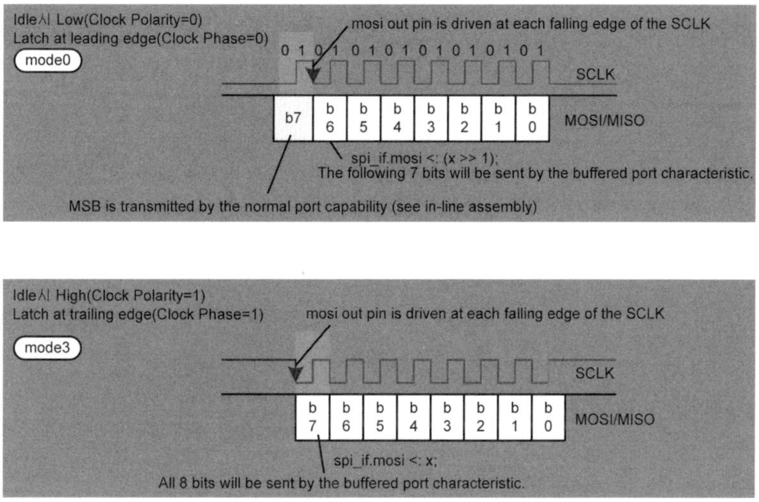

<그림 10.11> 동작 모드에 따른 데이터 및 클럭 생성 방법

10.8 SPI 보드 설계

다음과 같이 SPI 지원 슬레이브 소자를 하나의 보드에 통합한 보드를 설계한다. 이들은 모두 하나의 SPI 버스에 멀티드롭 되도록 한다.

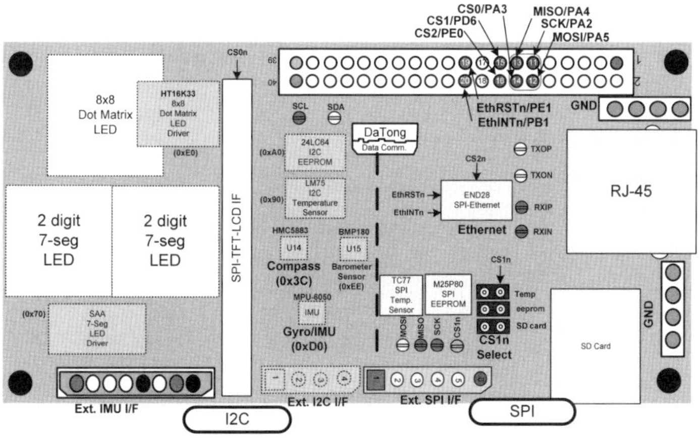

<그림 10.12> SPI 지원 보드의 구조

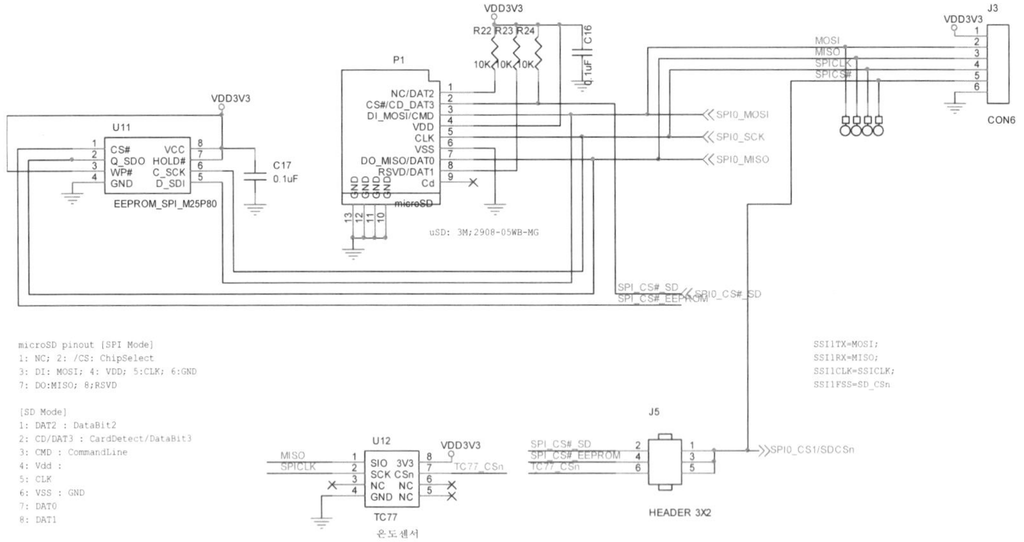

<그림 10.13> SPI 지원 보드의 회로도

10.9 app_spi_tc77_master 프로그래밍

(1) 설계 목적

SPI 인터페이스를 제공하는 온도 센서인 TC77 슬레이브에 대하여 온도값을 읽어 오는 기능을 spi_master 모듈을 활용하여 설계한다. TC77은 다음과 같이 2바이트의 온도값을 SPI로 전달한다. 이때 16비트 데이터에서 선두 13비트값만 유효한 온도값을 표현하며 나머지 3비트는 '111'의 고정값을 갖는다.

온도값은 2의 보수 형태로 표현 된다. 노란색 부분(MSB)은 부호이고, 8비트(2~9bit)는 정수 부분, 4비트 부분(10~13bit)은 소수 부분, 빨간색 부분(14~16bit)은 온도와는 상관없이 항상 111을 보내는 부분이다.

온도	(MSB)	binary		(LSB)	hex
+125	0	011 1110 1	000 0	111	0x3e87
+25	0	000 1100 1	000 0	111	0x0b87
+0.0625	0	000 0000 0	000 1	111	0x000f
0	0	000 0000 0	000 0	111	0x0007
-0.0625	1	111 1111 1	111 1	111	0xffff
-25	1	111 0011 1	000 0	111	0xf387
-55	1	110 0100 1	000 0	111	0xe487

[참고] xC 파일 내에서는 floating point 연산이 불가능하다. 대신에 *.c 파일에서는 가능하다.

(2) 구성

SPI 마스터 기능은 다음과 같이 설계한다.

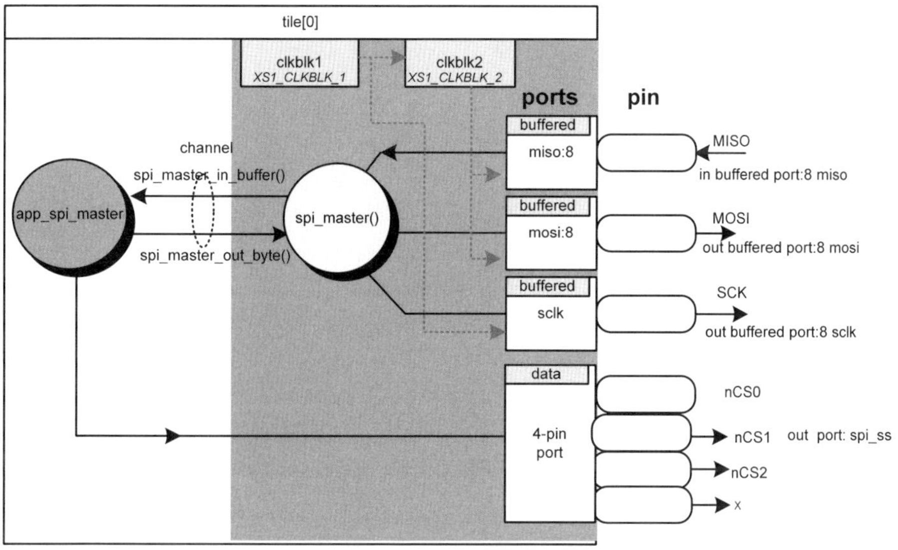

<그림 10.14>SPI Master 모듈의 구성

(3) 프로그래밍

```
// SPI master demo for accessing an external TC77 Temperature sensor.
//Arami.
#include <xs1.h>
#include <stdio.h>
//#include <float.h>

spi_master_interface spi_if =
{
    XS1_CLKBLK_1,
    XS1_CLKBLK_2,
    PORT_SPI_MOSI,
    PORT_SPI_CLK,
    PORT_SPI_MISO
};

out port spi_ss = PORT_SPI_SS; // Single select line, not part of SPI master API

static inline void slave_select()
{
    spi_ss <: 0; // nCS=Low
}

static inline void slave_deselect()
{
    spi_ss <: 1; // nCS=High
}
```

```
#define SLAVE_DESELECT_TIME 5

void slave_inter_select_delay()
{
      unsigned int time;
      timer t;
      // Delay before issuing another instruction
      t :> time;
      time += SLAVE_DESELECT_TIME;
      t when timerafter(time) :> void;
}

#define POS 0
#define NEG 0xFF

void read_temp (spi_master_interface &spi_if)
{
unsigned char tempdata[2];
unsigned short temps;
unsigned tempInt;
unsigned tempFrac;
unsigned char sign = POS;
// float tempf;
// Read from tc77
printstr("Read temp from tc77... ");
slave_inter_select_delay();
slave_select();
  spi_master_in_buffer(spi_if, tempdata,2); // Read 2 bytes
  //spi_master_in_short(spi_if);
slave_deselect();
  temps =(tempdata[0] << 8) + tempdata[1];
  temps >> 3; //remove the last 3 bits.
if(temps   & 0x1000) { //below 0 degree
        temps = 8192- temps;
                sign = NEG;
}

  //tempf = temps * 0.0625; //floating point
  tempInt = temps >> 4; //Int
  tempFrac = (temps & 0xf)   * 625;
  if(sign == NEG)
     printf("Temperature   =   (-)%d.%04d degree\n", tempInt, tempFrac);
  else
     printf("Temperature   = (+)%d.%04d degree\n", tempInt, tempFrac);
}

int main(void)
{
      printstr("Get Temp from TC77 in SPI mode ");
      printstr("with SPI frequency ");
      printint((100/(2*DEFAULT_SPI_CLOCK_DIV)));
      printstrln("MHz");

      spi_master_init(spi_if, DEFAULT_SPI_CLOCK_DIV);
      slave_deselect(); // nCS=HIGH. Ensure slave select is in correct start state

    slave_inter_select_delay();
    while(1){
      read_temp (spi_if);
    }
    return 0;
}
```

제 11 장 Hello I2C

2개의 신호선을 사용하는 단거리 동기식 직렬 전송 방식인 I2C(Inter-IC Communication) 전송 방식은 스마트폰 등의 임베디드 시스템 내부의 모듈간 연결 시 많이 사용된다. 예를 들어 볼륨 up/down 버튼을 눌렀을 때 이를 감지한 프로세서가 I2C로 연결된 오디오 코덱에게 해당 볼륨 제어 신호를 전달할 때 사용된다. 또한 EEPROM에 데이터를 기록하거나 읽을 때에도 사용된다.

본 장에서는 마스터 기능을 I2C 마스터 모듈을 설계하고 I2C 인터페이스를 가진 슬레이브인 다양한 센서 및 LED 드라이버를 연결하는 회로 설계 및 프로그램 설계를 수행한다.

11.1 I2C 버스

I2C 버스는 데이터와 클럭용을 분리된 2가닥 선로를 통해 반이중 통신을 제공하는 단거리 동기식 직렬 전송 방식이다[1] . 이것은 직렬 방식의 메모리(serial EEPROM), LCD 장치, 오디오 코덱 , 온도 센서, 기압 센서, 자이로 센서, 나침반 센서 등과 같은 다양한 외부 디바이스 연결용으로 사용된다. 일반 속도(100 Kbps)와 고속(400 Kbps) 등 2 종류의 전송 속도를 지원한다.
I2C 버스는 다음과 특징을 가지고 있다.

- 클럭용(SCL)과 데이터용(SDA) 선로를 각각 사용한다. 즉, I2C는 클럭 라인을 별도로 사용하는 동기식(synchronous) 직렬데이터 버스 방식이다. 이 버스는 여러 개의 장치가 공유한다.
- I2C 버스상의 장치는 마스터와 슬레이브 장치로 구분된다. 여러 개의 마스터가 존재할 수 있다.
- 마스터는 버스 사용권을 관리하고 SCL 클럭을 버스상에 공급한다. 버스는 1K~10K옴 저항을 경유하여 공급 전원에 pull-up되어 있다.
- 7비트의 슬레이브 주소를 사용하며, 각 바이트별 ACK 비트가 사용된다.

1 그라운드(GND) 선로를 공유하지 않는 경우 별도의 GND 선로가 쌍방간에 연결되어야 하므로 실제로는 3-Wire 버스이다.

11.2 I2C 시스템의 구성

전형적인 I2C시스템 구성은 <그림 11.1>과 같다. 여기서 사용되는 2가닥의 선로의 용도는 다음과 같다.

- SDA(Serial Data) : 양방향 직렬 데이터 라인.
- SCL(Serial Clock) : 양방향 데이터와 동기된 클럭 라인.

각 장치의 SDA와 SCL 핀은 모두 open-drain(또는 open-collector) 방식으로 구현된다. 따라서 이들을 연결하는 I2C 버스는 모두 1K~10K옴의 저항을 3.3V~5V에 연결하여 풀업시켜 idle 상태에서는 SCL과 SDA 모두 High값을 가지도록 한다. 하나의 I2C모듈은 독립적으로 동작하는 master와 slave 기능부의 조합으로 구성된다.

일반적인 마스터 슬레이브 장치 외에 부가적인 장치도 있다. I2C Hub 장치는 거리 연장 및 동작 전압 정합용으로 사용된다. 그리고 I2C Multiplexer는 동일한 주소를 가진 슬레이브를 추가 설치해야 할 경우에 사용된다.

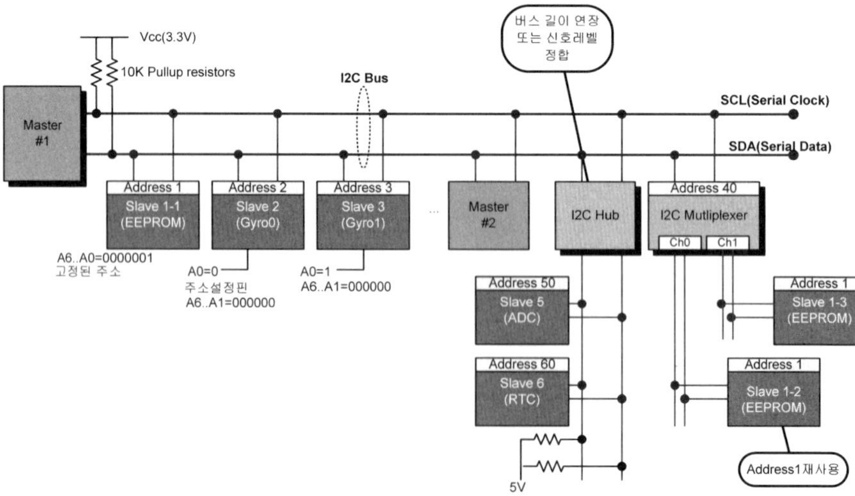

<그림 11.1> I2C 버스 시스템의 구성

11.3 I2C 신호 방식

Idle 시 버스는 High 신호 상태로 유지된다. 이후 데이터 '1'을 송신할 경우 High 신호 상태를 표출하고 '0'을 송신할 경우 Low 신호 상태로 천이한다.

Open Collector 로직을 사용하는 I2C 버스 특성상 만약 버스상에 노드A가 비트'1'을 송신하고 노드 B가 비트'0'를 동시에 송신하였다면, 실제 버스상에는 비트 '0'이 표출된다. 따라서 비트'1'(High)을 열성 비트라고 하는 반면 Logic '0'(Low)를 우성 비트라고 한다.

버스 상 신호 상태	논리 값	의미
High	Logic 1	열성. Idle 상태
Low	Logic 0	우성.

11.4 I2C 메시지의 구성

I2C 메시지는 크게 한 바이트의 {주소 영역 | R/nW}과 한 바이트 이상의 데이터 영역으로 구성된다.

- **주소 영역과 R/W 비트 :** 각 노드는 중복되지 않는 7비트 길이의 주소가 할당된다. 슬레이브의 경우 하드웨어적으로 고정된 주소값을 가지는데 일부 칩은 주소의 끝자리 비트들을 외부에서 설정할 수 있다[2]. 7비트의 주소영역에 이어 슬레이브에 대한 Read 또는 Write 동작을 지시하는 R/nW 비트가 이어진다.
- **데이터 영역 :** 주소 영역에 이어지는 데이터 영역은 1바이트 이상의 길이를 가지며, 슬레이브 장치별로 다양한 내용으로 구성된다. 예를 들어 EEPROM에 대하여 특정 번지에 한 바이트의 내용을 쓰기 동작을 한다면 데이터 영역은 {Write Command, 주소값, EEPROM 데이터}로 구성된 총 3바이트의 데이터가 송신되어야 할 것이다.

특히, I2C 주소는 7비트로 구성되지만 실제 전송될 경우 가장 먼저 전송되고 마지막 비트에 R/nW 비트가 추가된다.

- **R/Wn = 0** : 마스터가 특정 슬레이브에게 데이터를 write(send)할 때이다. 즉, 전송동작(send, Write)임을 표시한다.
- **R/Wn = 1** : 마스터가 슬레이브로부터 데이터를 수신(Read)할 때 사용된다. 즉, 슬레이브로부터 마스터가 데이타를 수신하겠다는 것을 지시한다.

예를 들어 '1110000(0x70)'인 7비트의 슬레이브 주소에 대하여 R/nW 비트값에 따라 버스상에 표출되는 8비트의 영역은 다음과 같이 표출된다.

- **Read** : '11100001'. 즉, 0xE1으로 표출된다.
- **Write** : '11100000'. 즉, 0xE0으로 표출된다.

따라서 일부에서는 I2C 주소를 위와 같이 2종류의 8비트 값으로 표현하기도 한다.

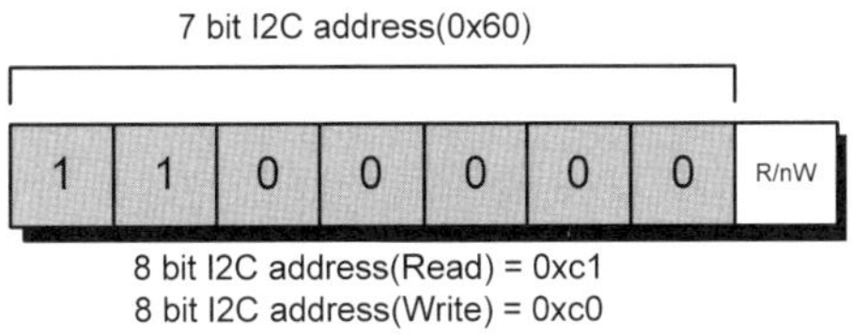

<그림 11.2> I2C 주소의 예

[2] 만약 동일한 주소를 가진 슬레이브를 추가 설치해야 할 경우에는 I2C Multiplexer를 사용해야 한다.

11.5 기본 동작 절차

I2C 메시지는 항상 Start 비트로 시작하고 마지막의 Stop 비트로 마감된다. 각 8비트의 데이터는 MSB부터 전송된다. 그리고 I2C에서 여러 바이트가 연속된 메시지를 전송할 때 각 바이트별로 수신측으로부터의 응답 비트가 수신되어야만 그 다음 바이트의 전송이 가능하다. 이것은 가장 먼저 송신되는 주소 영역에 대해서도 적용된다.

- Start(S) 비트를 송신한다.
- 슬레이브 주소를 송신한다.
- 한 바이트의 주소 영역을 송신한 바이트를 송신한 마스터는 9번째 비트 기간 동안 버스를 release하여 버스상에 열성인 '1'이 표출되도록 한다.
- 이 과정에서 8번째 비트까지 정상적으로 수신한 수신측은 9번째 비트 영역의 SDA신호선 값을 우성인 '0'으로 설정함으로써 송신측에 대한 ACK를 표시한다. 이에 실제 SDA 신호선에는 '0'이 표출된다.
- 이를 감지한 송신측은 다음 바이트의 데이터 전송을 계속한다[3].
- 만약 데이터 바이트 수신을 실패한 수신측의 경우, ACK비트 응답 시점에서 SDA 대신에 SCL 클럭 신호선의 상태를 Low 상태로 hold한다. 이것은 우성 비트열이므로 송신측은 이것을 NAK로 판단하고 자신의 전송을 대기하는 대기 상태로 천이한다[4]. 이후 수신측이 SCL 신호선 값을 release하면 이를 감지한 송신측은 자신의 데이터 전송을 재개한다.
- 마지막으로 STOP(P) 비트를 송신한다.

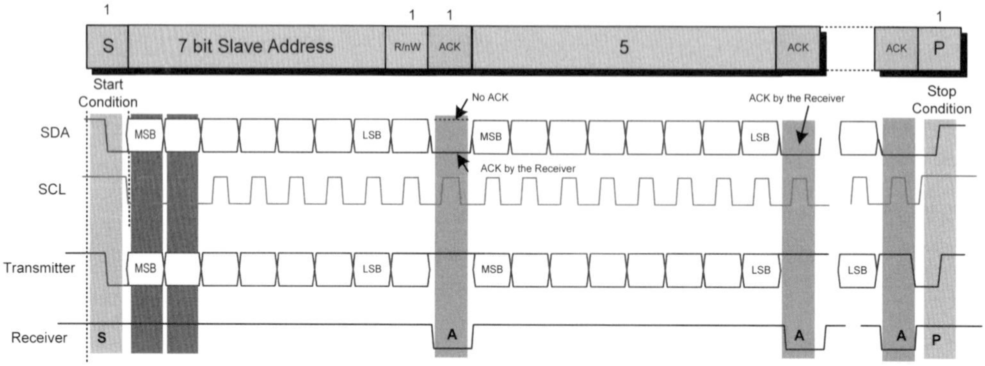

<그림 11.3> I2C 프레임 형식과 타이밍 도

상세한 신호 상태는 다음과 같다.

---

[3] 8비트의 데이터는 이후 수신측으로부터의 응답 비트를 기대하므로, 각 바이트는 9비트 단위로 전송된다고 할 수 있다.

[4] 즉 SCL을 마스터가 계속 송신하지만 Slave가 해당 SCL 선로값을 hold하게 되면 마스터 입장에서는 자신은 SCL을 계속 보내고 있는데 실제 버스상에는 0이 감지되므로 NAK임을 알 수 있다.)

a) Idle 상태

SDA와 SCL은 모두 Pull up 저항을 통하여 VCC에 연결되어 있으므로 모두 High 상태를 유지한다.

b) START 및 STOP 신호

I2C에서는 메시지의 송신을 개시(start)하고 종료(Stop)됨을 SDA와 SCL 신호선을 함께 조합하여 다음과 같이 사용한다.

- START신호: SCL = H인 동안, SDA 라인이 H서 L로 천이하는 경우
- STOP 신호 : SCL = H인 동안, SDA 라인이 L에서 H로 천이하는 경우

따라서 이들과 {주소, 데이터}를 구분하기 위하여 {주소, 데이터} 영역의 각 비트는 SCL=H인 기간 동안 SDA 값을 변화시키지 않는다. 즉, 주소 및 데이터 비트들은 오직 SCL=L일 때만 천이한다.

c) 슬레이브 주소 및 R/W 신호 전송 절차

송신측은 START 신호를 생성한 후 7비트의 수신측 주소 비트 열을 송신한다[5]. 이어 상대방에게 데이터를 송신(Write)할 것인지 또는 상대방으로 부터의 데이터 수신(Read)을 기대한다는 것인지를 지시하는 8번째 비트인 R/Wn 비트를 송신한다.

d) ACK 영역

한번에 전송할 수 있는 바이트 수는 제한이 없다. 각 바이트 전송이 완료되면 수신측으로부터의 ACK 비트를 기대한다.
ACK 비트는 수신측에서 발행하므로 마스터에 의한 Write와 Read 동작 시 다음과 같이 슬레이브 또는 마스터가 발행한다.

- 마스터에 의한 Write 데이터 구간 : 슬레이브가 발행한다.
- 마스터에 의한 Read 데이터 구간 : 마스터가 발행한다. 단, 마지막 데이터 바이트에 대해서는 NoACK한 후 Stop Condition을 발행하여 해당 트랜잭션이 완료되었음을 슬레이브에게 알린다.

이러한 ACK 과정 중에 마스터는 SCL를 연속 공급하고 있어야 한다. 다음은 ACK 과정에서 수행하는 송신측과 수신측의 동작이다.

- 송신측: ACK 비트 구간에서 SDA=H(열성 비트)를 송신함으로써 해당 SDA 선로 상태를 release한다.

[5] 주소 0은 방송형 주소이다.

- 수신측 : 각 바이트 수신완료시 SDA=0(우성 비트)를 버스상에 표출하여 ACK를 표시한다[6].
- 송신측 : SCL의 상승 엣지에서 감지된 SDA값이 L이면 ACK로 인식한다. 만약 SDA=H이면 STOP 신호를 발생하여 추가 전송을 중지한다.

e) 데이터 영역

주소 영역의 전송 시와 마찬가지로 데이터 영역의 각 바이트의 전송 시(주소 영역 포함) 수신측으로부터의 ACK 비트가 항상 사용된다. 데이터 바이트 열의 전송이 수행된 후 마스터가 생성하는 STOP 신호에 의해 마감된다[7].

대부분의 경우 데이터 영역은 slave에 대한 command, command에 대한 설정값 등으로 구성된다. 예를 들어 {볼륨 증가 명령어, 볼륨 값}으로 데이터 영역이 구성된다.

f) 마스터 No ACK(MNAK)

마스터에 의한 슬레이로부터의 Read 절차 시 마지막 바이트 읽기 동작까지는 Master가 슬레이브에게 ACK를 한다. 하지만 마스터가 마지막 바이트를 읽은 후에는 ACK 비트를 응답하지 않음으로써 더 이상 슬레이브가 송신하지 않도록 한다. 이어 마스터는 STOP (또는 START) 신호를 생성한다.

11.6 Repeat-Start 또는 Restart Condition

이것은 I2C 방식의 EEPROM이나 BMP180 대기압 센서와 같이 Write 동작에 이어지는 Read동작을 연속 수행할 때 사용된다.

즉, Write 동작 시 정상적인 Start condition 파형을 생성한 후 Write를 수행한다. 이어 Write 동작의 마지막에 Stop condition 신호를 생성하지 않고, 이어지는 Read 동작을 위하여 새로운 Start condition 신호를 생성한다. 이것을 Repeat Start 또는 Restart condition 신호라고 한다.

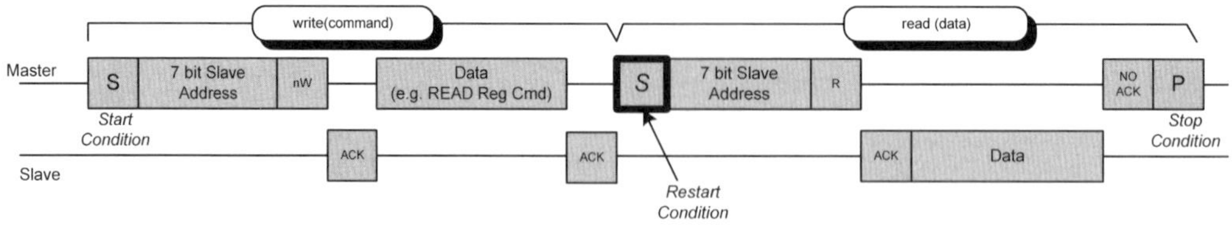

<그림 11.4> I2C Restart condition.

---

6 응답이 불가한 수신측은 현재의 SDA 선로 상태 = H에 대하여 반응하지 않는다. 이것을 감지한 마스터는 STOP 조건을 발생하여 전송을 취소한다.

7 하지만 master가 연속된 START 신호를 발생시켜 다른 slave에 대한 통신을 개시할 수 있다. 즉, STOP 신호를 생성하지 않고도 다른 slave를 addressing 할 수도 있다.

11.7 I2C의 동작

(1) 개요

대부분의 I2C 슬레이브 장치는 <그림 11.5>와 같이 내부에 여러개의 레지스터를 가지고 있다. 이 레지스터는 마스터가 설정하거나 온도값을 저장하는 등의 용도이다. 마스터는 해당 레지스터에 대하여 쓰기동작과 읽기동작을 모두 수행한다. 이를 위하여 다음과 같은 Write 및 Read 동작이 필요하다.

- Single Byte Write 동작
- 멀티 Byte 데이터 Write 동작
- Single Byte Read 동작
- Multi Byte Read 동작

이러한 작업 과정에서 슬레이브 또는 마스터는 상대방으로부터 수신된 바이트별로 ACK비트를 사용하여 응답한다.

<그림 11.6>은 여러 바이트에 대한 쓰기 및 읽기 동작에 대한 것이다.

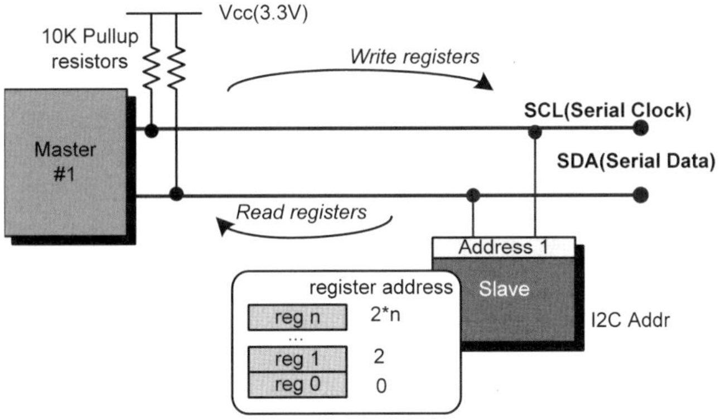

<그림 11.5> I2C의 동작 예

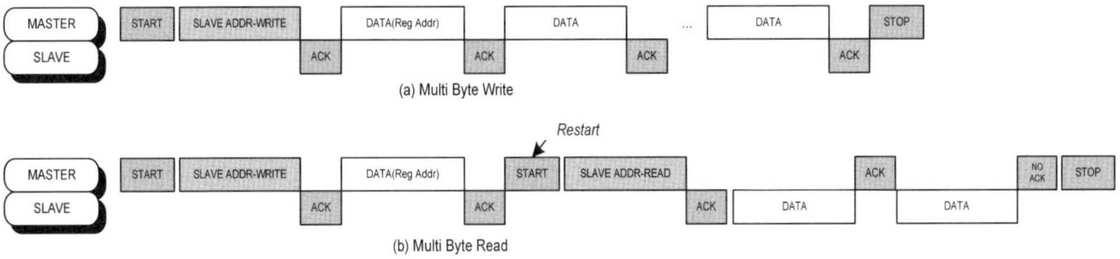

<그림 11.6> I2C의 쓰기 및 읽기 동작 과정

I2C 버스로 송수신되는 신호의 예는 <그림 11.7>과 같다.

a) 쓰기 동작에서 송신되는 하나의 완전한 i2c 메시지 파형이다.
b) 이 메시지의 선두 부분에서 start condition 파형을 확인할 수 있다.
c) 각 바이트에 대한 슬레이브 측의 ACK 비트 파형을 확인할 수 있다.
d) 메시지의 마지막 부분에서 stop condition 파형을 확인할 수 있다.

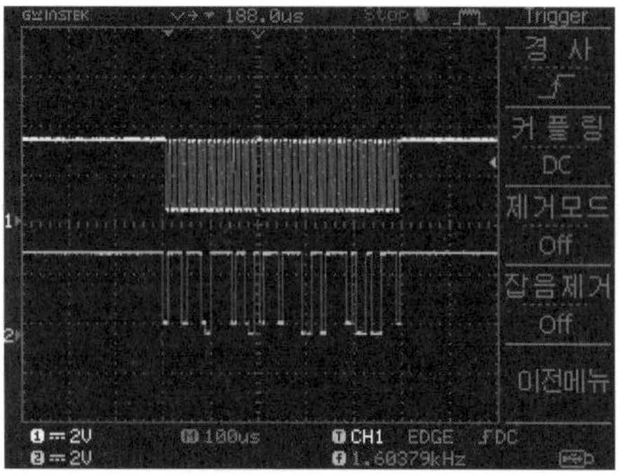

(a) i2c write 프레임

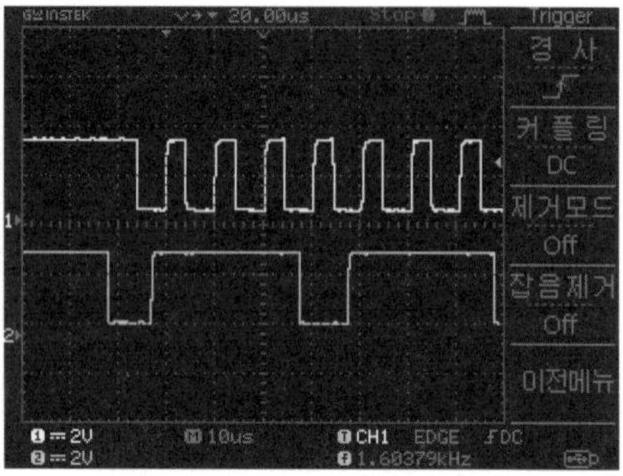

(b) Start Condition 신호

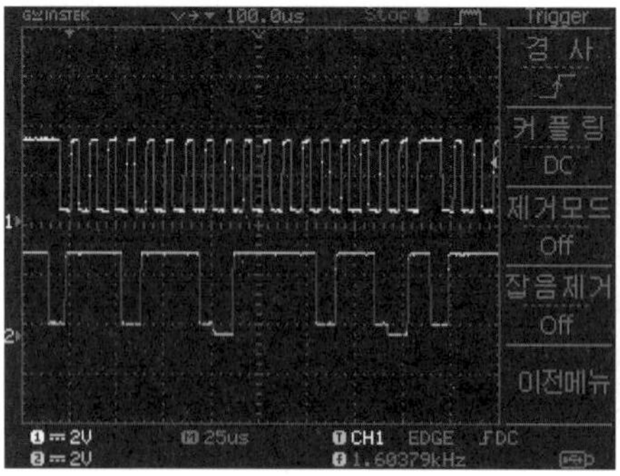

(c) Ack비트

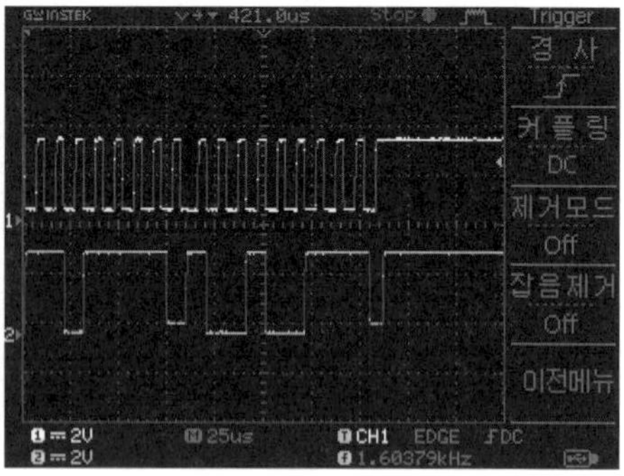

(d) Stop Condition 신호

<그림 11.7> 쓰기 동작 신호의 예

11.8 I2C 버스 지원 장치 및 회로

기본적인 I2C 기반의 마스터 및 슬레이브 외에 전송 거리를 연장시키거나 동일한 주소를 갖는 여러 개의 슬레이브 장치의 연결을 지원하는 칩은 다음과 같다.

(1) I2C 허브

I2C 버스의 길이를 연장용으로 사용되며 연장되는 버스에 접속되는 노드들의 주소는 다른 노드의 주소와 중복되지 않아야 한다.

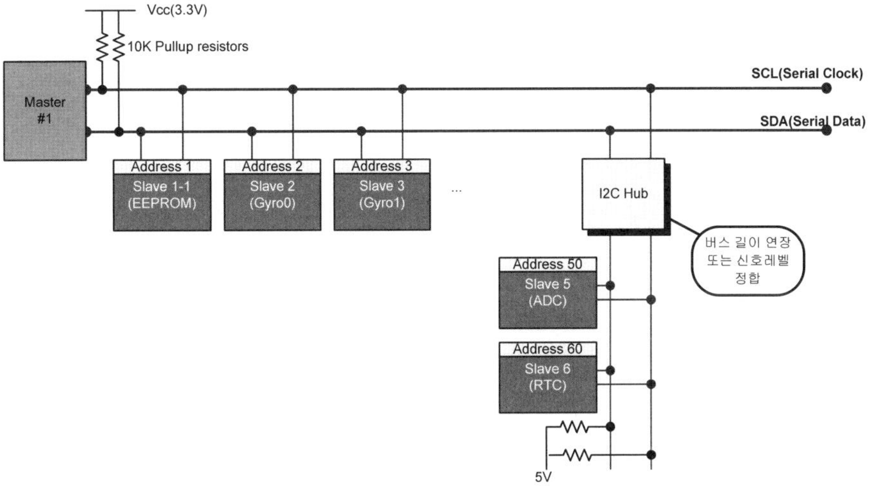

<그림 11.8> I2C 허브의 활용

(2) I2Cmultiplexer

동일한 I2C 주소를 사용하는 2개 이상의 I2C 슬레이브 장치를 동일한 버스상에 연결할 수는 없다. I2C multiplexer 장치는 이를 해결한다.

<그림 11.9>의 예를 보자. 동일한 I2C 주소를 사용하는 3개의 I2C EEPROM를 multiplexer 를 사용하여 설치한 것이다. 분명히 이들은 각각 독립된 I2C 버스상에 설치되어 있다.

여기서 I2Cmultiplexer는 주 마스터 노드에 대한 슬레이브로 동작한다. 동시에 자신이 거느리고 있는 노드들에 대한 마스터노드 역할을 수행하면서 자신에게 전달된 메시지를 해당 슬레이브 노드에 재 중계한다. 마치 proxy처럼 동작한다. 따라서 해당 슬레이브 노드의 주소는 주 버스에 접속된 노드의 주소를 재 사용할 수 있다.

<그림 11.9>의 예를 다시 보자. Master가 멀티플렉서의 채널0에 연결된 슬레이브 EEPROM(1-2)에 데이터 쓰기 동작을 한다고 하자.

이에 다음과 같이 동작한다.

① Master : I2C Multiplexer에게 "앞으로 내가 보내는 데이터는 모두 Ch0로 중계하라"는 제어 명령을 송신한다.
② 이에 Multiplexer는 입력 신호를 Channel 0로 출력시키도록 설정한다.
③ 이어 마스터가 해당 EEPROM 1-2에게 데이터 형태로 "Slave Address | Write" 및 관련 데이터를 송신한다.
④ Multiplexer는 이를 중계한다.

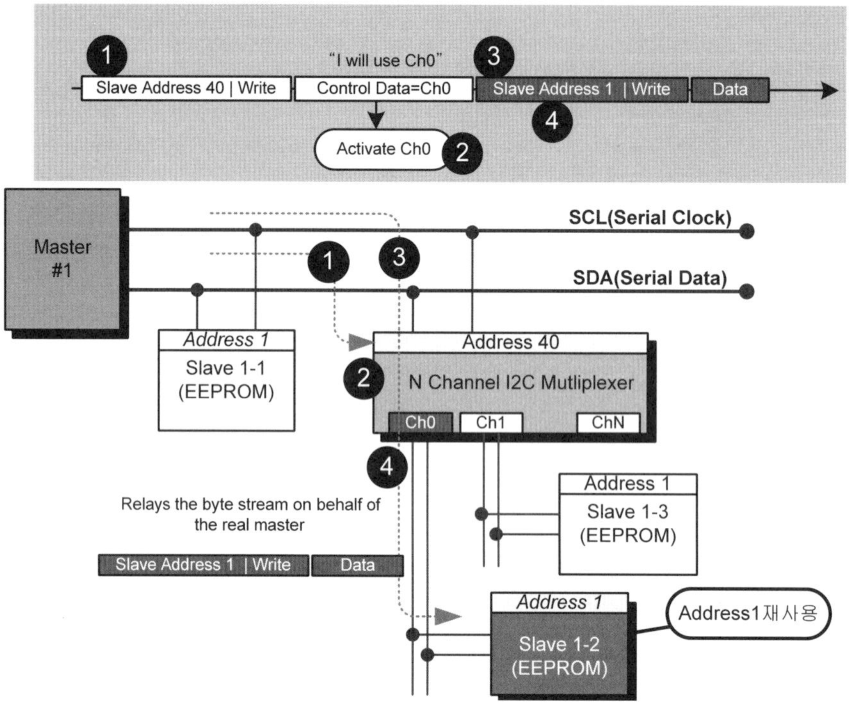

<그림 11.9> I2C 멀티플렉서의 활용

(3) 레벨 변환 회로

일부 슬레이브 장치는 5V의 I2C인터페이스를 제공하므로 기본적인 3.3V I2C 버스와의 접속을 위한 양방향 레벨 변환 회로를 구성해야 한다. 이것은 전용 레벨 변환 칩이나 BSS138 N-MOSFET를 사용하여 구성할 수 있다.

<그림 11.10>은 BSS138을 이용한 I2C 버스를 위한 양방향 레벨 변환 회로이다.

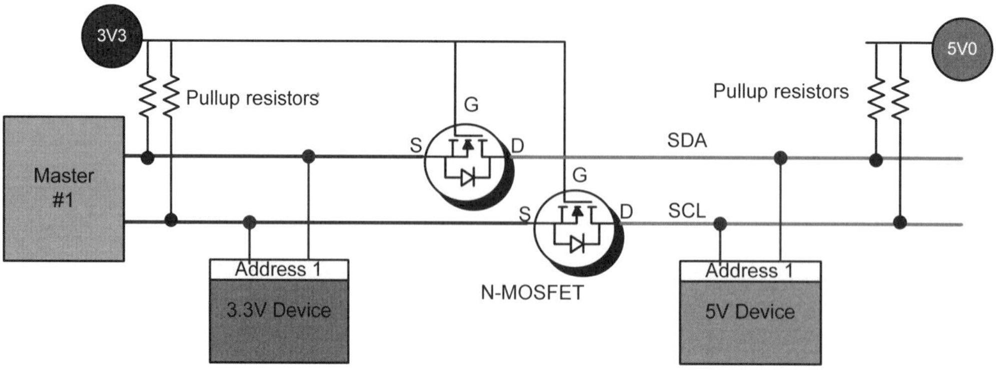

<그림 11.10> I2C용 양방향 레벨 변환 회로

11.9 I2C의 활용

(1) Serial I2C EEPROM

64K비트 EEPROM인 24LC64, 1Mbit의 M24M01, 1K비트의 AT24WC16/1024 EEPROM 등은 모두 I2C방식의 직렬 EEPROM이다.

<그림 11.11>과 같은 24LC64 메모리 칩은 64Kbit EEPROM이다. 이것은 1 또는 2바이트의 쓰기 및 읽기 동작을 최대 400Kbps로 지원한다.

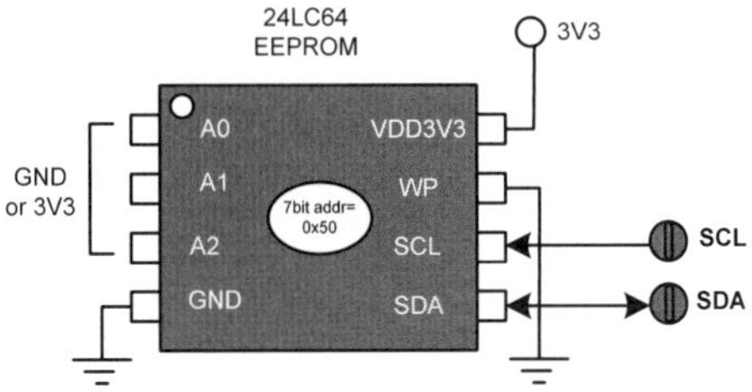

<그림 11.11> 24LC64 EEPROM

(2) LED 및 LCD Driver

NXP사의 SAA1064는 4자리 7-Segment LED 드라이버 칩이다. 사실 7-segment LED를 병렬로 지원하려면 최대 8개의 선로가 필요한데 I2C를 사용하면 선로를 많이 줄일 수 있다.

또한 NXP사의 PCA9551과 PCA9531은 각각 8개의 LED의 blinking주기 또는 밝기를 I2C인터페이스로 제어하는 칩이며, PCF8534는 문자 또는 dot matrix형태의 LCD 드라이버 칩이다.

그리고 Holtek사의 HT16K33는 8x8 도트매트릭스 LED를 I2C 버스로 구동하는 칩이다.

(3) 오디오 코덱

Wolfson사의 WM8731 스테레오 오디오 코덱은 초기 설정 및 제어 과정을 모두 I2C로 수행된다.

(4) I2C to UART/IrDA/GPIO 브리지

NXP의 SC161S75X 및 SC161S76X는 UART/GPIO 슬레이브 브리징 기능을 수행한다.

(5) 기타

LM75 등의 온도 센서, 조도 센서 TSL2561, IR 센서 PNA4602, Color 센서 TCS34725, Gyro 센서 L3G4200D, 대기압 센서 BMP180, 가속도 센서 ADXL345 등 다양한 센서들이 I2C 인터페이스를 통해 데이터를 전달한다.

11.10 I2C 모듈 설계

(1) 개요

4개의 신호선을 사용하는 SPI는 해당 포트가 입력 또는 출력으로 고정되어 있다. 반면에 I2C의 SDA용 포트는 양방향 전송이 가능한 양방향 포트이어야 한다. 이러한 양방향 포트는 buffered 포트가 될 수 없다.

이를 고려하여 한 개의 마스터만 허용되는 버스환경에 대하여 간단한 i2c마스터 모듈을 설계한다. I2C를 위한 2개의 신호선을 제어하기 위하여 timer를 사용하여 한 개의 태스크가 SCL과 SDA신호를 모두 생성하도록 한다. <그림11.12>는 공개된 i2c_simple 모듈의 구조이다. SDA는 양방향 포트이어야 한다.

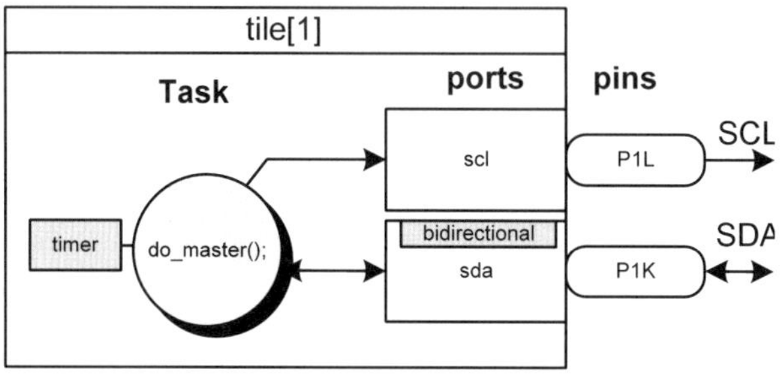

<그림 11.12> 24LC64 EEPROM

(2) I2C_simple 모듈

공개된 i2c_simple 모듈을 참조하여 일부 수정한 i2c 모듈의 코드는 다음과 같다. 이것은 단일 태스크로 동작하며, 다른 태스크간와 채널 연결은 제외하였다. 이것은 임의의 데이터를 I2C 버스를 통하여 송신하며, 필요에 따라 다른 태스크와의 연결을 위해 채널을 추가하도록 한다.

```
// Copyright (c) 2011, XMOS Ltd, All rights reserved
// This software is freely distributable under a derivative of the
// University of Illinois/NCSA Open Source License posted in
// LICENSE.txt and at <http://github.xcore.com/>
// Limitations: ACK not returned
//Modified by Arami.

#include <platform.h>
#include <xs1.h>
#include <print.h>
#include <xccompat.h>
#include <stdio.h>
#include <string.h>
#include <xclib.h>
#include <stdlib.h>
#include <float.h>
#include <datongxc_board_config.h>

```

```
struct r_i2c {
  port scl;            // unbuffered port on which clock wire is attached.
  port sda;            // unbuffered port on which data wire is attached
};

on tile[1]: struct r_i2c i2cPorts = {
        PORT_I2C_SCL, // on tile[1]: P1L
        PORT_I2C_SDA // on tile[1]: P1K
};

#define I2C_BIT_TIME 1000    // 100MHz/1000 = 100Kbps
//set unbuffered bidirectional ports.
void i2c_master_init(struct r_i2c &i2c_master) {
      i2c_master.scl :> void;   // 입력 핀으로 설정함(High-Impedance 출력 설정).
      i2c_master.sda :> void;   // 입력 핀으로 설정함(High-Impedance 출력 설정).
}
static void waitQuarter(void) { // BT의 1/4구간을 기다림
   timer gt;
   int time;
   gt :> time;
   time += (I2C_BIT_TIME +3) >> 2; // I2C BT의 1/4시점을 timeout 시간을 설정함.
                          // 4로 나누기 전에 미리 +3을 해서 끝자리가 잘리지 않게 함.
   gt when timerafter(time) :> int _;
}
static void waitHalf(void) { // 1/2 BT 대기.
      waitQuarter();
      waitQuarter();
}
static int highPulseSample(port i2c_scl, port ?i2c_sda)
{
      int temp;
      if (!isnull(i2c_sda))          // 변화가 있으면
            i2c_sda :> int _;        // 수신 신호를 일단 void시킴
      waitQuarter();                 // 1/4 BT 지연 후
      i2c_scl :> void;               // 클럭 신호 입력을 void시킴
      waitQuarter();                 // 1/4 BT 지연 후
      if (!isnull(i2c_sda)) {
            i2c_sda :> temp;         // 입력 데이터를 temp에 latch함.
      }
      waitQuarter();
      i2c_scl <: 0;                  // clock을 low로 천이시킴
      waitQuarter();
      return temp;                   // latch된 sda값을 반환함.
}
// sends each bit of the byte in a loop. The timing of the edges of the I2C SCL (clock) and I2C
SDA (data) signals are controlled by the function waitQuarter uses a timer to emit an event in
the future upon which the signal level is changed.

static void highPulse(port i2c_scl) {
      highPulseSample(i2c_scl, null);
}

// Start condition 생성
static void startBit(port i2c_scl, port i2c_sda) {
      waitQuarter();
      i2c_sda   <: 0;       //sda<=Low
      waitHalf();
      i2c_scl   <: 0;       //scl<=High
      waitQuarter();
}
```

```
// Stop condition 생성
static void stopBit(port i2c_scl, port i2c_sda) {
      i2c_sda <: 0;        //sda<=Low
      waitQuarter();
      i2c_scl :> void;
      waitHalf();
      i2c_sda :> void;
      waitQuarter();
}

// 8비트 데이터를 클럭과 함께 송신함.
static int tx8(port i2c_scl, port i2c_sda, unsigned data) {
      unsigned CtlAdrsData = ((unsigned) bitrev(data)) >> 24;
      for (int i = 8; i != 0; i--) {//데이터 바이트를 LSB부터 sda로 송신함. 이때 클럭 펄스도 함께 생성함.
            i2c_sda <: >> CtlAdrsData; // 먼저 sda로 데이터 비트를 출력함.
            highPulse(i2c_scl); //scl 펄스(L-H-L)를 출력시킴
      }
      return highPulseSample(i2c_scl, i2c_sda); // 송신과 함께 자신의 송신값을 읽어 들임.
}

int i2c_master_rx(int device,   // 슬레이브의 i2c 주소 (7bit address << 1. 즉, 짝수 주소)
                  unsigned char data[], // 수신 데이터 array 포인터
                  int nbytes,   // 수신 바이트수.
                  struct r_i2c &i2c)
{
     int i;
     int rdData = 0;
     int temp = 0;
     startBit(i2c.scl, i2c.sda);                  //Start Condition
     tx8(i2c.scl, i2c.sda, (device<<1) | 1);      //Addr
     for(int j = 0; j< nbytes; j++)
     {
           rdData = 0;
           for (i = 8; i != 0; i--) {
              temp = highPulseSample(i2c.scl, i2c.sda);
              rdData = (rdData << 1);
              if(temp) {
                    rdData |= 1;
              }
           }
           data[j]= rdData;
           if(j != nbytes -1){
                 (void) highPulse(i2c.scl);
           } else {
              (void) highPulseSample(i2c.scl, i2c.sda);
           }
     }
     stopBit(i2c.scl, i2c.sda); //Stop Condition
     return 1;
}

// slave 장치의 register에 대한 read  command를 쓰기한 후 read data하는 절차.
// [START]-[device addr/Read]-[reg addr]-[s_data....nbytes]-[STOP]
int i2c_master_read_reg(
                  int device, // i2c 장치 주소(7 bit i2c address << 1. 즉, 짝수 주소)
                  int addr,    // read 대상 레지스터 주소. (00~0x7F)
                  unsigned char data[], // 수신 데이터 버퍼 포인터
                  int nbytes,              // 수신 데이터 길이. 1로 고정해야 하며, 무시됨.
                  struct r_i2c &i2c)
{
```

```
    startBit(i2c.scl, i2c.sda);
    tx8(i2c.scl, i2c.sda, device<<1);
    tx8(i2c.scl, i2c.sda, addr);
    stopBit(i2c.scl, i2c.sda);
    return i2c_master_rx(device, data, nbytes, i2c);
}

// 원격 slave 장치 내의 register에 대한 write 작업
// [START]-[device addr/Write]-[reg addr]-[s_data....nbytes]-[STOP]
int i2c_master_write_reg(
                    int device, // i2c 장치 주소(7 bit i2c address << 1. 즉, 짝수 주소)
                    int addr,    // 대상 register 주소
                    unsigned char s_data[], // 송신할 데이터 포인터
                    int nbytes, // 송신 데이터 길이
                    struct r_i2c &i2c)
{
    int data = s_data[0];
    int ack;

    startBit(i2c.scl, i2c.sda);
    ack = tx8(i2c.scl, i2c.sda, device<<1);
    ack |= tx8(i2c.scl, i2c.sda, addr);

    for(int i = 0; i<nbytes; i++)
    {
        data = s_data[i];
        ack |= tx8(i2c.scl, i2c.sda, data);
    }

    stopBit(i2c.scl, i2c.sda);
    return ack == 0;
}

// sda와 scl 핀의 출력을 Hi-Z 상태로 설정함(즉, 버스에서 floating되도록 함)
static int floatWires(struct r_i2c &i2c_master) {
   i2c_master.scl:> void;
   waitQuarter(i2c);
   i2c_master.sda :> void;
   return 0;
}

void do_masterSendOnly(){
     unsigned char data[10];
     printf("Welcome to I2C Test (100Kbps)\n");
     i2c_master_init(i2cPorts);

     while(1){
                    data[0] = 0x12; // 임의의 데이터
                    i2c_master_write_reg(0x90, 0x07, data, 1, i2cPorts);

                    data[0] = 0x78; // 임의의 데이터
                    i2c_master_write_reg(0x90, 0x08, data, 1, i2cPorts);
          }
}

int main(void) {
     par{
      on tile[1]: do_masterSendOnly();
     }
     return 0;
}
```

11.11 I2C 지원 보드 설계

(1) 개요

I2C를 지원하는 다음과 같은 소자에 대한 주변 회로를 설계를 하고 관련 소프트웨어 드라이버를 작성하고 동작을 오실로스코프 또는 로직 분석기로 확인한다.

- HT16K33 8x8 도트 매트릭스 LED 구동 칩
- MPTU6050 자이로 칩
- HMC5883 자자계(나침반) 칩
- LM75 온도 센서
- BMP180 기압 센서
- 24LC64 EEPROM
- SAA1064 7-seg LED 구동 칩

이들은 모두 I2C 버스의 마스터인 MCU에 대하여 슬레이브로 동작하며 모두 하나의 I2C 버스에 멀티드롭 되어 있으며 이 버스는 3.3V에 풀업 되도록 한다.(단, 일부 칩은 5V의 I2C 버스로 동작한다). 각 소자의 I2C 슬레이브 주소는 다음과 같다.

센서 명	I2C 주소 (7bit)	I2C 주소 (7bit)	기능	MCU의 역할	기본 동작
HT16K33	111-0000-R/W	0x70	8x8 도트 매트릭스 LED 구동 칩	메인보드의 SW1과 SW2의 입력값에 따라 지정된 시나리오에 따라 LED에 출력.	Write 동작
MPU6050	110-1000-R/W	0x69	자이로 센서 칩	I2C보드의 움직임에 따른 가속계값을 Read하여 UART0로 표시함	Read 동작
HMC5883	001-1110-R/W	0x1E	자자계(나침반) 칩	I2C보드의 움직임에 따른 방위값을 Read하여 UART0로 표시함	Read 동작
LM75	101-1000-R/W	0x58	온도 센서	I2C보드에서 감지된 온도값을 Read하여 UART0로 표시함	Read 동작
BMP180	111-0111-R/W	0x77	기압 센서	I2C보드에서 감지된 기압값을 Read하여 UART0로 표시함	Read 동작
24LC64	101-0000-R/W	0x50	EEPROM	64바이트 단위의 데이터를 Write하고 Read하여 확인함.	Read/Write 동작
SAA1064	011-1000-R/W	0x38	7-seg LED 구동 칩	4자리 숫자를 I2C방식으로 Write하여 LED에 표시함.	Write 동작
L3G4200D	110-1000-R/W	0x68	자이로 센서 칩		Read 동작
ADXL345	101-0011-R/W	0x53	가속도 센서	I2C보드의 움직임에 따른 가속계값을 Read하여 UART0로 표시함	Read 동작

(2) 유의 사항

- 기본적인 I2CSDA/SCL 부분은 모두 10KR로 3.3V에 Pull up시켜야 한다.
- 일부 칩은 5V의 I2C버스로 동작하므로 BSS138 FET를 사용하여 3V3과 5V간을 정합해야 한다.
- 대부분의 경우 멀티바이트 Write 및 Read 동작이 요구된다. 따라서 Burst Mode 전송 기능을 지원해야 한다.
- 각 I2C 소자의 7비트 주소값 중 하위 일부 비트는 외부 핀(A0, A1 등)으로 설정할 수 있지만 보드에서는 모두 고정하도록 한다.
- 일부 슬레이브는 기본적인 I2C 인터페이스 외에 인터럽트 출력 신호를 제공하므로 MCU가 이를 GPIO로 수신할 수 있도록 설계한다.

(3) 하드웨어 설계

본 절에서 다루는 각종 I2C 슬레이브 장치에 대하여 다음과 같이 배치한다. 일부 슬레이브 장치는 기본적인 I2C인터페이스 외에 이벤트 보고용 인터럽트 핀 출력이 있으므로 이것을 MCU의 GPIO에 연결하도록 한다.

또한 일부 슬레이브(HT16K33 및 SAA1064)는 5V의 I2C 인터페이스를 제공하므로 기본적인 3.3V I2C 버스와의 접속을 위하여 BSS138 N-MOSFET를 사용한 양방향 level translator 회로를 추가하도록 한다.

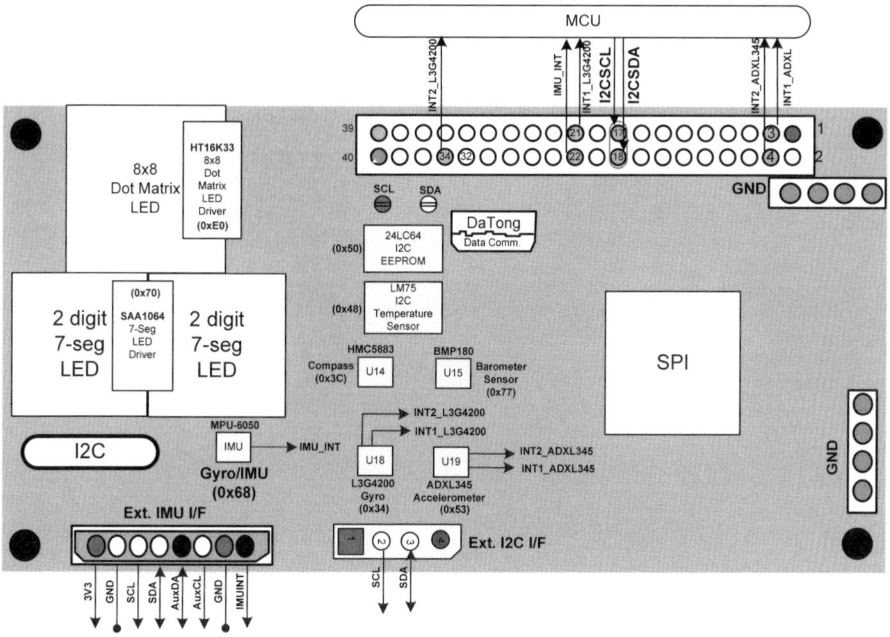

<그림 11.13> I2C 시험 보드의 구성 예

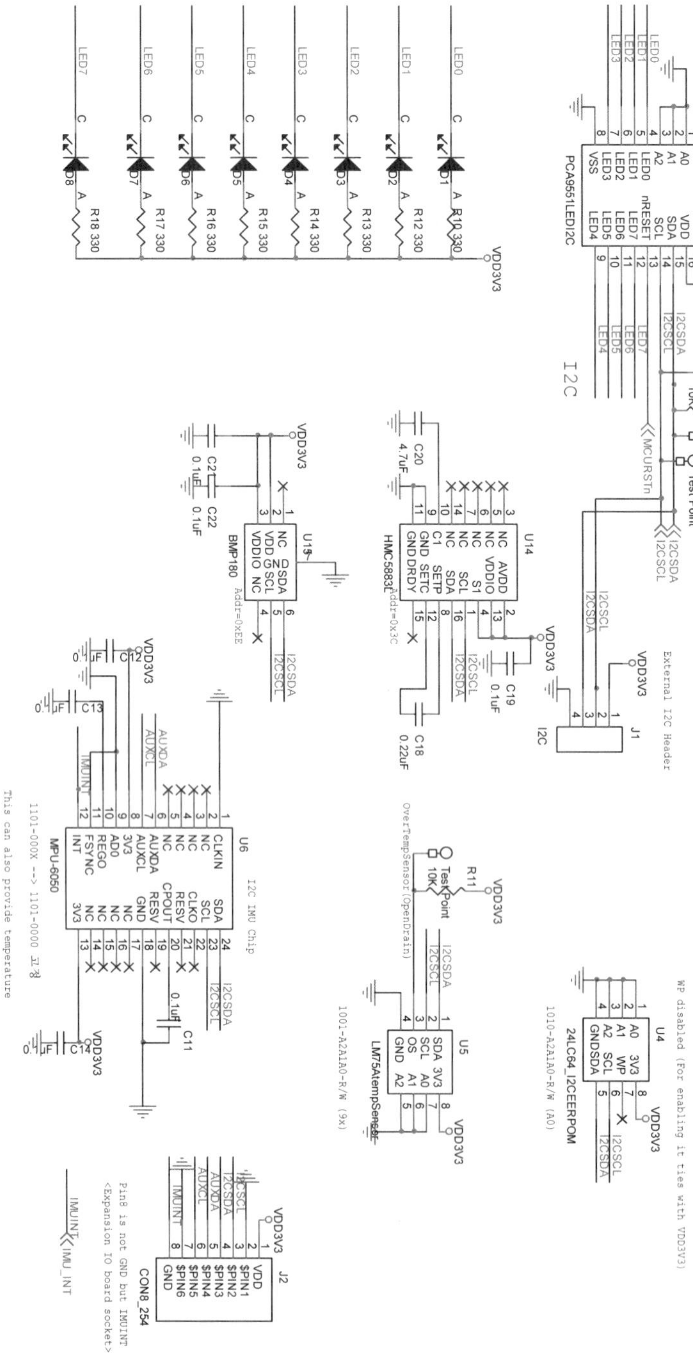

<그림 11.14> I2C 시험 보드의 회로 예

(4) 동작

각 소자들의 초기화 및 R/W 동작은 모두 해당 소자 내부의 레지스터를 i2c로 설정하거나 읽음으로써 가능하다.

11.12 LM75 I2C 온도 센서

(1) 설계 목적

I2C 인터페이스를 제공하는 온도 센서인 LM75의 온도값을 읽어오는 마스터 응용 기능을 설계한다.

(2) LM75 온도 센서

이것은 외부 온도를 I2C 방식으로 MCU에 전달하는 센서 칩이다. I2C 슬레이브 주소는 1001-A2-A1-A0값을 갖는다. A2~A0를 모두 0으로 설정한 경우 7비트 주소는 0x48이다. -55도에서 125도까지 측정하며 정밀도는 0.125 도이다.

외부 핀과 내부 레지스터의 구성은 <그림 11.15>와 같다.

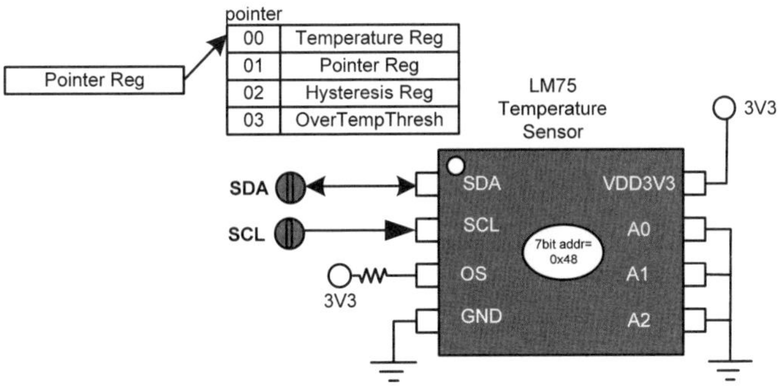

<그림 11.15> LM75 I2C 온도 센서

(3) 온도 레지스터 값

온도는 2바이트 길이의 temperature 레지스터에 저장된다. I2C 마스터는 이 레지스터의 값을 read 동작으로 읽는다. Temperature 레지스터의 구성은 다음과 같다. 즉, MSB 11비트만 유효하며 나머지 5비트는 무효한 값이다. 이러한 11비트의 값은 2의 보수 형태를 가진다.

MSByte								LSByte							
7	6	5	4	3	2	1	0	7	6	5	4	3	2	1	0
D10	D9	D8	D7	D6	D5	D4	D3	D2	D1	D0	x	x	x	x	x

이 값의 처리 방법은 다음과 같다.

- MSB 비트(D10)이 0이면 상온이며 이때의 온도값은 (Temp data) × 0.125 ℃이다.
- D10값이 1인 경우 영하이며 이때의 온도는 – (2's complement of Temp data) × 0.125 ℃이다.

예는 다음과 같다.

11 bit binary	hex	value
011 1111 1000	3F8	+127.000
000 0000 0001	001	+0.125
000 0000 0000	000	0
111 1111 1111	7FF	-0.125
110 0100 1000	648	-55.000

(4) 읽기 동작

먼저 마스터는 포인터 레지스터가 온도레지스터를 가리키도록 포인터 바이트값이 0인 내용을 write한다. 이후 온도레지스터의 값을 읽는 read 작업을 반복한다.

(또는) 마스터는 포인터 레지스터가 온도레지스터를 가리키도록 포인터 바이트값이 0인 내용을 write한 후 stop condition없이 restart condition을 발행하면서 온도 레지스터의 값을 읽는다. 이후 read 작업만 반복하면 된다.

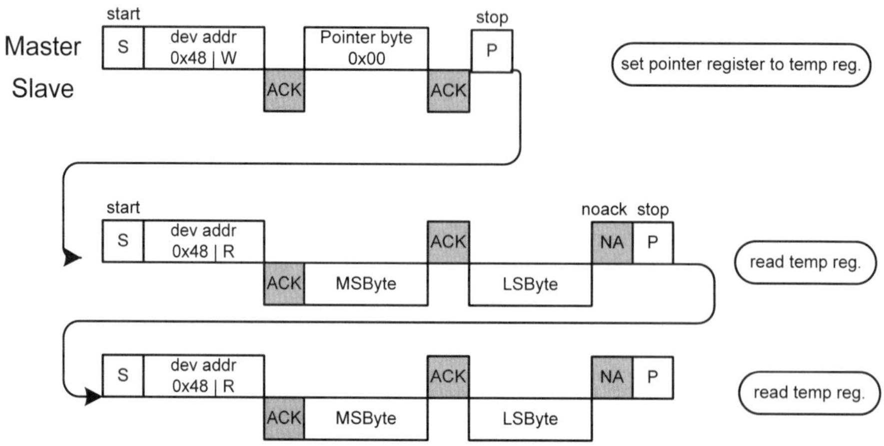

<그림 11.16> LM75 i2c 온도 센서

(3) 프로그램

LM75에 대한 온도 읽기 작업을 위해 다음 절차를 수행한다.

```
#define LM75ADDR 0x48 //7 bit address
#define LM75TEMPREG 0x00

void getLM75(){
      unsigned char data[10];
      int temp;
      printf("Welcome to LM75 I2C Test (100Kbps)\n");
      i2c_master_init(i2cPorts);

      // 0x00 = set preset pointer to temperature reg.
                        i2c_master_write_reg(LM75ADDR, 0x00, data, 0, i2cPorts);

    while(1){ //read temp.

                i2c_master_rx(LM75ADDR, data,2, i2cPorts);

                              temp = data[0]   * 0x100   + data[1];
                              temp >> 5;
                              if(temp & 0x400){ //negative
                    temp = 2048- temp;
                     printf("Temp = -%d degree", temp >>3); //temp * 0.125
                              }else{
                    printf("Temp = +%d degree", temp >>3); //temp * 0.125
                }

                //add some delay
      }
}

int main(void) {
      par{
       on tile[1]: getLM75();
      }
      return 0;
}
```

제 12 장 Hello I2S

오디오는 비디오와 함께 사람들을 감동시키고 정보를 전달하는 가장 효과적인 매체 중 하나이다. 오디오의 전송과 처리 방법이 아날로그에서 디지털로 변화한 현 시점에서 다양한 전송 방식과 커넥터 등이 존재한다.

본 장에서는 대표적인 오디오 전달용 디지털 오디오 버스 규격 중 하나인 I2S에 대하여 다룬다. 이어 간단한 회로 설계 및 프로그램 설계를 수행한다.

12.1 직렬 디지털 오디오 전송 방식

아날로그 스테레오 오디오를 32bit/192KHz 샘플링 한다면 12.288Mbps로 비트 열이 생성된다. 이것을 다른 장치에 전달하려면 직렬 또는 병렬 전송 방식이 고려될 수 있다.

이 경우 최대 32 비트씩 병렬로 전송하면 초당 192000번 전송하면 된다. 하지만 32개의 선로가 필요하며 장거리 전송도 불가능하다.

이러한 이유로 인해 대부분의 디지털 오디오의 전송규격은 다음과 같은 직렬 전송 방식을 사용한다.

- I^2S
- AES/EBU
- S/PDIF
- Audio over Ethernet 기술
  - Cobranet
  - EtherSound
  - Dante
  - Audio/Video Bridging(AVB)

이들은 모두 L+R 채널을 하나의 선로상에 교대하면서 직렬 전송한다. 이때 오디오 스트림의 특성을 고려하여 오디오 데이터 선로 외에 추가적인 클럭 신호와 L과 R 채널을 구분할 수 있는 신호도 추가 전송해야 한다.

특히 최근에는 EtherSound나 CobraNet 등의 비표준 전송 방식에 대응하여 100Mbps급 이더넷을 활용한 표준 오디오 전송 방식인 Audio/Video Bridging(AVB) 방식을 채용한 장비들이 소개되고 있다.

12.2 I2S(Inter-IC Sound) 직렬 쌍방향 스테레오 오디오 버스

(1) 개요

I2S (Inter-IC Sound, IIS)는 디지털 스테레오 오디오 스트림을 가까운 거리에 최대 12.288Mbps로 송신 및 수신을 동시에 수행할 수 있는 양방향 직렬 전송 인터페이스 규격이다. 이것은 오디오 스트림 전송선로뿐만 아니라 비트 클럭(BCLK) 및 채널 구분 선로(LRCK, WordSelect)도 함께 갖는 동기식 직렬 전송 방식이다. 1986년에 필립스사에서 규격화 하였다[1].

주로 보드상의 코덱과 오디오 프로세서를 연결하거나 S/PDIF 및 AES/EBU 전송 장치를 통한 CD 플레이어 및 오디오 방송 장비 연결 시 사용된다. Atmel사에서는 이것을 SSC(Synchronous Serial Controller) 방식이라고도 부른다.

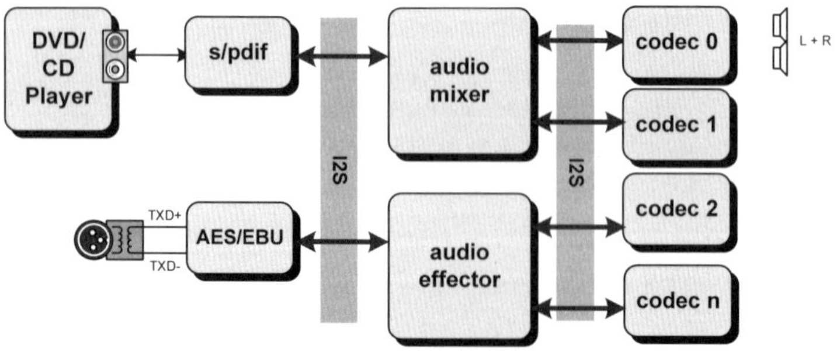

<그림 12.1> I2S 버스의 활용

(2) I2S 시스템의 구성

I2S 버스 시스템은 <그림 12.2>와 같이 총 5개의 선로로 연결된 마스터와 슬레이브로 구성된다. 여기서 I2S 마스터는 24.576MHz의 마스터 클럭(MCLK) 및 BitClock과 LRCK를 모두 공급하는 장치이다.

[1] 참고로 I²S용 커넥터 규격은 없기 때문에 여러 개의 BNC 커넥터를 조합하거나, 5핀 DIN 커넥터, RJ45, DE-9 커넥터 등을 사용한다.

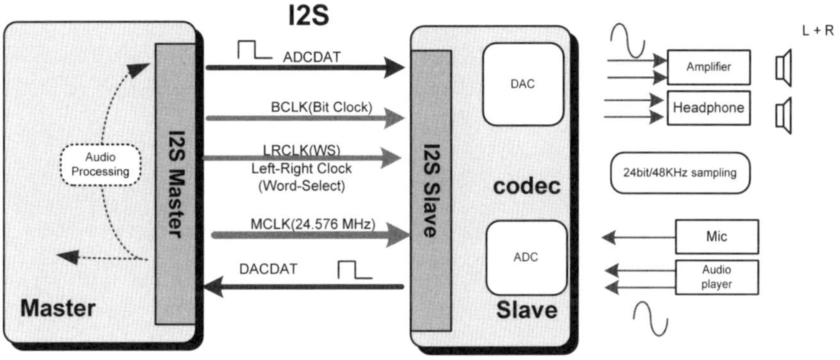

(a) Codec이 슬레이브인 경우

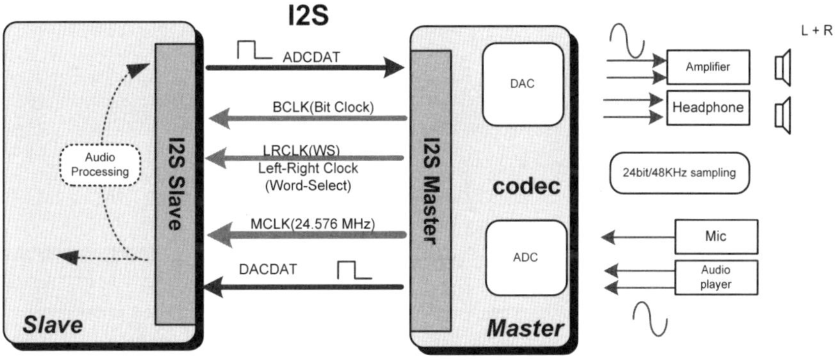

(b) Codec이 마스터인 경우

<그림 12.2> I2S 버스 시스템의 구조

(3) I2S 신호

다음과 같은 5 종류의 신호가 사용된다.

- BCLK(Bit Clock) : 오디오 데이터의 비트별 송신 간격을 제공하며 SCLK라고도 한다. 이 BCLK은 (오디오 샘플링율 x 샘플당 비트수 x 총채널 수)으로 설정된다. 예를 들어 48KHz의 샘플링 주파수로 채널당 16비트 샘플링 한 경우 BCLK= 48KHz x (16+16) x 2(channel) = 3.072 MHz이다. 여기서 16을 추가한 것은 I2S의 각 채널당 비트수는 32비트이기 때문이다[2]. 최고급 오디오에서 사용하는 384KHz/32비트 샘플링의 경우 BCLK는 384KHz x 32 x 2(channels) = 24.576Mbps이다.
- LRCK(left right clock) : Left와 Right 채널을 구분하는 Word Select 신호라고 할 수 있다. LRCK = Low일 경우 left 채널이 송신되는 중이며 LRCK = High일 때에는 Right 채널이 송신됨을 표시한다. 당연히 LRCK의 주파수는 샘플링 주파수(fs)와 동일하다.

[2] 44.1KHz의 샘플링 주파수로 채널당 16비트 샘플링 한 CD오디오의 경우 BCLK= 44.1KHz x (16+16) x 2(channel) = 2.8224 MHz 이다.

- Master clock(MCLK) : BCLK 및 LRCK을 위한 기준 클럭이다. 24.576MHz 또는 12.288MHz가 사용된다.
- ADCDAT 오디오 데이터 : 코덱의 ADC로부터의 Analog 오디오의 샘플링 된 디지털 오디오 스트림이다. 채널 당 32비트까지 전송할 수 있다. 만약 24비트 샘플링의 경우에는 나머지 8비트는 0으로 채워진다. 각 채널의 MSB부터 송신된다. 각 채널의 MSB는 LRCK가 천이된 시점에서 2번째 BCLK의 하강 엣지에서 송신 개시된다[3]. 수신측은 BCLK의 상승 엣지에서 오디오 데이터를 래치한다.
- DACDAT 오디오 데이터 : 코덱의 DAC로 전달되는 디지털 오디오 스트림이다. 채널 당 32비트까지 전송할 수 있다. 만약 24비트 샘플링의 경우에는 나머지 8비트는 0으로 채워진다. 각 채널의 MSB부터 송신된다.

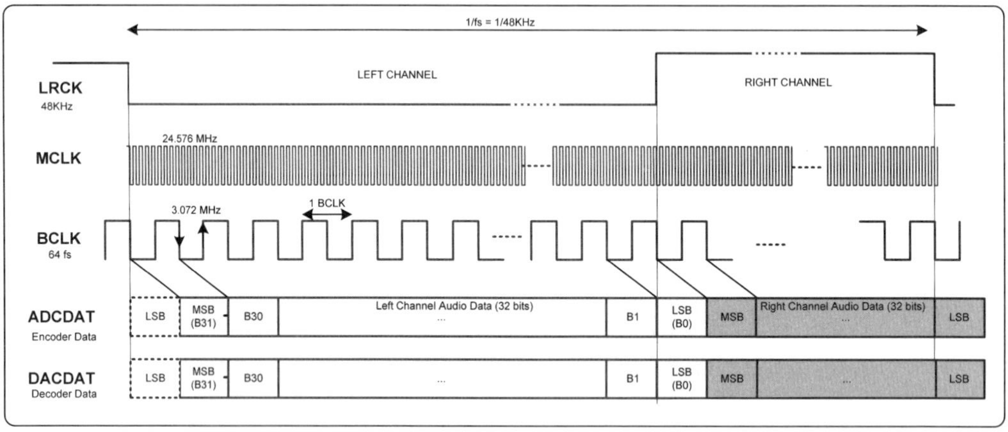

<그림 12.3> I2S 프레임 구성

12.3 WM8731 I2S 오디오 코덱

(1) 구조

WM8731은 I2S 인터페이스를 제공하는 28핀의 스테레오 오디오 코덱이다. 이것은 8KHz에서 최대 96KHz 샘플링을 지원하며, 샘플당 16/20/24/32 비트를 생성한다.

이 코덱의 초기 설정 및 동작 활성화, 볼륨 제어, 입력 선택, 출력 선택 등의 제어는 I2C 또는 SPI를 사용하여 내부의 레지스터를 설정함으로써 가능하다.

우리는 I2C 방식을 사용한다.

[3] I2S 규격을 따르지 않는다면 LRCK의 시작 시점에서 오디오 데이터를 전송할 수도 있다.

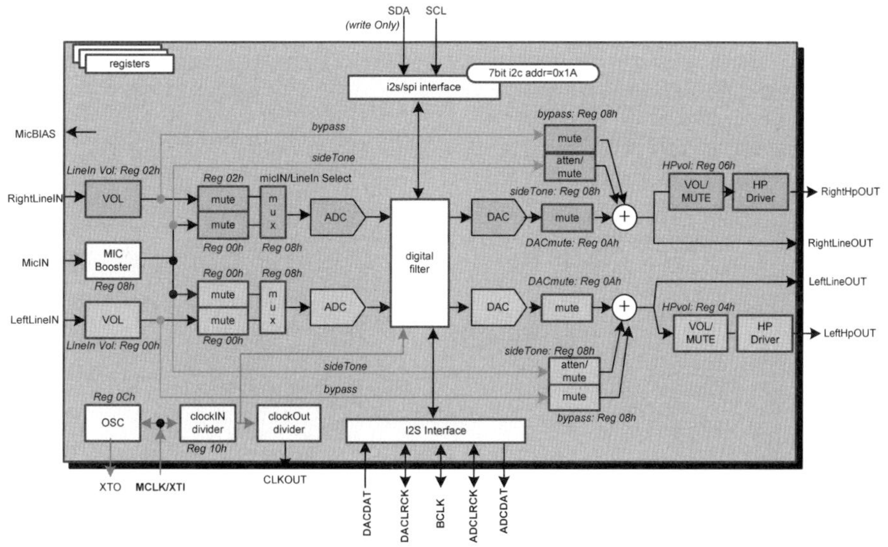

<그림 12.4> WM8731 의 내부 구성

(2) WM8731 내부 레지스터의 구성

코덱 내부의 16비트 길이를 갖는 레지스터가 16개 있다. 이들은 대부분 입/출력 볼륨 제어, 입출력 선택, 마이크 입력 신호를 라인 입력과 혼합하는 사이드 톤 설정 여부, I2S 동작 방식 설정 등에 대한 것이다. 이에 대한 설정은 외부의 프로세서가 I2C 버스를 통해 수행해야 한다.

설정이 완료되면 반드시 마지막에 9번 레지스터의 LSB에 정의된 Activate 비트를 1로 설정해야 동작을 개시할 수 있다. 상세한 구성은 관련 매뉴얼을 참조하라.

12.4 CS2300-CP 클럭 생성기

이것은 Fractional-N Clock Multiplier with Internal LCO로써 외부로부터의 50Hz~30MHz의 기준 클럭을 CLKIN 핀으로 받아 I2C 또는 SPI버스를 통해 프로세서가 지시한 클럭 체배율에 따른 6~75MHz의 클럭을 생성하여 CLKOUT 핀으로 출력한다. 이것의 내부 설정 레지스터의 구조는 <표 12.1>과 같다.

I2S용으로 24.576MHz의 MCLK을 얻기 위하여 960Hz의 SYN C펄스를 xCore 프로세서가 공급할 경우 다음과 같은 체배율을 06~09번 레지스터에 설정한다.

```
Reg.6~9 (Ratio Registers)
      = (MCLKFREQ/SYNCFREQ) << 12
      = (24576000/960)*4096
      =104857600
      =0x06400000
```

그리고 추가적인 클럭 출력용 AUX_OUT 핀은 용도를 변경하여 PLL_LOCK된 경우 active low를 출력하여 LED로 표시하는 Lock Indicator 역할로 설정한다.

이것은 내부 레지스터 설정용 인터페이스 방식으로 SPI 및 I2C를 모두 지원하는데 우리는 I2C 방식을 사용한다. 7비트의 I2C 주소는 AD0/nCS=0로 설정한 경우 100-1111(0x4E)이다.

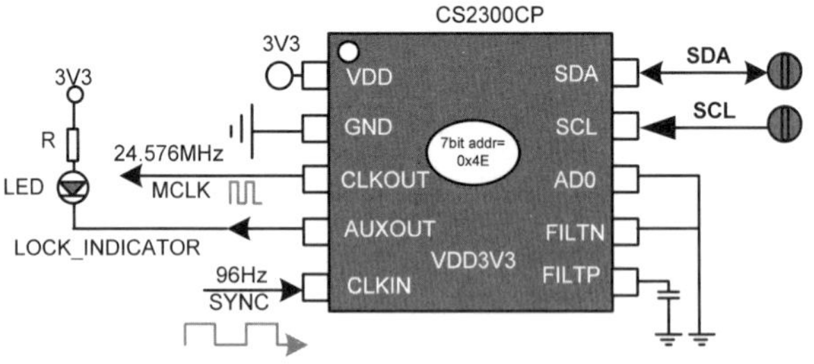

<그림 12.5> 클럭 생성기 모듈

<표 12.1> CS2300 레지스터

Adr	Reg Name	7	6	5	4	3	2	1	0
01h	Device ID	0	0	0	0	0	1	1	0
02h	Device Ctrl	Unlock	X	X	0	0	0	AuxOutDis	ClkOutDis
03h	Device Cfg1	RModSel2	RModSel1	RModSel0	0	0	AuxOutSrc 1	AuxOutSrc 0	EnDevCfg1
05h	Global Cfg	0	0	0	0	Freeze	0	0	EnDevCfg2
06h	Ratio	MSB							
07h	(32bit)								
08h									
09h									LSB
16h	Func Cfg1	ClkSkipEn	AuxLockCfg	0	EnDevCfg3	0	0	0	0
17h	Func Cfg2	0	0	0	ClkOutUnl	LFRatioCfg	0	0	0
1eh	Func Cfg3	0	ClkIn_BW2	ClkIn_BW1	ClkIn_BW0	0	0	0	0

12.5 I2S 시스템 설계

(1) I2S 시스템 예

<그림 12.6>은 24bit/48KHz 샘플링을 지원하는 코덱에 I2S 인터페이스로 믹서 또는 음향 처리 프로세서가 연결된 예이다.

24.576MHz의 MCLK은 오디오 프로세서가 제공하는 96Hz의 SYNC_OUT 펄스에 의해 PLL 기능이 있는 클럭 생성 칩에서 생성한 것이다. 이것은 마스터와 슬레이브에 공통으로 공급된다. 코덱은 필요 시 입력되는 MCLK을 내부적으로 1/2로 낮춘 12.288MHz를 사용한다.

각 신호의 주파수는 샘플링 주파수가 48KHz일 때 다음과 같이 결정된다.

- fs = 48KHz, Sample bits = 24bits/sample
- MCLK = 24.576MHz
- BCLK = 3.072MHz (= 48KHz x 32 bit per channel x 2 channels)
- LRCK = MCLK/512 = 48KHz
- MCLK/BCLK Ratio = 24.576/3.072 = 8.

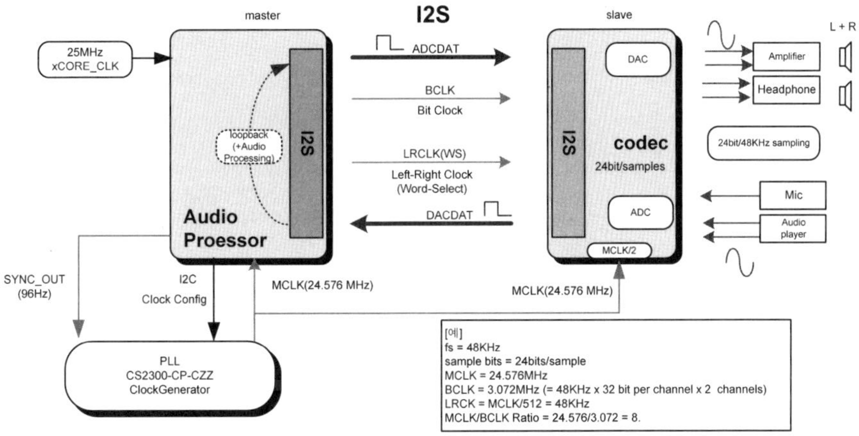

<그림 12.6> I2S 시스템의 구성 예

(2) 설계

앞에서 참조한 예를 기반으로 다음 기능을 수행하는 I2S 시스템을 설계한다.

- 코덱은 마이크 입력 신호를 I2S를 통해 프로세서로 보낸다.
- 프로세서는 이것을 루프백 시켜 I2S의 DACDAT 선로를 통해 코덱에 다시 보낸다.

이를 위하여 다음과 같은 부품을 사용한다.

- WM8731 : 오디오 코덱
- CS2300 : MCLK 생성

<그림 12.7>은 시스템의 구조이다. 오디오 코덱은 I2S 인터페이스상에서 슬레이브로 설정하고, CS2300은 프로세서로부터 주기적으로 공급되는 96Hz의 sync 신호에 PLL된 24.576MHz의 MCLK을 생성하여 프로세서와 코덱에 공급한다.

유의할 사항은 코덱 및 클럭 생성기에 대한 초기화 및 기본 설정, 그리고 볼륨 조절 및 입력/출력 선택은 모두 I2C로 연결된 프로세서가 수행해야 한다.

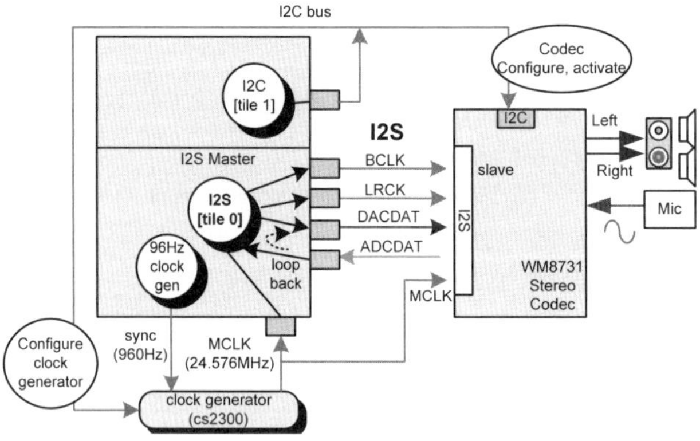

<그림 12.7> I2S 시스템 구조

12.6 I2S Master 모듈 설계

앞에서 I2S인터페이스는 5개의 신호선이 필요함을 알았다. 3개는 모두 클럭 관련 신호이고 나머지 2개는 입출력 디지털 오디오 데이터 용이다. 비록 신호선과 데이터 선로가 많지만 각 포트의 serializer 기능과 외부에서 공급되는 MCLK을 활용하면 I2S 모듈 자체는 1개의 쓰레드로 구현할 수 있다. 더욱이 이 모듈은 최대 4개의 코덱(즉 총 8채널)을 동시에 지원할 수 있다[4]. 그 구조는 <그림 12.8>과 같다.

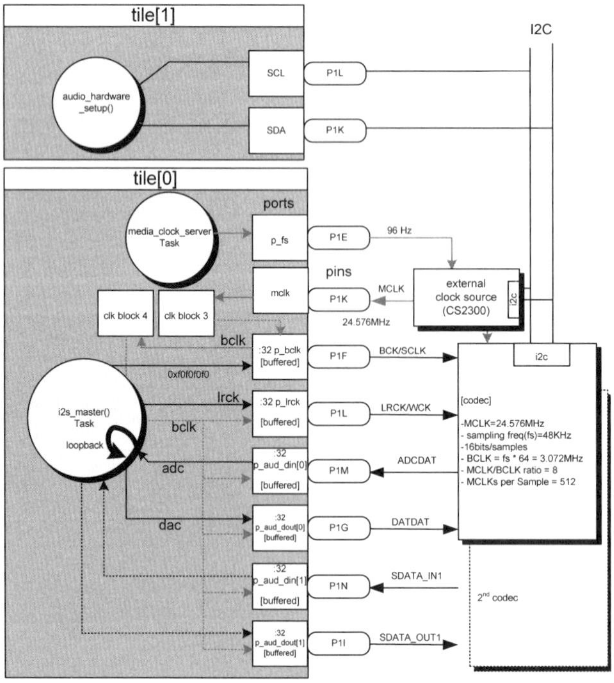

<그림 12.8> I2S 마스터 모듈의 구성

4 실제 보드는 다른 기능의 추가 지원을 위해 최대 2개의 코덱만 지원한다(on board코덱 + 외부 코덱)

그리고 <그림 12.9>는 I2S시스템에 필요한 24.576MHz의 MCLK을 생성하는 클럭 생성기와 이를 활용한 BCLK 및 LRCK의 생성을 위한 클럭 관련 구성도이다.

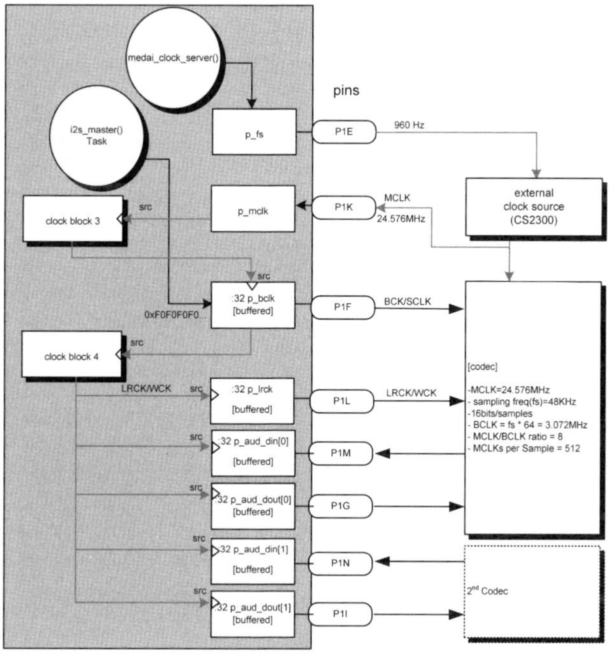

<그림 12.9> I2S 마스터 모듈의 클럭 신호선

12.7 I2S Master 모듈 프로그래밍

다음은 xcore/sc_i2s의 module_i2s_master 모듈을 참조한 코드이다.

```
#include <platform.h>
#include <xs1.h>
#include <print.h>
#include <xccompat.h>
#include <stdio.h>
#include <string.h>
#include <xs1.h>
#include <xclib.h>
#include <stdlib.h>
#include <stdio.h>
#include <string.h>
//#include "media_fifo.h"
#include <float.h>
#include <cusco_board_config.h>

struct r_i2c {
  port scl;           // Port on which clock wire is attached. Must be on bit 0
  port sda;           // Port on which data wire is attached. Must be on bit 0
};

```

```
on tile[1]: struct r_i2c i2cPorts = {
                        PORT_I2C_SCL,
                        PORT_I2C_SDA
};
//=========== You should include i2c stuffs =======================


//============= audio_codec_WM8731 =======================
//Author: arami

#define WM8731_I2C_ADDR        0x1A //i2cAddr = 0x1A(001-1010)

#define WM8731_VOLUP 0x02
#define WM8731_VOLDN 0x01

#define WM8731_USE_LINE_IO 1
#define WM8731_USE_MIC_HP   0
#define MAX_HPOUT_VOL 127
#define MAX_LINEIN_VOL 31

static unsigned char g_wm8731_vol = 0x00;
static unsigned char regaddr8731[11] = { 0x1e,
                                        0x01,
                                        0x03,
                                        0x05,
                                        0x07,
                                        0x08,
                                        0x0a,
                                        0x0c,
                                        0x0e,
                                        0x10,
                                        x12
                                        };
static unsigned char regdata8731[11] = {
  0x00, //1e -- reset
                        0x17, //01 --Left Line Mute -- disable
                        0x17, //03 --Right Line Mute -- disable
                        0x7f, //05 --Left HP
                        0x7f, //07 --Right HP
                        0x31, //08 --AnalogPath :
                        0x06, //0a --DigitalPath :
                        0x00, //0c -- PowerControl : All disable Power Down
                        0x1a, //0e -- DigitalAudioFormat :
                        0x40, //10 --SamplingControl:
                        0x01    //12 --Activate(1)
                        };

void audio_codec_WM8731_init(
                        unsigned char lineInOrMic,
                        int codec_addr,
                        struct r_i2c &r_i2c
                        )
{
   char data[1];

   if(lineInOrMic == WM8731_USE_MIC_HP)   g_wm8731_vol = 0x50;
   else   g_wm8731_vol = 0x10;

   #pragma unsafe arrays
   for(int i = 0; i < 11; i++) {
      data[0] = regdata8731[i];
      i2c_master_write_reg(codec_addr, regaddr8731[i], data, 1, r_i2c);
```

```
    }
}

void audio_codec_WM8731_Vol_Control(
    struct r_i2c &r_i2c,
    unsigned char volUpDown,
    unsigned char lineInOrMic
)
{
        unsigned char regd; ////7 bit register address | ( 1bit data(MSB)
        char data[1];
        switch(volUpDown){
        case WM8731_VOLUP:
          printf(">VOLUP\n");
          if(lineInOrMic == WM8731_USE_MIC_HP){
            if(g_wm8731_vol != MAX_HPOUT_VOL) g_wm8731_vol += 1;
            regd = 0x04 | 0x01; //7 bit register address(0x04=LHVOL) | ( 9bit data = BOTH)
        }else{ //lineInput
            if(g_wm8731_vol != MAX_LINEIN_VOL) g_wm8731_vol += 1;
            regd = 0x00 | 0x01; //7 bit register address(0x00=LINVOL) | ( 9bit data = BOTH)
        }
        data[0] = g_wm8731_vol; //value in 2nd byte
        break;

  case WM8731_VOLDN:
        printf(">VOLDN\n");
        if(g_wm8731_vol != 0x00)   g_wm8731_vol -= 1;
        if(lineInOrMic == WM8731_USE_MIC_HP){
                  regd = 0x04 | 0x01; //BOTH
        }else{ //lineInput
                  regd = 0x00 | 0x01; //BOTH
        }
        data[0] = g_wm8731_vol;
        break;
  }

  i2c_master_write_reg(WM8731_I2C_ADDR, regd, data, 1, r_i2c);

}

//=========== PLL Clock ===========================
on tile[0]: out port p_fs = PORT_SYNC_OUT; //P1E

#define MCLKFREQ 24576000 //24.576MHz
#define SYNCFREQ 96 //96Hz
#define CS2300_I2CADDR 0x4e //7 bit address
#define PLL_AUX_OUT_SRC0 0b11 // PLL Lock Status Indicator

static unsigned char regaddr[8] = {
        0x09, //LSB of Ratio Register
        0x08, //..
        0x07, /..
        0x06, //MSB of Ratio Register
        0x17, //Function Cfg Reg 2
        0x16, //Function Cfg Reg 1
        0x05, //Global Cfg
        0x03 //Device Cfg 1
        //,0x1E // Function Cfg Reg 3
};
static unsigned char regdata[8] = {
        0x00, //will be filled
        0x00, //will be filled
```

```
        0x00, //will be filled
        0x00, //will be filled
        0x00, //Reg17: //ClkOut is driven 'low' when PLL is unlocked.
                    // and LFRatioCfg=HighMultiplier(default config)
        0x10, //Reg16 // Aux PLL Lock Output Pin = PushPull(active High, 0 for locked condition)
                    // Enable Device Config Reg. 3
        0x01, //Reg05 // Enable DeviceConfigReg.2.
        (PLL_AUX_OUT_SRC0 << 1) | 0x01 //Reg03(DeviceConfig1):
                    //RModSel=x1; AuxOutSrc=PLL Lock Status Indicator; EnDeviceCfg1
        //,0x00
};

// Set up the multiplier in the PLL clock generator
void audio_clock_CS2300CP_init(
            struct r_i2c &r_i2c)
)
{
    int deviceAddr = CS2300_I2CADDR; //cs2300 slave address = 0x4e
    unsigned char data[1];
    unsigned int mult[1];

    // For given MCLK and SYNC Freq, we set Rud(User Defined Ratio)
    mult[0] = ((MCLKFREQ/SYNCFREQ) << 12);
    //(24576000/960) = 25600. --> 25600*4096=104857600(=0x06-40-00-00)
    regdata[0] = (mult,char[])[0]; //MSB
    regdata[1] = (mult,char[])[1];
    regdata[2] = (mult,char[])[2];
    regdata[3] = (mult,char[])[3]; //LSB

    #pragma unsafe arrays
    for(int i = 7; i >= 0; i--) {
        data[0] = (regdata,unsigned char[])[i];
        i2c_master_write_reg(deviceAddr, regaddr[i], data, 1, r_i2c);
    }
    printf("audio_clock_CS2300CP_init Done");
}

//#pragma unsafe arrays
//Generating 24.576MHz MCLK
void media_clock_server()
{
            timer tmr;
            unsigned time, val;
            printf("media_clock_server() Initiated");
            time = 0;
            tmr :> time;
            p_fs <: 0 @ time; //output 0 to SYNC_OUT port
            //tmr :> time;
            val = 0;
            time = time + 52081; //52083.3333
            while (1) {
                select {
                    case tmr when timerafter(time) :> void://unsigned int time: (ERROR FOUND)
                        val = ~val;
                        p_fs <: val; //output 0 or 1 to SYNC_OUT port
                        time = time + 52081;
                        break;
                }
            }
}

//==================== i2s ==================================
```

```
//48KHz,24bit, mCLK=12.288x2MHz.

typedef struct i2s_ports_t {
    clock mclk;
    clock bclk;
    in port p_mclk;
    out buffered port:32 p_bclk;
    out buffered port:32 p_lrclk;
} i2s_ports_t;

on tile[0]: i2s_ports_t i2s_ports =
{
    XS1_CLKBLK_3, //MCLK
    XS1_CLKBLK_4, //BCLK
    PORT_MCLK,
    PORT_SCLK,
    PORT_LRCLK
};

on tile[0]: out buffered port:32 p_aud_dout[2] = PORT_SDATA_OUT;
on tile[0]: in buffered port:32 p_aud_din[2] = PORT_SDATA_IN;

//[NOTE] If you have no mic, you may output the following systhesized sine wave to the headphone
//or lineout. In this case you should include I2S_SYNTH_FROM definition, otherwiese you should
//comment it out.
#define I2S_SYNTH_FROM    0 //sine wave synthesis from channel 0.
#define I2S_SINE_TABLE_SIZE 100
unsigned int i2s_sine[I2S_SINE_TABLE_SIZE] =
{
        0x0100da,0x0200b0,0x02fe81,0x03f94b,0x04f011,
        0x05e1da,0x06cdb2,0x07b2aa,0x088fdb,0x096466,
        0x0a2f74,0x0af037,0x0ba5ed,0x0c4fde,0x0ced5f,
        0x0d7dd1,0x0e00a1,0x0e754b,0x0edb5a,0x0f3267,
        0x0f7a18,0x0fb227,0x0fda5b,0x0ff28a,0x0ffa9c,
        0x0ff28a,0x0fda5b,0x0fb227,0x0f7a18,0x0f3267,
        0x0edb5a,0x0e754b,0x0e00a1,0x0d7dd1,0x0ced5f,
        0x0c4fde,0x0ba5ed,0x0af037,0x0a2f74,0x096466,
        0x088fdb,0x07b2aa,0x06cdb2,0x05e1da,0x04f011,
        0x03f94b,0x02fe81,0x0200b0,0x0100da,0x000000,
        0xfeff26,0xfdff50,0xfd017f,0xfc06b5,0xfb0fef,
        0xfa1e26,0xf9324e,0xf84d56,0xf77025,0xf69b9a,
        0xf5d08c,0xf50fc9,0xf45a13,0xf3b022,0xf312a1,
        0xf2822f,0xf1ff5f,0xf18ab5,0xf124a6,0xf0cd99,
        0xf085e8,0xf04dd9,0xf025a5,0xf00d76,0xf00564,
        0xf00d76,0xf025a5,0xf04dd9,0xf085e8,0xf0cd99,
        0xf124a6,0xf18ab5,0xf1ff5f,0xf2822f,0xf312a1,
        0xf3b022,0xf45a13,0xf50fc9,0xf5d08c,0xf69b9a,
        0xf77025,0xf84d56,0xf9324e,0xfa1e26,0xfb0fef,
        0xfc06b5,0xfd017f,0xfdff50,0xfeff26,0x000000,
};

#ifdef I2S_SYNTH_FROM
    int sine_count[8] = {0};
    int sine_inc[8] = {0x080, 0x100, 0x180, 0x200, 0x100, 0x100, 0x100, 0x100};
#endif

#pragma unsafe arrays
void i2s_master_upto_4(
                clock mclk,
                clock bclk,
                out buffered port:32 p_bclk,
                out buffered port:32 p_lrclk,
```

```
                        out buffered port:32 ?p_dout[],
                        int num_out, //4
                        in buffered port:32 ?p_din[],
                        int num_in, //4
                        int master_to_word_clock_ratio,
                        unsigned ?input_fifos[],
                        unsigned ?output_fifos[])
{
  int mclk_to_bclk_ratio = master_to_word_clock_ratio / 64; //512/64 = 8
  unsigned int bclk_val;
  unsigned int lrclk_val = 0xFFFFFFFF;

  timer tmr;      // This is the master timing clock for the audio system. Not used at this time.
  printf("i2s_master_upto_4");

  // You can output 32 mclk ticks worth of bitclock at a time.
  // So the ratio between the master clock and the word clock will affect
  // how many bitclocks outputs you have to do per word and also the
  // length of the bitclock w.r.t the master clock.
  // In every case you will end up with 32 bit clocks per word.
    bclk_val = 0xf0f0f0f0; // 11110000 -- a single bclk.

  // This sections aligns the ports so that the dout/din ports are
  // inputting and outputting in sync,
  // setting the t variable at the end sets when the lrclk will change
  // w.r.t to the bitclock.

  for (int i=0;i<2 ;i++)
    p_dout[i] @ 32 <: 0x00000000;
   // Buffering 32 bit Zeros output to TWO codecs at tick of 32 (after waiting for 32 ticks).

  for (int i=0;i<2 ;i++)
    asm ("setpt res[%0], %1" : : "r"(p_din[i]), "r"(63)); //set each port timer to 63.

  p_lrclk @ 31 <: 0xFFFFFFFF;
        //LRCLK : 32 bit Ones output to LRCK at tick of 31 (after waiting for 31 ticks).

  for (int j=0;j<2; j++) {
    for (int i=0;i<mclk_to_bclk_ratio;i++)    { //8 times.
      p_bclk <: bclk_val;
       //32 bytes = 8 clocks x 8 = 64 clocks of BCLK (a single    full cycle of L/R)
    } // 2 times loop = 128 clocks. Two cycles.
  }

  for (int i=0;i<2;i++)
    p_dout[i] <: 0x00000000; // Buffering 32x2 bit Zeros output.

  while (1) {

       unsigned int timestamp;
       unsigned int active_fifos;// = media_input_fifo_enable_req_state();
       unsigned int sample_in;
       unsigned int sample_out;

#ifdef I2S_SYNTH_FROM
    for (int k=I2S_SYNTH_FROM;k<2;k++) {
      sine_count[k] += sine_inc[k];
      if (sine_count[k] > I2S_SINE_TABLE_SIZE * 256)
        sine_count[k] -= I2S_SINE_TABLE_SIZE * 256;
    }
#endif
    tmr :> timestamp; //if we need to replay. But we do not need here.
```

```
      for (int j=0;j<2;j++) {
        // This assumes that there are 32 BCLKs in one half of an LRCLK
        p_lrclk <: lrclk_val;
        lrclk_val = ~lrclk_val;

        for (int k=0;k<mclk_to_bclk_ratio;k++) {
          p_bclk <: bclk_val; //buffering bclk (32bit. 8 clocks)
          if (k < 2) {
            asm volatile("in %0, res[%1]":"=r"(sample_in):"r"(p_din[k]));
            sample_in = (bitrev(sample_in) >> 8); //swaping bitwise
#ifdef I2S_SYNTH_FROM
            if (k >= I2S_SYNTH_FROM) {
              sample_in = i2s_sine[sine_count[k]>>8]; //override with sine sample.
            }
#endif
          }
      if (k < 2) {
              sample_out = sample_in; //loopback for TEST
              sample_out = bitrev(sample_out << 8);
              p_dout[k] <: sample_out;
          }
        }   // end: for (int k=0;k<mclk_to_bclk_ratio;k++)
      }   // end: for (int j=0;j<2;j++)

      //media_input_fifo_update_enable_ind_state(active_fifos, 0xFFFFFFFF);
    }
}

//48KHz,24bit, mCLK=12.288x2MHz.
void i2s_master_configure_ports(
     i2s_ports_t &i2s,
     out buffered port:32 ?p_dout[],
     int num_out,
     in buffered port:32 ?p_din[],
     int num_in)
{
   printf("i2s_master_configure_ports");

   configure_clock_src(i2s.mclk, i2s.p_mclk);
   start_clock(i2s.mclk);
   configure_clock_src(i2s.bclk, i2s.p_bclk);
   configure_out_port_no_ready(i2s.p_bclk, i2s.mclk, 0);
   start_port(i2s.p_bclk);
   configure_out_port_no_ready(i2s.p_lrclk, i2s.bclk, 0);
   start_port(i2s.p_lrclk);

   for (int i=0;i<num_out;i++) { //2
      configure_out_port_no_ready(p_dout[i], i2s.bclk, 0);
      start_port(p_dout[i]);
   }
   for (int i=0;i<num_in;i++) {
      configure_in_port_no_ready(p_din[i], i2s.bclk);
      start_port(p_din[i]);
   }

   clearbuf(i2s.p_lrclk);
   clearbuf(i2s.p_bclk);
   for (int i = 0; i < num_in; i++) {
      clearbuf(p_din[i]);
   }
   for (int i = 0; i < num_out; i++) {
      clearbuf(p_dout[i]);
```

```
    }
    start_clock(i2s.bclk);
    return;
}

#pragma unsafe arrays
void i2s_master(
                i2s_ports_t &ports,
                in buffered port:32 ?p_din[],
                int num_in,
                out buffered port:32 ?p_dout[],
                int num_out,
                int master_to_word_clock_ratio,
                unsigned ?input_fifos[],
                unsigned ?output_fifos[],
                int clk_ctl_index)
{
    printf("      -- i2s_master --\n");
    i2s_master_configure_ports(
                        ports,
                        p_dout,
                        num_out>>1,
                        p_din,
                        num_in>>1
                        );

    i2s_master_upto_4(ports.mclk,
                    ports.bclk,
                    ports.p_bclk,
                    ports.p_lrclk,
                    p_dout,
                    num_out,
                    p_din,
                    num_in,
                    master_to_word_clock_ratio,
                    input_fifos,
                    output_fifos);
    }

========================== main ==============================
void audio_hardware_setup(void)
{
    printf("audio_hardware_setup():i2c_master, CS2300PLL and WM8731 Codec\n");
    i2c_master_init(i2cPorts);
    audio_clock_CS2300CP_init(i2cPorts);
    //audio_codec_WM8731_init(WM8731_USE_LINE_IO, WM8731_I2C_ADDR, i2cPorts);
    audio_codec_WM8731_init(WM8731_USE_MIC_HP, WM8731_I2C_ADDR, i2cPorts);
}

int main(){
  par{
      on tile[0]: media_clock_server();
      on tile[0]: i2s_master(i2s_ports,
                  p_aud_din, 4,
                  p_aud_dout, 4,
                  MASTER_TO_WORDCLOCK_RATIO,
                  null,//ififos,
                  null,// ofifos,
                  0);
      on tile[1]: audio_hardware_setup();
  }
}
```

제 13 장 Hello Ethernet

지금까지 다루었던 I2C, SPI, I2S, AES/EBU 등은 단거리 전송이거나 저속의 중거리 전송을 수행하는 것이었다. 본 장에서는 가장 상업적으로 성공한 근거리 통신망(Local Area Network) 기술인 이더넷에 대하여 다룬다.

이것은 1980년초에 10Mbps의 LAN용으로 개발된 이후 Token Ring, Fiber Channel, ATM 등의 쟁쟁한 경쟁 기술을 제치고 가장 대중적이고 저렴한 전송 기술로 시장에서 환영을 받으면서 장수하고 있다. 현재 100Gbps까지의 전송 속도도 지원할 수 있게 되었다. 이더넷과 관련된 시스템에는 단말용 Network Interface Card(NIC), 스위치/브리지, 허브, Power over Ethernet 이 있다.

이더넷은 직접 연결된 단말과 단말(또는 라우터)에게 IP와 같은 상위 계층 데이터를 수납하여 전달하는 데이터링크 계층의 기능을 Gbps급으로 100m케이블상에서의 전송 기능을 수행할 수 있는 직렬 평형 전송 기능을 수행하는 물리 계층 및 데이터링크 계층 기술이다.

특히 100Mbps급 이더넷부터는 매체를 공유하지 않고 점 대 점으로 연결되므로 CSMA/CD 기법을 사용하지 않는다. 또한 점 대 점 연결 시 100Mbps급 이더넷은 UTP 케이블상에서 송신로와 수신로가 물리적으로 분리되어 있으므로 전이중 통신이 가능하다.

13.1 100Mbps급 이더넷

(1) 구성과 동작

이것은 100m의 UTP케이블상에서 100Mbps급 이더넷 프레임을 전송하기 위하여, 당시 고가의 전송 기술이었던 FDDI(Fiber Distributed Data Interface) 전송 기술의 UTP 케이블 버전인 CDDI(Copper Distributed Data Interface) 기술에서 사용된 4B5B 인코딩 방식과 Non-Return-to-Zero Inverted(NRZI) 코딩 방식을 사용하였다.

예를 들어 <그림13.1>과 같이 4B5B인코딩에 의해 4비트의 데이터는 '000'은 '11110'로 변환된다. 이어 비트값 '1'일 때마다 전압 레벨을 바꾸는 NRZI코딩에 의해 전압 레벨이 반드시 한번 이상 천이된다. 따라서 적어도 5비트 중에 1이 하나라도 있으면 신호 모양이 변하므로, 수신부에서는 송신측이 전송 시 사용한 송신 클럭의 속도에 맞추어 수신할 수 있는 비트 동기가 가능하도록 한다1. 이러한 NRZI 코딩 방식은 USB에서도 사용되고 있다.

UTP를 사용하는 100Base-TX의 경우에는 NRZI 코드에 대하여 3단계의 신호 레벨을 갖는 MLT-3 (Multiple Level Transition - 3 levels) 인코딩을 추가로 수행한다.

이렇게 4B5B 방식을 사용함으로써 실제 전송률이 125Mbps로 증가되지만 NRZI와 MLT-3 라인 코딩에 의해 UTP 케이블로 100Mbps를 전송할 수 있다. 즉 125Mbps는 NRZI에 의해 최대 62.5 MHz로 되고 MLT-3에 의해 다시 1/2로 되어 최대 31.25 MHz의 symbol rate로 감소되었다. 추가적으로 NRZI 인코더 하부에 스크램블러를 추가함으로써 고주파 방사를 감소시킨다.

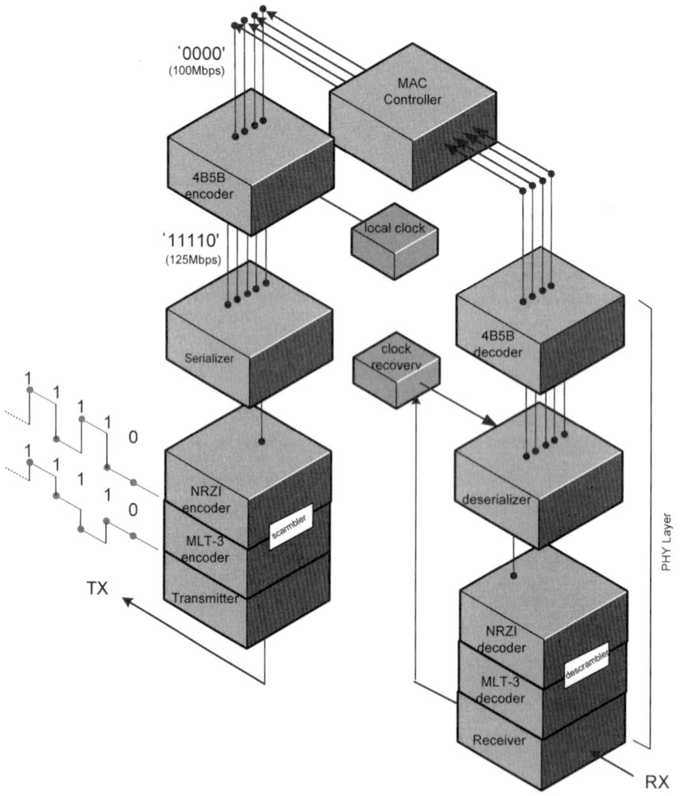

<그림 13.1> 100Mbps 급 이더넷의 송수 기능부의 구조

1 10Mbps의 경우 Manchester 인코딩 방식을 사용하므로 최악의 경우 10MHz의 디지털 신호가 UTP 케이블 상에서 송신된다. 100Mbps급 이더넷에서는 4B5B 인코딩 방식에 의해 동일한 Manchester 인코딩 방식을 사용한다면 125MHz의 디지털 신호가 UTP 케이블에 전송되어야 하는데 이렇게 높은 주파수 성분을 가지는 디지털 신호를 기존 UTP 케이블로는 거의 불가능하다.

(2) 전이중 이더넷 기능

기존의 이더넷은 한 장치가 송신하는 동안에 다른 장치는 수신만 가능한 반이중 방식으로 동작한다. 반면에 송신 및 수신용 전송로를 분리할 수 있도록 광 케이블을 2개 사용하거나 UTP 케이블을 사용하여 스위치와 스위치간 점 대 점 연결이거나 스위치의 한 포트에 직접 LAN 카드를 연결할 경우, 송수신이 동시에 가능하다. 또한 이 케이블상에는 오직 직접 연결된 2개의 이더넷장치만 있으므로 CSMA/CD 과정이 불필요하다.

이러한 이더넷 통신 방식을 전이중(full-dupelx) 이더넷 방식이라고 하며 Kalpana사에서 1993년에 개발하였다. 이러한 전이중 통신은 PC간 직접 연결 시에도 가능하다.

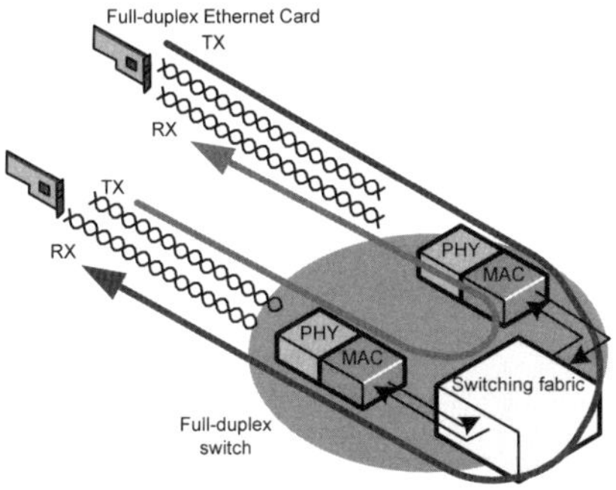

<그림 13.2> 전이중 이더넷의 동작

13.2 이더넷 프레임

(1) 이더넷 프레임 형식

이더넷 프레임은 다음과 같은 2종류이지만 공존할 수 있다.

a) DIX 2.0 프레임 형식

이것은 Digital, Intel, Xerox 등 세 개의 회사연합에 의해 만들어진 최초의 10Mbps급 이더넷에서 사용된 프레임 형식이다.

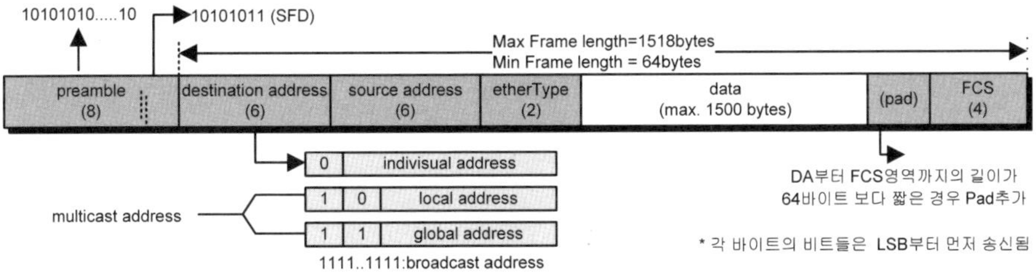

<그림 13.3> DIX2.0 이더넷 프레임 형식

b) IEEE802.3 프레임 형식

IEEE 802 표준화기구에서 토큰 링과 토큰 버스 등 다른 LAN 방식과의 호환성을 고려하여 구성한 프레임 형식이다. DIX 2.0 이더넷의 형식과 일부 상이하지만 공존할 수 있다.

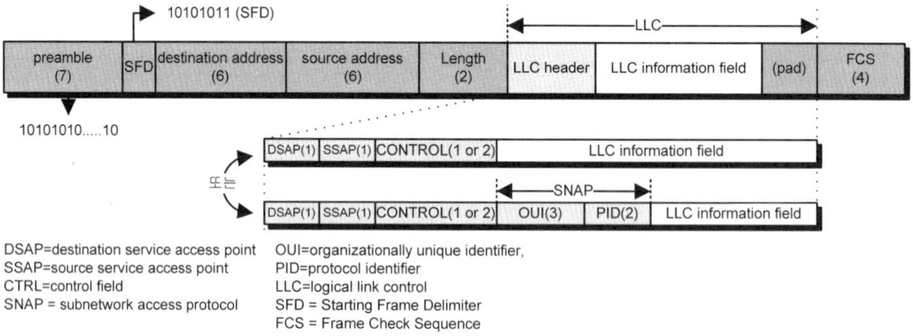

<그림 13.4> IEEE802.3 이더넷 프레임 형식.

(2) 계층 구조

IEEE802.3 표준에 의한 이더넷 시스템의 계층구조는 <그림 13.5>와 같이, 데이터링크 계층이 MAC과 LLC로 분리된 두 개의 부계층(sublayer)으로 구성된다.

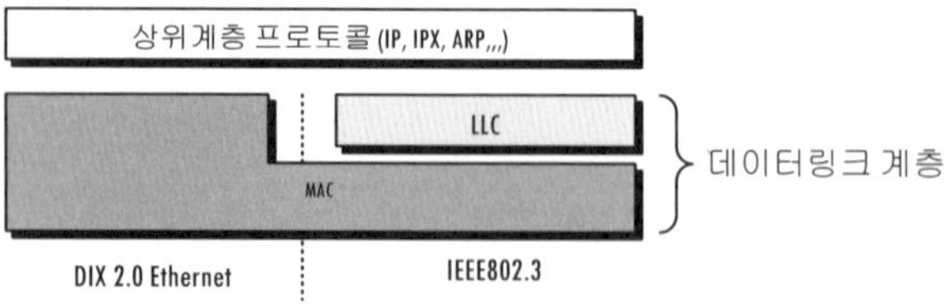

<그림 13.5> IEEE 802.3 과 DIX 2.0 이더넷의 계층 비교.

(3) 각 영역의 기능

DIX2.0 이더넷과 IEEE 802.3은 각각 RFC 894 및 RFC 1042의 표준들이므로 하나의 LAN상에서 이러한 프레임들이 공존할 수 있도록, 모든 이더넷 시스템들은 이들 두 가지 형식의 프레임을 모두 처리할 수 있어야 한다.

이더넷 프레임의 각 영역의 기능은 다음과 같다.

a) 프리앰블(Preamble : 7 또는 8바이트)

수신되는 비트 열로부터 수신 클럭을 추출하여 비트 동기를 맞출 수 있도록 1과 0이 반복되는 비트열로 구성된다. 즉, 프리앰블의 가장 큰 목적은 송신측과 수신측간의 송수신 속도를 일치시키기 위한 비트 동기를 제공하는 것이다.

b) SFD(starting frame delimiter : 1바이트 : 10101011)

이 영역 이후부터 바이트 단위로 조합된 유효한 프레임이 시작됨을 알린다. SFD는 바이트 단위의 동기를 위한 것일 뿐만 아니라, SFD 다음 바이트 열이 프레임의 시작임을 알리는 프레임 단위의 동기화를 제공한다.[2] 이러한 프리앰블과 SFD 영역은 상위 계층으로 전달되지 않는다.

c) Destination address(DA : 6바이트)

목적지 주소이다. 총 6바이트 영역인 목적지 주소는 <그림 3.6>과 같이, 첫 3 바이트는 Block ID 또는 OUI(Organizationally Unique Identifier)라고 불리는 카드 제조회사를 식별하는 코드로 지정되어 있다[3]. 나머지 3바이트는 개별적인 목적지를 식별하는데 사용된다.

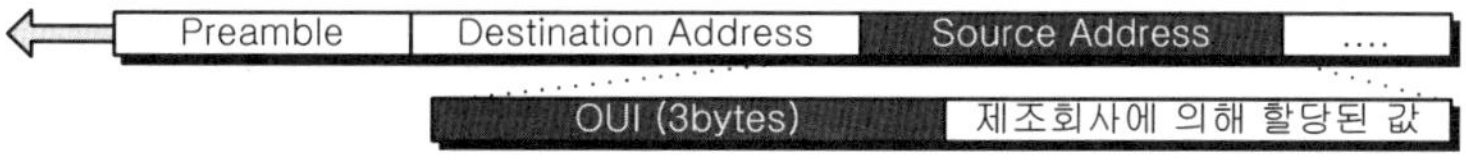

<그림 13.6> 이더넷 주소의 구성

DA 주소는 크게 세 가지 종류로 구성된다.

- Individual address: 첫 번째 바이트의 LSB 값이 0인 주소로서, 각각의 목적지 이더넷 카드의 주소이다. 단말들은 수신되는 이더넷 프레임의 DA 영역이 자신의 이더넷 주소값과 같은 경우에는 이 프레임을 받아들이고, 그렇지 않으면 버린다.
- Multicast address: 첫 번째 바이트의 LSB 값이 1인 주소이며, 이것을 사용하는 예는 RFC-1112에 규정된 멀티캐스트 프로토콜이다.
- broadcast address: 든 비트가 1인 주소는 모든 단말들에 대한 방송용 주소이다.

d) Source address(SA : 6바이트)

송신측 이더넷 주소이다. LAN 카드는 자신의 이더넷 주소를 ROM이나 EEPROM에 기록하고 있다. SA 영역의 첫 번째 바이트의 첫 번째 LSB는 0으로 예약되어 있다.

e) Length/EtherType 영역

IEEE 802.3 CSMA/CD 표준에서는 이더넷 프레임의 정보 영역 길이를 표시한다. 반면에 DIX 2.0 표준에서는 이 영역을 이더넷 프레임의 데이터 부분에 수납된 상위 계층 프로토콜 종류를 지시하는 EtherType 영역으로 사용된다[4].

---

[2] 프리앰블 및 SFD는 모두 MAC 컨트롤러 칩에서 만들어진다. 또한, 프리앰블와 SFD 영역의 전송 중에 충돌이 발생하면, 이 영역의 송신을 완료한 다음, 32 비트의 재밍 신호를 송신하고, 전송을 중지한다.

[3] 이 외의 상세한 규정은 IETF RFC-1340-Assigned Numbers RFC에 있음. 또는 IEEE에서는 OUI 목록을 다음 웹페이지에 유지하고 있다.

[4] 이러한 두 가지 의미가 공존할 수 있도록, EtherType의 값은 항상 0x0600 이상의 값을 가진다. 즉, 이더넷 프레임의 정보 영역 길이는 최대 1500바이트로 제한되므로, 수신된 프레임의 이 영역값이 0x600 (=1536) 이상이면, DIX 2.0 프레임의 EtherType으로 해석하고, 그렇지 않으면, IEEE 802.3 프레임의 길이 영역(정보 영역의 길이를 표시)으로 해석한다.

f) 데이터 영역

IP 등의 상위 계층 프로토콜 또는 LLC 메시지를 수납한다. 최대 허용 길이는 1500바이트이다. 또한 DA부터 FCS 영역까지의 길이가 64바이트 이상 되어야 하는 최소 길이 규정도 준수해야 한다.

g) 패딩

DA부터 FCS까지의 길이가 MAC 프레임 최소길이 규정인 64바이트 보다 짧을 때 0으로 채워야 하는 영역이다. 예를 들어 1바이트의 데이터가 송신되는 경우, 패딩의 길이는 45 바이트이다.

h) Frame Check Sequence(FCS)

프리앰블과 SFD 부분을 제외한 유효한 MAC 프레임의 비트열에서 발생할 수 있는 오류를 검사하기 위해 사용된다.

(4) 각 바이트의 비트 송신 순서

각 바이트의 비트들은 FCS를 제외하고는 모두 LSB부터 송신된다(즉, FCS는 MSB부터 송신된다.) 예를 들어 프리앰블 영역은 다음과 같은 비트열 형태로 송신된다.

```
10101010 10101010 10101010 10101010 10101010 10101011
```

이러한 비트열을 송신하려는 프로그래머는 LSB부터 송신됨을 고려하여 미리 비트순서를 변경시켜야 한다. 즉 프리앰블 영역의 첫 바이트를 송신하려면 다음과 같이 프로그래밍해야 한다.

```
p_tx <: 0x55;
```

이렇게 함으로써 0x55 (=01010101)의 LSB부터 송신된다. 마찬가지로 SFD 송신 시에는, 0xD5(=11010101)을 출력 포트에 write해야 한다.

13.3 이더넷 파라미터

이더넷 시스템이 준수해야 하는 파라미터는 다음과 같다.

- Bit time (BT) : 케이블상에서 1비트가 송신되는 시간이다. 100Mbps 이더넷인 경우 비트타임은 10ns이다.
- Slot time : 이것은 CSMA/CD 동작 시 Preamble의 첫 비트가 송신된 시간부터 충돌 사실이 감지되어 전송을 중지할 수 있는 충분한 시간이며 이것을 collision window라고도 한다. 이 시간은 케이블 양 종단에 위치한 단말간의 충돌을 고려하여 다음 식과 같이 전

파 지연 시간(propagation delay)의 2배 시간에 리피터 및 단말에서의 충돌 감지 지연 시간 등의 safty margin을 더한 것이다. 이것은 4개의 리피터로 연결된 2.5Km 의 이더넷망에서, slot time은 512bit time(=512 x 100ns = 51.2us)으로 규정된다. 즉, 전파 속도가 빛의 0.6배 정도인 2.5km의 동축 케이블은 2500m/(0.6x3x108 m/s) = 13.89us의 전파 지연 시간을 가진다. 따라서, safty margin = 51.2us - 2x13.89us 의 시간이고, 이것은 4개의 리피터에서 겪는 지연 시간 및 두 개의 장치에서 겪는 송신 및 수신 지연 시간의 합을 의미한다[5].

- Minimum frame size : 원래는 자신의 전송 중에 충돌을 감지할 수 있는 최소 프레임 길이(Minimum frame size)는 slot time과 동일한 512비트이어야 한다. 즉, 64byte로 정의되며, DA+SA+Length_field+FCS에 정보 영역을 포함한 길이이다. 그러나 실제 이 프레임이 케이블상에 전송되는 기간은 slot time에 64비트의 프리앰블 및 SFD 부분을 추가한 시간으로서, 512+64 = 576비트 시간(57.6us)이다. 최악의 경우 slot time동안에 충돌 사실을 송신국이 감지할 때 까지 이 프레임의 송신이 완료되지 않도록 보장하는 프레임의 길이가 최소 프레임 길이이다. 이러한 최소 프레임 길이 규정을 보장하기 위하여 길이가 짧은 프레임에 대해서는 송신시 강제로 0으로 코딩된 패딩 부분을 데이터 부분에 삽입하여 64바이트 길이의 최소 길이 요구 조건을 만족시켜 송신해야 한다.
- InterFrameGap(IFG) time : 일단 자신의 프레임 송신을 완료한 장치는 연속된 프레임을 전송하지 못하고, 일단 96BT(=9.6us: 10Mbps Ethernet의 경우)으로 정의된 IFG 시간 이후에라야 다시 송신할 수 있다. 만약 IFG가 없다면 프레임 송신을 완료한 장치가 즉시 다음 프레임을 연속하여 송신하는 채널 독점 현상이 발생한다. 이 경우 이더넷 버스가 busy 상태를 계속 유지하므로 다른 장치는 송신을 할 수 없게 된다. 따라서 IFG를 둠으로서 모든 장치들이 동일한 조건에서 이더넷 버스를 공유할 수 있도록 한다.
- Maximum frame size(maxFrameSize) : 1518바이트이다. 이것은 최대 정보 영역 길이인 1500바이트에 14바이트의 SA+DA+EtherType 영역과 4바이트의 FCS를 합한 값이다. 단 8바이트의 프리앰블 및 SFD는 최대 프레임 길이 규정에 포함되지는 않는다. 참고로 802.1Q의 VLAN인 경우 4바이트의 Qtag가 추가되어 최대 길이는 1522바이트로 증가되었다. 최근 이러한 최대 프레임 길이는 2000바이트로 증가되었다. 이외에 MTU=9000바이트 길이를 가지는 프레임을 Jumbo frame이라고 부르는 것도 있지만 표준은 아니다.

13.4 Media Independent Interface(MII)와 SMI

이더넷의 물리 계층에는 10Mbps부터 10Gbps까지의 다양한 종류가 있다. 또한 100Mbps급 이더넷에도 100Base-TX, 100Base-T4 등 다양한 종류가 있다.

이 경우 상위 계층인 MAC 입장에서는 하부의 PHY가 교체되더라도 MAC과 PHY간에 표준화된 인터페이스 규격이 있다면 필요 시 리셋을 하거나 현재 동작 상태를 질의하여 해당 PHY를 사용하여 이더넷 프레임을 송수신할 수 있을 것이다.

[5] 100Mbps급 이더넷에서는 이러한 충돌 현상이 없으므로 무의미 하지만 기존 방식과의 호환성을 유지하기 위해 정의된다.

100Mbps급 이더넷의 경우, 이를 위한 MAC과 PHY간의 인터페이스를 MII라고 부른다[6]. 이 MII 인터페이스는 25MHz의 속도로 4비트폭, 즉 니블(nibble) 단위의 데이터를 PHY측으로 송신하거나 PHY로부터 수신한다. 뿐만 아니라 MII에는 TxEn, TxC, TxErr, RxDV, RxC, RxErr, CRS 등의 제어신호도 함께 사용된다.

이러한 신호와 데이터는 표준화된 40핀 규격의 MII 커넥터를 통하여 전달된다[7]. 또한 해당 PHY에 대하여 필요 시 리셋을 하거나 현재 동작상태를 질의하는 기능도 추가되어 있다.

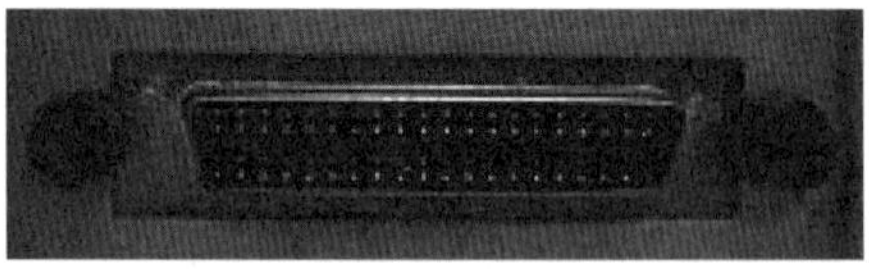

<그림 13.7> 물리적인 MII 커넥터의 예

이러한 100Mbps급 MII인터페이스는 다음과 같은 신호선으로 구성되는데, 이들은 데이터 인터페이스와 관리용 인터페이스로 크게 구분된다.

a) MII데이터 인터페이스

이것은 다음과 같은 신호선을 사용하여 MAC과 PHY간의 이더넷 프레임 송수신과정을 수행한다.

- TXD[3:0]
- TX_EN
- TX_CLK : PHY가 MAC에 제공함에 주의할 것.
- RXD[3:0]
- RXDV(RX Data Valid)
- CRS(Carrier Sense)
- RX_ER (Receive Error)
- RX_CLK

b) SMI 관리용 인터페이스

이것은 MDIO, Media Independent Interface Management(MIIM) , 또는 Serial Management Interface(SMI) 인터페이스라고 하며 PHY칩 내부의 control/status레지스터를 읽거나 쓰는데 사용되는 일종의 직렬버스이다. 이것은 다음과 같은 2개의 신호선으로 구성된다.

- MDIO (Management data I/O)
- MDC (Management data clock)

---

[6] Gigabit의 경우 Gigabit Media Independent Interface(GMII) 및 Reduced Gigabit Media Independent Interface(RGMII) 가 규정되어 있다.
[7] 현재에는 이러한 물리적인 MII 커넥터를 사용하지 않는다.

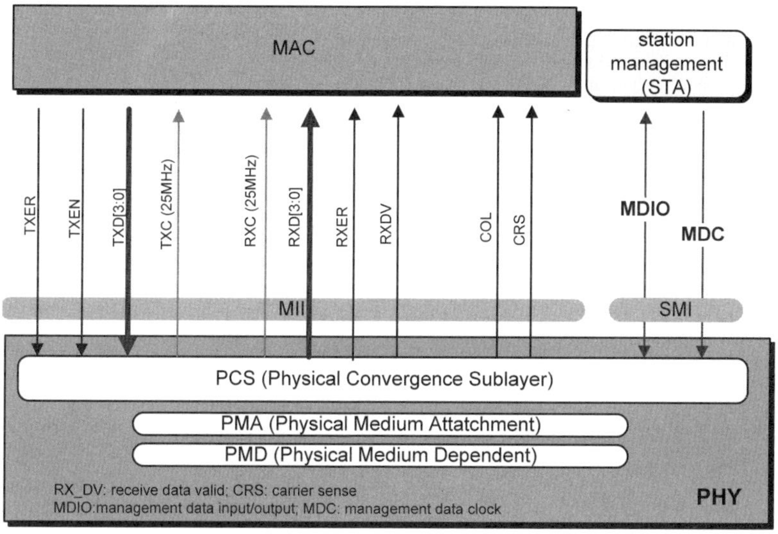

<그림 13.8> MII/SMI 의 구성

13.5 MII 데이터 인터페이스

MII를 통한 데이터 송신 및 수신용 인터페이스의 동작은 다음과 같다.

(1) 송신 데이터 인터페이스

MAC의 송신부는 transmit enable(TXEN) 신호를 활성화하면서 PHY로부터의 25MHz transmit clock (TXCLK)의 상승 엣지에 동기된 4비트 데이터(TXD[3:0]를 송신한다. 송신 시 사용되는 데이터 및 신호선의 구성은 다음과 같다.

- TXD[3:0] : MAC이 송신하는 4비트 데이터로써 프리앰블에서 FCS영역까지의 이더넷 프레임의 일부이다[8].
- TX_EN : 송신시 1로 설정된다.
- TX_CLK : PHY가 MAC에 공급하는 25 MHz클럭이다[9]. 이 클럭의 상승 엣지에서 TXD 4비트를 송신한다.
- TX_ER : 수신된 데이터 열에 오류를 발견한 경우 발생되는 RX_ERR 신호에 대하여 이것을 상대방 송신측에게 이를 통보하기 위해 MAC이 생성하는 신호이다. 즉 이것은 RX_ER 신호에 대한 일종의 루프백 신호로써 대부분의 경우 이 신호선을 사용하지 않는다.

---

[8] 이더넷의 프리앰블은 모두 MAC 계층에서 생성하고 처리한다.
[9] TXCLK은 MAC이 아니라 PHY에서 공급됨에 주의하라.

(2) 수신 데이터 인터페이스

MAC에 대하여 PHY는 수신되는 프리앰블 영역부터 시작되는 이더넷 프레임에 대하여 4비트 단위의 RXD로 전달하면서 유효한 데이터인 경우 receive data valid(RXDV)를 1로 설정한다. 또한 25MHz의 수신 클럭(RXCLK)도 공급한다. 수신 시 사용되는 데이터 및 신호선의 구성은 다음과 같다.

- RXD[3:0] : PHY에서MAC으로의 4비트 수신 데이터로써 프리앰블에서 FCS 영역까지의 이더넷 프레임을 구성하는 데이터이다.
- RXDV : 4비트의 RXD가 유효할 경우 이 사실을 MAC에 알린다.
- RX_CLK : PHY에서 수신 신호들로부터 복원된 25MHz의 클럭으로써 MAC에 공급된다. MAC은 이 클럭의 상승 엣지에서 RXD의 4비트를 래치한다.
- CRS : Carrier Sense 신호로써 송수신 시 모두 1로 MAC에 알린다. 100Mbps로 동작 시 무의미하다.
- RX_ER : 수신된 데이터열에 오류를 발견한 경우 이를 MAC에 통보하는 Receive Error신호이다. 결국 이 신호는 MAC에서 TX_ER 신호로 변환되어 송신된다. 단말의 경우 사용되지 않는다.

<그림 13.9>은 전송되는 MAC 프레임이 MII를 통하여 nibble 형태의 병렬 전송되는 방법을 도시한 것이다. 802.3 MAC 프레임은 각 비트의 LSB부터 먼저 송신되므로 MII로 전달되는 nibble은 LSB부터 4비트가 먼저 전달되고 난 다음, 나머지 4비트가 전달된다.

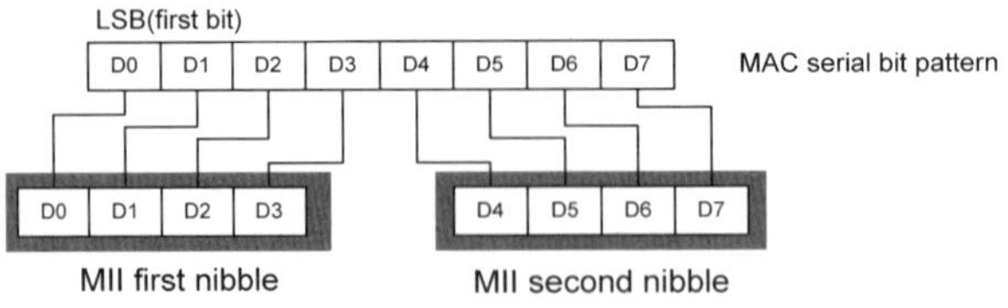

<그림 13.9> 4 비트 단위의 전송

(3) MII 데이터 인터페이스의 타이밍도

MII인터페이스를 통한 프레임의 송수신 절차는 다음과 같다. 본 교재에서는 정상적인 경우에만 다루도록 한다.

a) 송신 과정

MII를 경유한 이더넷 MAC 프레임의 정상적인 전송 과정은 <그림 13.10>과 같다. 한 CLK 기간 동안에 4비트의 nibble 단위로 전달되므로 100Mbps 송신 가능하다. 송신 시 MAC은 PHY에서 공급되는 25MHz TXCLK의 하강 엣지마다 4비트의 nibble씩 전송하고, 전송 중에는 TX_EN 제어 신호를 활성화시킨다[10].

---

[10] 이렇게 송신 시 하강 엣지를 사용하는 것은 수신측이 상승 엣지에서 데이터/신호값을 latch하기 편하도록 하기 위함이다.

송신이 지속되는 경우 자신의 송신에 의해 전송 매체에 캐리어가 발생하므로 당연히 캐리어 감지 신호(CRS)가 ON된다[11]. 이후 MAC은 이 프레임의 송신 완료 시 TX_EN 신호를 비활성화 시킨다.

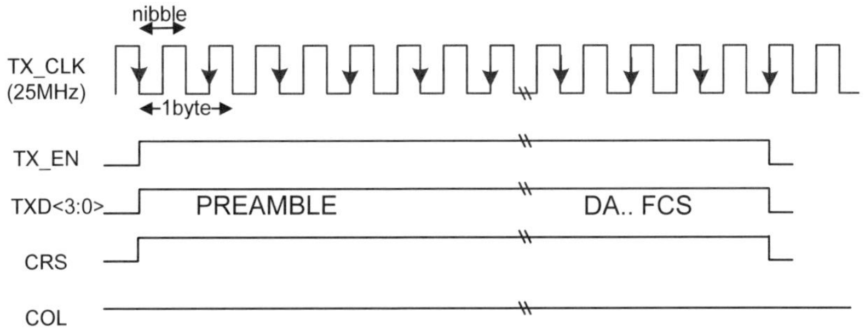

<그림 13.10> 송신 과정

b) 수신 과정

PHY에서 MAC으로의 프레임 수신 과정은 <그림 13.11>과 같다. PHY가 MAC으로 보고하는 RX_DV(rx_data_valid) 신호는 PHY 계층이 수신한 신호에서 RXCLK과 수신 비트 열을 정확하게 복원하여 nibble 데이터를 RXD<3:0> 라인을 통하여 MAC에 전달할 수 있을 때 ON된다.

일단 RX_DV 신호가 ON되면, 25MHz의 RX_CLK에 맞춰 프리앰블 부분과 SFD 영역으로 구성되는 프레임 헤더의 앞 부분부터 nibble 단위씩 MAC 계층으로 전달된다. 이때 PCS에서 보고되는 CRS(carrier sense) 신호는 현재 상태가 수신 중이므로 당연히 ON되어 있다.

MII가 MAC으로 전달하는 RXD의 각 nibble은 RXCLK의 하강 엣지에서 생성되므로 이를 받아 처리하는 MAC은 RXCLK의 상승 엣지에서 해당 nibble을 래치하면 된다.

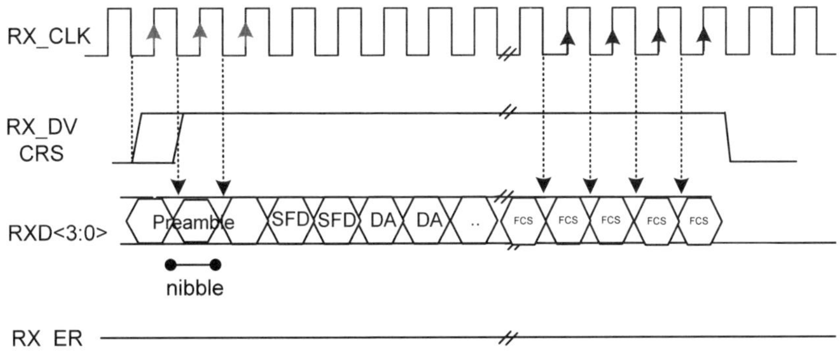

<그림 13.11> 수신 과정

[11] 상용화된 PHY 칩에서는 이러한 CRS 신호 핀을 사용하지 않기도 한다.

13.6 SMI(Serial Management Interface)

(1) 개요

100Mbps급 이더넷 전용 40핀의 MII 커넥터에는 데이터 관련 송수신 핀 외에도 별도의 직렬 버스인 Serial Management Interface(SMI)가 있다. 이를 Management Data Input/Output(MDIO) 또는 Media Independent Interface Management(MIIM)라고도 부른다.

MAC 또는 외부 스위칭 모듈은 이를 통하여 PHY 내부에 있는 일련의 레지스터에 접근하여 각종 동작(관리용) 파라미터를 설정하거나 읽는다.

이것은 I2C 버스와 유사한 open drain 버스이므로 pull-up 저항으로 연결되어야 하며, 최대 32개의 PHY 모듈을 멀티드롭 버스 형태로 연결하여 제어할 수 있다.

(2) 구성

SMI 버스는 2개의 선로로 구성된다.

- MDIO Management data I/O(MDIO) : 이것은 양방향 직렬 데이터 선로이다.
- MDC Management data clock(MDC) : MAC이 PHY에 공급하는 최대 2.5MHz 클럭이다.

MDIO 데이터 선로는 PHY측에 장착된 1.5K~10KR의 저항으로 pull-up시켜 idle 및 turnarround시 MDIO 신호값을 High로 유지되도록 한다. 이것은 양방향 전송로써 MAC은 해당 레지스터에 대하여 write 또는 read할 수 있다. 이때 전송되는 정보들의 전달 속도는 마스터인 STA 기능부가 제공하는 최대 2.5MHz 의 MDC(management data clock)로 결정된다.

MII의 신호 레벨은 3.3V 또는 5V의 TTL signal level이 사용된다. 따라서 각 인터페이스는 이러한 2가지 전압을 모두 수용해야 하지만 일부 칩은 3.3V에만 동작하므로 주의해야 한다.

(3) STA

여러 개의 PHY 포트가 장착되는 멀티포트 스위치나 허브의 경우, 각 포트에 대한 초기화, 동작 설정 및 상태 정보 수집 등을 MIIM을 통하여 수행하며 이를 주도적으로 수행하는 일종의 마스터 기능부를 station management(STA) 기능부라고 한다. 이것은 소프트웨어 또는 하드웨어로 구현된다.

이 STA 기능부는 각 PHY별로 할당된 최대 32개의 매니지먼트용 레지스터의 내용을 설정하거나 읽어 AN 기능과 PHY 칩에 대한 리셋 및 초기 설정과 동작 상황 읽기 등으로 사용된다. 또한 <그림 13.12>와 같이 STA는 접속 가능한 최대 32개의 상이한 종류의 PHY들에 대한 접근이 가능하다.

STA는 각 PHY들에 대한 제어를 위하여 2.5MHz의 MDClock(MDC)에 동기된 특별한 MII 매니지먼트 프레임을 MDIO 데이터 선로에 전송한다. 이 MDC와 MDIO 선로는 멀티드롭 형태로 모든 PHY에 공유되어 있으므로, 각 PHY에 대한 식별용으로 이 매니지먼트 프레임헤더에는 PHY 주소 영역이 있다. 이를 이용하여 STA는 PHY 장치에 대한 동작 설정 및 동작 상태 보고 요청을 할 때, MDIO를 통하여 write 또는 read 메시지를 슬레이블인 PHY 장치에 송신한다.

이 메시지에 대하여 PHY 장치는 자신의 리셋, 루프백 모드 설정 및 auto-negotiation 과정의 활성화/비활성화의 선택, PHY과 MII간의 전기적인 분리, 충돌 과정, 검사 과정의 활성화 여부를 설정한다. 또한 Read 명령에 대하여 자신의 PHY device 종류인 100Base-T4, FDX 100Base-X, HDX 100Base-X, 10Mbps FDX, 또는 10Mbps HDX 인지를 보고하기도 한다.

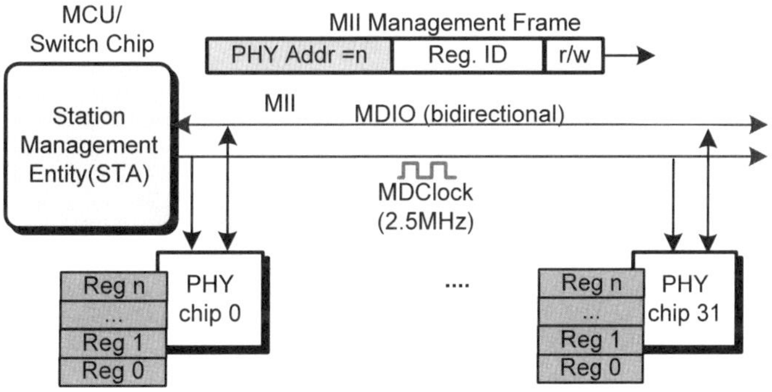

<그림 13.12> SMI 구조

13.7 MII 관리용 인터페이스(SMI)의 동작 절차

(1) MDIO 프레임 형식

STA가 PHY에 명령을 쓰거나 PHY 내부 동작 상태를 읽어보기 위하여, PHY 장치에 SMI 직렬버스상에 전송하는 Read/Write용 SMI 프레임 구조는 <그림 13.13>과 같다. SMI 버스에는 하나의 마스터와 최대 31개의 PHY 슬레이브 장치가 멀티드롭되어 다중 연결될 수 있으므로 PHY 주소 영역이 있으며 각 바이트의 비트는 MSB부터 전송됨에 유의하라.

	preamble	start of frame	operation code	PHY address	register address	turn around	data	Idle
write (command)	1111.1111 (32bits)	01	**01** (write)	5bits	5bits	**10** (2bits)	16bits (레지스터 value)	Z
read (status)	1111.1111 (32bits)	01	**10** (read)	5bits	5bits	**z0**	16bits (레지스터 value)	Z

*Z=high-impendance

<그림 13.13> SMI 프레임 구조

이 프레임의 구성 요소는 다음과 같다.

- 프리앰블(32비트) : 32개의 '1'인 비트로써 PHY 장치들이 마스터에 대한 클럭 동기를 맞추도록 하는데 사용된다.
- Start of Frame Delimiter (2비트) : <01>로서, '1'이 반복되는 프리앰블 이후에 '0'다음에 '1'이 있으면, 이 SMI 프레임의 데이터 부분의 시작을 알 수 있도록 한다.
- Operation Code (2비트): <01>은 write의 의미이며, <10>은 read의 의미이다. 참고로 10기가비트 이더넷의 경우 <00>과 <11>이 더 추가되어 있다.
- PHY address(5비트) : 하나의 MAC 장치에 여러 종류의 PHY 모듈이 접속되어 있는 경우 이들을 식별하기 위한 값이다. 최대 32개의 PHY를 식별할 수 있다. 참고로 10기가비트 이더넷의 경우 이 주소를 포트 주소라고 한다.
- 레지스터 주소(5비트) : 각 PHY에 내장된 최대 32개의 레지스터를 식별하기 위한 것이다. 이들 중에서 control 레지스터는 <00000>이고, status 레지스터는 <00001>로 규정되어 있다. 10기가비트 이더넷의 경우 이 주소를 MDIO manageable device(MMD) 주소라고 한다.
- Turn arround 비트(2비트) : STA가 레지스터의 설정값을 read할 때를 보자. 이를 위해 먼저 STA는 자신의 MDIO 포트를 출력 상태로 설정한 후 PHY device에게 프레임의 레지스터 주소 영역까지만 우선 송신한다. 이어 STA는 PHY device로부터의 응답 비트열을 수신하기 위해서는 자신의 MDIO 포트의 상태를 입력 상태로 전환해야 한다. 대부분의 MCU가 그렇듯이 해당 포트의 상태를 전환할 경우 일부 지연 시간이 요구된다. 이를 위하여 STA와 PHY device 모두 1비트 시간 동안 Z(high-impedance) 상태에 머물렀다가, PHY device 측이 비트 0값을 시작으로 상태 정보 데이터를 STA 측에 송신할 수 있도록 한다. 반면에 write 시에는 단방향 전송이므로 이 기간 동안 STA는 1 및 0인 2비트 모두를 전송한다.
- 데이터(2바이트): 지정된 PHY의 지정된 레지스터의 내용이다.
- IDLE : 매니지먼트 프레임간의 간격 구분용의 Interframe Space라고 할 수 있으며 high-impedance로 설정된다.

(2) 읽기 동작

<그림 13.14>를 보자. 이것은 STA가 read 동작 수행 시 MDIO 프레임이 MDC에 맞추어 전송되는 예를 도시한 것이다. 특정 PHY의 특정 레지스터의 내용을 읽기 위하여 일단 STA는 32개의 1로 구성된 MIIM용 메시지의 첫 부분인 preamble을 MDIO 선로상에 송신한다. 이 기간 동안 데이터는 1로 유지되고 MDC클럭만 변화한다.

이어 16비트의 제어 비트(read/write표시, PHY 주소값, 레지스터 주소값)를 송신한다. 이어 MAC의 송신 상태를 수신 상태로 전환하기 위한 trun-around 비트 기간 이후 PHY로부터의 16비트 데이터를 수신한다. 이 과정에서 MAC이 MDIO선로상에 데이터 비트 값을 전송할 경우 MDC의 상승엣지의 10ns이전부터 상승 엣지의 10nsec이후까지(즉, 20nsec동안) 유효한 데이터 비트값을 표출해야 한다. 슬레이브는 MDC클럭의 상승 엣지에서 MDIO 데이터를 래치한다.

반면에 PHY가 MDIO 선로상에 데이터 비트를 전송할 경우 MDC의 상승 엣지 이후에 천이하여 다음 상승 엣지 이전까지 유지되도록 한다.

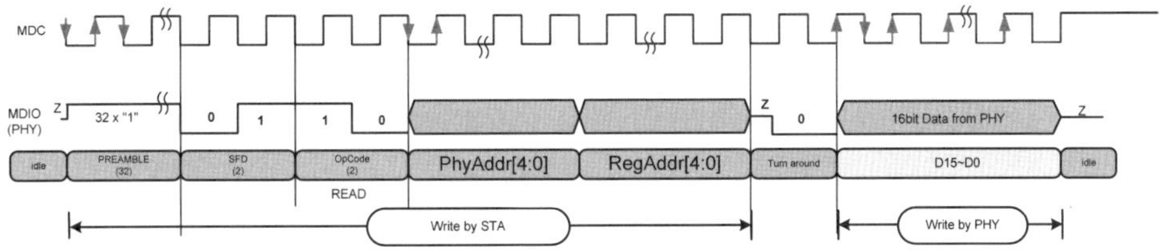

<그림 13.14> SMI Read 동작

(3) 쓰기 동작

STA가 {특정 PHY, 특정 Reg, 설정값}의 비트열을 연속 전송한다. 이 과정에서 데이터 영역 이전의 turn around 영역은 사실 의미가 없으며 단지 데이터 부분의 시작을 의미한다.

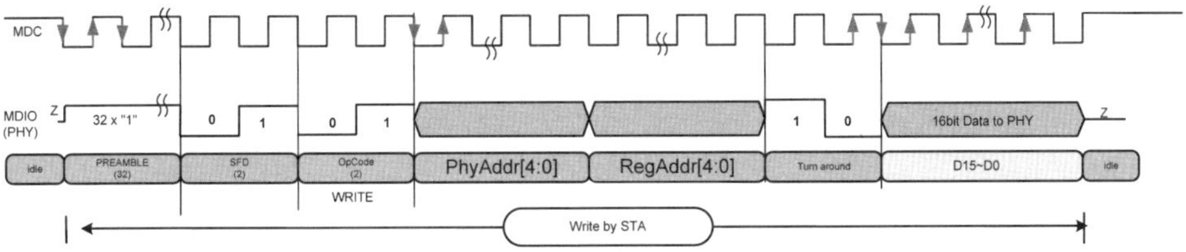

<그림 13.15> SMI Write 동작

13.8 PHY 내부 레지스터

(1) 레지스터의 종류

모든 이더넷 PHY 내부에는 다음과 같은 레지스터를 필수적으로 탑재한다.

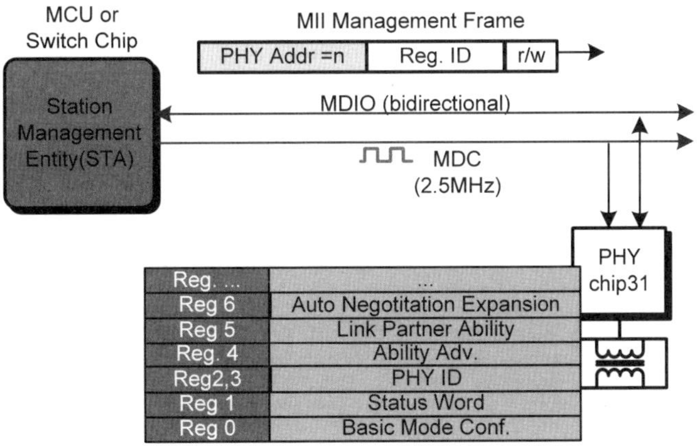

<그림 13.16> PHY 내부 레지스터의 구성

- 0번 레지스터 : Control
- 1번 레지스터 : Status Word
- 2,3번 레지스터 : PHY Identification
- 4번 레지스터 : Ability Advertisement
- 5번 레지스터 : Link Partner Ability
- 6번 레지스터 : Auto Negotiation Expansion

PHY 장치에 대한 제어 및 상태정보를 기록하거나 읽기 위하여, control(또는 command) 레지스터 및 status 레지스터 등 두가지의 기본적인 레지스터와 확장 레지스터(extended mode의 경우)가 필요하다.

이러한 레지스터들의 종류는 <표 13.1>과 같으며, 이러한 레지스터들 중에서 가장 기본적인 레지스터인 control 레지스터 및 status 레지스터의 각 비트 값은 <표 13.2>와 <표 13.3>과 같이 정의되어 있다. 일부 상용 칩에는 16~31번 레지스터를 활용하여 나름대로의 추가 데이터를 설정하고 있다. 이 외의 상세한 레지스별 규격은 IEEE802.3 규격이나 리눅스의 MII관련 헤더 파일인 "include/linux/mii.h"을 참조하라.

<표 13.1> MDIO용 기본 레지스터의 종류

레지스터 주소	레지스터 이름	basic/ extended	r/w
0	Control	b	R/W
1	Status	b	RO
2,3	PHY identifier[2]	e	RO
4	Auto-negotiation Advertisement	e	R/W
5	Auto-negotiation Link Partner Ability	e	RO
6	Auto-negotiation Expansion	e	RO
7	Auto-negotiation Next Page Transmit	e	R/W
8	Auto-negotiation Link Partner Received Next Page	e	RO
9	master-slave Control Regitster(100BaseT2 전용)	e	R/W
10	master-slave Status 레지스터(100BaseT2 전용)	e	RO
11-14	PSE, MMD 관련 레지스터	e	R/W 또는 RO
15	Extended Status 레지스터(GMII에서는 basic)	Rsvd/B	R/W
16-31	vendor-specific	Vendor	RO

(2) PHY 내부 레지스터 접근 방법

각 PHY는 5비트의 PHY 주소 영역으로 식별된다. 그리고 각 PHY 내부의 레지스터들은 5비트 길이의 레지스터 주소 영역에 의해 다시 식별된다. 참고로 기가비트 이더넷의 경우에는 이를 확장하여 최대 65536개의 레지스터를 지정할 수 있다.

(3) Control 레지스터(레지스터 0) 상세

AN 기능부를 enable/disable, restart를 지시하거나, AN 기능이 활성화되지 못할 때 수동으로 설정할 수 있도록 한다. 수동으로 설정할 경우에는 반드시 상대방의 지원 가능한 기능을 사전에 알고 있어야 한다. 특히 PAUSE 비트(PS1, PS2)들은 특히 신경을 써서 설정되어야 이후의 데이터 교환이 가능해 진다. 이 레지스터의 구성은 다음과 같다.

<표 13.2> Control 레지스터의 비트 값(레지스터 0)

Register Bit	Name	Description	Mode	Default
0.15	Reset	1 = PHY reset.	RW/SC	0
0.14	Loopback	1 = Enable loopback mode 0 = Normal operation	RW	0
0.13	Speed select(LSB) (수동 설정 시)	0.6 0.13 1 1 Rsvd 1 0 1000Mbps 0 1 100Mbps 0 0 10Mbps	RW	
0.12	ANeg enable	1 = enable auto-negotiate process. 0 = Disable auto-negotiate process.	RW	0
0.11	Power-down	1 = power-down. 0 = Normal operation.	RW	0
0.10	Isolate	1 = N/A 0= Normal operation.	R	0
0.9	Restart ANeg	1 = Restart auto-negotiate process. 0 = Normal operation.	RW/SC	0
0.8	Duplex mode	1 = Full-duplex(수동 설정시) 0 = Half-duplex(수동 설정시)	RW	
0.7	Collision test	1 = Enable collision test. 0 = Disable COL test.	RW	0
0.6	Speed selection(MSB)	Bit 13과 함께 속도 설정	RW	0000000
0.[5:0]	N/A			

(4) Status 레지스터(레지스터 1) 상세

다음과 같이 해당 PHY가 망에 접속된 상태를 표시하는 비트열로 구성된다.

<표 13.3> MDIO용 status 레지스터의 비트 값(1번 레지스터)

bit	name	comment
1.15	100BaseT4	PHY가 현재 100BaseT4 를 지원하고 있음을 표시함.
1.14	100BaseX FDX	PHY가 현재 전이중 모드로 동작함을 표시함.
1.13	100BaseX HDX	PHY가 현재 반이중 모드로 동작함을 표시함.
1.12	10Mbps FDX	PHY가 현재 전이중 모드로 동작함을 표시함.
1.11	10Mbps HDX	PHY가 현재 반이중 모드로 동작함을 표시함.

1.10	100Base-T2 Full-dupex	100Base-T2 PHY에 대한 전이중 모드로 동작함을 표시함
1.9	100Base-T2 HDX	100Base-T2 PHY에 대한 전이중 모드로 동작함을 표시함
1.8	Extended Status	1= 레지스터 15(Extended 레지스터)가 추가로 있음 0= 없음
1.7	reserved	
1.6	MF Preamble Suppression	PHY가 preamble spression된 매니지먼트 프레임을 수신할 수 있음을 표시함.
1.5	Auto-negotiation done	Auto-negotiation 동작이 완료하였음을 표시함.
1.4	remote fault detected	상대방이 현재 고장나 있음을 표시함(detected/No)
1.3	Auto-negotiation ability	PHY가 Auto-negotiation 기능이 있음을 표시함(Y/N)
1.2	Link status	링크가 정상적인지 아닌지를 표시함(Up/Down)
1.1	Jabber Detect	Jabber를 감지하였음을 표시함(detected/No)
1.0	Extended capability	Extended 레지스터가 구현되어 있음을 표시함(extended/basic only)

(5) 레지스터 2,3 (PHY ID 레지스터):

이 두 개의 레지스터로 조합되는 4바이트의 값은 PHY 장치의 제조회사, 모델 번호 및 개량 번호를 표시한다.

기본적으로 제조회사를 나타내는 Organization Unique Identifier(OUI)는 원래 3바이트이므로, 이 제조회사 번호와 모델 번호 및 개량 번호를 모두 4바이트에 담기 위하여, 다음과 같이 OUI 코드의 일부만 PHY ID값으로 사용된다.

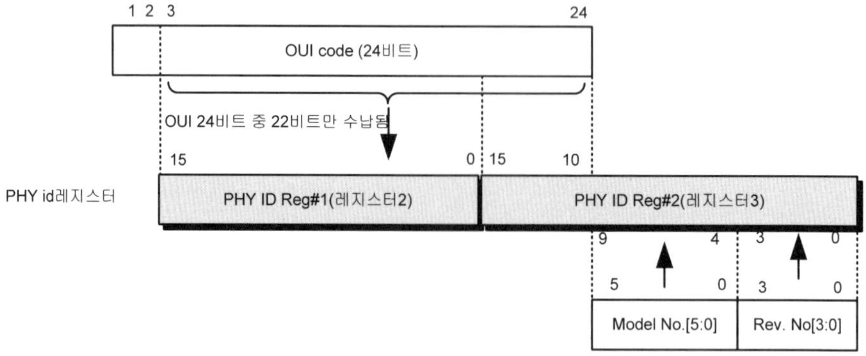

<그림 13.17> PHY ID 레지스터의 구성

(6) AN advertisement 레지스터(레지스터 4) (R/W)

이 레지스터에는 자신의 기본 기능(base page)을 광고한 결과가 다음 표와 같은 형식으로 저장된다.

<표 13. 4> AN Advertisement 레지스터

Bits	이름	R/W
4.15	Next Page	R/W
4.14	rsvd	RO
4.13	Remote Fault	R/W
4.12:5	Technology Ability Field	R/W
4.4:0	Selector Field	R/W

이 중에서 자신의 capabiltity를 알리는 Technology Ability 영역에는 다음과 같은 Techonoloby ability 레지스터의 내용이 수록된다.

<표 13.5> Techonoloby ability 레지스터

Bit	Technology	Minimum cabling requirement
A0	10BASE-T	Two-pair category 3
A1	10BASE-T FDX	Two-pair category 3
A2	100BASE-TX	Two-pair category 5
A3	100BASE-TX FDX	Two-pair category 5
A4	100BASE-T4	Four-pair category 3
A5	PAUSE 지원	N/A
A6	Asymmetric PAUSE 기능 지원	N/A
A7	Reserved for future technology	

예를 들어, 10Base-T 반이중 기능만 있다면 Reg. 4의 비트 12:0은 다음과 같이 설정된다.

<표 13.5> Auto-Neotiation Advertisement 레지스터(Reg.4)

Register Bit	Name	Description	Mode	Default
4.5	10BASE-T	1 = 10BASE_T half-duplex capable 0 = Not 10BASE_T half-duplex capable	RW	
4.[4:0]	Selector field	Protocol Selection[00001] = IEEE 802.3	RO	00001

[주의] 이러한 레지스터 4는 1000Base-X의 경우 상이하게 사용됨에 주의하라.

(7) AN link partner ability base page 레지스터 (레지스터 5)

이 레지스터에는 상대방이 광고한 능력(즉, 상대방이 송신한 레지스터 4의 내용)이 저장된다.

<표 13.6> Link partner ability 레지스터(base page) (Reg 5)

Bits	이름	R/W
5.15	Next Page	RO
5.14	Acknowledge	RO
5.13	Remote Fault	RO
5.12:5	Technology Ability Field	RO
5.4:0	Selector Field	RO

이들의 각 비트들은 상대방의 base page 레지스터 내용(즉, 상대방의 Reg. 4) 값과 일치한다. 성공적으로 Auto-Negotiation이 수행되면, Status 레지스터의 Auto-Negotiation Complete bit(1.5)가 1로 설정된다.

또는 AN expansion 레지스터(6)의 Page Received bit (6.1)가 1로 설정된 경우에도 상대방으로 부터 관련된 페이지가 완전히 수신된 경우를 나타낸다. Technology ability영역의 상세 구성은 다음과 같다.

<표 13.7> AN link partner ability base page 레지스터(Techonology ability영역을 명시한 경우)

Register Bit	Name	Description	Mode	Default
5.15	Next page	1 = Link partner desires next page transfer. 0 = Link partner does not desires next page transfer.	RO	0
5.14	Acknowledge	1 = Link partner acknowledge reception of FLP words. 0 = Not acknowledged by link partner.	RO	0
5.13	Remote fault	1 = Remote fault indicated by link partner. 0 = No Remote fault indicated by link partner	RO	0
5[12:10]	Reserved	For future technology.	RO	000
5.9	100BASE-T4	1 = 100BASE-T4 supported by link partner. 0 =100BASE-T4 not supported by link partner.	RO	0
5.8	100BASE-TX full-duplex	1 = 100BASE-TX full-duplex supported by link partner. 0 =100BASE-TX full-duplex not supported by link partner.	RO	0
5.7	100BASE-TX	1 = 100BASE-TX half-duplex supported by link partner. 0 =100BASE-TX half-duplex not supported by link partner.	RO	0
5.6	10BASE-TX full-duplex	1 = 10 Mbps full-duplex supported by link partner. 0 =10 Mbps full-duplex not supported by link partner.	RO	0
5.5	10BASE-T	1 = 10 Mbps half-duplex supported by link partner. 0 =10 Mbps half-duplex not supported by link partner.	RO	0
5.[4:0]	Selector field	Protocol selection[00001] = IEEE 802.3	RO	00001

(8) AN expansion 레지스터 (레지스터 6)

이 레지스터는 추가적인 정보를 표시한다. 즉, parallel detection 기능의 성공 여부, Next page를 송수신할 수 있는지의 여부, 상대방의 AN 기능 지원 여부 등을 표시한다. 이 레지스터의 내용을 다음과 같다.

<표 13.8> AN expansion 레지스터

Bit(s)	Name	Description	R/W	Default
6.15:5	Reserved	Write as zero, ignore on read	RO	0
6.4	Parallel Detection Fault	1 = A fault has been detected via the Parallel Detection function. 0 = A fault has not been detected via the Parallel Detection function.	RO/ LH	0
6.3	Link Partner Next Page Able	1 = Link Partner is Next Page able 0 = Link Partner is not Next Page able	RO	0
6.2	Next Page Able	1 = Local Device is Next Page able 0 = Local Device is not Next Page able	RO	0
6.1	Page Received	1 = A New Page has been received 0 = A New Page has not been received	RO/ LH	0
6.0	Link Partner Auto-Negotiation Able	1 = Link Partner is Auto-Negotiation able 0 = Link Partner is not Auto-Negotiationable	RO	0

- Parallel Detection Fault bit(6.4) : autoneg_wait_timer가 만기되었을 때, NLP를 수신하였거나, 100BASE-TX/100BASE-T4 PMA들이 정상적으로 작동하는 경우(link_status=READY)를 표시할 때 1로 설정된다. 즉, Parallel Detection Fault=1의 의미는 AN 기능에 의해 상대방의 기능을 알아낸 것이 아님을 나타낸다.
- Link Partner Next Page Able bit(6.3) : 상대방이 Next Page 송수신 기능이 있음을 표시한다.
- Next Page Able bit(6.2) : 자신이 Next Page의 송수신 기능이 있음을 표시한다.
- Page Recei ed bit(6.1) : 새로운 페이지(base page나 next page)를 상대방으로부터 수신하여, AN link partner ability base(5) 또는 next page (8)레지스터에 저장 완료하였음을 표시한다. 이 6번 레지스터를 읽고서, 0으로 리셋시켜야 한다.
- Link Partner Auto-Negotiation Able bit(6.0) : 상대방이 AN 기능을 지원할 수 있음을 표시한다.

(9) AN next page transmit 레지스터 (레지스터 7)

이것은 자신이 송신할 next page 의 내용을 저장하고 있다. 그 내용은 다음과 같다.

<표 13.9> AN next page transmit 레지스터

Register Bit	Name	Description	Mode	Defaul t
7.15	NP	1 = Another next page transfer desired. 0 = No Another next page transfer desired.	RW	0
7.14	Reserved			0
7.13	MP	1 = Message page. 0 = Unformatted page.	RW	1
7.12	ACK2	1 = Complies with message. 0 = Cannot comply with message.	RW	0
7.11	TOG_TX	1 = Previous value of transmitted link code word equals to 0. 0 = Previous value of transmitted link code word equals to 1.	RW	0
7.[10:0]	Code	Message/Unformatted code field	RW	001

(10) AN link partner (received)ability next page 레지스터 (레지스터 8)

상대방이 광고한 next page(즉, 상대방 레지스터 7의 내용)를 수신하여 이곳에 저장한 것이다. 여기서 Ack2 비트는 수신측이 이 기능의 지원이 가능함을 표시한다.

<표 13.10> AN link partner ability next page 레지스터

Bit(s)	Name	R/W
8.15	Next Page	RO
8.14	Acknowledge	RO
8.13	Message Page	RO
8.12	Acknowledge 2	RO
8.11	Toggle	RO
8.10:0	Message/Unformatted Code Field	RO

13.9 AVB 기술

최근 이더넷은 DVD, 디지털 TV, 디지털 오디오 장치 등과 같은 실시간 트래픽을 생성하고 재생하는 디지털 미디어 장치들간의 전송 기술에도 적용되고 있다[12]. 이를 표준화한 Audio/Video Bridging(AVB) 기술은 IEEE802.1AS 시간 동기 기술, IEEE802.1at 스트림 예약절 차, IEEE802.1av 브리징 기술 등으로 구성된다. 현재 100Mbps급 이더넷 기반의 디지털 음향 기기 연결을 지원한다. 최근에는 이 기술을 자동차내 제어 통신 방식으로 활용하려는 시도도 있다.

또한 이 기술을 발전시켜 1Gbps 이더넷에서 4usec이하의 브리지 지연을 제공하거나 100Mbps 이더넷에서 100usec이하의 낮은 지연 시간을 제공하면서 내고장성도 함께 제공하여 자동차 내부 제어 통신망 기술로 채택되고자 하는 time-sensitive networking 기술에 대한 표준화도 IEEE802.1에서 진행되고 있다.

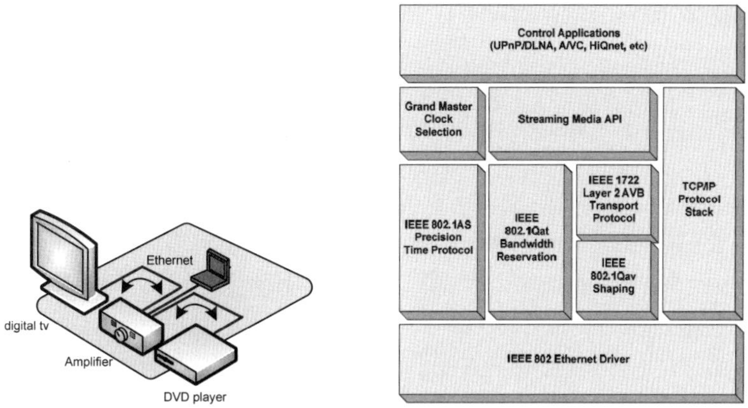

<그림 13.18> AVB 기술

13.10 Ethernet_full 모듈과 lite 모듈

xCore용으로 공개된 sc_ethernet 모듈은 크게 다음과 같은 2개의 버전이 있다.

- full : 총 5개의 태스크로 구현된 다기능 MAC이다.
- lite: 총 2개의 태스크로 구현된 것으로써 full버전에 비하여, ieee1588 규격의 타임 스탬핑 기능과 버퍼링 기능이 없는 것이다. 필터링은 별도의 태스크 대신에 자신의 MAC 주소와 브로드캐스트 주소만 통과시키도록 간편화 시켰다.

본 절에서는 full 버전의 구성을 다룬다. 참고로 MAC의 고유한 주소는 OTP 메모리에 이미 설정되어 있다.

---

[12] 이것과 유사한 용도의 IEEE1394는 인접한 기기들의 연결 시에만 사용될 뿐 댁 내의 각 방에 위치한 장치들간에 연결하기에는 문제가 있었다. 또한, 모든 시스템이 하나의 공유 매체상에서 동작하기 때문에 어떤 장치가 망에서 분리되거나 새로 접속되는 경우, 전송 매체가 일시적으로 리셋되는 문제도 있다. 특히, 많은 사람들이 이더넷은 알지만 IEEE1394에 대해서는 잘 모르는 결정적인 시장 관점에서의 취약점이 있다.

(1) Full 모듈

이것의 특징은 다음과 같다.

- 프레임 버퍼를 제공한다.
- 우선순위별로 분리된 큐를 제공한다.
- 802.1Qav traffic shaping 기능을 제공하여 대역제한 전송 기능을 사용할 수 있다.
- 2개 이상의 PHY를 지원할 수 있어 이들간의 port forwarding 기능도 제공한다. 따라서 daisy chain 형태의 MAC 기능을 제공한다.
- 802.1as를 위한 타임스 탬핑 기능을 제공한다.

Full 버전 이더넷 모듈은 <그림 13.19>와 같이 총 5개의 태스크로 구성된다. 특히 2개의 server_task와 나머지 task간에는 이더넷 프레임을 수납할 수 있는 FIFO 버퍼를 설계함으로써 이 MAC 모듈을 경유하여 프레임의 송수신 작업이 원활하게 동작하도록 한다.

추가적으로 smi 인터페이스 기능도 제공하여 PHY 칩에 대한 제어를 할 수 있다. 참고로 MAC 주소는 OTP 메모리에 저장되어 있는 것을 읽어 사용한다.

필터링 태스크는 수신되는 모든 프레임을 검사하여 기본적으로 자신을 목적지로 한 프레임과 방송형 주소를 갖는 프레임 외에는 모두 폐기한다. 필요 시 mac_custom_filter() 함수를 사용하여 추가적인 필터를 설정할 수 있다. 또한 수신되는 프레임의 SFD 영역에 대한 송수신 시점을 40nsec 정밀도로 기록하여 보고하는 타임 스탬핑 기능도 수행한다.

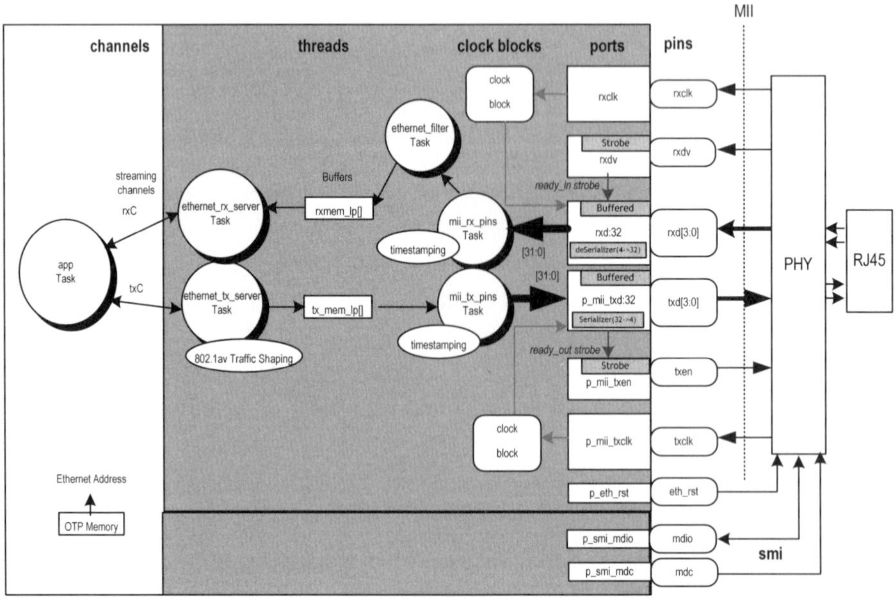

<그림 13.19> Full-Ethernet 모듈의 구성

(2) lite-Ethernet 모듈

이것은 2개만의 태스크로 구현된 이더넷 모듈이다. <그림 13.20>은 lite 이더넷 모듈의 구조이다.

Full 버전에 비하여, ieee1588 규격의 타임스탬핑 기능과 버퍼링 기능이 없다. 또한 필터링 기능은 별도의 태스크 대신에 자신의 MAC 주소와 브로드캐스트 주소만 통과시키도록 간편화시켰다.

특히 송수신 기능부인 mii_LLD(low level driver)는 모두 어셈블리로 작성되어 있다.

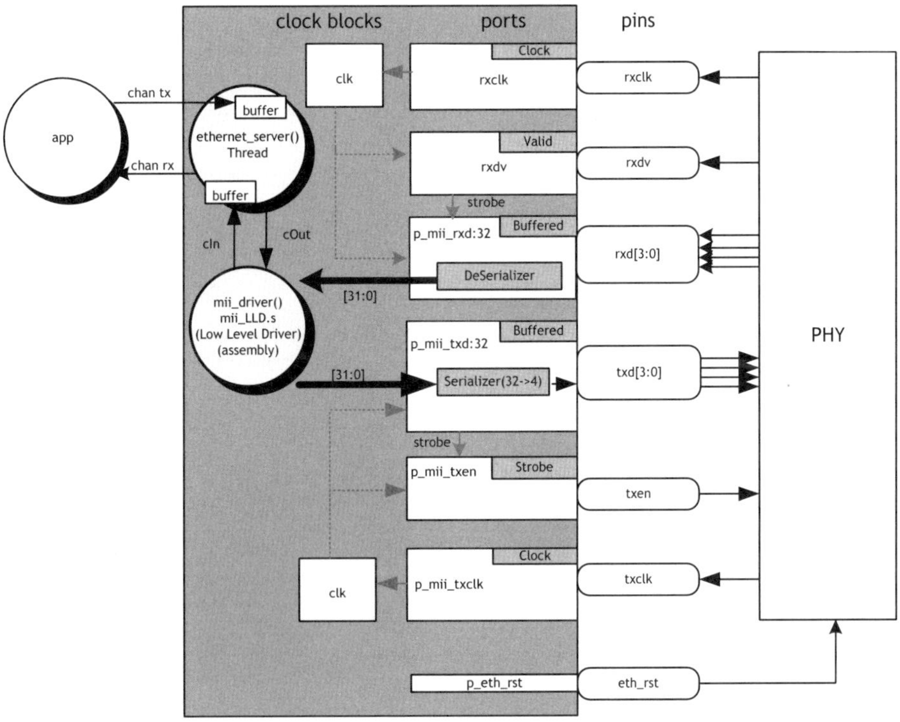

<그림 13.20> Lite-Ethernet 모듈의 구성

13.11 Simple Ethernet 모듈

(1) 개요

공개된 모듈의 이해를 위해 본 절에서는 송신 기능 또는 수신 기능만 수행하는 모듈로 분리한 간단한 이더넷 모듈을 설계한다.

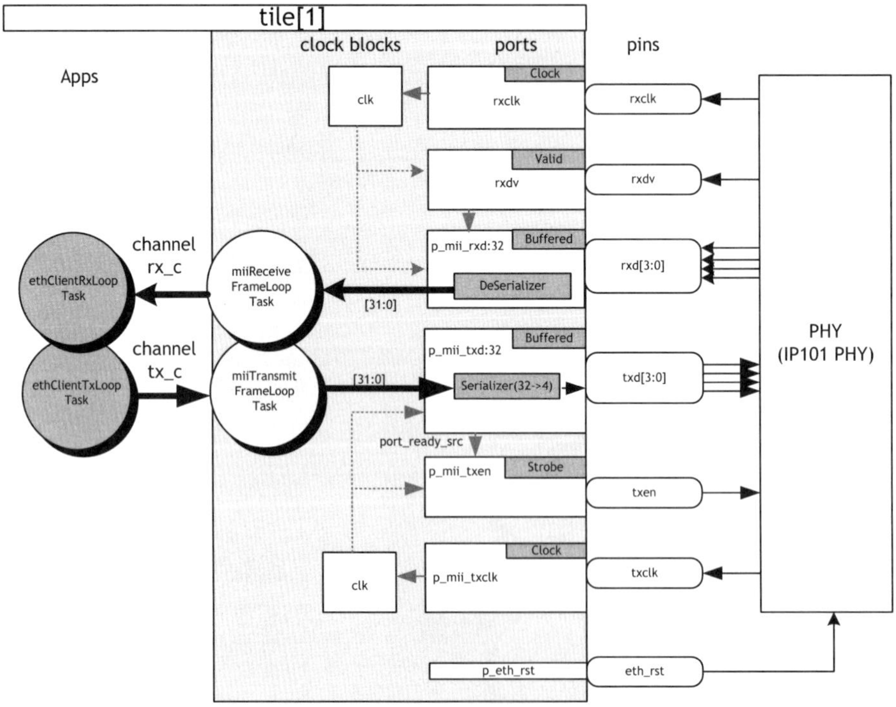

<그림 13.21> Simple-Ethernet 모듈의 구성

(2) 공통 부분

```
// Copyright (c) 2011, XMOS Ltd., All rights reserved
// This software is freely distributable under a derivative of the
// University of Illinois/NCSA Open Source License posted in
// LICENSE.txt and at <http://github.xcore.com/>
// Modified by arami.

#include <platform.h>
#include <xs1.h>
#include <print.h>
#include <xccompat.h>
#include <stdio.h>
#include <string.h>
#include <xs1.h>
#include <xclib.h>
#include <stdlib.h>
#include <stdio.h>
#include <string.h>
//#include "media_fifo.h"
#include <float.h>
#include <datongxc_board_config.h>

//Globals
out buffered port:32 TXD = PORT_ETH_TXD;
out port TXEN = PORT_ETH_TXEN;
in port TXCLK = PORT_ETH_TXCLK;

```

```
in buffered port:32 RXD = PORT_ETH_RXD;
in port RXDV = PORT_ETH_RXDV ;
in port RXCLK = PORT_ETH_RXCLK ;
out port eth_rst = PORT_ETH_RSTN;

//clock eth_cb = on tile[1]: XS1_CLKBLK_1 ; //100MHz
clock txcblk = on tile[1]: XS1_CLKBLK_1 ; //100MHz
clock rxcblk = on tile[1]: XS1_CLKBLK_2 ; //100MHz
#define ETHERNET_PHY_RESET_TIMER_TICKS 10000000

void eth_phy_reset(out port p_eth_rst) {
   timer tmr;
   int t;
   tmr :> t;
   p_eth_rst <: 0;
   tmr when timerafter(t + ETHERNET_PHY_RESET_TIMER_TICKS) :> t;
   p_eth_rst <: 1;
   printf("reset Done\n");
}

void somedelay() {
   timer tmr;
   int t;
   tmr :> t;
   tmr when timerafter(t + 100000000) :> t;
}
unsigned int ntohl(unsigned int value)
{
      return (value >> 24) | ((value << 8) & 0x00FF0000) |
            ((value >> 8) & 0x0000FF00) | (value << 24);
}
```

(3) smi

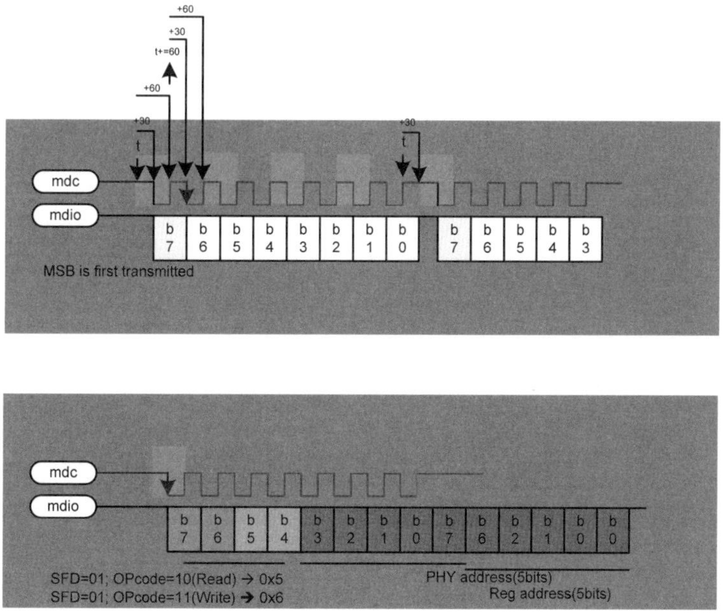

<그림 13.22> smi 신호 생성 과정

이것은 module_ethernet_smi 를 참조하여 구현한다. Smi 모듈은 MDIO와 MDC 선로를 2개의 1-bit 포트로 구현하거나 1개의 mulit-bit 포트로 구현할 수 있다. 우리는 첫 번째 방법을 사용한다. 전송 속도가 비교적 느리므로 별도의 클럭 블럭은 사용하지 않는다.

그리고 본 코드에서 다루는 PHY 레지스터들은 모두 IEEE802.3 규격에 명시된 기본 레지스터이므로 PHY 칩 종류와 무관하다. 아래의 코드는 smi에 관련된 코드이다. 각각 분리된 MDIO와 MDC 핀을 사용한다.

```
//================================ SMI =======

#define ETHERNET_PHY_RESET_TIMER_TICKS 100
#define SMI_MDIO_RESET_MUX 0
#define SMI_MDIO_REST 0
#define SMI_HANDLE_COMBINED_PORTS 0
#define SMI_MDIO_BIT 0
#define SMI_MDC_BIT 0

// Constants used in calls to smi_bit_shift and smi_reg.
#define SMI_READ 1
#define SMI_WRITE 0

// Basic SMI Registers[IEEE802.3 Specification]
#define BASIC_CONTROL_REG                        0
#define BASIC_STATUS_REG                         1
#define PHY_ID1_REG                              2
#define PHY_ID2_REG                              3
#define AUTONEG_ADVERT_REG                       4
#define AUTONEG_LINK_REG                         5
#define AUTONEG_EXP_REG                          6
#define BASIC_CONTROL_LOOPBACK_BIT               14
#define BASIC_CONTROL_100_MBPS_BIT               13
#define BASIC_CONTROL_AUTONEG_EN_BIT             12
#define BASIC_CONTROL_RESTART_AUTONEG_BIT   9
#define BASIC_CONTROL_FULL_DUPLEX_BIT            8
#define BASIC_STATUS_LINK_BIT                    2
#define AUTONEG_ADVERT_100_BIT                   8
#define AUTONEG_ADVERT_10_BIT                    6

// Clock is 4 times this rate.
#define SMI_CLOCK_DIVIDER     (100 / 10)

typedef struct smi_interface_t {
      int phy_address;              // Address of PHY, typically 0 or 0x1F.
      port p_smi_mdio;              // < MDIO port.
      port p_smi_mdc;               // < MDC port.
} smi_interface_t;

smi_interface_t   smi = ETHERNET_SMI_INIT;

//=====================================================
// Initialise the ports and clock blocks
void smi_init(smi_interface_t &smi) {
      smi.p_smi_mdc <: 1;
}

// Shift in a number of data bits to or from the SMI port
static int smi_bit_shift(smi_interface_t &smi, unsigned data, unsigned count, unsigned rdWrn) {
```

```
        int i = count, dataBit = 0, t;
        smi.p_smi_mdc <: ~0 @ t;         // timestamped output. Output 1 to mdc, and read the current

        // timer count into the variable t.
        while (i != 0) {
          i--;
          smi.p_smi_mdc @ (t+30) <: 0; // wait until the timer count becomes t+30. Then output 0 to mdc
          if (!rdWrn) { //Write
                int dataBit;
                dataBit = ((data >> i) & 1) << SMI_MDIO_BIT;
                smi.p_smi_mdio <: dataBit; //MDIO
          }
          smi.p_smi_mdc @ (t+60) <: ~0;//wait until the timer count becomes t+60. Then output 1 to mdc
                                        // The mdc of 0 was during only 30 units.
          if (rdWrn) { //Read
                smi.p_smi_mdio :> dataBit;
                dataBit = dataBit >> SMI_MDIO_BIT; // get the bit.
                data = (data << 1) | dataBit;
          }
          t += 60; //update for next 30 unit.
        }
        smi.p_smi_mdc @ (t+30) <: ~0; // go to high after 30 unit.
        return data;
}

// Register access: lots of 1111, then a code (read/write), phy address,
// register, and a turn-around, then data.
int smi_reg(smi_interface_t &smi, unsigned reg, unsigned val, int rdWrn) {
        smi_bit_shift(smi, 0xffffffff, 32, SMI_WRITE);    // Preamble
        // SFD(01) + OPcode(10 or 11) + PhyAddress(5 bits) + Reg Address(5 bits)
        smi_bit_shift(smi, (5+ rdWrn) << 10 | smi.phy_address << 5 | reg, 14, SMI_WRITE);
        // Turn Around (2 bits)
        smi_bit_shift(smi, 2, 2, rdWrn);
        // Data(16 bits) Write or Read Data.
        return smi_bit_shift(smi, val, 16, rdWrn);
}

// Get the 5 bit of PHY identification.
// returns the 32-bit identifier.
int eth_phy_id(smi_interface_t &smi) {
        unsigned lo = smi_reg(smi, PHY_ID1_REG, 0, SMI_READ);
        unsigned hi = smi_reg(smi, PHY_ID2_REG, 0, SMI_READ);
        return ((hi >> 10) << 16) | lo;
}

// Configures the Ethernet PHY explicitly to set to autonegotiate.
void eth_phy_config(
                int eth100, //1=100BaseT is advertised to the link peer. FDX is also advertised.
                smi_interface_t &smi)
{
        int autoNegAdvertReg, basicControl;
        autoNegAdvertReg = smi_reg(smi, AUTONEG_ADVERT_REG, 0, SMI_READ);

        // Clear bits [9:5]
        autoNegAdvertReg &= 0xfc1f;

        // Set 100 or 10 Mpbs bits
        if (eth100) {
              autoNegAdvertReg |= 1 << AUTONEG_ADVERT_100_BIT;
        } else {
              autoNegAdvertReg |= 1 << AUTONEG_ADVERT_10_BIT;
        }
```

```

    // Write back
    smi_reg(smi, AUTONEG_ADVERT_REG, autoNegAdvertReg, SMI_WRITE);

    basicControl = smi_reg(smi, BASIC_CONTROL_REG, 0, SMI_READ);

    // clear autoneg bit
    // basicControl &= ~(1 << BASIC_CONTROL_AUTONEG_EN_BIT);
    // smi_reg(smi, BASIC_CONTROL_REG, basicControl, SMI_WRITE);
    // set autoneg bit
    basicControl |= 1 << BASIC_CONTROL_AUTONEG_EN_BIT;
    smi_reg(smi, BASIC_CONTROL_REG, basicControl, SMI_WRITE);

    // restart autoneg
    basicControl |= 1 << BASIC_CONTROL_RESTART_AUTONEG_BIT;
    smi_reg(smi, BASIC_CONTROL_REG, basicControl, SMI_WRITE);
}

// Function that configures the Ethernet PHY to not autonegotiate.
void eth_phy_config_noauto(
                    int eth100, //1= 100Mbps, 0=10Mbps
                    smi_interface_t &smi)
{
    int basicControl = smi_reg(smi, BASIC_CONTROL_REG, 0, SMI_READ);

    // set duplex mode, clear autoneg and 100 Mbps.
    basicControl |= 1 << BASIC_CONTROL_FULL_DUPLEX_BIT;
    basicControl &= ~( (1 << BASIC_CONTROL_AUTONEG_EN_BIT)|
                       (1 << BASIC_CONTROL_100_MBPS_BIT));
    if (eth100) {                    // Optionally set 100 Mbps
        basicControl |= 1 << BASIC_CONTROL_100_MBPS_BIT;
    }
    smi_reg(smi, BASIC_CONTROL_REG, basicControl, SMI_WRITE);
}

//for enabling the loopback capability of the PHY.
void eth_phy_loopback(
                    int enable, //0= disable loopback(normal)
                    smi_interface_t &smi) {
    int controlReg = smi_reg(smi, BASIC_CONTROL_REG, 0, SMI_READ);
    // First clear both autoneg and loopback

    controlReg = controlReg & ~ ((1 << BASIC_CONTROL_AUTONEG_EN_BIT) |
                                 (1 << BASIC_CONTROL_LOOPBACK_BIT));
    // Now selectively set one of them
    if (enable) {
        controlReg = controlReg | (1 << BASIC_CONTROL_LOOPBACK_BIT);
    } else {
        controlReg = controlReg | (1 << BASIC_CONTROL_AUTONEG_EN_BIT);
    }
    smi_reg(smi, BASIC_CONTROL_REG, controlReg, SMI_WRITE);
}

// polls whether the link is alive.
// returns non-zero if the link is alive; zero otherwise.
int smi_check_link_state(smi_interface_t &smi) {
return (smi_reg(smi, BASIC_STATUS_REG, 0, SMI_READ) >> BASIC_STATUS_LINK_BIT) & 1;
}

int linkState= 0;
#define LINK_POLL_PERIOD 10000000

```

```
void do_link_check(smi_interface_t &smi)

{
        int new_linkstatus = smi_check_link_state(smi);
        if(new_linkstatus != linkState){
                linkState =new_linkstatus;
                if(linkState)
                        printf("LinkStatus=CONNECTED \n");
                else
                        printf("LinkStatus=DISCONNECTED \n");
        }
}
```

(4) 송신 MII 기능

송신 MII 기능부는 <그림 13.23>과 같이 1핀 포트인 TXEN 출력 포트, 4핀 포트인 TXD 출력 포트, 1핀 포트인 TXC 입력 포트로 구성된다.

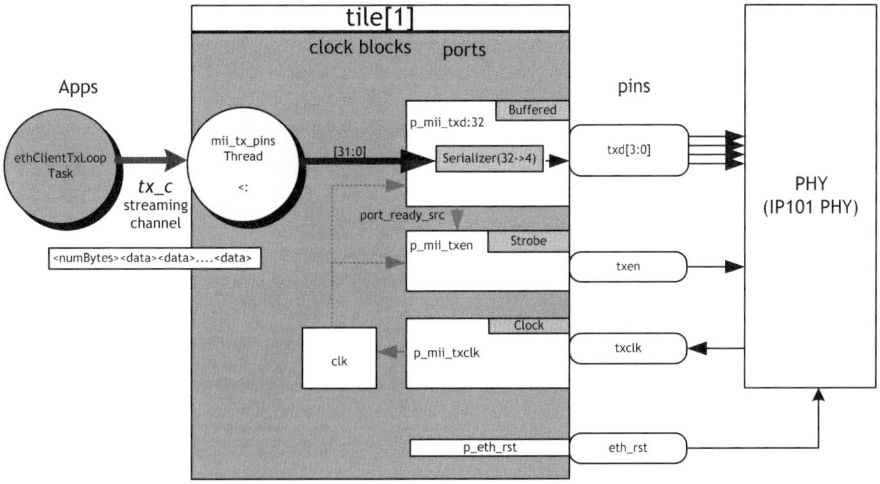

<그림 13.23> 송신부의 구성

이 프로그램은 상위 계층 태스크인 ethClientTxLoop 태스크는 채널 tx_c를 통하여 다음과 같은 형식으로 데이터를 전달한다. 마지막 data는 4바이트가 아닐 수도 있다.

<numBytes><data32><data32>....<data32>

채널 tx_c로부터 이것을 전달받는 mii_tx_pins() 태스크는 송신할 프레임의 길이값을 전달받는 즉시 프리앰블 영역과 SFD를 송신한다. 이때 32비트의 프리앰블 송신에는 총 8클럭이 소요된다.

이후 for 루프 내에서 32비트씩 TXD 포트로 송신을 반복한다. 이것은 해당 포트 내의 SerDes 기능부에 의해 4비트폭의 nibble 형태로 해당 핀으로 송신된다.

이 과정에서 프로세서는 직렬화 과정에 참여하지 않으므로 루프 내에서 다음 바이트 열의 송신을 준비하는데 문제가 없다.
TXD 포트는 PHY가 공급해 주는 TXC 클럭의 하강 엣지마다 4비트의 nibble 단위로 직렬화하여 출력한다.

TXEN 신호는 TXD 포트를 통해 데이터가 송신될 경우에 자동으로 활성화된 신호가 송출될 수 있도록 TXD 포트의 데이터를 ready-out strobe 신호로 연동시킨다.

mii_tx_pins_Task는 최대 1518바이트의 송신 프레임에 대하여 4바이트 단위로 txd포트에 전달한다. 이때 해당 태스크의 코어 프로세서는 25MHz의 8클럭마다 4바이트 길이의 데이터를 한번씩 공급하면 된다. 왜냐하면 4비트 포트인 txd는 내부에 serializer FIFO가 있기 때문이다.

이를 기반으로 다음과 같이 송신부에 대한 기본적인 코딩이 가능하다. 이것은 다른 client 쓰레드로 부터 전달된 프레임 데이터에 대하여 출력 MII를 통하여 송신하는 것이다. 기본 동작의 이해를 위하여 CRC 생성부는 제외하였다.

```
//==================================== TX ======================
void miiConfigTransmit (
                clock clk ,
                buffered out port:32 TXD ,
                out port TXEN )
{
                printf("miiConfigTransmit..");
                configure_clock_src (clk , TXCLK );
                configure_out_port (TXD , clk, 0);
                configure_out_port (TXEN , clk, 0);
                configure_out_port_strobed_master (TXD , TXEN , clk , 0);
                start_clock (clk);
                printf("miiConfigTransmit Done..");
}

void miiTransmitFrameLoop (
                out buffered port:32 TXD ,
                streaming chanend tx_c,
                smi_interface_t &?smi)

{
        unsigned numBytes , tailBytes , remBytes, tailBits , data ;
        timer tmr;
        unsigned linkCheckTime = 0;

        tmr :> linkCheckTime;
        linkCheckTime += LINK_POLL_PERIOD;

        while(1){
                // Input size of next packet
                tx_c :> numBytes;

                tailBytes = numBytes / 4;
                remBytes = (numBytes % 4);
                // printf("numByte= %d, remBytes=%d\n",numBytes,remBytes);

                // Output preamble and SFD
```

```
            TXD <: 0x55555555 ;
            TXD <: 0xD5555555 ;

            // Output 32- bit words for serialisation

            for (int i =0; i< tailBytes; i++) {
                tx_c :> data ;
                TXD <: data ;
            }

            // Output remaining bits of data for serialisation
            tailBits = remBytes * 8;
            if ( tailBits != 0) {
                tx_c :> data ;
                // Output the specified width of n bits on the buffered port.
                // n LSB bits of the width are output.
                partout (TXD , tailBits , data );
            }

            // On each linkChecktTimeout, we check RJ45 cable.
            select {
                case tmr when timerafter(linkCheckTime) :> int:
                    if (!isnull(smi)) {
                        do_link_check(smi);
                    }
                    linkCheckTime += LINK_POLL_PERIOD;
                    break;
            }
        }
    }
```

(5) MII 수신 기능

<그림 13.24>는 PHY로부터 MII를 경유한 프레임 수신부 기능이다. 여기서 RXCLK은 PHY에서 공급되며 RXDV는 수신 중에 High로 입력된다.

Nibble 단위의 수신 데이터 RXD4는 RXC에 동기되어 PHY로부터 공급된다. 이것은 rxd 포트에 32비트 단위로 deserializer되어 rx_pins_thread로 전달된다.

rx_pins_thread()는 SFD 부분이 감지되고 RXDV=1인 경우 SerDes 기능을 활용하여 4바이트 단위로 조합된 데이터를 포트의 FIFO로부터 가져온다.

참고로 각 바이트의 least significant nibble first이 먼저 수신됨에 유의해야 한다.

RXCLK에 동기된 RXD 포트는 4-to-32비트 병렬화 기능을 SerDes기능을 활용하여 수행한다. 물론 1비트 포트인 RXDV 신호를 ready-in strobe 신호로 사용하여, 이 값이 1인 경우에만 유효 데이터로 간주한다.

프로세서 입장에서는 32비트 데이터가 모두 입력될 경우에만 가져오면 되므로 해당 데이터를 처리하는데 충분한 시간을 얻을 수 있다.

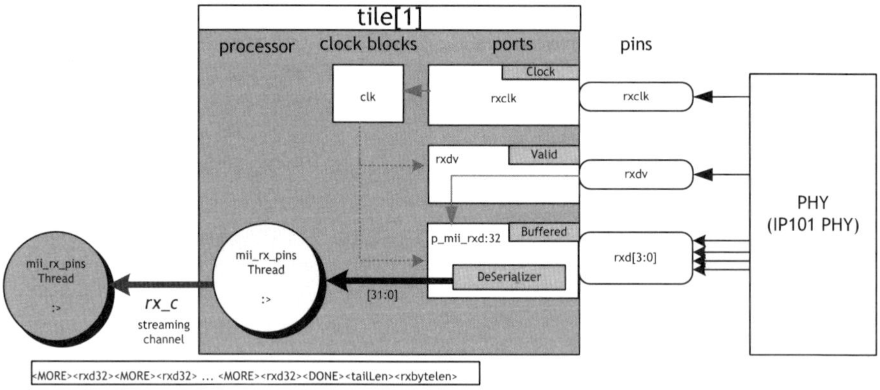

<그림 13.24> 수신부의 구성

다음은 수신 MII 관련 포트에 대한 초기 설정과 수신부에 대한 기본적인 코드이다. 이해를 위해 CRC 검사 기능은 생략하였다.

- xCore프로세서는 SFD(0xD)가 입력될 때까지 대기한다.
- 이후 32비트씩 데이터를 채널을 통하여 전달받는다. 이 과정에서 RXDV=1값이 ready-in 신호로 입력되고 있어야 한다.
- RXDV가 0으로 복귀되면 4바이트 이하의 나머지 데이터를 가져온다. 이 과정에서 프레임이 4바이트 단위가 아닐 수도 있으므로 endin(RXD) 함수를 사용하여 RXD 포트에게 나머지 비트를 전달받는다.
- 참고로 각 포트의 버퍼링 기능은 32비트의 SerDes 버퍼와 32비트의 포트 버퍼를 사용하므로 최대 64비트의 데이터가 포트 내에 저장되어 있을 수 있다. 따라서 RXDV 신호가 0이 되었을 때 이를 고려하여 추가 처리해야 한다.

```
//================RX ==============================================
# define MORE 0
# define DONE 1

void miiConfigReceive (
                clock clk ,
                in port RXCLK,
                buffered in port:32 RXD,
                in port RXDV
                )

{
                printf("miiConfigReceive..");
                configure_clock_src (clk, RXCLK);
                configure_in_port (RXD, clk);
                configure_in_port (RXDV, clk);
                configure_in_port_strobed_slave (RXD , RXDV , clk );
                start_clock (clk);
                printf("miiConfigReceive Done..");
}

//--- MORE-Data-More-Data--- DONE -Len---.
```

```
void miiReceiveFrameLoop (
                in buffered port:32 RXD,
                in port RXDV ,
                streaming chanend c)

{
        int notDone = 1;
        int data32 , tail ;
        int numtailbit, numtailbyte;
        unsigned rxlenInByte;
        unsigned rxd32;

        rxlenInByte = 0;

        while(1){
                // Wait for start of frame
                RXDV when pinsneq (0) :> void;   //wait for rxdv high
                RXD when pinseq (0xD) :> void; // wait for SFD.
                notDone = 1;
                rxlenInByte = 0;

                while(notDone){
                select {
                 case RXD :> data32 :   // input next 32 bits of data
                        c <: MORE;
                        c <: data32 ;
                        rxlenInByte += 4;
                 break ;

                 case RXDV when pinseq (0) :> notDone: //goes to LOW
                    numtailbit = endin ( RXD ); // get the number of remaining bits in this port
                        numtailbyte = numtailbit >> 3;        //(divide by 8). (0~8)
                        rxlenInByte += numtailbyte;

                        for (numtailbyte; numtailbyte > 0; numtailbyte -=4) {
                                RXD :> data32;//get rx data.
                                c <: MORE;      //pass to the rx client
                                c <: data32;   //pass to the rx client
                        }

                        c <: DONE ;
                        c <: (rxlenInByte % 4); //the final last fragment length in byte.
                        c <: rxlenInByte;
                        rxlenInByte = 0;
                        break ;

                 }
                };
        }
}
```

(6) Client TX

MAC 송신부에 대한 상위 계층 태스크로써 "<길이 정보> <data32> <data32>...<data32>" 형식의 스트림을 tx_c 채널을 통하여 mac_tx() 태스크에 전달한다.

```
void ethClientTxLoop(streaming chanend tx_c){
	//unsigned char sampleData[64]={0x40,0x12}; //NumBytes + Data...
	printf("ethClientTxLoop..");

	while(1){
		tx_c <: 63; //send length information of 63 bytes to miiTransmitFrameLoop()
		for(int i=0;i<16; i++){ //not 15.
			tx_c <: i;
		}

		somedelay();
		printf("Client>Sent 63\n");
	}

}
```

(7) Client RX

```
void ethClientRxLoop(streaming chanend rx_c){
	unsigned rxData[1518/4];
	unsigned rxd32;
	unsigned i,taillen, rxbytelen;
	unsigned etype;
	printf("ethClientRxLoop..");
	i=0;

	while(1){
		rx_c :> rxd32;
		if(rxd32 == MORE){
			rx_c :> rxData[i] ;
			i++;
		}else if(rxd32 == DONE){
			rx_c :> taillen;
			rx_c :> rxbytelen;
			rxd32 = ntohl(rxData[3]);
			etype = rxd32 >> 16;
			printf("Etype=[0x%04x], rxlen=%d\n",etype, rxbytelen);
			i=0;
		}

	}

}
```

(8) main 부분

```
int main()
{
            streaming chan rx_c;
            streaming chan tx_c;

    par{
            on tile[1]:
            {
                            ethClientTxLoop(tx_c);
            }

      on tile[1]:
      {
            unsigned char mac_address[6];

                 eth_phy_reset(eth_rst);
                 smi_init(smi); //pull up mdc (HIGH)
              eth_phy_config(1, smi); //1=100BaseT is advertised to the link peer. FDX is also advertised.

                 miiConfigTransmit (
                                        txcblk,
                                        TXD,
                                        TXEN);
                 miiTransmitFrameLoop (TXD,tx_c, smi) ;

      }

            on tile[1]:
            {
         ethClientRxLoop(rx_c);
            }

      on tile[1]:
      {

            miiConfigReceive(
                                          rxcblk,
                                          RXCLK,
                                          RXD,
                                          RXDV);
            miiReceiveFrameLoop (RXD,RXDV, rx_c);
      }

    }  // par
    return 0;

}
```

제 14 장 Hello LIN

본 장에서는 비동기 직렬 전송을 수행하는 UART의 기능을 활용할 수 있는 19.2Kbps급 자동차 내부 직렬 통신 버스인 Local Interconnect Network(LIN)에 대하여 다룬다. 이어 관련된 하드웨어 설계 및 프로그램 설계를 수행한다.

14.1 자동차 내 통신망의 특성과 종류

<그림 14.1>은 다양한 전자 제어 장치로 결합된 최근의 승용차 내부의 구성도이다. 이들 중에서 electronic control unit(ECU), 변속기, 에어백, ABS(antilock braking) 등의 안전과 직결된 장치와 크루즈 콘트롤, 파워 스티어링, 오디오 시스템, 파워 윈도우, 파워 백도어, 후시경 조절기, 좌석 경사 조절기 등의 저속 제어 장치가 있다. 또한 CD 플레이어 등의 엔터테인먼트 장치들을 연결하는 망도 있다.

이러한 장치들은 개별적으로 센서로부터의 입력값을 수신하여 액츄에이터를 구동하는 일종의 임베디드 마이크로프로세서 모듈로 구현되며 필요한 메시지를 생성하고 처리하는 통신 기능을 내장하고 있다. 이러한 기능을 수행하기 위한 차량 내 제어용 통신망 기술은 다음과 같이 다양하다.

- LIN(Local Interconnect Network) : 파워 윈도우 제어 등 안전과 무관한 장치들을 제어하는 통신망이다. 이것은 single master, multiple slave 구조이며 12V의 single wire를 사용하며 저렴한 UART 방식으로 통신한다. 최대 20Kbps를 40m전달한다.
- CAN(Control Area Network) : 125 Kbps 및 1 Mbps 등 2가지의 규격이 있으며, 안전과 직결된 장치를 연결하는 통신망이다.
- FlexRay : FlexRay는 10Mbps의 이중 링크를 사용하면서 실시간 전송 기능을 제공하는 차량용 제어 버스 방식으로써 Freescale 및 Philips 등의 FlexRay 컨소시움에서 2005년에 개발한 것이다.

- MOST : 최대 100Mbps급의 실시간 전송 기능을 제공하는 링 형태의 통신망 기술로써 차량 내부의 AV 장치를 연결한다.
- AVB(Audio/Video Bridge) Automotive : AV 데이터 및 일반 인터넷 패킷을 이더넷상에서 통합 전송할 수 있는 AV 전용 기술을 한 쌍의 케이블로 100Mbps를 송신하는 One-pair 전송 기술과 엄격한 실시간 전송 보장 기능을 제공하여 차량용으로 사용할 수 있는 기술이다.

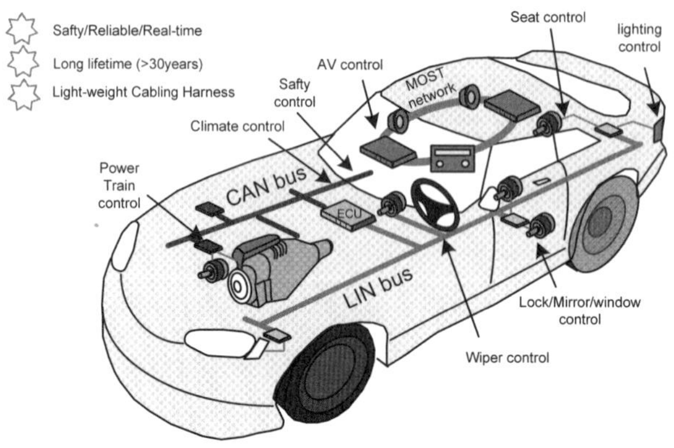

<그림 14.1> 차량 내부 통신망 기술의 종류

14.2 LIN 시스템의 구성과 계층 구조

(1) 개요

LIN 버스는 자동차 내부의 파워 윈도우 조작, 전동좌석 조절 기능, 썬루프 제어, 내부 조명 제어 등의 제어 명령 등을 하나의 케이블로 전달하는 최대 20Kbps(보통 2.4,9.6, 19.2Kbps)의 제어용 멀티캐스트 버스이다.

관련된 LIN 규격은 Audi, BMW, Volvo 등의 자동차 제조회사와 모토롤라, 필립스 등과 같은 반도체 회사에서 연합하여 만든 것이다.

LIN은 하나의 버스상에 하나의 마스터노드와 최대 16개의 slave 장치를 접속한다. Slave 노드는 master노드로부터의 송신 허가를 얻어야 전송할 수 있는 반이중 통신 방식으로 운용된다.

특히 저렴한 가격을 보장하기 위하여 고가의 오실레이터 대신에 간단한 RC 회로 기반의 클럭을 사용한다. 전송 선로상의 신호 형식은 자동차 배터리 전원 전압 크기의 NRZ 신호이다.

LIN 프레임을 구성하는 각 바이트는 Start/Stop비트를 사용하는 비동기 전송 방식으로 송신되므로 기존의 UART 기능을 활용하면 LIN 방식을 구현할 수 있다.

<그림 14.2>는 자동차의 문에 설치된 각종 장치에 대하여 스타 구조로 결선된 기존 방식과 LIN 버스로 연결된 구조를 비교한 것이다.

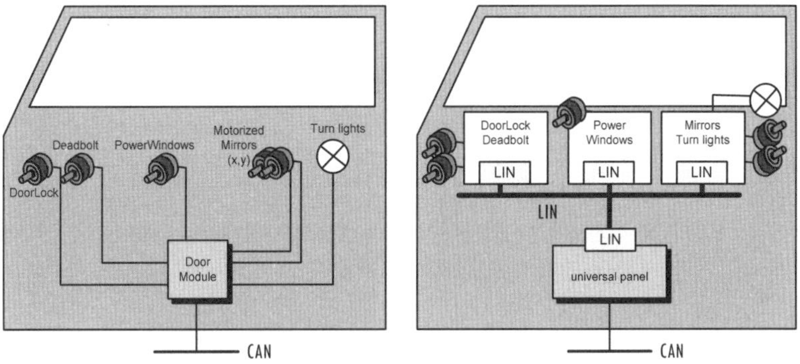

<그림 14.2> 기존 연결 방법과 LIN 기반의 연결 방법

(2) 시스템 구성

<그림 14.3>과 같이 LIN 시스템은 1개의 Master 노드와 최대 16개의 Slave 노드를 최대 40m의 공유버스로 연결되어 구성된다. 즉 LIN은 하나의 Master 노드가 여러 개의 Slave 노드를 관리하는 중앙 집중형 통신망이다. 실제 전송선로는 1가닥이며 이 신호에 대한 그라운드는 강철 또는 알루미늄으로 제작된 차체이다.

각 노드는 크게 LIN 트랜시버 및 LIN 컨트롤러로 구성된 전송부와 제어 메시지를 생성하고 처리하는 마스터 및 슬레이브 태스크로 조합된다.

- Master 노드 : Master Task뿐만 아니라 Slave Task 기능을 가진다.
- Slave 노드 : Slave Task 기능만 가지며 외부의 스텝모터 또는 센서와의 인터페이스를 갖는다.

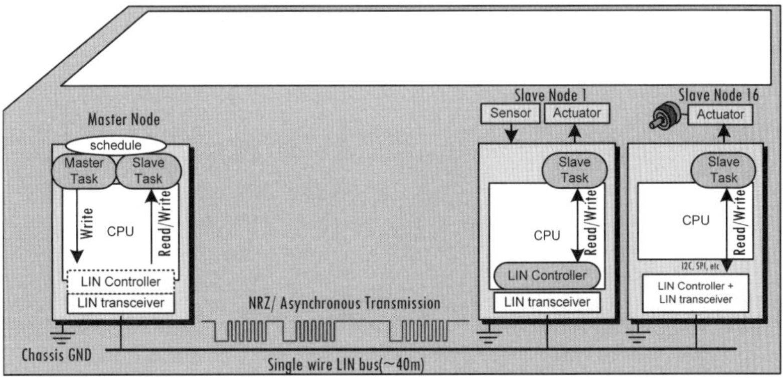

<그림 14.3> LIN 버스 시스템의 구성

(3) 계층 구조

LIN 시스템의 계층 구조는 다음과 같다.

- 물리 계층
  - 저가격의 단일 선로 사용
  - 자동차 12V배터리 전원 사용
  - 최대 20Kbps 전송
  - NRZ 신호 방식
  - 슬레이브 입장에서는 마스터가 전송하는 메시지에 포함된 SYNC 비트 열로부터 마스터의 클럭에 동기됨
- 데이터링크 계층
  - 단일 마스터/다중 슬레이브 구성에서 마스터 장치가 버스 사용권을 관리함.
  - LIN 프레이밍 수행
- 상위 계층
  - 마스터 노드는 버스상의 슬레이브의 개수와 전송량을 고려하여 사전에 지정된 시간마다 각 슬레이브에 대한 스케듈링을 수행할 수 있도록 MCU의 카운터 등을 이용하여 설계한다. 슬레이브 기능부는 응답메시지를 처리한다.
  - 센서 또는 액츄에이터 인터페이스를 제공한다.

(4) Master 태스크의 역할

Master 태스크는 슬레이브 노드에 대한 Write 및 Read 명령 전송하는 기능을 수행하며 마스트 노드에만 탑재된다. Master 태스크는 여러 슬레이브 노드에 대하여 순차적으로 제어한다. 또한 망 전체에 대한 진단기능과 전원 절약 모드를 관리한다.

(5) Slave 태스크의 역할

Slave 태스크는 idle 상태에서 대기하다가 마스터 노드로 부터의 LIN 프레임을 수신하면 응답, 수신, 무시 등 3가지 중 하나를 수행한다.

그리고 소비 전력 감소를 위하여 버스가 4초 이상 idle하거나 마스터로부터의 명시적인 Sleep 메시지를 수신하면 sleep 상태로 진입한다. 이후 마스터 또는 다른 슬레이브가 생성한 awake 신호에 의해 깨어난다.

(6) 실시간 전송 절차

단일 마스터 노드는 LIN 시스템의 실시간성을 제공하기 위하여 제어 대상인 슬레이브 노드에 대한 메시지 전송 주기와 전송 순서를 미리 고려한 스케듈링을 설계해야 한다. 이렇게 함으로써 메시지 전송간의 충돌이나 지연을 사전에 예방한다.

(7) 주소법

- Message Identifier(MsgId) : 특정 메시지의 종류(즉 0~31까지의)를 표시한다. 특정 목적지 슬레이브 노드 주소를 의미하는 것이 아니다.
- NAD (Node Address) : 메시지 페이로드의 특정 영역에 슬레이브의 물리적인 주소값을 수납할 수도 있다. 이것은 주로 진단용 메시지에 수납된다.

(8) LIN의 용도

LIN은 신속한 응답이 요구되지 않는 파워 윈도우 조작, 램프 점등 등의 비교적 저속의 제어 기능을 수행하는데 사용된다. 많은 경우 고속의 CAN 버스에서 분기되어 사용된다.

(9) LIN 버전

2000년에 1.1버전이 표준화 된 이후 2003년에는 2.0버전이 발표되었다. 버전 1과 2간의 호환성은 있으나 제한적이다. 널리 사용되는 것은 버전 1.3이다.

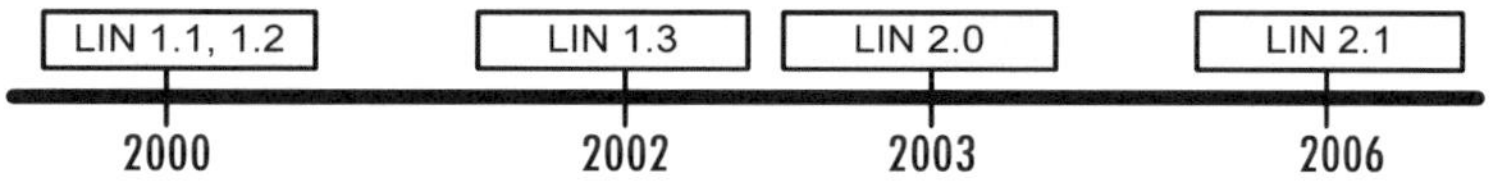

<그림 14.4> LIN 규격의 발전

14.3 LIN의 물리 계층

(1) 신호 레벨

LIN버스의 신호 상태는 다음과 같다.

- 휴지 상태(idle state): RS232와 같이 로직 레벨'1' 혹은 열세(recessive), 전위는 V_{BAT}이다[1].
- 활성 상태(Activity state): 로직 레벨 '0' 혹은 우세(dominant). 전위는 GND=0V이다.

여기서 Dominant의 의미는 다음과 같다. 여러 개의 장치가 하나의 LIN 버스를 공유할 때 하나라도 자신의 출력 레벨을 GND 레벨로 설정하면, 버스의 신호상태는 GND 레벨이 표출된다. 따라서 1보다 0이 dominant하다.

(2) LIN 트랜시버의 구성

LIN 메시지의 각 바이트는 Start 비트로 시작되면서 비동기적으로 송신된다. LIN 트랜시버는 <그림 14.5>과 같이 LIN Controller의 TTL 신호 레벨을 +12V 이상의 LIN버스 신호 레벨로 변환하여 송신하거나 수신하여 LIN Controller로 전달한다.

---

[1] MC33663 LIN 트랜시버 칩의 경우, 휴지 상태에서 LIN 버스 신호 레벨은 5.8~6.7V이다.

- Idle 상태: (TxD=1) 상태를 유지하므로 High(Recessive)값인 V_{BAT}(배터리 전압)가 버스상에 표출된다.
- 송신 : Open-Drain 방식의 외부 저항으로 Pull-up되어 있으므로 LIN Controller가 '1'을 송신할 경우(TxD=1) 에는 High(Recessive)인 V_{BAT} (+12V이상) 값을 표출하고, 0을 송신할 경우(TxD=0)에는 버스상에 Low(Dominant)값인 0V를 표출되도록 한다.
- 수신 : 버스상에 표출되는 전압 레벨의 변화를 감지하여 LIN Controller측으로 전달한다.

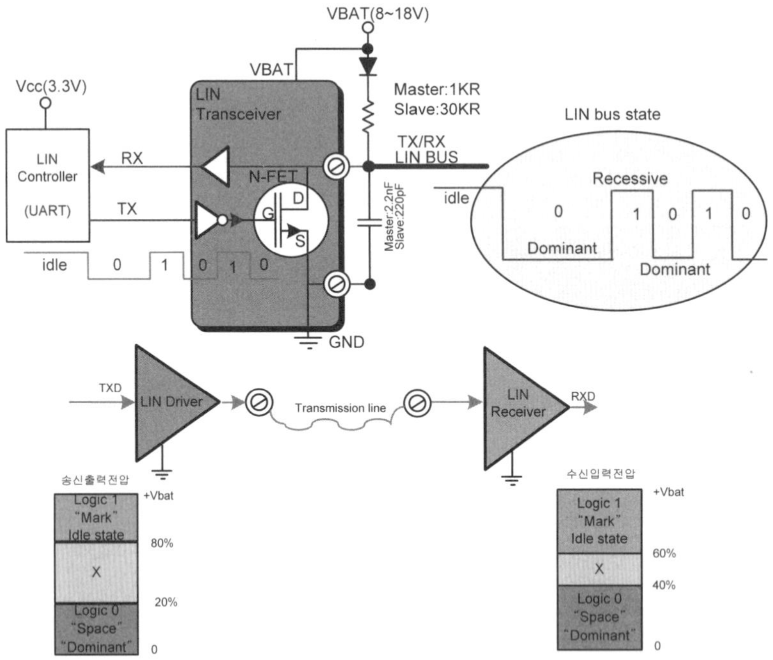

<그림 14.5> LIN 트랜시버의 기능과 신호 레벨

참고로 <그림 14.6>은 LIN 컨트롤러에서 TTL레벨로 송신한 파형과 트랜시버를 거쳐 버스상에 표출된 신호 상태를 함께 비교한 것이다.

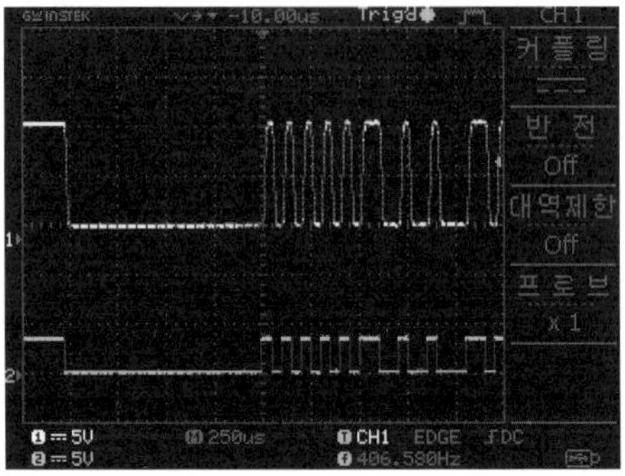

<그림 14.6> LIN 신호의 실제

14.4 LIN 시스템의 동작 절차

(1) 동작 절차

하나의 LIN버스 시스템은 한 개의 마스터 노드와 여러 개의 슬레이브 노드로 구성되며 다음과 같이 동작한다.

- Write 동작 : 마스터 노드가 MsgID를 수납한 헤더 영역과 데이터를 함께 송신함으로써 해당 슬레이브 노드에 대한 쓰기 동작을 수행한다.
- Read 동작 : 마스터 노드가 MsgID를 수납한 헤더 영역을 송신하여 해당 슬레이브 노드로 부터의 응답 데이터를 읽는다.
- 마스터가 지시할 경우, 슬레이브 노드간에 직접 메시지를 송신할 수도 있다.

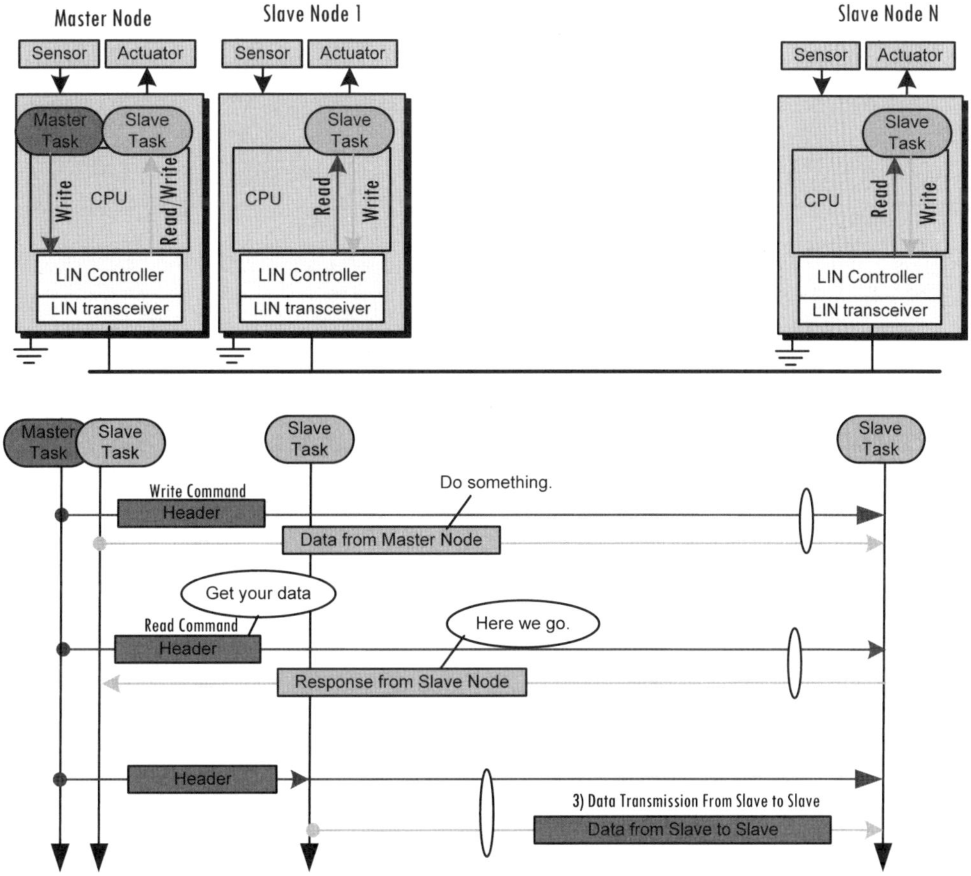

<그림 14.7> LIN 의 쓰기 및 읽기 동작 절차

(2) LIN 프레임의 형식

LIN 프레임은 <그림 14.8>과 같이 Header 영역과 데이터 영역으로 구성된다. 데이터 영역은 Slave의 응답 데이터일 수도 있고 Master가 송신하는 데이터일 수도 있다. 각 프레임은 선행하는 Sync Break 신호에 의해 개시된다.

각 영역 중 SyncBreak 영역을 제외한 모든 영역은 바이트 별로 {start 비트, 8 data 비트, 1 stop 비트}의 표준 UART 방식에 따른 비동기 전송 절차에 의해 송신된다. 수신측은 헤더의 SYNC 영역을 활용하여 송신측과의 비트 동기를 설정한다.

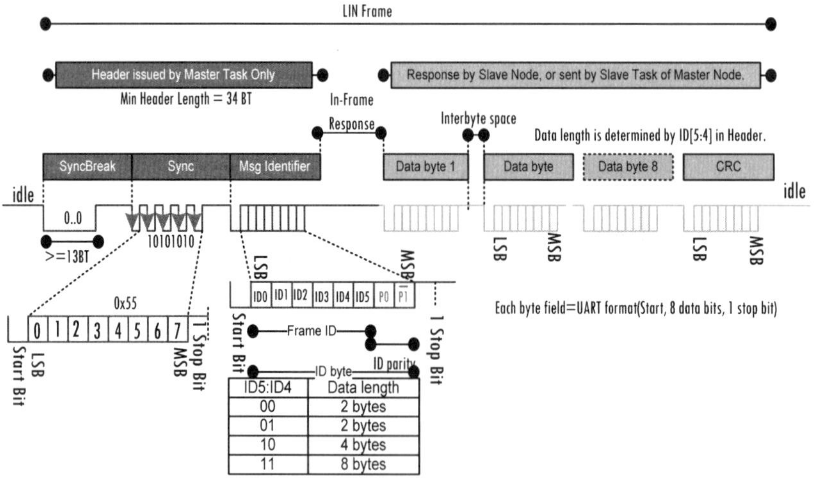

<그림 14.8> LIN 프레임의 구성

각 영역은 다음과 같이 구성된다.

a) **메시지 헤더** : 마스터만이 송신할 수 있다.

- Sync Break : 프레임의 시작을 표시용이며 13BT(650usec) 이상의 low값을 유지한다.
- 동기 : 0과 1이 반복되는 마스터와 슬레이브간 클럭 동기용 비트 열이다. 이것은 UART형 데이터로 0x55(01010101)를 송신하면 이 패턴을 얻을 수 있다. 왜냐하면 0x55값은 LSB부터 송신되므로 0으로 천이하는 Start 비트에 이어 1과 0을 교대하면서 송신되기 때문이다.
- 메시지 식별자(MsgID): 8비트로써 {메시지 ID, Length, 패리티 영역}으로 구성된다. 이 영역은 패리티로 보호되므로 Protected ID (PID)라고도 부른다.
  - 메시지ID (4비트) : 특정 메시지의 종류(즉 0~31까지의)를 표시한다. 특정 목적지 슬레이브 노드 주소를 의미하는 것이 아니다.
  - Length Control (2비트) : 데이터 영역의 길이를 2바이트 단위로 표시한다.
  - 패리티 (2-비트) : 식별자 영역에 대한 2비트 XOR값이다.

b) **데이터** : 헤더 영역에 이어 slave가 응답하거나 master가 송신하는 데이터 영역이다.

- 데이터 영역 : 0~8바이트 길이를 가진다. 이것의 길이는 헤더의 length control 영역에 의해 사전에 지시된다.
- 첵섬(8-비트) : 데이터 영역에 대한 Modulo 256 합의 결과이다[2].

Sync Break 영역 외의 모든 영역은 표준 UART 형식, 즉 {Start bit, 8 data bits, 1 stop bit}로 구성되며 LSB부터 송신된다. 각 비트의 전송 시간 BT는 20Kbps전송시 50usec이다.

(3) 메시지 헤더 영역 상세

a) Sync Break : 마스터가 자신에게 접속된 모든 슬레이브들에게 '새로운 메시지 전송 절차가 개시됨'을 알린다. 즉, 프레임의 시작을 지시하는 이것의 '0'구간은 최소11 BT(보통 13BT)이고 '1'구간은 1~4 BT의 길이를 가진다[3].

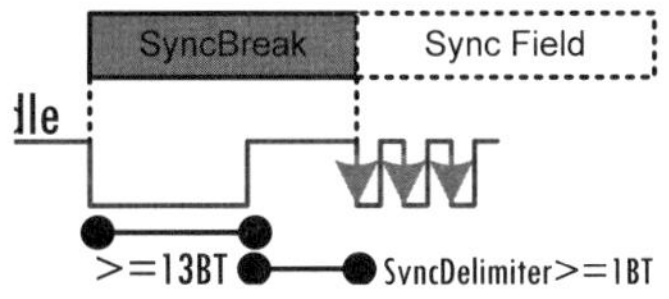

<그림 14.9> Sync Break 영역

b) SYNC : 슬레이브로 하여금 마스터의 송신 비트 간격을 용이하게 알 수 있도록 1과 0이 교대하는 비트열로 구성된 것이다[4]. 슬레이브는 수신되는 SYNC비트열의 하강 엣지를 참조하여 송신측의 Bit Time을 알아낼 수 있다. 즉, 슬레이브는 고속의 내부 시스템 클럭을 사용하여 Start 비트 이후에 감지되는 4번째의 하강 엣지까지의 시간을 8로 나누고 반올림함으로써 송신측의 BitTime을 얻는 비트 동기 과정을 수행할 수 있다.

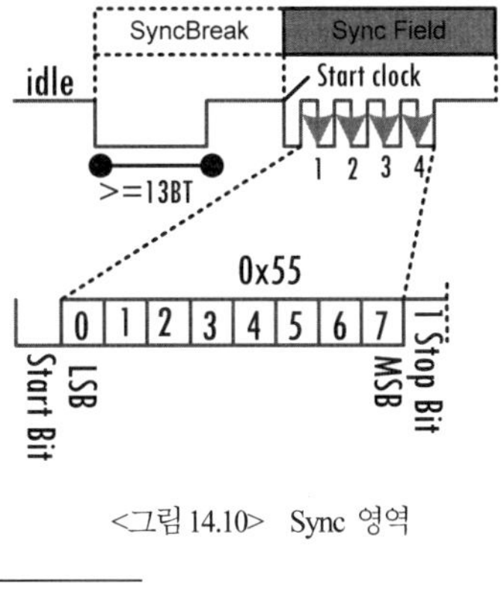

<그림 14.10> Sync 영역

---

[2] 모듈로 256합은 모든 데이터에 대하여 전가산(add with carry) 을 수행한 결과값에 대하여 역(inverting)을 취한 값임.

[3] 사실 이것은 1비트의 start 비트에 이어지는 최소 13비트 이상의 '0'(즉 dominant비트)값을 가지는 데이터와 마지막 stop 비트로 구성된 것이라고 할 수 있다.

[4] 이러한 나누기 및 반올림 작업은 3번의 shift right한 후, carry를 더한다.

c) Msg Identifier : 메시지의 내용과 길이에 대한 정보 제공한다. 해당 Slave노드에 대한 메시지 응답을 기대하거나 마스터의 슬레이브 태스크가 데이터를 전송할 경우에 모두 사용된다. 시스템 설계자는 하나의 슬레이브 노드만이 이 프레임 구간에 응답을 할 수 있도록 이 식별자 값을 할당해야 한다.

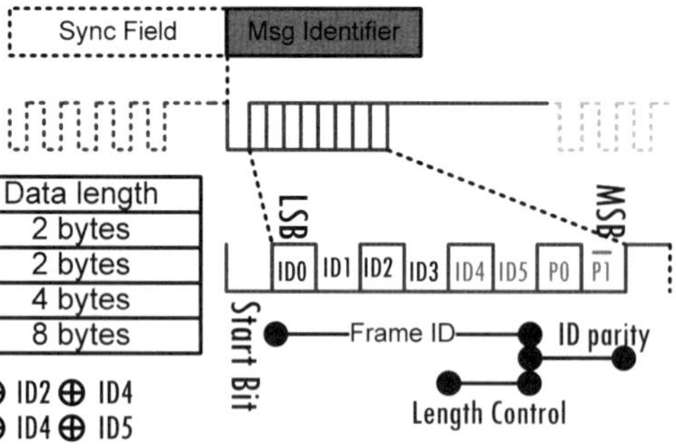

ID5:ID4	Data length
00	2 bytes
01	2 bytes
10	4 bytes
11	8 bytes

<그림 14.11> Message ID 영역

- 식별자 비트(identifier bit, 4비트) : 특정 메시지의 종류(즉 0~31까지)를 표시한다. 특정 목적지 슬레이브 노드 주소를 의미하는 것이 아니다.
- 길이 제어 비트(length control bit, 2비트) : 헤더 영역에 이어 송신하거나 응답할 데이터 영역의 길이를 지시한다.
  - 00/01 : 2 바이트
  - 10 : 4 바이트
  - 11 : 8 바이트
- 메시지 ID 패리티 : ID 영역 보호용 2비트의 패리티이다.P0는 Odd, P1/는 even 패리티이다. 이렇게 함으로써 모든 비트가 0 또는 1이 되지 않도록 한다.

d) Interframe Response Space : Msg Identifier 영역과 LIN Response(데이터) 영역간에 위치한다. 마스터 노드가 헤더에 이어 데이터를 연속 전송할 경우에는 정해진 Response Space 기간을 모두 사용한다. 반면에 슬레이브 노드가 응답할 경우에는 재전송 만기 시간의 50%까지 허용된다.

e) Inter Byte Space : 1 Stop 비트 구간이다.

[참고] 4비트의 식별자 비트는 16종류의 메시지를 구분할 수 있다. 또한 2비트의 길이 제어 비트 값에 따라 2,4,8 바이트 길이의 데이터를 사용할 수 있다. 따라서 4비트의 식별자 비트와 2비트의 길이 제어 비트 영역을 조합한 총 6비트 영역을 Frame ID라고 부른다. 이를 활용하면 최대 64 종류의 상이한 메시지를 정의할 수 있다.

다음은 일반적인 메시지뿐만 아니라 60~63까지의 특수한 메시지 식별자를 정리한 것이다.

MsgID	Data 길이	첫번째 데이터 값	용도	
0 ~ 0x3b	0,2,4,8	Any	자유롭게 사용할 수 있음 (unconditional message)	범용
0x3c (0x3c)	2	0x00	Sleep Mode Frame	Download
	8	0x01~0x7F	LIN 1.3버전까지: 예약됨 LIN 2.0이후 버전: Diagnostic용 메시지로써 Master Request Diagnostic Command Frame이라고 함.	
0x3d (0x7d)	8		LIN 2.0이후 버전:마스터가 해당 슬레이브에게 응답 하도록 지시하는 Slave Response Diagnostic Frame	Upload
0x3e	Any		User Defined Extended Frame	
0x3f	Any		Future Extended Frame	
*()의 값은 parity를 포함한 메시지 id값임.				

(4) Response(데이터) 영역 상세

응답 영역은 슬레이브 태스크(마스터 장치 포함)가 송신하는 영역으로써 {데이터 바이트 열, 책섬}으로 구성된다. LIN은 버스 중재 기능이 없으므로 오직 하나의 슬레이브 태스크만이 해당 식별자에 대해 응답해야 한다.

a) 데이터 영역 : 해당 슬레이브 장치가 송신하는 {0..8}바이트의 데이터 영역이다. 데이터의 길이는 앞 선 헤더영역에서 지시된다. 하위 바이트부터 송신된다.

b) 책섬 : 책섬 계산에 포함되는 영역은 LIN 버전에 따라 다르다. 버전 2.0 이전 시스템은 데이터영역에 대해서만 계산한다. 버전 2.0 이후 시스템의 경우에는 헤더의 Identifier 영역을 포함하여 계산된다[5]. 책섬은 모든 바이트 값을 더한 값(캐리 포함), 즉 Modulo 256합 방식의 결과값에 보수를 취한 것이다[6].

[참고] <그림 14.12>는 각각 마스터가 송신한 Command 프레임(헤더와 데이터 영역 포함)과 헤더만 송신된 경우의 예이다. Sync Break 신호에 이어 Sync 패턴이 송신되는 것과 신호 전압이 10V 이상임을 알 수 있다.

---

[5] 0x3c,0x3d를 갖는 메시지의 경우 호환성을 위해 1.3 버전에서 사용한 책섬 방식을 계속 적용한다.

[6] [참고] LIN 책섬 계산 예 : {0x4A, 0x55, 0x93, 0xE5}로 구성된 4바이트의 데이터에 대한 합은 0x19이고 이것을 inversion한 최종 책섬 결과는 0xE6이다. 수신측은 {0x4A, 0x55, 0x93, 0xE5}와 책섬 0xE6을 모두 더한 값이 0xFF이면 오류가 없다.

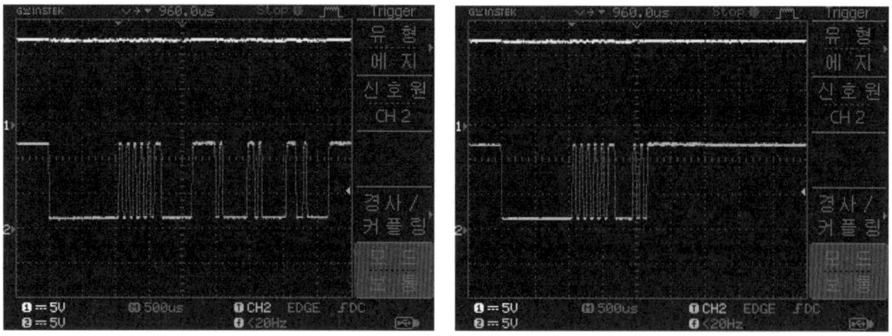

(a) Command From Master (b) Header with No Response From Slave

<그림 14.12> LIN 프레임의 실제

14.5 Diagnostic 프레임

이것은 슬레이브 장치에 대한 기기 설정과 진단용으로 사용된다. 특히 Sleep 모드 진입이나 Wakeup 시 사용된다. 이것은 다음과 같은 2종류가 있으며 모두 8바이트의 고정된 데이터 영역을 가진다[7].

- Master Request Diagnostic 프레임(MsgID=0x3c) : 마스터가 헤더와 함께 데이터를 연속 송신한다. 이것은 진단을 수행하라는 지시 또는 기기 설정 데이터 전송 시 사용된다. Download 프레임, Diagnostic Request 프레임이라고도 한다.
- Slave Response Diagnostic 프레임(MsgID=0x3d)[8] : 슬레이브에게 데이터를 응답하도록 지시한다. 이것은 진단 결과나 기기 설정 결과를 보고할 때 사용된다. Upload 프레임 또는 Diagnostic Response 프레임이라고도 한다.

이러한 diagnostic 프레임의 데이터 영역 8바이트는 다음과 같이 구성된다. 이 규격은 LIN 버전 2.0 이상에서 적용된다.

- NAD(Node Address Diagnostic) : 노드 주소(또는 Physical Address라고 함)이다.
  - MSB : 브로드캐스트(B) 표시 비트. 모든 슬레이브에 대한 전송 시에는 B=0이고, 특정 노드에 대한 주소라면 B=1이다[9].
  - 하위 7비트: 실제 노드 주소.
  - NAD값이 0이면 Sleep메시지이다. 1~126은 특정 slave노드 주소이며, 127은 방송형 주소이고, 128~255는 user defined 값이다.

---

[7] 이것의 frame ID 영역이11-1100 또는 11-1101이고 선두 2비트가 8바이트 길이의 데이터를 가진다고 정의되어 있으므로 다음과 같이 8바이트 길이의 데이터 영역을 가진다. 실제 전송되는 값은 2비트의 패리티비트가 추가되므로 0x3c와 0x3d값은 각각 0x3c와 0x7d로 전송된다. 또한 LIN1.0의 경우 이들을 각각 comman 프레임과 response 프레임이라고 불렀다.

[8] Parity를 포함하면 MsgId값은 0x7d이다.

[9] 사실 그 의미를 반대로 생각해야 한다.

- PCI(Protocol Control Information) : 3가지의 다음과 같은 정보를 수납한다.
  - Single Frame(SF) : 8바이트로 구성되는 단일 메시지임. 최대 5바이트의 데이터를 수납할 수 있음. 수납된 데이터의 길이 정보는 4비트의 Length 영역에 SID 영역을 합하여 표시함(즉, 5바이트 데이터인 경우, 6)
  - First Frame(FF) : 8바이트 이상의 데이터를 송신할 때 이들이 분할되어 송신되어야 하므로 이것이 첫 번째의 분할된 프레임임을 명시함. PCI 부분의 하위 4비트 영역과 다음의 8비트 LEN 영역과 조합되어 데이터의 총 길이를 표시함. 따라서 1바이트의 SID를 포함하여 최대 0xFFF(4095) 바이트의 데이터 길이 정보를 표시할 수 있음.
  - Continuation Frames(CF) : 분할된 프레임의 중간 또는 마지막임을 표시함. 4비트의 FrameCounter는 메시지 순서 번호임. 이것은 4비트 이므로 15개 이상의 프레임이 송신되면 0부터 다시 시작함.
- LEN 영역 : 첫 번째의 분할된 프레임인 경우 앞으로 전송될 데이터의 총 길이 정보를 명시함. FF 프레임에만 사용됨.
- Service Identifier (SID) : 슬레이브가 수행해야 할 서비스의 종류를 명시함. 0xB0~B8은 노드 설정용 식별자이고, 그 외는 모두 diagnostic용이다.
- Response Service Identifier(RSID): 슬레이브가 응답하는 메시지에 수납되는 서비스 응답의 종류를 표시함.
- Data 영역 : SF 및 CF 프레임의 경우, 채워지지 못하는 영역은 0xFF로 채운다.

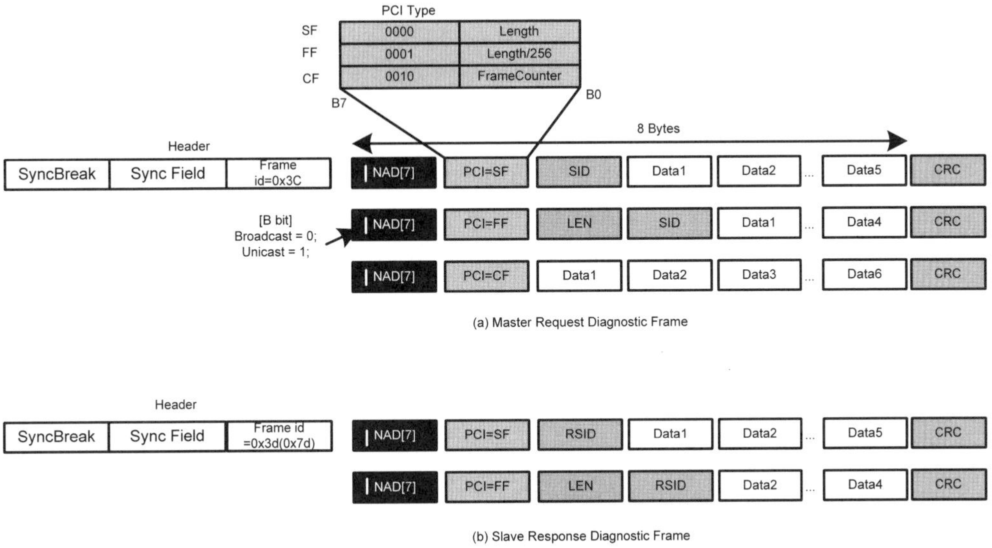

<그림 14.13> Diagnostic 프레임의 구성

[참고] 첫 번째 데이터 바이트값(즉, 그림에서 NAD 영역)이 0x00인 경우에는 Sleep 메시지이다.

14.6 기타 프레임

사용자가 임의로 사용할 메시지 또는 미래를 위해 2개의 추가 식별자가 규정되어 있다.

(1) User-defined Extended Frame Identifier

이것은 message ID=0x3E로써 8바이트 보다 긴 데이터도 송신할 수 있다. 따라서 ID 영역의 데이터 길이를 표시하는 2비트 영역은 이 경우 적용되지 않는다.

LIN을 지원하는 스텝모터 드라이버와 같은 경우 이러한 프레임을 사용하여 고유한 메시지를 정의하여 사용한다.

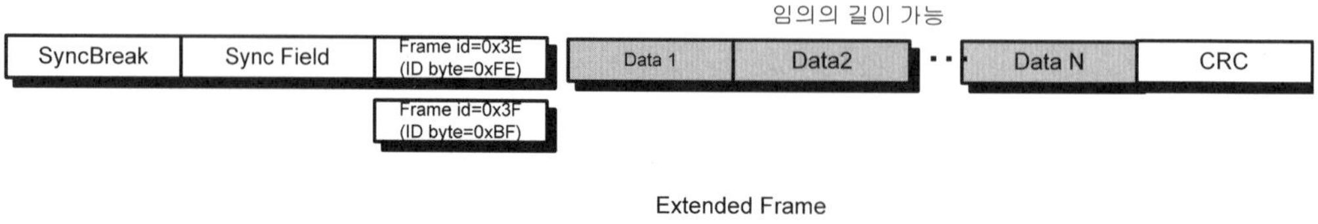

<그림 14.14> User-defined 확장형 프레임 형식

(2) Future Extensions(id=63, 0x3f)

미래의 확장용 식별자로써 표준화 기구 외에는 사용하지 못한다.

14.7 동작 절차의 종류

LIN 시스템은 다음과 같은 3가지의 동작 상황에서 프레임을 송수신한다.

- 주기적으로 송수신하는 경우
- 이벤트가 발생한 경우
- 간헐적으로 송신하는 경우

(1) 주기적인 송수신 절차

이것은 일반적인 메시지 전송 절차로써 무조건(unconditional) 전송이라고도 한다. 마스터는 지정된 시간(slot)에 헤더를 송신하면 해당 슬레이브가 응답한다. 또는 마스터가 헤더에 이어 자신의 데이터를 전송할 때도 해당된다.

<그림 14.15>의 예는 3개의 프레임이 스케듈에 따라 연속 송신되는 것이다. 전체 과정이 완료되면 이것을 반복한다

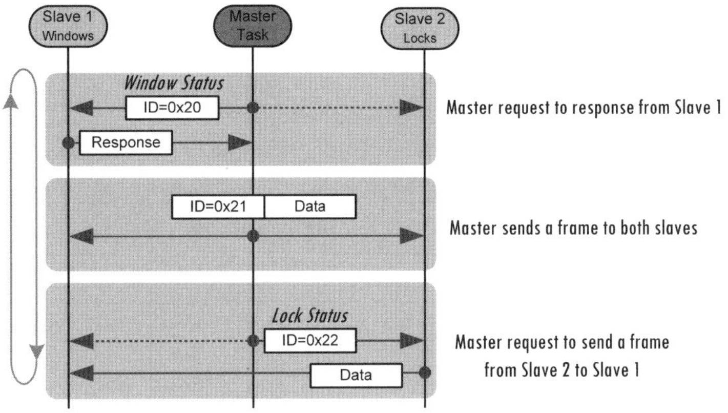

<그림 14.15> 주기적인 송수신 절차

(2) 이벤트가 발생한 경우의 송수신 절차

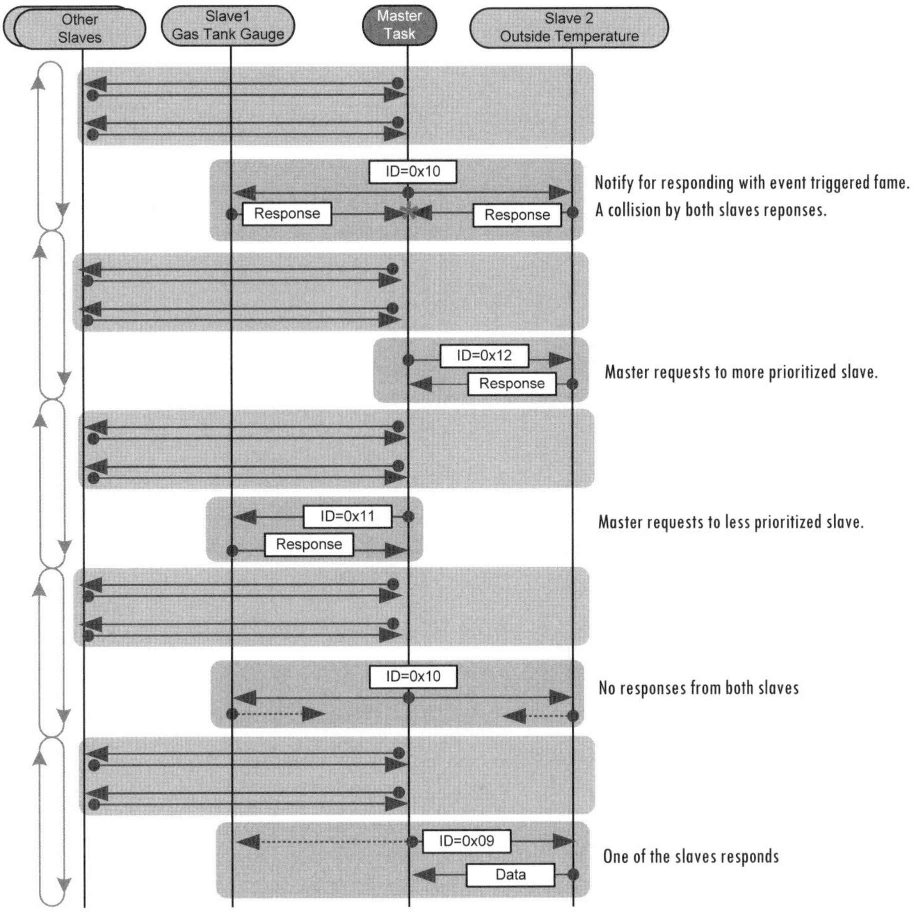

<그림 14.16> 이벤트 기반의 송수신 절차

마스터는 주기적인 송수신 절차 과정을 지원하지 않는 슬레이브 장치에 대한 송수신 절차이다. 즉, 마스터는 주기적인 절차 기간 외에 미리 설정된 기간 동안 비 주기적인 이벤트를 보고할 슬레이브 노드에 대한 처리를 할 필요가 있다. 이를 위하여 마스터는 혹시 이벤트를 보고해야 할 슬레이브 노드가 있다면 보고하도록 한다.

<그림 14.16>은 이러한 절차에 대한 것이다. 먼저 이벤트 보고를 지시하는 메시지 0x10을 방송한다. 이에 이벤트를 보고하는 2개 이상의 슬레이브에 의해 해당 데이터는 버스상에서 충돌할 수 있다. 이 경우 마스터는 별도의 0x12 프레임과 0x11 프레임을 사용하여 우선순위에 따라 개별 질의하여 응답 받는다. 이렇게 함으로써 처음부터 개별적으로 슬레이브들을 폴링하는 것에 비해 대역폭을 절약할 수 있다.

(3) 간헐적으로 송신만 하는 절차

미리 정해진 주기마다 송수신하는 것과 달리 마스터가 간헐적으로 메시지를 전송할 때 사용된다. 마스터는 헤더와 데이터를 슬레이브에 일방향 전송한다.

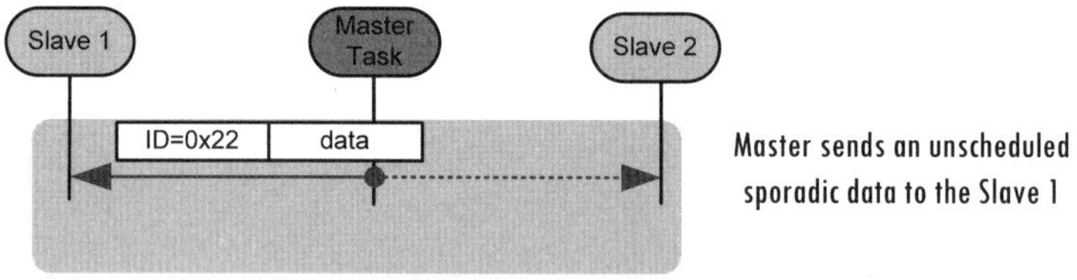

<그림 14.17> 간헐적인 송신 절차

14.8 LIN의 추가 기능

(1) Sleep 절차

각 노드는 에너지 절감을 위하여 sleep 모드로 천이할 수 있다. 즉, 4~10초 이상 버스에 송수신동작이 없으면 슬레이브 노드는 sleep상태로 천이한다. 이러한 Sleep 모드에서 버스는 recessive상태(H)를 유지한다.

또한 마스터가 모든 노드에 대하여 Sleep 모드에 진입하도록 지시할 수 있다. 이 경우 MsgID = 0x3c인 헤더로 구성된 Master Request Diagnostic메시지 중 하나인 Sleep Command 메시지를 방송한다. 이것의 첫번째 바이트(Data1)값은 반드시 0x00이어야 하며 이후 7바이트의 내용은 일종의 padding값인 (0xFF)로 채워져야 한다. 이것을 Go-to-Sleep Command 메시지라고도 부른다.

이것을 수신한 슬레이브들은 25000BT(100msec) 이내에 sleep 모드로 천이해야 하며, 이후 버스는 recessive 상태(H)로 설정된다. 이후 wakup 신호가 발생될 때까지 버스상에는 아무런 신호가 발생하지 않는다.(물론 응용에 따라 슬레이브는 sleep 모드로 진입하지 않아도 된다.).

<그림 14.18> Sleep Mode 프레임

[참고] 초기 LIN 1.0 규격에는 Sleep Mode Frame으로 MsgID=0(Parity 등을 포함한 ID byte값은(10-00-0000=0x80)을 사용하였다.

(2) Wake-up절차

Sleep 상태에서 다음과 같이 버스의 상태가 변하거나 노드의 상태가 변동 시 wakeup 상태로 천이된다.

a) 마스터가 슬레이브를 깨우는 경우

<그림 14.19>와 같은 형식의 Wakeup 신호를 송신한 후 필요한 메시지를 송신한다. 이 신호는 250usec~5msec기간의 dominant 비트열(Low 상태값)로 구성된다. 이 과정에서 Wakeup 신호를 감지하여 모든 슬레이브 노드는 100msec동안의 초기화 과정을 거친 후 정상적인 동작을 개시한다.

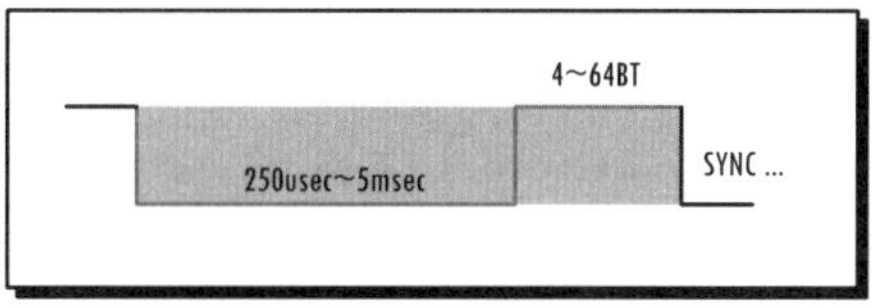

(a) WakeUp Signal

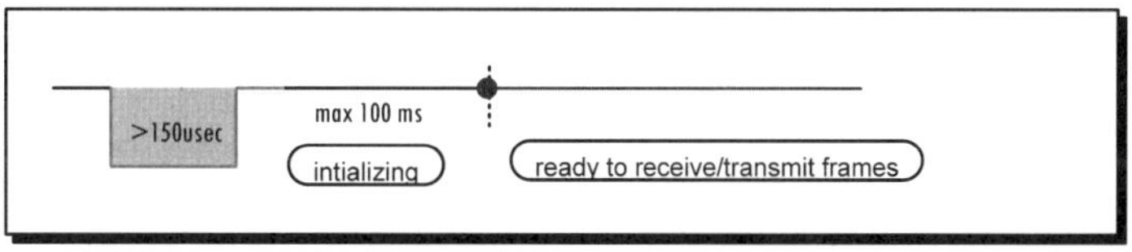

(b) Wake up signal reception in slave nodes

<그림 14.19> Wakeup 신호

b) 슬레이브 노드에 wakeup 이벤트가 발생된 경우[10]

사용자 또는 외부 센서에 의해 Sleep 상태에 있던 슬레이브 장치가 깨어나면 동일할 형식의 Wakeup 신호를 버스상에 송신하여 마스터에게 이 사실을 통지한다.

[10] LIN 초기 버전에서는 wakeup 프레임으로 ID=0x80. (웨이크업 신호문자 = 0x80 = 0000 0001) 메시지를 연속 송신하였다.

마스터는 이 wakeup 신호를 감지하면 100msec 이후 정상적인 메시지를 송신 재개한다. 즉, Sync Break 신호에 이어지는 메시지를 송신한다. 이 과정에서 주변의 모든 슬레이브 노드도 이를 감지하여 wakeup하여 100msec 동안의 초기화 지연 후 정상 동작을 개시한다.

[참고] Wake up 신호를 송신한 슬레이브 노드 입장에서 마스터가 깨어나지 않아 여전히 버스가 idle하다면 해당 노드는 이러한 wake up 절차를 3번 반복 수행한 후 1.5초를 대기한다. 이후 한번 더 재시도한다. 그래도 반응이 없다면 sleep 모드로 재 진입하거나 앞의 과정을 반복한다(구현하기 나름이다.).

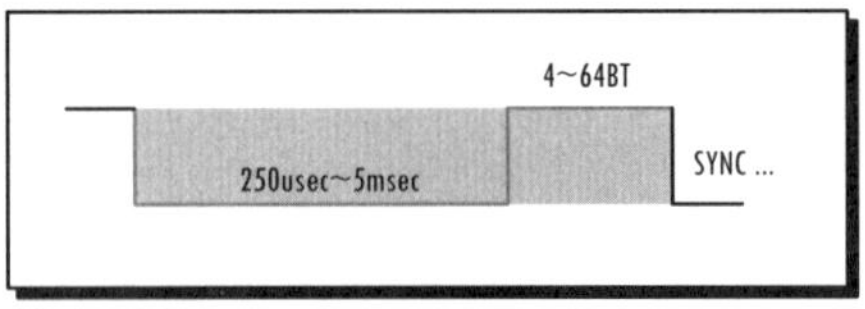

(a) WakeUp Signal

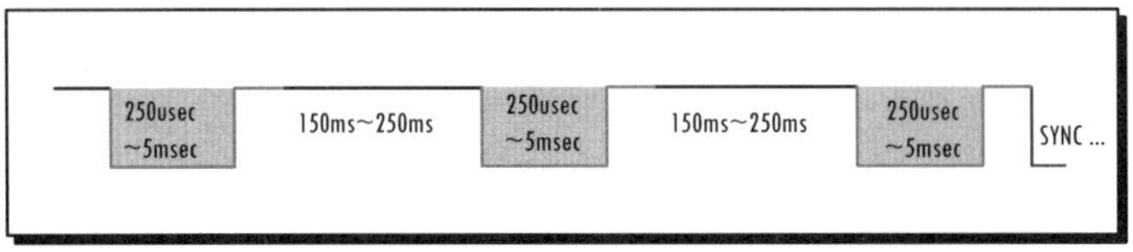

(b) 3-WakeUp Signals

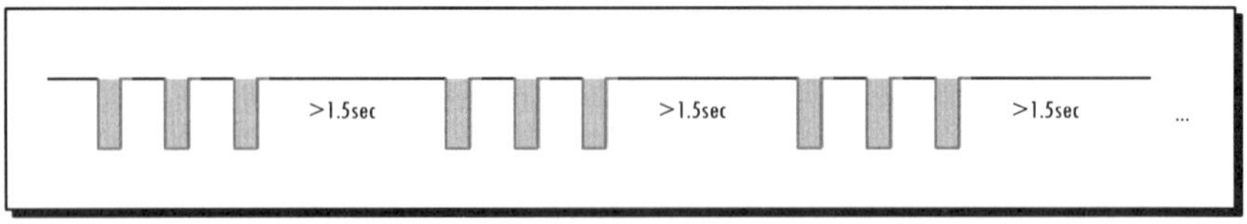

(c) Repeat 3-WakeUp Signals

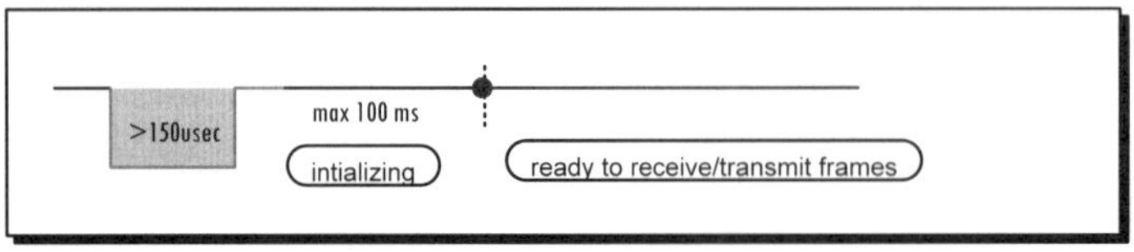

(d) Wake up signal reception in slave nodes

<그림 14.20> Wakeup 신호의 활용

(3) Sleep 및 Wakeup 절차의 예

<그림 14.21>은 master와 slave가 연결된 LIN 버스 시스템에서의 Sleep 및 Wakeup 절차의 동작 예이다.

① 마스터가 LIN 시스템 전체를 sleep 모드로 진입시킬 때이다. 0x3c의 메시지 id를 갖는 diagnostic 프레임 형식의 Go-to-Sleep Command 메시지를 방송한다. 이에 모든 슬레이브 장치들은 sleep 모드로 진입한다.

② 마스터 장치가 wakeup 신호를 송신하여 슬레이브 장치들을 깨운다. 이 신호를 수신한 슬레이브 장치들은 100msec의 자체 초기화 과정 이후 정상 동작을 개시한다.
③ 정상 동작 중에 버스가 4초 이상 idle하면 슬레이브 장치는 sleep한다.
④ Sleep 중에 있던 슬레이브 장치가 외부의 이벤트에 의해 깨어나야 할 경우, wakeup 신호를 마스터에게 송신한다. 이에 SyncBreak 신호로 시작하는 정상적인 프레임을 마스터가 응답함으로써 LIN 버스가 정상 동작 개시한다.

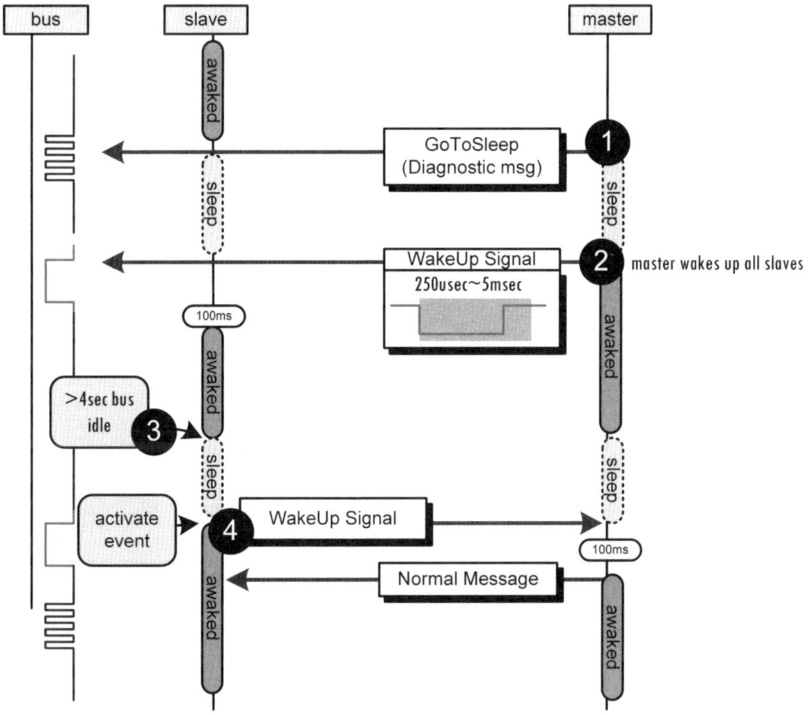

<그림 14.21> Sleep 및 Wakeup 절차의 동작 예

14.9 LIN의 오류 감지 및 보고절차

(1) 오류 감지 절차

각 노드는 다음과 같은 오류를 감지할 수 있어야 하며 그 횟수도 기록해야 한다. 오류발견시 해당 메시지는 폐기된다.

- 비트오류 : 송신 노드는 송신 중인 비트값과 버스상에서 표출되는 신호가 상이하면 비트 오류로 감지한다.
- 책섬 오류 : 수신된 메시지의 책섬값으로 부터 오류를 발견한 경우이다.
- 패리티 오류 : 헤더 부분의 패리티 부분에서 오류를 발견한 경우이다.

(2) 오류 보고 절차

LIN에서는 슬레이브가 능동적으로 오류를 보고하는 절차가 없다. 하지만 각 슬레이브 노드는 자신의 오류를 추적하는 기능은 가진다. 이를 이용하여 마스터노드는 주기적으로 일반적인 메시지 전송 절차를 사용하여 오류 상태를 보고하도록 요청할 수 있다.

14.10 실시간 전송 기능

LIN 시스템 설계 시 실시간을 보장하기 위하여 다음과 같은 프레임 슬롯 기반의 메시지 송신 스케듈을 설정한다[11]. LIN 시스템과 같이 폐쇄된 망에서 송수신될 메시지의 최대 길이가 이미 설계에 반영되어 있고 최대 전달 지연 시간 및 응답 지연 시간도 역시 알고 있다면 그림과 같이 관련된 오버 헤더(Break, Sync 등)를 고려하여 각 메시지의 전송 주기를 사전에 설정할 수 있다.

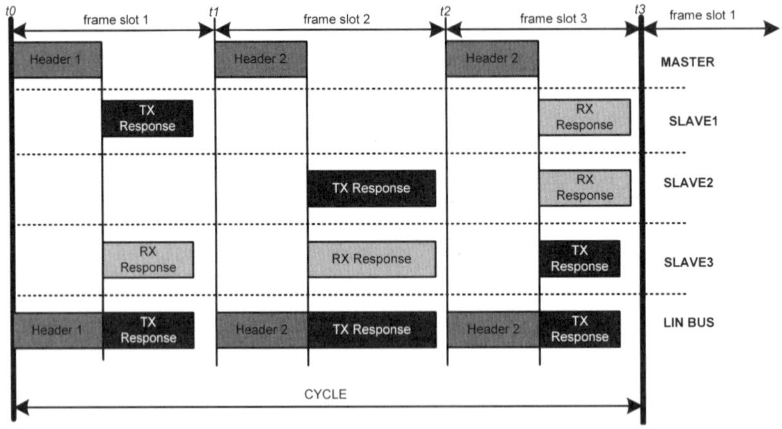

<그림 14.22> Time-triggered 스케듈링 예

(1) LIN 프레임의 송신 소요 시간

하나의 LIN 프레임은 메시지 헤더와 응답 영역으로 구성된다. 헤더는 {SYNC Break, SYNC 영역, MsgID}로 구성되고, 응답 영역은 최대 8바이트 데이터와 1바이트의 첵섬으로 구성된다. 1비트가 송신되는 BitTime을 BT라고 하면

- 헤더 전송 소요 시간 : $T_{header} = 34\,BT$
- 응답 소요 시간 : $T_{RESP} = (Ndata + N_{CRC})*10\,BT = (N_{data} + 1)*10\,BT$
- 프레임 송신 시간 : $T_{frame} = T_{header} + T_{RESP}$

하지만 여기에 바이트간 여유 시간과 응답 지연 시간을 고려하여 T_{frame} x 1.4 시간을 반영한다.

---

[11] Time Triggered 기반의 스케듈링이라고 한다.

(2) 스케듈러 설계

마스터는 이러한 소요 시간과 슬레이브 장치의 갯수 등을 고려한 싸이클을 설계해야 한다. 이것을 LIN Schedule을 설계한다고 하는데 id와 해당 메시지의 송수신에 소요되는 시간과 주기를 미리 설정하는 것이다.

이를 위하여 한 주기를 고정된 길이의 mini slot(예 : 5msec)으로 세분하고 해당 프레임에 대한 할당 슬롯을 minislot의 개수와 순서를 지정한다. 이때 한 프레임 송신에 소요되는 여러 개의 minislot 꾸러미를 해당 프레임에 대한 프레임 슬롯이라고 한다. 프레임 슬롯이 산정되면 전체 프레임에 대한 주기를 구하고 스케듈에 반영한다.

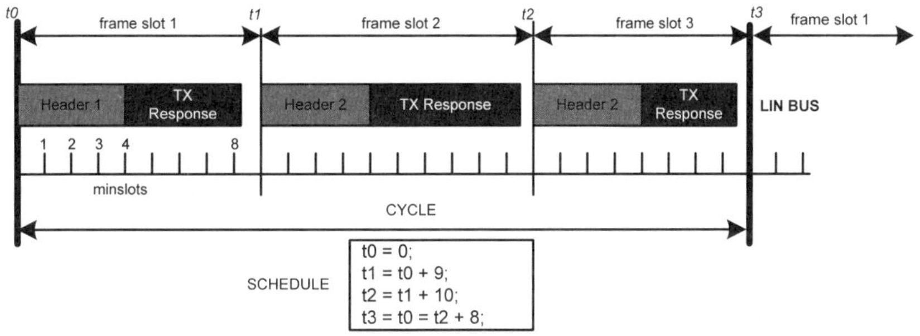

<그림 14.23> 미니슬롯 기반의 Time-triggered 스케듈러 설계

14.11 LIN 관련 제품

(1) LIN 트랜시버

3.3V 또는 5V의 UART의 입출력 TTL 신호값을 자동차 배터리의 V_{BAT} 레벨의 LIN 신호로 변환하기 위한 트랜시버에는 Freescale사의 MC33662, NXP사의 TJA1020, OnSemiconductor사의 NCV7361A, Microchip사의 MCP201, Atmel ATA6621 등이 있다. 유의할 것은 NXP 칩의 경우 SLEEP, WAKE 핀은 모두 Active LOW이다.

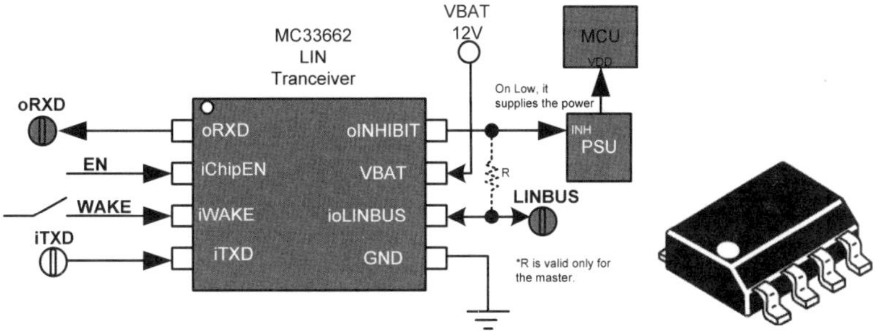

<그림 14.24> MC33662 LIN 트랜시버

(2) LIN Controller

LIN의 메시지 형식은 일반적인 UART를 이용한 비동기 전송 방식과 유사하다. 하지만 LIN 메시지 선두에 사용되는 synch-break 신호는 일반적인 Start 비트 구간에 비하여 길다. 이 신호를 생성하려면 다음과 같은 3가지 방법이 있다.

- 전용 Lin Controller사용 방법 : 모토롤라의 MC68HC908GZ60와 NEC사의 uPD78F9852 등과 같은 LIN 전용 controller는 LIN 인터페이스와 함께 외부 CPU와의 8비트 데이터 버스를 제공한다. 이것은 INTEL8250과 같은 UART 전용 칩과 구조가 유사하다. 이것은 기존 UART 칩과 달리 LIN에 특화된 break 신호 등을 감지하거나 생성할 수 있다.
- LIN/MCU 통합 칩 사용 방법 : Infineon사의 TLE983x(8Bit MCU+LIN Trx), MC33689, UJA1018(NXP, ATA6603(Atmel) 칩은 LIN과 CPU 기능을 함께 제공하는 전용 LIN 컨트롤러이다.
- UART에 LIN 기능을 지원하도록 하는 방법: 13-16비트의 길이를 가져야 하는 Sync Break 영역의 길이는 UART 내부 레지스터를 설정하면 가능하다.

(3) AMIS30621

이것은 LIN Slave Controller와 트랜시버를 내장한 스텝모터 구동 칩이다. 이것은 LIN 버전 1.3 (19.2 kbps)를 지원하여 128 node 주소(7비트 주소)가 가능하다. 이 주소는 프로그래밍 가능한 4비트의 내부 주소값과 3개의 외부 핀(HW0~HW2)으로 설정할 수 있다.

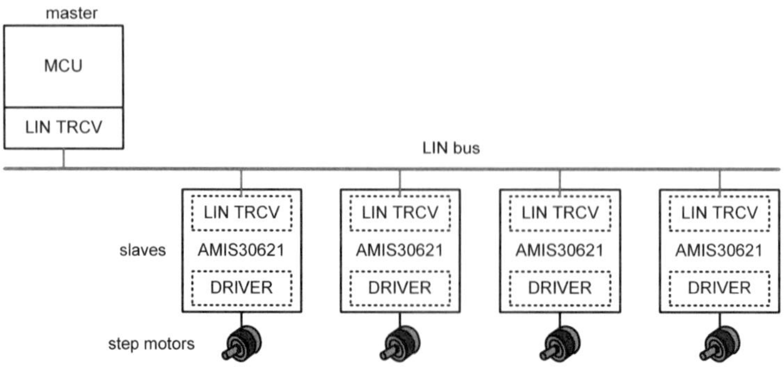

<그림 14.25> AMIS30621 스텝 모터 드라이버의 활용

이 칩에 대한 여러 종류의 제어 항목 중에서 SetPosition과 GetActualPosition과 같은 명령어에 대한 LIN 동작 절차는 다음과 같다.

- GetFullStatus : 마스터가 해당 Slave의 설정 상태 정보를 읽는다. 이것은 초기화 과정에서 반드시 전송되어야 한다.
- SetPosition : 마스터가 해당 Slave에게 Position값을 전달하면 해당 슬레이브는 스텝 모터를 지정된 위치로 회전시킨다.

<그림 14.26>은 이러한 과정에서 송수신되는 LIN 메시지를 요약한 것이다. 각 메시지의 내용은 다음과 같다.

- GetFullStatus 메시지: Msg ID = 0x3C의 Diagnostic Request 프레임을 사용하여 Slave로 부터의 응답을 준비시킨다. 첫 번째 데이터 바이트 값인 0x80은 LIN 1.3버전의 경우 임의로 사용할 수 있는 NAD값을 사용한 것이다. AMIS30621에서는 Application Command의 의미로 사용된다. 실제 GetFullStatus 메시지의 구분은 2번째 바이트 값에 명시된다. 해당 슬레이브 주소는 세 번째 바이트 값에 명시된다.
- GetFullStatus 에 대한 응답 메시지 : Msg ID = 0x7D, 즉 0x3D(패리티를 제거한 값)인 Slave Response 프레임으로써 요청된 것에 대한 응답 메시지이다. 이것은 2개의 프레임으로 연속 응답된다.
- SetPosition 메시지 : Msg ID = 0x3C의 Diagnostic Request 프레임 내부에 2번째 바이트 영역에서 해당 메시지가 SetPosition 요청임을 명시한다.

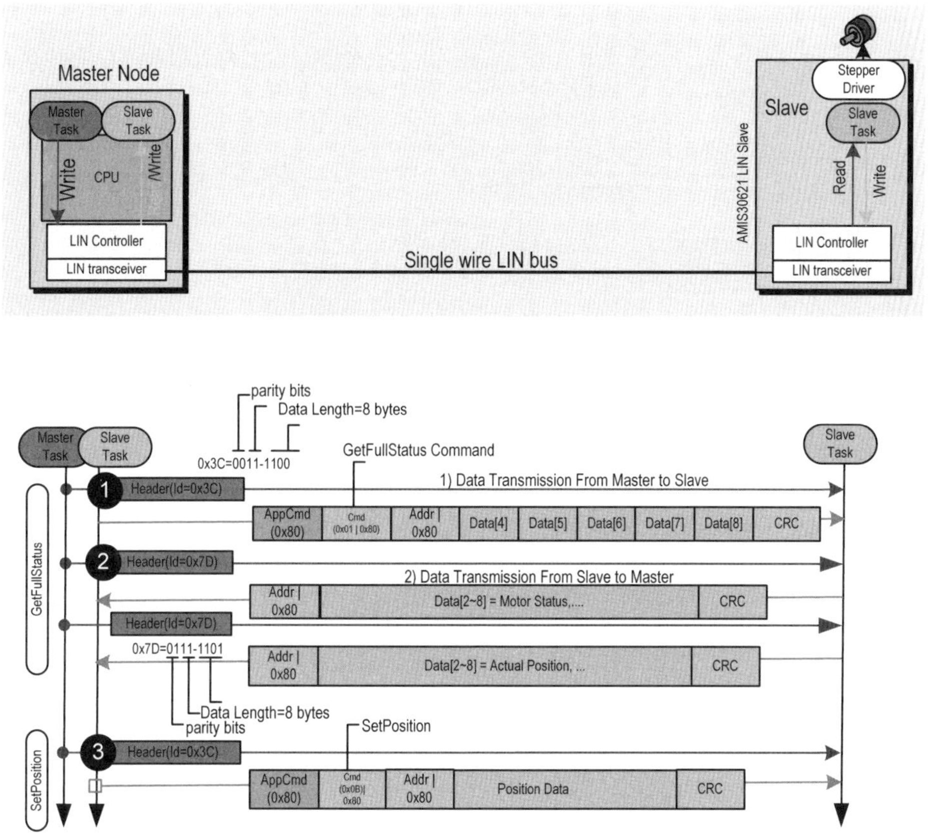

<그림 14.26> AMIS30621 의 동작 절차

14.12 LIN 마스터 하드웨어 설계

(1) 고려 사항

앞에서 다루었던 LIN 기능에 대하여 LIN 버스 컨트롤러, 즉 마스터 기능을 다음 사항을 고려하여 설계한다.

- LIN 신호는 UART 기능과 흡사하다.
- 저속이다. 19.2Kbps이다.
- Read-back 기능에 의해 자신이 송신한 신호값이 수신된다. 이것은 송수신로가 분리된 UART와 달리 LIN은 하나의 선로에서 송수신이 수행되는 반이중 통신 방식이므로 자신이 송신한 신호는 즉시 자신에게도 수신되므로 이를 처리할 수 있어야 한다.
- 마스터는 헤더만 송신하고 슬레이브가 나머지 부분을 응답하거나 마스터가 헤더와 데이터 부분을 연속 송신할 때도 있다. 따라서 자신의 송신과 수신 상태를 관리해야 한다.
- 헤더를 포함한 책섬 영역인지 데이터 부분만 책섬 영역에 포함할 것인지를 결정해야 한다.

(2) 설계

<그림 14.27>은 UART1 포트를 LIN용으로 재 활용하여 LIN 트랜시버 주변을 구성한 것이다.

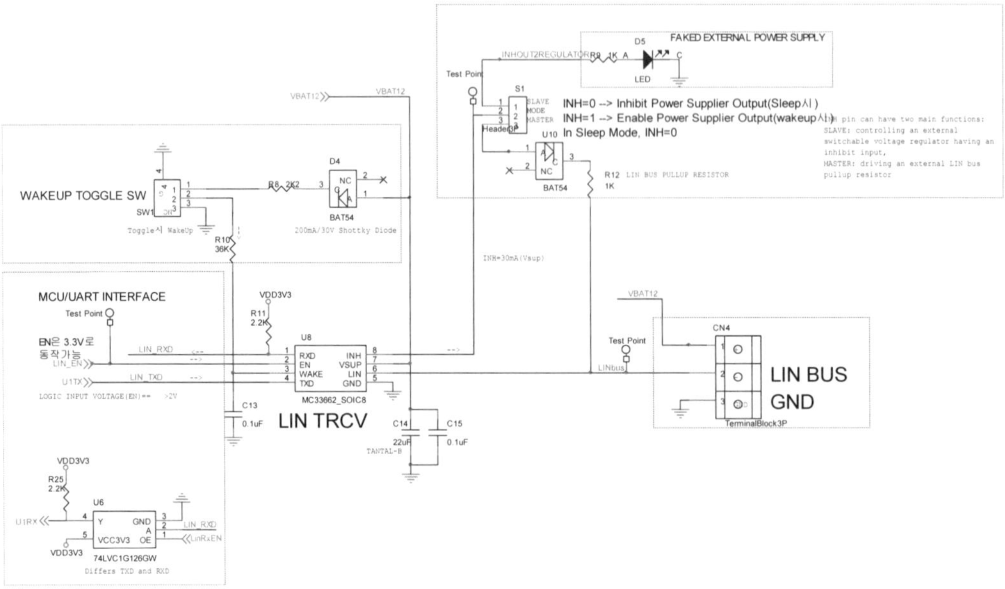

<그림 14.27> LIN 트랜시버 주변 회로 설계

특히 Inhibit 핀은 마스터의 역할 시 외부 버스 저항을 구동하는 용도로 사용된다. 반면에 슬레이브 역할 시에는 외부 전원의 inhibit 입력 신호 인가용으로 사용된다[12].

우리는 LED로 이 기능을 에뮬레이션 하였다. 참고로 12V의 V_{BAT} 전원의 사용 시 주의가 필요하다.

14.13 LIN 마스터 모듈 프로그래밍

(1) 고려 사항

- LIN1.3규격을 지원하도록 한다(checksum 영역은 데이터 부분만 적용함.).
- Break 신호 감지 기능 지원
- 1개의 태스크로 구현
- 1 비트 포트 2개 사용(TXD와 RXD)

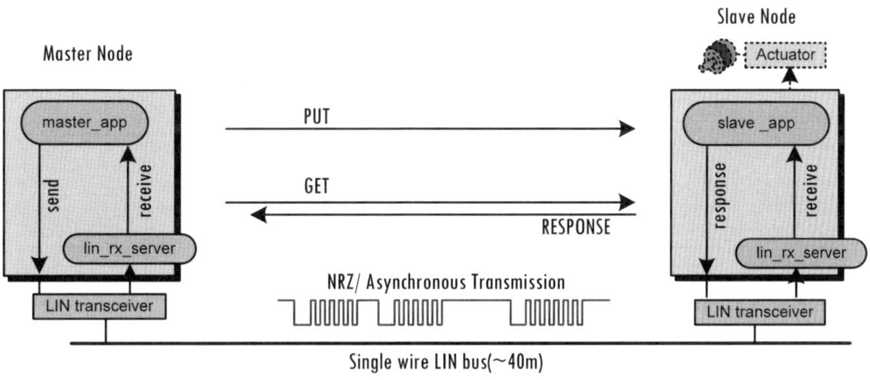

<그림 14.28> 시스템 구성

(2) 동작 흐름도

역할에 따라 동작을 구분하여 설계한다. 특히, LIN 버스를 통한 송신 시 즉시 readback되는 신호에 유의하여 처리해야 한다.

12 LIN 트랜시버의 INH 출력값 0는 외부 전원을 sleep시키고 1은 wakeup시킨다. PC 전원 장치 제어와 유사하다.

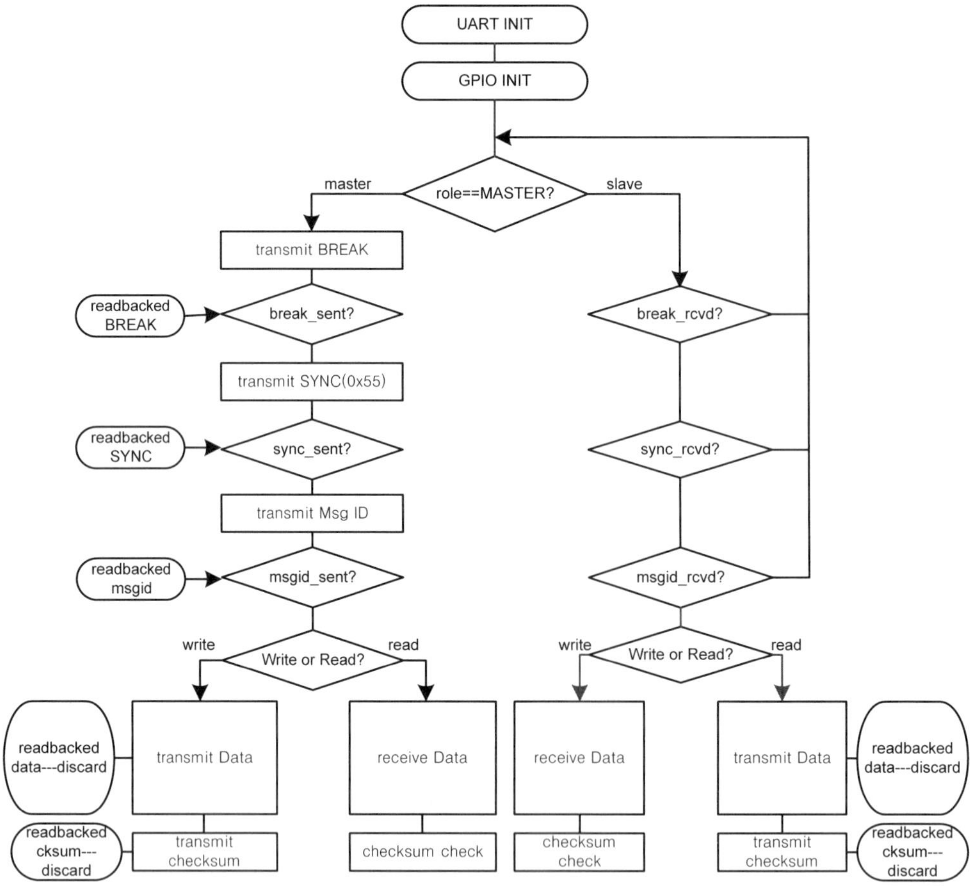

<그림 14.29> 흐름도

(3) 구조

tile0에 있는 다음과 같은 UART 1용 포트를 사용하여 TXD와 RXD 핀을 제어한다. 또한 LIN 트랜시버를 물리적으로 활성화 시키기 위한 LIN_EN 핀을 제어한다.

- TXD : 1P
- RXD : 1O
- LIN_EN : 4E3

마스터는 0x39의 MsgID를 갖는 헤더에 이어 8바이트의 데이터를 슬레이브에게 송신하고, 250msec 지연 후 0x34의 MsgID를 갖는 헤더를 송신하여 슬레이브로 부터의 8바이트의 응답 데이터를 수신한다. 이후 250msec 지연 후 이 과정을 반복한다.

이 모든 과정에서 송신되고 수신되는 8바이트의 데이터 영역의 값은 모두 id값과 동일한 값을 갖도록 한다.

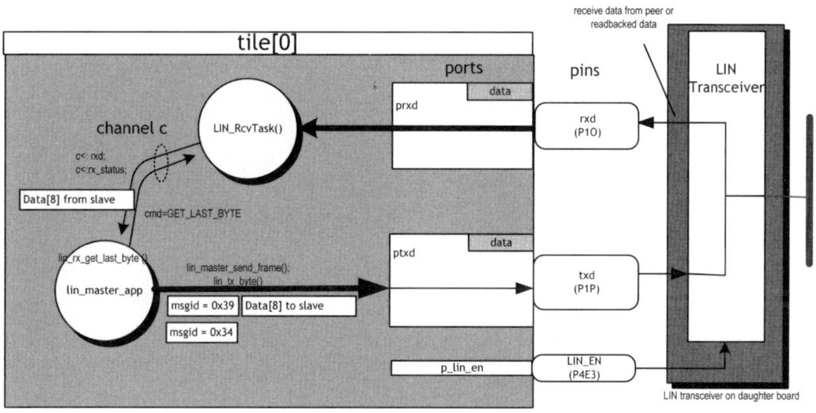

<그림 14.30> 마스터 모듈의 구성

(4) 포트 설정

```
//LIN PORT = UART1 -- tile 0.
#define PORT_LIN_TX PORT_UART1_TX   // on tile[0]:XS1_PORT_1P
#define PORT_LIN_RX PORT_UART1_RX   // on tile[0]:XS1_PORT_1O
#define PORT_LIN_EN PORT_LIN_EN     // on tile[0]:XS1_PORT_4E //4E3

on tile[0]: out port p_master_txd = PORT_LIN_TX;
on tile[0]: in port p_master_rxd = PORT_LIN_RX;
on tile[0]: out port p_lin_en = PORT_LIN_EN;   // enable LIN transceiver on the daughter board.

//Port values for LIN
#define RECESSIVE                    0x1   // HIGH
#define DOMINANT                     0x0   // LOW
```

(5) 기본 정의

```
#define LIN_BAUD_RATE 19200          // in bps
#define LIN_BIT_TIME (XS1_TIMER_HZ /  LIN_BAUD_RATE) //in timer ticks

//LIN frame timing parameters units are bit times unless specified
#define LIN_RESPONSE_SPACE                  0
#define LIN_INTERBYTE_SPACE                 0
#define LIN_INTERFRAME_SPACE                0
#define LIN_SYNCH_BREAK_BITS_MASTER         13    // transmitted break bits
#define LIN_SYNCH_BREAK_THRESHOLD_SLAVE 11  // number that need to be seen for a break detect
#define LIN_SYNCH_BREAK_DELIMIT              1     // >=1
#define LIN_SLEEP_DELAY                   4000    // Slave timeout for sleep in milliseconds
#define LIN_MESSAGE_TIMEOUT                100    // msec. How long to wait until giving up

//LIN Byte commands and descriptions
#define LIN_MAXIMUM_RESPONSE_LENGTH         8     // bytes
#define LIN_SYNCH_BYTE                   0x55     // Synch bit pattern (0xAA)

#define NODE_COUNT 1                              // Choose 1 for master only demo

//Slave rx serial state machine states
```

```
typedef enum {
   SLAVE_RX_RESET = 0,
   SLAVE_RX_WAITING,
   SLAVE_RX_IN_PROGRESS,
   SLAVE_RX_START_BIT_ERROR,
   SLAVE_RX_STOP_BIT_ERROR,
   SLAVE_RX_BREAK_OK,
   SLAVE_RX_BYTE_OK,
   SLAVE_RX_TIMEOUT
} lin_serial_rx_state_t;

// Commands that can be sent to rx serial state machine core
typedef enum {
   SLAVE_RX_NO_COMMAND = 0,
   SLAVE_RX_RESET_COMMAND,
   SLAVE_RX_GET_STATUS_COMMAND,
   SLAVE_RX_GET_LAST_BYTE_COMMAND,
   SLAVE_RX_GET_NEXT_BYTE_COMMAND,
   SLAVE_RX_GET_BREAK_COMMAND
} lin_serial_rx_command_t;


// response section of frame structure
typedef struct {
   unsigned char data[LIN_MAXIMUM_RESPONSE_LENGTH];
   unsigned char length;
   unsigned char checksum;
   unsigned char id;
} lin_frame_t;

// Checksum style. Classic checks data response bytes only.
// Enhanced checks data bytes and also ID byte
typedef enum {
   LIN_CHECKSUM_CLASSIC,
   LIN_CHECKSUM_ENHANCED
} lin_checksum_style_t;


// Lin slave state machine states
typedef enum {
   LIN_SLAVE_IDLE = 0,
   LIN_SLAVE_RECEIVE_PID,
   LIN_SLAVE_SYNCH_BREAK_OK,
   LIN_SLAVE_RX_DATA,
   LIN_SLAVE_RX_CHECKSUM,
   LIN_SLAVE_TX_DATA,
   LIN_SLAVE_TX_CHECKSUM
} lin_slave_state_t;

// Lin slave state machine error codes
typedef enum {
   LIN_SUCCESS = 0,
   LIN_ERR_READBACK,
   LIN_ERR_CHECKSUM,
   LIN_ERR_ID_PARITY,
   LIN_ERR_NO_RESPONSE,
   LIN_ERR_LAST_FRAME_RESPONSE_TOO_SHORT,
   LIN_ERR_BAD_SYNCH,
   LIN_ERR_UNKNOWN_PID,
   LIN_ERR_FRAMING,
   LIN_ERR_INVALID //for debugging. Illegal error should never be returned
} lin_slave_error_t;
```

(6) 라이브러리 함수

```
void lin_wait(unsigned int bit_periods){
   int timer_trigger;
   timer t_wait;
   t_wait :> timer_trigger;
   timer_trigger += bit_periods * LIN_BIT_TIME;
   t_wait when timerafter(timer_trigger) :> int;
}

// parity bit in id field (2 bits)
unsigned char lin_set_id_parity_bits (unsigned char id){
   unsigned p0 = 0x00, p1 = 0x80;
   id &= 0x3f; //6 bits
   for (int bit_ptr = 0; bit_ptr < 6; bit_ptr++){
      if ((bit_ptr == 0) || (bit_ptr == 1) || (bit_ptr == 2) || (bit_ptr == 4))
         if ((0x1 << bit_ptr) & id) p0 ^= 0x40;
      if ((bit_ptr == 1) || (bit_ptr == 3) || (bit_ptr == 4) || (bit_ptr == 5))
         if ((0x1 << bit_ptr) & id) p1 ^= 0x80;
   }
   id |= p0;
   id |= p1;
   return id;
}

// checksum
unsigned char lin_calculate_checksum (lin_frame_t response, lin_checksum_style_t style){
   unsigned int checksum = 0;
   if (response.length > LIN_MAXIMUM_RESPONSE_LENGTH)
      response.length = LIN_MAXIMUM_RESPONSE_LENGTH;
   for (int byte_index = 0; byte_index < response.length; byte_index++){
      checksum += response.data[byte_index];
      if (checksum >= 256) checksum -= 255;
   }
   if (style == LIN_CHECKSUM_ENHANCED){
      checksum += response.id;
      if (checksum >= 256) checksum -= 255;
   }
   return (~(unsigned char)checksum);
}

// Make 10 bit UART format for a given data byte (add start/stop bits)
// Note: It will be transmited from LSB first.
// {MSB--LSB} --> {STOPBIT | {MSB--LSB} | STARTBIT} --> STARTBIT FIRST TRANSMITTED.
static unsigned int format_tx_byte10 (unsigned char tx){
   unsigned int to_tx;
   to_tx = 0x300 | (unsigned int) tx; //set stop bit and post stop bit (idle state)
   to_tx <<= 1; //add 1 start bit of '0'.
   return to_tx; //10 bits return.
}

//Get a byte from received 10bit UART format (strip start/stop bits off)
// Note : On rx, SARTBIT will be first received into rx shift register from left.
// The passing arg. of rx is {..... STOPBIT|MSB---LSB|STARTBIT}
static unsigned int unformat_rx_byte (unsigned int rx)
{
   rx >>= 1; //remove startbit
   rx &= 0xff; //get a byte8
   return rx;
}

```

```
// Similar to Uart Tx. Send up to a 4 byte of tx32.
// Each byte should be transmitted with UART format(StartBit|LSB first...).
static void LIN_tx_raw32(out port ptxd, unsigned int txd32, int n_bits)
{
  int next_txbit_time;
  unsigned int bc;//bit_counter
  timer tx_bit_timer;

  bc = n_bits;

  if (txd32 & 0x1) ptxd <: RECESSIVE;          // output bit 0, start bit
  else ptxd <: DOMINANT;
  tx_bit_timer :> next_txbit_time;             // read timer time
  txd32 >>= 1;
  next_txbit_time += LIN_BIT_TIME;

  // Output data bits in turn, LSB first.
  while(bc > 0) {
    tx_bit_timer when timerafter(next_txbit_time) :> int;
    if (txd32 & 0x1) ptxd <: RECESSIVE;
    else ptxd <: DOMINANT;
    txd32 >>= 1;
    next_txbit_time += LIN_BIT_TIME;
    bc--;
  }
}

// Send a byte. This function will be blocked until all bits have been transmitted.
void LIN_tx_byte(out port ptxd, unsigned char tx_byte){
  LIN_tx_raw32(ptxd, format_tx_byte10(tx_byte), 10);
}

// long 0 assert to make a break signal.
void LIN_tx_BREAK(out port ptxd){
  LIN_tx_raw32(ptxd, (0xffffffff << LIN_SYNCH_BREAK_BITS_MASTER),
         LIN_SYNCH_BREAK_BITS_MASTER + LIN_SYNCH_BREAK_DELIMIT);
}

lin_serial_rx_state_t lin_rx_reset (chanend c_a2s)
{
    lin_serial_rx_state_t serial_rx_state;
    c_a2s <: SLAVE_RX_RESET_COMMAND;
    c_a2s :> serial_rx_state;
    return serial_rx_state;
}

lin_serial_rx_state_t lin_rx_return_next_byte_cmd (chanend c_a2s)
{
  lin_serial_rx_state_t serial_rx_state;
  c_a2s <: SLAVE_RX_GET_NEXT_BYTE_COMMAND;
  c_a2s :> serial_rx_state;
  return serial_rx_state;
}

lin_serial_rx_state_t lin_rx_look_for_break_cmd (chanend c_a2s)
{
  lin_serial_rx_state_t serial_rx_state;
  c_a2s <: SLAVE_RX_GET_BREAK_COMMAND;
  c_a2s :> serial_rx_state;
  return serial_rx_state;
}

```

```
lin_serial_rx_state_t lin_rx_wait_for_byte (unsigned char &rxw, chanend c_a2s)
{
   lin_serial_rx_state_t serial_rx_state;
   c_a2s :> serial_rx_state;
   c_a2s :> rxw;
   return serial_rx_state;
}

lin_serial_rx_state_t lin_rx_wait_for_break (chanend c_a2s)
{
   lin_serial_rx_state_t serial_rx_state;
   c_a2s :> serial_rx_state;
   return serial_rx_state;
}

// Fetches the last received byte from the rx server.
// Can be called at any time and will always return the last received byte, Non-blocking.
// If called before any byte has been receieved, it will return an unitilialised value.
// [Readback] Can be called immediately after tx command as long as round trip latency through
// physical later is less than half a bit period.
// transfer [COMMAND | rxw | state] via channel.

lin_serial_rx_state_t LIN_rx_get_last_byte (
                        unsigned char &rxd8,
                        chanend c_a2s) //rx_server()가 수신한 데이터를 전달하는 채널
{
   lin_serial_rx_state_t serial_rx_state;
   c_a2s <: SLAVE_RX_GET_LAST_BYTE_COMMAND;
   // rx_server()에 이 command를 발행하여 수신된 바이트를 보내라고 함.
   c_a2s :> rxd8; // 송신 과정에 의한 readback 데이터 포함)를 읽음.
   c_a2s :> serial_rx_state; // 함께 전달되는 rx_state도 읽음.
   return serial_rx_state;    // rx server status
}

lin_serial_rx_state_t lin_rx_get_status (chanend c_a2s)
{
   lin_serial_rx_state_t serial_rx_state;
   c_a2s <: SLAVE_RX_GET_STATUS_COMMAND;
   c_a2s :> serial_rx_state;
   return serial_rx_state;
}
```

(7) master task

```
lin_slave_error_t LIN_Master_init(out port p_master_txd, out port p_lin_en, chanend c_a2rx){
   p_master_txd <: RECESSIVE;
   p_lin_en <: 0xf;
   return lin_rx_reset (c_a2rx);
}

// Sends a header(break, synch, id) and the array of data(+ checksum)
// Listens to see if response section is correctly seen on bus.
// Blocks until last bit transmitted.
lin_slave_error_t LIN_Master_send_frame_withData(
                        lin_frame_t tx_frame,
                        out port p_master_txd,
                        chanend c_a2rx) // channel to the rx_server.
{
   unsigned char rx_byte;
   lin_slave_error_t return_error = LIN_ERR_INVALID;
```

```
    lin_serial_rx_state_t rx_state;

    // send header. No error checking (no check for readback)
    // a) break + SyncDelimiter(1BT)
    LIN_tx_BREAK(p_master_txd);
    // b) sync(STARTBIT+10101010+STOPBIT)
    LIN_tx_byte (p_master_txd, LIN_SYNCH_BYTE);
    // c) wait for 1 BT
    lin_wait(LIN_SYNCH_BREAK_DELIMIT);
    // d) message id.
    LIN_tx_byte (p_master_txd, lin_set_id_parity_bits(tx_frame.id));
    // e)interframe response_space
    lin_wait(LIN_RESPONSE_SPACE); // 0

    // f) Send data/response, and check to see if the right values were seen on the lin bus
    for(int txCnt = 0; txCnt < tx_frame.length; txCnt++){
        LIN_tx_byte (p_master_txd, tx_frame.data[txCnt]);
      rx_state = LIN_rx_get_last_byte(rx_byte, c_a2rx);/ /readback데이터 검사
      if ((rx_state == SLAVE_RX_START_BIT_ERROR) || (rx_state ==
SLAVE_RX_STOP_BIT_ERROR)){
          return_error = LIN_ERR_FRAMING;
          return return_error;
      }
      // readback check – 송신 중에 수신된 자신의 비트값에 오류가 있다면
      if (rx_byte != tx_frame.data[txCnt]){
            return_error = LIN_ERR_READBACK;
            return return_error;
         }
      lin_wait(LIN_INTERBYTE_SPACE);
    }

    //g) Checksum계산
    LIN_tx_byte (p_master_txd, tx_frame.checksum);
    rx_state = LIN_rx_get_last_byte (rx_byte, c_a2rx);
    if ((rx_state == SLAVE_RX_START_BIT_ERROR) || (rx_state ==
SLAVE_RX_STOP_BIT_ERROR))
      return_error = LIN_ERR_FRAMING;
    if (rx_state == SLAVE_RX_BYTE_OK){
      if (rx_byte!= tx_frame.checksum) return_error = LIN_ERR_READBACK;
      else return_error = LIN_SUCCESS;
    }
    return return_error;
}

lin_slave_error_t LIN_master_SendRequestAndGetResponseFromSlave(lin_frame_t &rx_frame,
                                    out port p_master_txd, chanend c_a2rx)
{
    unsigned char rx_byte;
    lin_slave_error_t return_error = LIN_ERR_INVALID;
    lin_serial_rx_state_t rx_state;

    //a) BREAK
    LIN_tx_BREAK(p_master_txd);
    //b) SYNC
    LIN_tx_byte (p_master_txd, LIN_SYNCH_BYTE);
    lin_wait(LIN_SYNCH_BREAK_DELIMIT);
    //c) MsgID
    LIN_tx_byte (p_master_txd, lin_set_id_parity_bits(rx_frame.id));

    //d) Handle the received response data from the slave
    for(int RxCnt = 0; RxCnt < rx_frame.length; RxCnt++){
```

```
        lin_rx_return_next_byte_cmd (c_a2rx);
        rx_state = lin_rx_wait_for_byte (rx_byte, c_a2rx); //get a received byte from the rx_server task
        if ((rx_state == SLAVE_RX_START_BIT_ERROR) || (rx_state == SLAVE_RX_STOP_BIT_ERROR)){
          return LIN_ERR_FRAMING;
        }
        if ((rx_state == SLAVE_RX_TIMEOUT) && (RxCnt == 0)) return LIN_ERR_NO_RESPONSE;
        if ((rx_state == SLAVE_RX_TIMEOUT) && (RxCnt > 0))
            return LIN_ERR_LAST_FRAME_RESPONSE_TOO_SHORT;
        rx_frame.data[RxCnt] = rx_byte;
    }

    lin_rx_return_next_byte_cmd (c_a2rx);//issue SLAVE_RX_GET_NEXT_BYTE_COMMAND
    rx_state = lin_rx_wait_for_byte (rx_byte, c_a2rx);
    if ((rx_state == SLAVE_RX_START_BIT_ERROR) || (rx_state == SLAVE_RX_STOP_BIT_ERROR))
        return_error = LIN_ERR_FRAMING;
    if (rx_state == SLAVE_RX_TIMEOUT)
        return_error = LIN_ERR_LAST_FRAME_RESPONSE_TOO_SHORT;
    if (rx_state == SLAVE_RX_BYTE_OK){
        if (rx_byte!= lin_calculate_checksum(rx_frame, LIN_CHECKSUM_CLASSIC))
          return_error = LIN_ERR_CHECKSUM;
        else return_error = LIN_SUCCESS;
        rx_frame.checksum = rx_byte;
    }
    return return_error;
}
```

(8) LIN_RcvTask

```
// 마스터노드나 슬레이브노드에서 동작하는 핵심 task.
// 수신된 바이트를 채널 c로 보냄. 이때 channel상태 정보도 함께 보냄.
void LIN_RcvTask(
                    in port rxd,    // 수신 포트
                    chanend c)      // app와의 채널(2가지 기능)
                    // get: app로 부터의 command를 수신.(예: SLAVE_RX_GET_LAST_BYTE_COMMAND)
                    // put: command에 대하여 응답.(예: 수신 데이터와 channel상태를 함께 보냄)
{
        int transition_to_recessive_rx,
                    transition_to_dominant_rx,
                    next_rx_sample_time,
                    break_start_time,
                    rx_port_val,
                    lin_bus_next,
                    time_out_trigger;
        lin_serial_rx_state_t current_state, previous_state;
        lin_serial_rx_command_t command;
        unsigned int bitCnt, rxd32;
        unsigned char rx_last_received_byte;
        timer rx_bit_timer, rx_timeout_timer;

        // rxd포트 초기화
        // set_port_pull_down(rxd);//enable pull downs on port (pull unused pins on 4bit port to low)
        // Set initial conditions for state machine. Assume waiting at recessive level
        command = SLAVE_RX_NO_COMMAND;
        current_state =   SLAVE_RX_WAITING;
```

```
        previous_state = SLAVE_RX_WAITING;
        bitCnt = 0;
        lin_bus_next = DOMINANT;

        while(1){
          rxd32 = 0x00000000;
          while ((current_state == SLAVE_RX_WAITING) || (current_state == SLAVE_RX_IN_PROGRESS))
          {

#pragma ordered
            select{     // Looks for specific signal level on lin bus. Used to detect transition from high/low/high
              case rxd when pinseq(lin_bus_next) :> int:
                if (lin_bus_next == DOMINANT){
                  rx_bit_timer :> transition_to_dominant_rx;
                  if (previous_state != SLAVE_RX_STOP_BIT_ERROR)
                     break_start_time = transition_to_dominant_rx;
                  if (bitCnt == 0){
                    next_rx_sample_time = transition_to_dominant_rx + (LIN_BIT_TIME / 2);
                    current_state = SLAVE_RX_IN_PROGRESS;
                  }
                  lin_bus_next = RECESSIVE;
                  break;
                }
                else if (lin_bus_next == RECESSIVE){
                  rx_bit_timer :> transition_to_recessive_rx;
                  if((transition_to_recessive_rx - break_start_time)
                      > (LIN_BIT_TIME * LIN_SYNCH_BREAK_THRESHOLD_SLAVE)){
                    current_state = SLAVE_RX_BREAK_OK;
                  }
                  lin_bus_next = DOMINANT;
                }
              break;

              // Samples the level on the rx pin periodically for serial receive
              case (current_state == SLAVE_RX_IN_PROGRESS) => rx_bit_timer when timerafter(next_rx_sample_time) :> int:
                rxd :> rx_port_val;
                if (rx_port_val == RECESSIVE) rxd32 |= (0x01 << bitCnt);

                if ((bitCnt == 0) && (rx_port_val != DOMINANT)){
                  current_state = SLAVE_RX_START_BIT_ERROR;
                }

                if ((bitCnt == 9) && (rx_port_val == RECESSIVE)){
                  rx_last_received_byte = (unsigned char)unformat_rx_byte(rxd32);
                  current_state = SLAVE_RX_BYTE_OK;
                }

                if ((bitCnt == 9) && (rx_port_val != RECESSIVE)){
                  current_state = SLAVE_RX_STOP_BIT_ERROR;
                }

                next_rx_sample_time += LIN_BIT_TIME;
                bitCnt++;
                break;


              // Timer for detecting time out after get byte blocking command
              case (command == SLAVE_RX_GET_NEXT_BYTE_COMMAND) => rx_timeout_timer when timerafter(time_out_trigger) :> int:
```

```
                    current_state = SLAVE_RX_TIMEOUT;
                    break;

                // Comms handler from client API. Handles commands given
                case c :> command:
                    switch (command){
                    case SLAVE_RX_RESET_COMMAND:
                        current_state = SLAVE_RX_RESET;
                        c <: current_state;
                        command = SLAVE_RX_NO_COMMAND;
                        break;

                    case SLAVE_RX_GET_STATUS_COMMAND:
                        c <: current_state;
                        command = SLAVE_RX_NO_COMMAND;
                        break;

                    case SLAVE_RX_GET_LAST_BYTE_COMMAND:
                        c <: rx_last_received_byte;
                        c <: previous_state;
                        command = SLAVE_RX_NO_COMMAND;
                        break;

                    case SLAVE_RX_GET_NEXT_BYTE_COMMAND:
                        rx_timeout_timer :> time_out_trigger; // get current time
                        time_out_trigger += (LIN_MESSAGE_TIMEOUT * XS1_TIMER_KHZ);
                        c <: current_state;
                        break; //Transmission handled below after full word recieved

                    case SLAVE_RX_GET_BREAK_COMMAND:
                        c <: current_state;
                        break; //handled below after stop bit error then break received

                    case SLAVE_RX_NO_COMMAND:
                        break;
                    }
                break; //next RX sample time
            }//select
        }//rx loop (while waiting or receieving)

        if(command == SLAVE_RX_GET_NEXT_BYTE_COMMAND){
            c <: current_state;
            c <: (unsigned char)unformat_rx_byte(rxd32);
            command = SLAVE_RX_NO_COMMAND;
        }

        if ((command == SLAVE_RX_GET_BREAK_COMMAND) &&
                            (current_state == SLAVE_RX_BREAK_OK))
        {
            c <: current_state;
            command = SLAVE_RX_NO_COMMAND;
        }

        bitCnt = 0;
        lin_bus_next = DOMINANT;
        previous_state = current_state;
        current_state = SLAVE_RX_WAITING;
    }//while (1)
}
```

(9) MasterApp 태스크

```
void LIN_MasterApp(out port p_txd, out port p_lin_en, chanend c_ma2s) {
  lin_frame_t tx_frame;
  lin_frame_t rx_frame;
  lin_slave_error_t msg_error;
  int next_frame_time, done_once = 0;
  timer t;

  LIN_Master_init(p_txd, p_lin_en, c_ma2s);        // Initialise TX pin (RX already done by
rx_sever core)

  t :> next_frame_time;                              // Get current time
  printstrln("LIN bus master and slave, demo app started.");

  while(1){
  // (1) id 39
    lin_make_frame(tx_frame, 0x39); // Create data to send to slave. Set ID and Data.

    t when timerafter(next_frame_time) :> void;        // wait for next slot
    msg_error = LIN_Master_send_frame_withData(tx_frame, p_txd, c_ma2s); //Send frame
    print_master_error(msg_error);
    if ((msg_error == LIN_SUCCESS) && !done_once){
      printstrln("#1 master frame sent with no payload errors detected");
    }

    done_once = 1;
    next_frame_time += 25000000; // Add 250ms

    // (2) id 34
    lin_make_ frame(rx_frame, 0x34);// Create data to overwrite on receive, including setting length
field
                                   // Set ID to instruct slave to send repsonse

    t when timerafter(next_frame_time) :> void;        // wait for next slot
    print_master_error(LIN_master_SendRequestAndGetResponseFromSlave(rx_frame, p_txd,
c_ma2s));

    next_frame_time += 25000000; // Add 250ms
    printstr("Receive buffer - ");
    print_frame(rx_frame);
  }

}
```

(10) Main 프로그램

```
int main() {
 chan c_ma2s;                     // channel connecting master application to master LIN
node
 par {
    on tile[0]: LIN_MasterApp(p_master_txd, p_lin_en, c_ma2s);
    on tile[0]: LIN_RcvTask(p_master_rxd, c_ma2s);
 }

 return 0;
}
```

(11) 지원 함수

```
// utils
static void print_error(lin_slave_error_t slave_err){
   switch (slave_err){
   case LIN_SUCCESS:
       break; //Only print if not successful
   case LIN_ERR_READBACK:
       printstrln("LIN_ERR_READBACK");
       break;
   case LIN_ERR_CHECKSUM:
       printstrln("LIN_ERR_CHECKSUM");
       break;
   case LIN_ERR_ID_PARITY:
       printstrln("LIN_ERR_ID_PARITY");
       break;
   case LIN_ERR_NO_RESPONSE:
       printstrln("LIN_ERR_NO_RESPONSE");
       break;
   case LIN_ERR_LAST_FRAME_RESPONSE_TOO_SHORT:
       printstrln("LIN_ERR_LAST_FRAME_RESPONSE_TOO_SHORT");
       break;
   case LIN_ERR_BAD_SYNCH:
       printstrln("LIN_ERR_BAD_SYNCH");
       break;
   case LIN_ERR_UNKNOWN_PID:
       printstrln("LIN_ERR_UNKNOWN_PID");
       break;
   case LIN_ERR_FRAMING:
       printstrln("LIN_ERR_FRAMING");
       break;
   default:
      printstr(" other error code 0x");
      printhexln(slave_err);
      break;
   }
}
void print_slave_error(lin_slave_error_t slave_err){
   if (slave_err != LIN_SUCCESS){
      printstr("Slave error = ");
      print_error(slave_err);
   }
}
void print_master_error(lin_slave_error_t master_err){
   if (master_err != LIN_SUCCESS){
      printstr("Master error = ");
      print_error(master_err);
   }
}
void print_frame(lin_frame_t resp){
   int c;
   printstr("Frame ID = ");
   printhex(resp.id);
   printstr(", len = ");
   printhex(resp.length);
   printstr(",    d[0..");
   printhex(resp.length-1);
   printstr("] = ");
   for (c=0; c<resp.length; c++){
      printhex(resp.data[c]);
      printstr(", ");
```

```
    }
    printstr("chk = ");
    printhexln(resp.checksum);
}
void lin_make_frame(lin_frame_t &data, unsigned int id){
    unsigned char length, idlen;
    idlen =   (id & 0x30) >> 4;
    if (idlen < 2) length = 2;
    else if (idlen == 3) length = 4;
    else if (idlen == 3) length = 8;
    data.length = length;
    for (int i = 0; i < length; i++) data.data[i] = id; //for test
    data.id = id;
    data.checksum = lin_calculate_checksum(data, LIN_CHECKSUM_CLASSIC);
}
```

14.14 LIN 슬레이브 모듈 설계 (참고)

(1) 슬레이브 노드

타일0에 있는 UART 1용 포트를 사용하여 TXD와 RXD핀을 제어한다. 또한 LIN 트랜시버를 물리적으로 활성화 시키기 위한 LIN_EN 핀을 제어한다. 핀 할당은 다음과 같다.

- TXD : 1P
- RXD : 1O
- LIN_EN : 4E3

슬레이브는 0x39의 MsgID를 갖는 헤더에 이어 8바이트의 데이터를 마스터로부터 수신한다. 이후 0x34의 MsgID를 갖는 헤더를 수신하면 8바이트의 응답 데이터를 마스터에게 송신한다. 이 모든 과정에서 송신되고 수신되는 8바이트의 데이터 영역의 값은 모두 id값과 동일한 값을 갖도록 하였다.

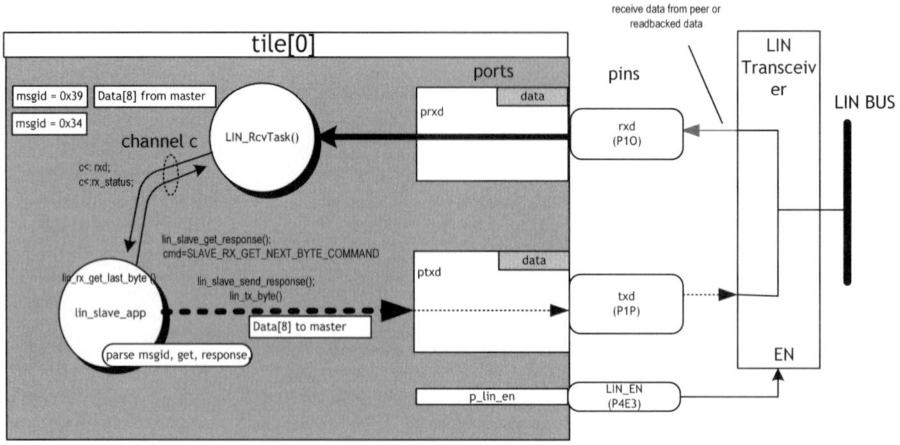

<그림 14.31> 슬레이브 모듈의 구성

(2) 프로그램

```
lin_slave_error_t LIN_SlaveRole_init(out port p_slave_txd, p_lin_en, chanend c_a2rx){
  p_slave_txd <: RECESSIVE;
  p_lin_en <: 0xf; //enable LIN transceiver

  if (lin_rx_reset (c_a2rx) == SLAVE_RX_RESET) return LIN_SUCCESS;
  else return LIN_ERR_NO_RESPONSE;
}

lin_slave_error_t lin_slave_wait_for_header(chanend c_a2rx, unsigned char &id){
  lin_slave_error_t return_error = LIN_ERR_NO_RESPONSE;
  lin_slave_state_t lin_slave_state = LIN_SLAVE_IDLE;
  lin_serial_rx_state_t rx_state;
  unsigned char rx_byte;

  while (lin_slave_state != LIN_SLAVE_SYNCH_BREAK_OK){
    switch (lin_slave_state){
    case LIN_SLAVE_IDLE:
    lin_rx_look_for_break_cmd (c_a2rx);
    lin_rx_wait_for_break (c_a2rx);
    lin_rx_return_next_byte_cmd (c_a2rx);
    rx_state = lin_rx_wait_for_byte (rx_byte, c_a2rx);
      if ((rx_state == SLAVE_RX_START_BIT_ERROR) || (rx_state == SLAVE_RX_STOP_BIT_ERROR)
          || (rx_byte != LIN_SYNCH_BYTE)) {
        lin_slave_state = LIN_SLAVE_IDLE;
        break;
      }
    lin_slave_state = LIN_SLAVE_RECEIVE_PID;
    break;

    case LIN_SLAVE_RECEIVE_PID:
      lin_rx_return_next_byte_cmd (c_a2rx);
      rx_state = lin_rx_wait_for_byte (rx_byte, c_a2rx);
      if ((rx_state == SLAVE_RX_START_BIT_ERROR) || (rx_state == SLAVE_RX_STOP_BIT_ERROR)){
        return_error = LIN_ERR_FRAMING;
        lin_slave_state = LIN_SLAVE_IDLE;
        break;
      }
      if (rx_state == SLAVE_RX_TIMEOUT) {
        return_error = LIN_ERR_NO_RESPONSE;
        lin_slave_state = LIN_SLAVE_IDLE;
        break;
      }
      if (rx_byte != lin_set_id_parity_bits(rx_byte)){
        return_error = LIN_ERR_ID_PARITY;
        lin_slave_state = LIN_SLAVE_IDLE;
        break;
      }
      id = (rx_byte & 0x3f);
      return_error = LIN_SUCCESS;
      lin_slave_state = LIN_SLAVE_SYNCH_BREAK_OK;
      break;
    }
  }
  return return_error;
}
```

```
lin_slave_error_t LIN_SlaveRole_Send_Response(out port p_slave_txd, chanend c_a2rx, lin_frame_t tx_response){

  lin_slave_error_t return_error = LIN_ERR_NO_RESPONSE;
  lin_slave_state_t lin_slave_state = LIN_SLAVE_TX_DATA;
  lin_serial_rx_state_t rx_state;
  unsigned char rx_byte;

  while ((lin_slave_state == LIN_SLAVE_TX_DATA) || (lin_slave_state == LIN_SLAVE_TX_CHECKSUM)){
    switch (lin_slave_state){
    case LIN_SLAVE_TX_DATA:
      lin_wait(LIN_RESPONSE_SPACE);
      for(int tx_counter = 0; tx_counter < tx_response.length; tx_counter++){
        LIN_tx_byte (p_slave_txd, tx_response.data[tx_counter]);
        rx_state = LIN_rx_get_last_byte (rx_byte, c_a2rx); // for readback check
        if ((rx_state == SLAVE_RX_START_BIT_ERROR) || (rx_state == SLAVE_RX_STOP_BIT_ERROR)){
          return_error = LIN_ERR_FRAMING;
          lin_slave_state = LIN_SLAVE_IDLE;
          break;
        }
        if (rx_byte != tx_response.data[tx_counter]){
          return_error = LIN_ERR_READBACK;
          lin_slave_state = LIN_SLAVE_IDLE;
          break;
        }
        lin_wait(LIN_INTERBYTE_SPACE);
      }
      lin_slave_state = LIN_SLAVE_TX_CHECKSUM;
      break;

    case LIN_SLAVE_TX_CHECKSUM: //tx cksum
      LIN_tx_byte (p_slave_txd, tx_response.checksum);
      rx_state = LIN_rx_get_last_byte (rx_byte, c_a2rx);
      if ((rx_state == SLAVE_RX_START_BIT_ERROR) || (rx_state == SLAVE_RX_STOP_BIT_ERROR)){
        return_error = LIN_ERR_FRAMING;
        lin_slave_state = LIN_SLAVE_IDLE;
        break;
      }
      if (rx_byte != tx_response.checksum){
        return_error = LIN_ERR_READBACK;
        lin_slave_state = LIN_SLAVE_IDLE;
        break;
      }
      lin_slave_state = LIN_SLAVE_IDLE;
      return_error = LIN_SUCCESS;
      break;
    }
  }
  return return_error;
}

/* Get a response section from the master*/
lin_slave_error_t LIN_Slave_get_DataFromMaster(
                chanend c_a2rx, // the channel for client communications with the rx sever
                lin_frame_t &rx_response) // {data + chksum}
{

  lin_slave_error_t return_error = LIN_ERR_NO_RESPONSE;
  lin_slave_state_t lin_slave_state = LIN_SLAVE_RX_DATA;
```

```
    lin_serial_rx_state_t rx_state;
    unsigned char rx_byte;

    while ((lin_slave_state == LIN_SLAVE_RX_DATA) || (lin_slave_state == LIN_SLAVE_RX_CHECKSUM)){
        switch (lin_slave_state){
        case LIN_SLAVE_RX_DATA:
            for(int rx_counter = 0; rx_counter < rx_response.length; rx_counter++){
                lin_rx_return_next_byte_cmd (c_a2rx);
                rx_state = lin_rx_wait_for_byte (rx_byte, c_a2rx);
                if ((rx_state == SLAVE_RX_START_BIT_ERROR) || (rx_state == SLAVE_RX_STOP_BIT_ERROR)){
                    return_error = LIN_ERR_FRAMING;
                    lin_slave_state = LIN_SLAVE_IDLE;
                    break;
                }
                if ((rx_state == SLAVE_RX_TIMEOUT) && (rx_counter == 0)) {
                    return_error = LIN_ERR_NO_RESPONSE;
                    lin_slave_state = LIN_SLAVE_IDLE;
                    break;
                }
                if ((rx_state == SLAVE_RX_TIMEOUT) && (rx_counter > 0)) {
                    return_error = LIN_ERR_LAST_FRAME_RESPONSE_TOO_SHORT;
                    lin_slave_state = LIN_SLAVE_IDLE;
                    break;
                }
                rx_response.data[rx_counter] = rx_byte;
            }
            lin_slave_state = LIN_SLAVE_RX_CHECKSUM;
            break;

        case LIN_SLAVE_RX_CHECKSUM:
            lin_rx_return_next_byte_cmd (c_a2rx);
            rx_state = lin_rx_wait_for_byte (rx_byte, c_a2rx);
            if ((rx_state == SLAVE_RX_START_BIT_ERROR) || (rx_state == SLAVE_RX_STOP_BIT_ERROR)){
                return_error = LIN_ERR_FRAMING;
                lin_slave_state = LIN_SLAVE_IDLE;
                break;
            }
            if (rx_state == SLAVE_RX_TIMEOUT) {
                return_error = LIN_ERR_LAST_FRAME_RESPONSE_TOO_SHORT;
                lin_slave_state = LIN_SLAVE_IDLE;
                break;
            }
            if (lin_calculate_checksum (rx_response, LIN_CHECKSUM_CLASSIC) != rx_byte){
                return_error = LIN_ERR_CHECKSUM;
                lin_slave_state = LIN_SLAVE_IDLE;
                break;
            }
            rx_response.checksum = rx_byte;

            lin_slave_state = LIN_SLAVE_IDLE;
            return_error = LIN_SUCCESS;
            break;
        }
    }

    return return_error;
}
```

(3) SlaveApp 태스크

```
void LIN_SlaveApp (out port p_txd, out port p_lin_en, chanend c_sa2s) {
  unsigned char id;
  lin_frame_t slave_frame;

  LIN_SlaveRole_init(p_txd, p_lin_en, c_sa2s);

  while(1){
    print_slave_error(lin_slave_wait_for_header(c_sa2s, id)); // Wait until header receieved and get id
    switch(id){            // Either receive or transmit frame depending on id
    case 0x39:             // 0x39 means receieve data
      slave_frame.id = 0x39;
      slave_frame.length = 8;
      print_slave_error(LIN_Slave_get_DataFromMaster(c_sa2s, slave_frame)); // Get response section of frame
      break;

    case 0x34:             // 0x34 means the read request.
      slave_frame.id = 0x34;
      slave_frame.length = 8;
      print_slave_error(LIN_SlaveRole_Send_Response(p_txd, c_sa2s, slave_frame));// Reply back to master
      break;
    }
  }
}
```

(4) Main 프로그램

```
int main() {
  chan c_sa2s;    // channel connecting slave application to slave LIN node
par {
  on tile[1]: LIN_SlaveApp(p_slave_txd, p_lin_en, c_sa2s);
  on tile[1]: LIN_RcvTask(p_slave_rxd, c_sa2s);
}

return 0;
}
```

제 15 장 Hello CAN

15.1 CAN 버스

Controller Area Network(CAN)은 twisted pair 케이블상에 멀티드롭된 다중 노드간에 반이중/차동전송 방식을 사용하는 차량 내부 제어 통신기술 중 하나이다. 이것은 벤츠 자동차사의 요구로 부품업체인 Bosch사에 의해 1986년에 최초로 개발되었다. 최고 속도 125 Kbps용 규격인 ISO 11519 표준과 1 Mbps용 ISO 11898 표준이 있다. 최대 1000m까지도 50Kbps로 통신할 수 있다.

1986년의 초기 버전인 V1.0 이후에 1991년에 기존 방식과 호환되면서 속도를 1Mbps로 향상시킨 소위 표준 CAN 규격(standard format)이라고 불리는 CAN2.0A 및 헤더 부분의 메시지 식별자 영역을 11비트에서 29비트로 확장한 소위 확장 CAN 규격(extended format)으로 불리는 CAN2.0B버전도 발표되었다. 1993년 벤츠의 S클래스 승용차에 최초로 CAN 기술이 장착된 이후 2000년부터는 많은 자동차 및 생산 자동화 시설에 설치되기 시작했다.

이러한 CAN은 차량 내에는 다양한 충돌 감지 센서와 충돌 감지를 판단하는 제어 장치 및 ABS 브레이크 및 에어백을 터뜨리는 액츄에이터 등으로 구성되는 안전에 민감한 장치들을 연결하는 기능을 제공한다. 본 장에서는 CAN 시스템의 구성과 동작을 소개한 후 트랜시버가 포함된 하드웨어 보드 설계 및 xCore 기반의 프로그래밍을 수행한다.

15.2 CAN 시스템의 구성

(1) 구성

<그림 15.1>은 차량 내 CAN 통신망의 예이다. 예를 들어 ECU 모듈, 운전석 도어 제어 모듈, 조수석 도어 제어 모듈 등이 2가닥의 차동 전송 직렬 버스에 멀티드롭 방식으로 연결된다. 케이블 종단에는 임피던스 매칭용 120옴의 종단 저항이 설치된다[1].

[1] 2개의 120옴 저항이 병렬로 접속되므로 버스상에서 저항값을 측정하면 60옴이다.

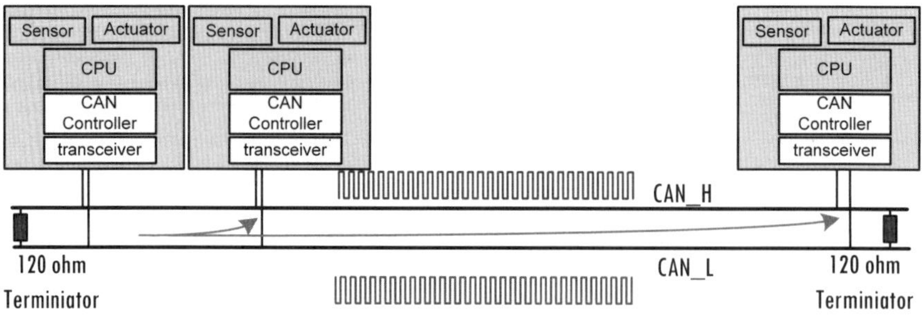

<그림 15.1> CAN 시스템의 구성

하나의 직렬 버스를 다수의 장치들이 공유하는 CSMA/CD 기반의 이더넷에서는 각 노드가 전송하는 메시지간 충돌에 의해 긴급한 메시지가 제 때 전송되지 않을 수 있다. 하지만 CAN에서는 이러한 직렬 공유 버스 망의 문제점을 CSMA/CR(CSMA with Collision Resolution) 기법의 일종인 CSMA/NDBA (CSMA with Non Destructive Bitwise Arbirtration) 방식으로 해결한다. 이것은 2개 이상의 마스터 노드가 동시에 송신하더라도 비트 별 우선순위에 따라 우선순위가 높은 프레임의 전송은 성공할 수 있도록 한다[2].

CAN은 이러한 기법을 사용하여 차량 내부의 다양한 제어 장치를 연결한다. 뿐만 아니라 공장 자동화용 통신망 기술인 필드 버스(fieldbus) 에서도 사용되는데 이것은 CAN 관련 칩의 저렴한 가격과 실시간 전송 기능을 지원하기 때문이다.

(2) CAN 시스템의 구성 요소

CAN 시스템은 <그림 15.2>과 같이 구성된다.

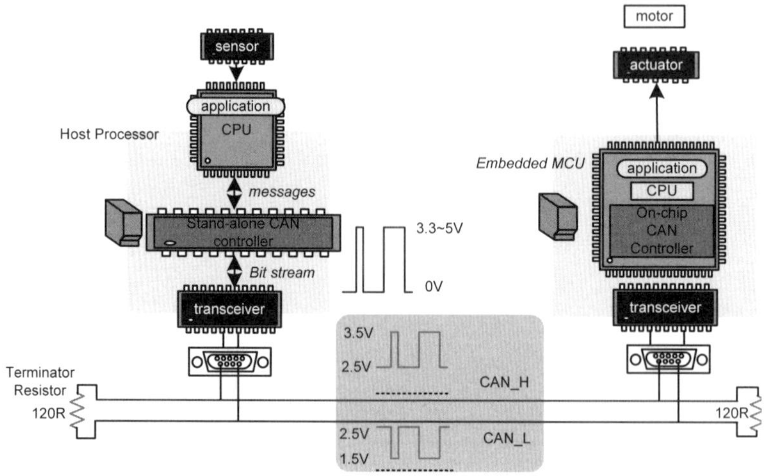

<그림 15.2> 일반적인 CAN 장치의 구성

[2] CAN 시스템은 다중 마스터 시스템이다. 실제 많은 구현에서는 단일 마스터 구조를 선호한다.

- 프로세서 : 센서 및 액츄에이터 등을 연결하는 프로세서는 센서로부터의 이벤트를 하부의 CAN을 통하여 전송하거나 CAN으로부터 수신된 데이터를 처리하여 액츄에이터를 구동한다.
- CAN controller: 수신 시 CAN 트랜시버로부터의 비트 열을 내부의 FIFO에 저장한 후 프로세서로 전달한다. 송신 시에는 프로세서로부터의 비트 열을 FIFO에 저장한 후 채널이 idle할 때 트랜시버를 경유하여 송신한다. 일종의 데이터링크 계층(MAC) 기능을 수행한다.
- 트랜시버 : 버스로부터 수신되는 2.5V 기준의 차동 신호 열로부터 TTL 레벨의 비트 열로 복원하여 CAN Controller에 전달하거나 그 반대 기능을 수행하는 물리 계층 기능을 수행한다.

(3) CAN의 계층 구조

CAN의 계층 구조는 <그림 15.3>과 같다.

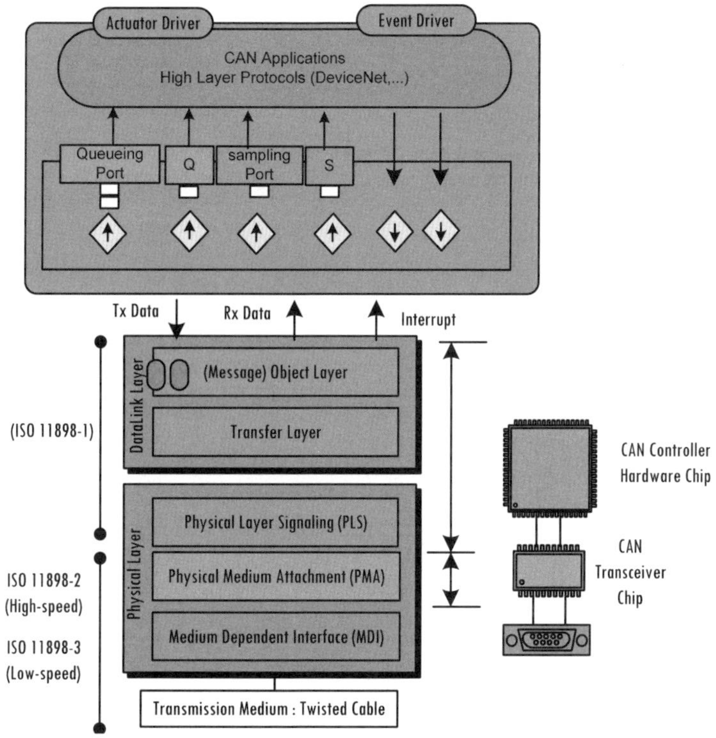

<그림 15.3> CAN 계층 구조

- 응용 계층 : 센서 및 액츄에이터 관련 메시지 생성 및 처리를 하며 하부의 링크 계층의 추가 기능인 흐름제어 및 데이터 블록의 분할 전송 등을 수행한다. 송신 기능부를 Publisher라고 하며 수신 기능부를 Subscriber라고 한다..

- 데이터링크 계층 : CAN 프레임을 구성하여 전송하고 필요한 프레임만 필터링하여 수신하는 기능을 수행한다. 또한 비트 스터핑 기능을 이용한 비트 동기 및 버스 사용권 확보, 수신 프레임에 대한 ACK기능, 재전송 및 오류 감지 등의 오류 제어 기능을 수행한다.
- 물리 계층 : CAN 버스 규격에 따른 신호 변환 기능을 수행한다. 기본적으로 1Mbps까지 지원한다. 이 외에 125Kbps 및 33.33Kbps용도 있다. 커넥터의 종류는 규정되지 않아 각 제조회사별로 상이하다.

15.3 CAN 물리 계층

(1) 케이블

CAN버스용 케이블은 120옴의임피던스의 차폐꼬임쌍선이다. 한쪽 선은 "CAN_H" (또는 "+", "HI")라고 부르며, 다른 쪽 선은 "CAN_L" (또는 "-", "LO") 라고 한다. 케이블 종단에는 임피던스 매칭용 120옴 저항이 필요하다.

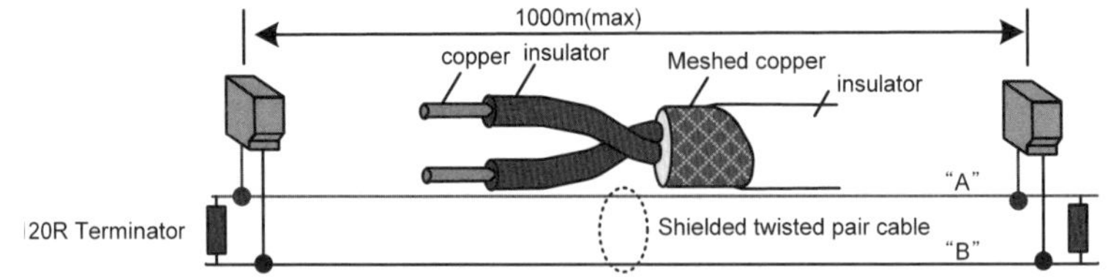

<그림 15.4> 케이블

(2) 전기적 특성

각 선로에서의 신호는 <그림 15.5>와 같이 non-return-to-zero(NRZ) 신호 방식에 의해 송신되지만 각 선로별 극성은 반대이다. TXD를 통한 송신값은 RXD로 readback되므로 자신의 송신 비트값이 정상적으로 송신되고 있는지 즉시 알 수 있다.

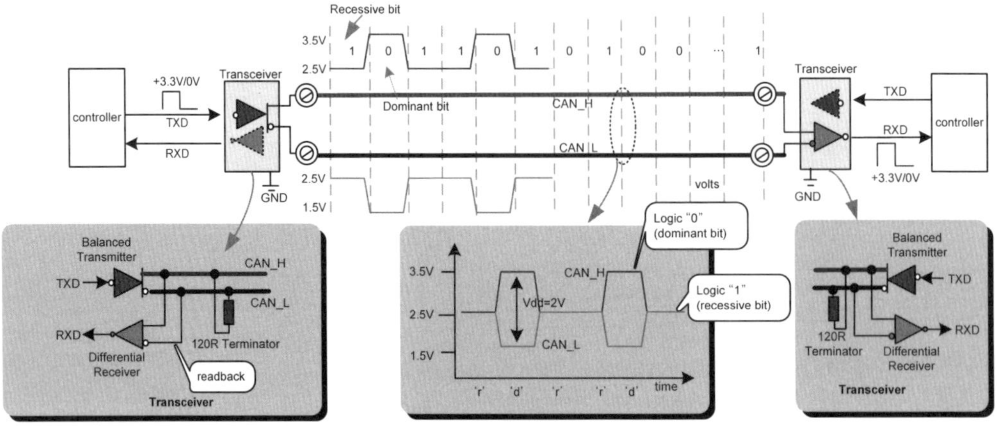

<그림 15.5> CAN의 신호 방식

CAN 버스상에서 CAN_H 신호는 2.5~3.5V를 천이하며 CAN_L신호는 2.5V~1.5V를 천이한다. 즉, 버스는 2.5V 바이어스 되어 있다. 로직 레벨에 따른 신호 레벨은 다음과 같다.

- '0': Dominant 비트이다. {CAN_H= +3.5V, CAN_L= 1.5V}로써 차동 전압Vdd=+2V 값을 가진다.
- '1' : Recessive 비트이다. {CAN_H=-2.5V, CAN_L=2.5V}로써 차동 전압 Vdd=0V 값을 가진다. Idle 상태에서도 이 값을 유지한다[3].

Logic	Bit Value	Bus Voltage
Dominant	0	CAN_H = 3.5V ;CAN_L = 1.5V; Vdd= 2V
Reccesive	1	CAN_H = 2.5V ;CAN_L = 2.5V; Vdd= 0V

CAN에서는 이러한 차동 신호를 이용하므로 외부잡음에 대한 신호 왜곡이 거의 없어 안정적인 데이터 송수신을 보장 할 수 있다. 물론 수신되는 신호의 전압은 전송 선로의 길이와 접속된 수신 장치의 개수에 따라 강하될 수 있으므로 최대 100m(보통 60m 이내)의 케이블에 하나의 송신부와 최대 20개의 수신 장치만 연결 가능하다.

참고로 <그림 15.6>은 CAN선로에서의 전송 신호를 오실로스코프로 관측한 것이다. 중간의 빨간색 신호는 CAN_H와 CAN_L 신호에 대한 차동 신호이다.

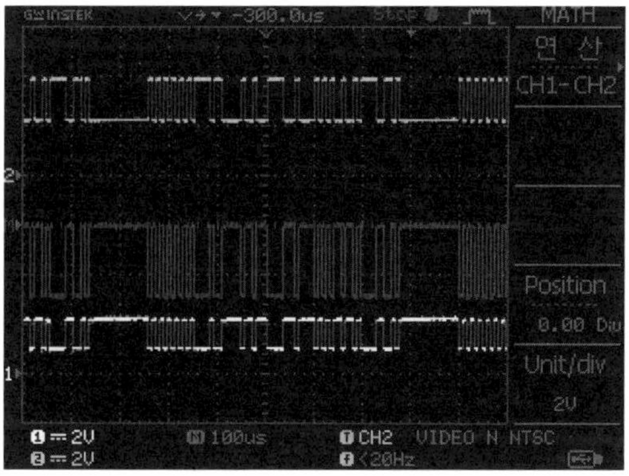

<그림 15.6> CAN의 신호의 실제

(3) 커넥터

CAN의 물리 계층 규격에는 커넥터에 대한 규정이 없다. 이것은 각 자동차 회사별로 고유한 커넥터가 기존부터 사용되어 왔으므로 굳이 규정할 필요가 없었기 때문이다. 범용으로 사용하는 커넥터는 DE-9, 10pin 헤더, RJ45 커넥터 등이다.

---

[3] 이러한 방법은 다른 balanced line 방식(RS-422/3, RS-485)과 다르다. 이들의 경우 dominant의 경우 차동 전압은 0V 값을 가진다.

a) D-sub 커넥터 : <그림 15.7>은 9핀의 D sub 커넥터를 사용하는 경우이다. 커넥터 핀을 통해 전원도 공급할 수 있다[4].

- pin 2: CAN-Low(CAN-) : 흰색 케이블 사용
- pin 3: GND (Ground)
- pin 7: CAN-High(CAN+) : 파란색 케이블 사용
- pin 9: CAN V+ (Power)

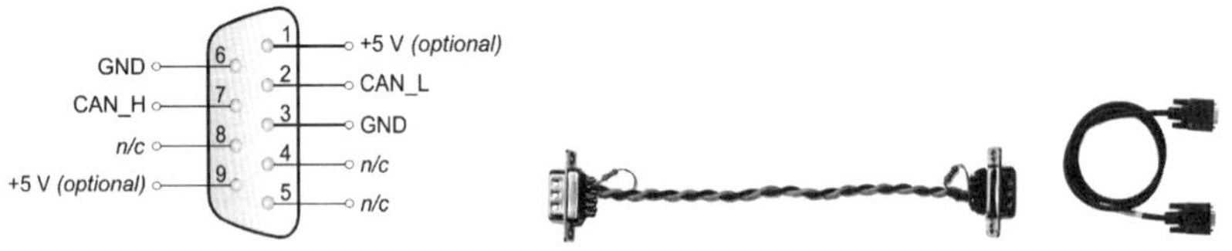

<그림 15.7> CAN용 D-sub 커넥터

b) 10핀 헤더 커넥터 : 범용 10 핀 헤더를 사용할 수 있다.

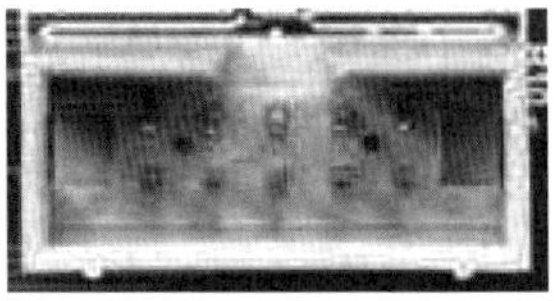

<그림 15.8> CAN용 10핀 헤더 커넥터

Pin No.	Signal 이름
2	GND
3	CAN_L
4	CAN_H
5	CAN_GND
8	CAN_POWER
기타	N/A

c) RJ45 커넥터 : 저렴한 RJ45 커넥터를 사용할 수도 있다.

Pin No.	Signal 이름
2	CAN_H
3	CAN_L
4	CAN_GND
6	CAN_SHIELD
7	CAN_GND
8	CAN_POWER
기타	N/A

[4] 전원은 male connector에서 공급하고 female connector로부터 전원을 공급받는다. 이것은 power는 female connector에서 받아들이는 일반적인 관습에 따른 것이다

15.4 CAN 2.0A 프레임 형식

버전에 따라 다음과 같은 2가지 형식의 CAN 프레임이 사용된다.

- 2.0A 형식 : 11비트 길이의 message id영역을 갖는다.
- 2.0B 형식 : 29비트의 message id영역을 갖는다.

먼저 CAN 2.0A 프레임에는 다음과 같은 {Data , Remote, Error, Overload , Interframe} 등 5 종류의 프레임 형식이 사용된다.

(1) 데이터 프레임(data frame)

최대 8바이트의 주기적(온도 등)이거나 이벤트에 해당되는 데이터를 수납한다. RTR=0인 경우 데이터 프레임이다.

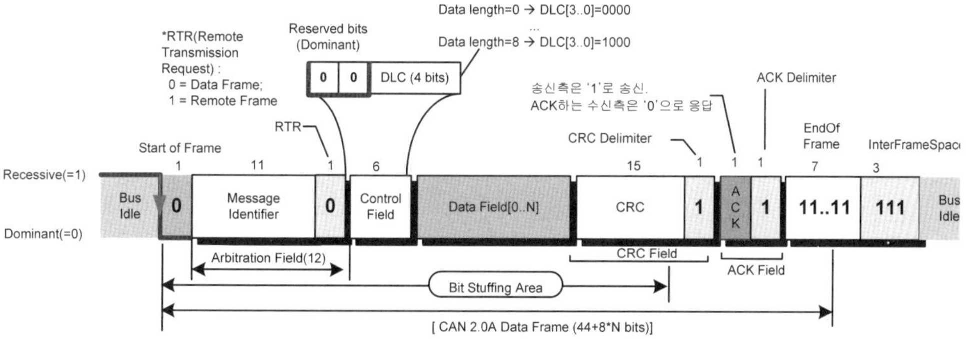

<그림 15.9> CAN2.0A 프레임 형식

각 영역의 상세는 다음과 같다.

a) SOF : 기본값 '0(Dominant)'인 비트이다. Idle 상태에서 천이되어 프레임의 시작을 알린다.

b) Message ID(MsgId) : 기본 형식의 경우 11비트 또는 확장형의 경우 29비트의 메시지 식별자 또는 노드 식별자이다[5]. MSB부터 송신된다. 이 메시지 ID는 최대 2032개의 메시지 식별자 기능 뿐만 아니라 메시지별 우선 순위를 제공한다[6].

---

[5] ID의 2진 bits 패턴이 1111111**** 인 경우, 즉 7개의 MSB(Most Significant Bit)(ID10 ~ ID4)가 모두 'r'인 경우는 사용이 유보되어 있다. 따라서 실제 할당 가능한 메시지 ID의 개수는 2032개이다. 그러므로 CAN 프로토콜을 2032개까지의 우선순위와 다양한 메시지 정보를 전송할 수 있다. 이보다 더 많은 종류의 정보를 다루는 경우를 위하여 extended version에서는 29bits를 ID에 사용할 수 있도록 확장해 두었다. 11비트의 식별자는 항상 29비트 식별자에 비해 우선순위가 높다.

[6] 특히 2개의 노드가 동시에 동일한 ID를 가진 메시지를 송신하지 않도록 해야 한다. 분명히 이것은 불법이지만 송신될 수도 있다. 따라서 동일한 ID를 가진 메시지가 동시에 송신될 경우 하나로 간주된다. 만약 data byte 영역이 상이할 경우 bus error로 간주되고 해당 프레임은 계속 재 전송을 시도하다가 bus-off 된다.

c) RTR(Remote Transmission Request) : 일반 프레임 및 Remote Request 프레임 구분용 비트이다.

- '0': 일반 데이터 프레임이다.
- '1' : Remote Transmission Request 프레임을 표시한다. 이 경우 데이터 영역은 없다. 이것은 Remote 수신측에게 메시지 식별자 영역에 명시된 내용을 응답하도록 요구한다. 해당 수신 노드는 동일한 MsgId로 시작되는 데이터 프레임으로 응답해야 한다.

d) 중재 필드(Arbitration Field) : {11 비트의 식별자 + 원격 전송 요구(RTR) 비트} 영역을 말한다.

e) 제어 영역 : 6비트로 구성되며 데이터 영역의 길이정보를 표시한다. {0..8}바이트의 데이터 영역의 길이 정보는 4비트의 데이터 길이 코드 (DLC : Data Length Code)에 표시된다.

f) 데이터 영역(0 ~8 바이트) : 최대 8바이트의 데이터를 수납한다. 이것의 길이는 제어영역의 DLC값으로 결정된다. Remote 프레임의 경우에는 데이터 영역이 없다.

g) CRC(Cyclic Redundancy Check) : SOF에서부터 데이터 영역까지의 오류 검사용 코드이다. 이것은 15비트의 CRC 와 CRC 영역의 끝을 표시하는 1비트의 CRC 딜리미터('1')로 구성되어 총 16비트로 구성된다. CRC 다항식은 $X^{15}+X^{14}+X^{10}+X^{8}+X^{7}+X^{4}+X^{3}+1$이다.

h) ACK 영역 : 2 비트로 구성된다. 첫 번째 비트는 송신측에 의해 '1'로 설정되어 전송된다. 이 값은 해당 메시지를 성공적으로 수신한 노드가 ACK를 응답시 이 영역을 우성 비트값인 "0"로 덧 씌운다. 따라서 송신측은 자신이 전송한 '1'값이 버스상에서 '0'으로 감지되면 ACK로 인지한다. 두 번째 비트는 Ack Delimiter로써 "1"의 값을 갖는다[7].

i) EOF(End Of Frame Field) : 7 비트로 구성되며 모두 '1'의 값을 가진다.

j) Interframe space(IFS, 3비트) : 이것은 프레임간 구분을 위한 비트 열이다. 모든 데이터 프레임과 리모트 프레임은 3비트의 '1' 비트 열로 구성된 IFS비트 열에 의해 각 프레임이 분리된다. 일종의 STOP 비트 열이다. 이후 CAN 버스의 Idle 상태도 "1"값을 가진 임의의 길이이다.

하지만 오버로드 프레임과 오류 프레임의 전송 시에는 앞선 프레임과의 구분이 불필요하므로 이 IFS 영역이 사용되지 않는다. 또한 여러 개의 오버로드 프레임이 연속 송신될 경우에도 이들은 IFS 영역에 의해 분리되지 않는다.

---

[7] 사실 ACK 비트는 이전의 CRC Delimiter값과 ACK Delimiter값(모두 "0")으로 둘러싸인다고 할 수 있다.

(2) Remote Request 프레임

데이터 버스상의 상대방 노드에게 신속한 데이터의 응답을 요구할 때 사용된다. 이것의 RTR값은 1로써 데이터 프레임과 구별된다. 송신측은 특정 ID값과 수신 희망 데이터 길이 정보 (DLC)를 수납한 Remote Request 프레임을 송신한다. 이 경우 데이터 영역은 없다. 수신측은 이에 데이터 프레임으로 응답하거나 Error 프레임을 응답할 수 있다.

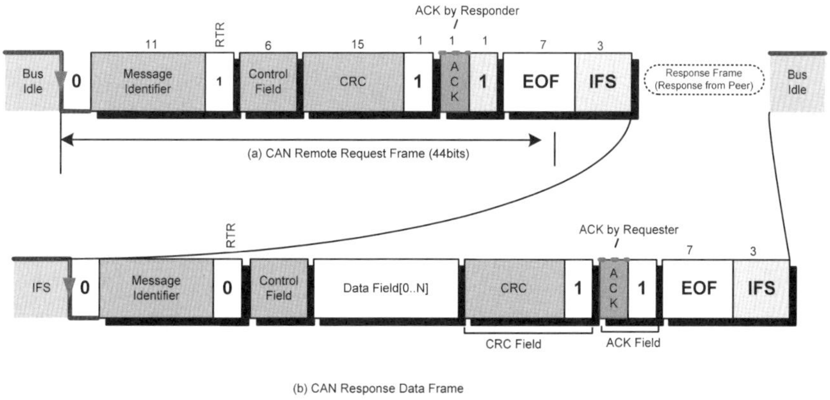

<그림 15.10> Remote Request와 응답 프레임 형식

(3) 오류 프레임

이것은 오류를 감지한 노드(들)이 송신하는 오류 프레임 또는 오류 감지 통보 신호이다. 예를 들어 수신 중에 있는 프레임에서 비트 스터핑 오류를 감지한 노드는 즉시 이 오류 프레임을 생성한다. 이것은 다음과 같은 2 개의 영역으로 이루어져 있다.

- 오류 플래그 : 2 종류이다.
  - 능동 오류 플래그(active error flag) : 6개의 우성 비트 ('0')로 구성된다.
  - 수동 오류 플래그 : 6개의 열성 비트('1')로 구성되며 오류카운터 값이 127 이상이 기록된 장치(즉, passive error 상태에 있는 장치) 들이 생성한다.
- 오류 영역 구분자 : 8개의 '1' 비트 열이다.

이 과정에서 동일한 오류를 감지한 다른 노드도 역시 오류 프레임을 송신할 수 있다. 이들에 의한 오류 플래그 영역이 다수 중첩될 수 있으므로 이 영역의 길이는 6~12비트 타임의 길이를 갖는다.[8]

[8] 오류 프레임은 오류를 발견한 수신 노드가 다수 있으므로 동시에 송신될 수 있다. 첫 번째 필드에 있는 6비트의 Dominant비트 열로 구성된 active error flag 영역은 마치 "야! 송신 중지해!"라고 소리치는 것과 동일하다.

참고로 <그림15.12>는 active 오류 프레임의 예이다.

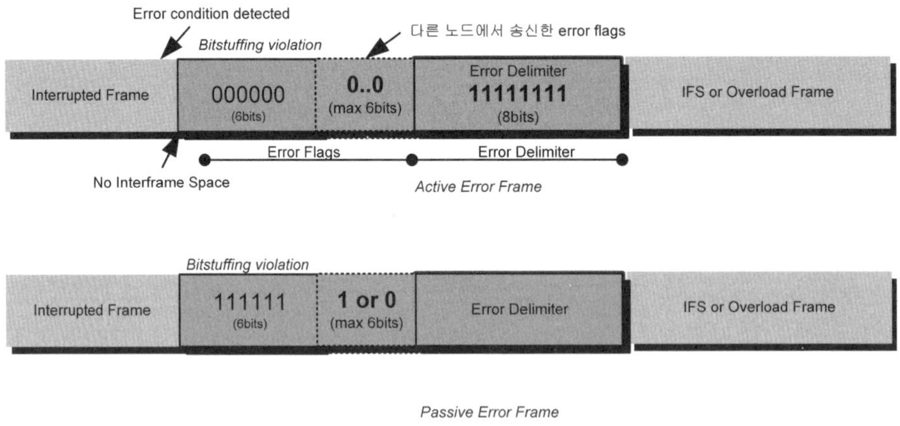

<그림 15.11> 오류 프레임 형식

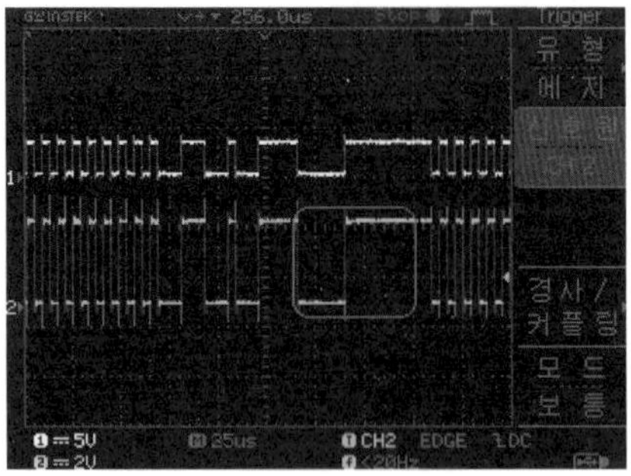

<그림 15.12> Active 오류 프레임의 예

(4) Overload 프레임

데이터 프레임 또는 Remote Request 프레임을 수신했을 때 송신측에게 다음 프레임의 송신을 잠시 지연하도록 통보할 때 사용된다.

이것은 <그림 15.13>과 같이 6개의 dominant 비트로 구성된 오버로드 플래그 영역과 8개의 recessive 비트로 구성된 오버로드 영역 구분자(오류 프레임의 오류 영역 구분자와 동일한 형식)으로 구성된다. 여기서 오버로드 플래그 영역은 오류 프레임의 경우와 마찬가지로 비트 스터핑 규칙을 위반하는 비트 열이므로 버스상의 모든 노드는 overload 상태임을 인지할 수 있다.

이 형식은 분명히 active 오류 프레임과 동일한 형식을 갖지만 이 프레임은 정상적인 프레임의 수신 완료 시점, 즉 IFS 구간이 시작되는 시점에서 송신된다[9].

[9] 반면에 오류 프레임은 프레임 중간에 송신된다.

이러한 overload 프레임은 최대 2번 연속 전송할 수 있다.

또한 데이터 프레임 또는 RemoteRequest 프레임의 마지막 영역인 IFS 기간 내에 dominant 비트(0)가 감지된다면 다음 프레임의 송신이 성급하게 발생한 것이므로 즉시 오버로드 프레임의 송신을 개시한다.

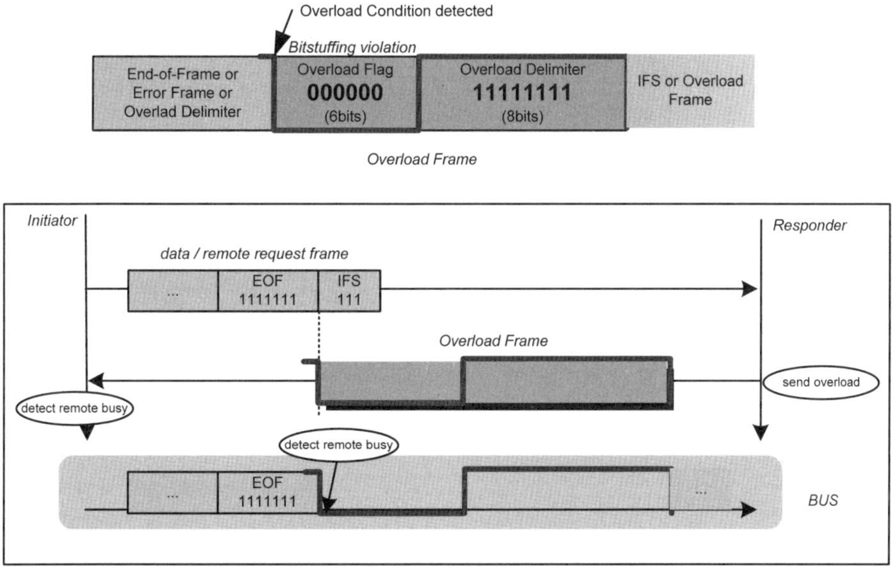

<그림 15.13> Overload 프레임 형식과 동작

15.5 CAN 메시지의 예

다음 그림은 CAN 트랜시버를 거치기 전에 CAN 컨트롤러의 TXD와 RXD의 신호를 오실포스코프로 관측한 것이다.

(1) 데이터 프레임 송신과 ACK

<그림 15.14>는 일반 데이터 프레임의 송신과정에 대한 것이다. <15.14a>는 이 프레임의 송신측에서 측정한 것으로써 윗 파형은 TXD 신호이고, 아랫 파형은 RXD 신호이다.

RXD 신호는 CAN트랜시버의 readback 특성에 의해 TXD신호가 되돌아 옴을 알 수 있다. 특히, RXD 신호의 마지막 비트 부분은 상대방에 의한 ACK비트가 수신됨을 알 수 있다.

반면에 그림 <15.14b>는 수신측의 RXD신호(윗 파형)와 TXD 신호(아랫 파형)를 측정한 것이다. 수신측의 TXD핀에서 관측된 하나의 우성 비트는 바로 ACK를 송신한 것이다.

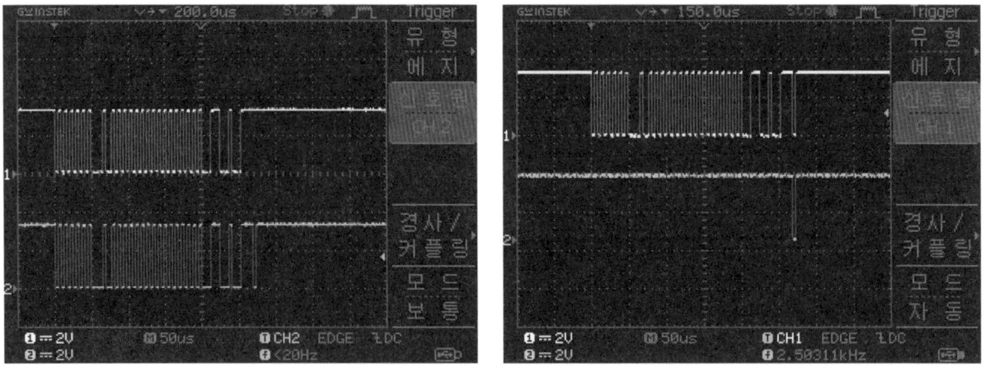

(a) Initiator측 파형　　　(b) Responder측 파형

<그림 15.14> 데이터 프레임과 ACK의 예

(2) Remote Request 프레임의 송수신 절차

<그림 15.15>는 Remote Request 프레임의 송신과 데이터 프레임의 응답과정에 대한 것이다. 윗 파형은 Initiator의 TXD 신호이고 아랫 파형은 Responder측의 TXD 신호이다.

Initiator가 송신한 Remote Request 프레임에 대하여 Responder가 ACK한 후 데이터 프레임으로 응답함을 알 수 있다. 이에 Initiator는 마지막에 Reponder측으로 ACK한다.

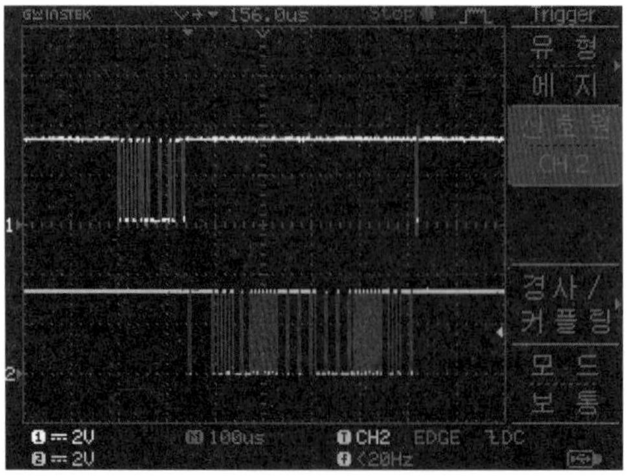

<그림 15.15> Remote Request 절차(Initiator측 TXD와 Responder측 TXD 파형)

15.6 CAN 2.0B 프레임 형식

이것은 29 비트의 메시지id를 갖는 확장된 프레임 규격이다. 기존의 11비트의 메시지id를 갖는 2.0A 규격과의 호환성을 제공하기 위하여 기존 RTR 비트 영역과 CAN2.0A에서 사용이 유보되어 domminant값(0)을 갖는 제어 영역의 선두 1비트(r1)를 다음과 같이 재정의하여 활용한다.

- RTR 비트: SRR(Substitute Remote Request) 비트
- 첫 번째 비트(r1) : IDe (IDentifier extension)비트

SRR(RTR)	IDe(r1)	
0	0	CAN2.0B base frame이면서 2.0A frame과 동일 : data frame
1	0	CAN2.0B base frame이면서 2.0A frame과 동일 : Remote Request frame
0	1	CAN2.0B ext. frame : data frame
1	1	CAN2.0B ext. frame : Remote Request frame

이렇게 재 정의된 확장형 프레임의 경우 6비트의 제어 영역은 추가된 18비트의 message id 영역 뒤로 이동되어 수납된다. 물론 11비트 길이의 메시지 식별자만 사용하는 표준 데이터 프레임이 높은 우선순위를 가지게 된다.

대부분의 CAN 2.0A 노드는 11비트 길이의 메시지 식별자를 사용하는 CAN2.0B 기본 CAN 형식의 메시지의 전송 및 수신이 당연히 가능하다. 하지만 29비트 길이의 메시지 식별자를 사용하는 확장 CAN 형식(CAN 2.0B)의 메시지는 지원하지 못한다.

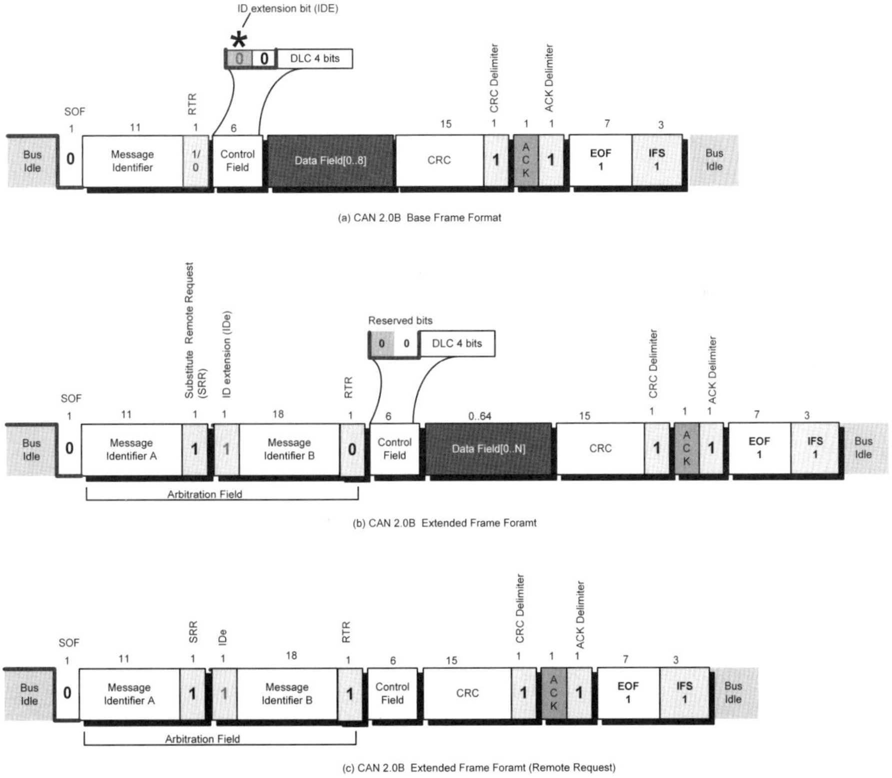

<그림 15.16> CAN 2.0B 프레임 형식

15.7 CAN 데이터링크 계층

(1) 기능

CAN의 데이터링크 계층은 프레임의 구성, 전송, 필터링을 사용한 수신 기능 등을 수행한다. 또한 비트 스터핑을 적용한 비트동기 및 버스 사용권 확보, 수신 프레임에 대한 ACK 기능, 재전송 및 오류 감지 등의 오류 제어 기능을 수행한다. 이것은 다음과 같은 2개의 계층으로 구성된다.

- Object 계층 : 각 CAN메시지 별 {메시지id, 길이정보, 응답여부, 필터값 등}을 설정한 메시지 정보 꾸러미인 메시지 오브젝트(MsgObj)를 설정하여 내부의 메모리 또는 레지스터에 저장한다. 이후 상위 계층의 전송 요구 시 해당 메시지 오브젝트의 정보를 참조하여 하부의 Transfer 계층에 송신을 요구한다. 수신시에는 메시지에 대한 선택적인 필터링을 수행한다. 일반적인 CAN 컨트롤러는 이러한 메시지 오브젝트를 최대 32개 설정할 수 있다.
- Transfer 계층 : CAN 프레임에 대한 비트 레벨의 송수신을 수행한다. 이를 위하여 비트 동기 및 Start of Frame 신호 생성 등의 프레이밍, 버스 사용권 확보, 수신 프레임에 대한 물리적인 ACK 기능, 재전송 및 오류 감지 등의 오류 제어 기능을 수행한다.

(2) 비트 스터핑

물론 CAN 버스상의 모든 노드는 동일한 클럭 주파수로 설정하여 사용하지만 CAN 버스에는 비트동기를 제공하는 별도의 타이밍 소스 및 클럭 전용 선로가 없다. 따라서 송신 노드를 제외한 나머지 노드는 송신측으로부터 수신되는 메시지 비트 열로부터 스스로 송신측과의 비트 동기를 맞추어야 한다[10].

하지만 CAN의 물리 계층에서 다루었듯이 CAN 신호 방식은 NRZ이므로 1 또는 0이 연속될 경우 수신측 입장에서 송신측과의 비트 동기를 맞추는데 어려움이 있다.

이러한 어려움을 해결하기 위하여 CAN에서는 1 또는 0이 연속적으로 5비트가 송신될 경우 강제로 선행 비트값에 대하여 반전된 비트를 추가 삽입하고 수신측에서는 이것을 제거하는 비트 스터핑 절차를 사용한다.

이러한 비트 스터핑은 SOF 영역부터 CRC 영역까지 수행된다. 나머지 영역 즉 CRC 딜리미터에서 EOF까지의 구간은 고정된 형식이므로 비트 스터핑을 수행하지 않는다.

이러한 비트 스터핑에 의해 실제 전송 완료 시간은 원래의 메시지 전송 시간보다 길어진다. 예를 들어 8바이트의 데이터 메시지라면 최악의 경우 111비트 길이의 전송 메시지에 대하여 실제로 135비트를 전송하는 시간이 소요될 수 있다.

---

[10] 이러한 송수신 신호 방식을 self-clocking 신호 방식이라고 한다

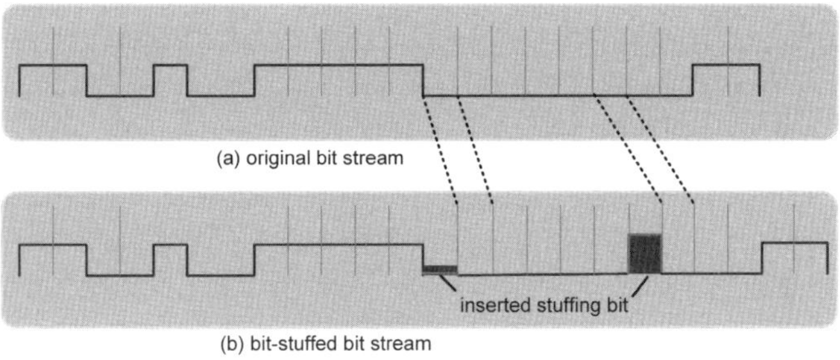

<그림 15.17> 비트 스터핑 예

(예) <그림 15.18>은 8바이트의 데이터 영역에 {0x55,0x55,0xff,0xff,0x00,0x00, 0x55,0x55}가 수납된 프레임을 송신할 때 비트 스터핑에 의해 실제 전송되는 파형을 도시한 것이다. 이 데이터 중에서 0xff 또는 0x00과 같이 1 또는 0이 5개 이상 반복되는 경우 스터핑됨을 알 수 있다.

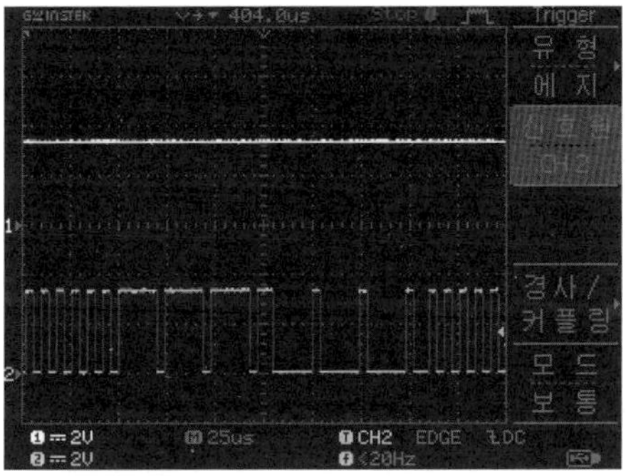

<그림 15.18> 비트 스터핑 신호의 예

(3) 메시지 식별자 기반의 주소법

CAN 노드간 메시지 전송은 이른바 "producer-consumer" 형태로 수행된다. 즉, CAN은 모든 장치가 하나의 버스를 공유하는 방송형 통신 방식이므로 한 노드가 송신한 메시지는 복수 개의 다른 노드에 동시 전달되는 특성을 갖는다. 이를 고려하여 CAN 메시지는 목적지 주소 대신 "메시지 식별자"를 헤더에 사용한다. 헤더에는 11-비트의 메시지 식별자 영역이 있어 2048개의 상이한 메시지를 정의할 수 있다. 필요 시 29비트 길이 식별자를 사용하는 확장 형식의 프레임도 사용된다. 각 노드는 수신되는 메시지 중에서 메시지 필터링 기능을 사용하여 자신과 관련된 메시지만 수용한다.

(4) 버스 중재 절차

CAN의 데이터 링크 계층은 각 프레임의 선두에 위치한 메시지식별자 값에 물리적인 우선순위를 내포시켜 버스상에서 동시에 송신 개시된 프레임 중에서 우선순위가 높은 프레임의 송신이 성공되도록 한다[11].

---

[11] CSMA/CD를 사용하는 이더넷의 경우 이러한 충돌이 발생하면 해당 프레임 모두가 버려진다.

이러한 기법을 메시지 식별자 기반의 'Non-Destructive Bit-wise Arbitration' 버스 중재 방법이라고 부른다.

15.8 CAN 버스 중재 절차

CAN시스템의 각 노드는 마스터 역할을 할 수 있다. 따라서 버스가 idle한 경우 2개 이상의 노드가 동시에 송신을 개시하면 충돌이 발생한다.

CAN에서는 이러한 버스상에서 충돌을 최소화하고 충돌이 발생하더라도 우선순위가 높은 노드는 자신의 메시지 전송을 계속할 수 있는 Non-Destructive Bit-wise Arbitration 절차를 사용한다[12].

(1) Non-Destructive Bitwise Arbitration 버스 중재 방법

CAN 버스상에 송신되는 신호는 dominant ('0') 비트만이 케이블상에 Vdiff = 2V의 전압차를 보일 뿐 recessive (1) 비트는 버스상에 표출되지 않는다. 즉, 버스상에 '0(dominant)' 비트를 전송하는 노드와 '1(recessive)' 비트값을 전송하는 노드가 있다면 실제 버스상에는 '0'비트값이 표출된다. 따라서 0을 송신하고 있는 노드가 우선순위를 가진다고 할 수 있다. 즉, CAN 버스상에서는 열성비트는 우성비트에 의해 무시된다. 이것은 open collector, 또는 *wired or* 기법이라고 한다[13].

<그림 15.19>를 보자. 노드 A, B, C가 동시에 SOF 비트를 시작으로 자신의 ID 영역을 송신 개시한다. 각 노드는 송신 중에도 버스 상태를 읽으므로 각 비트별로 자신의 전송값이 버스상에 표출되는지 알 수 있다.

- 노드 C : 버스상에는 자신이 송신하는 id값과 동일한 값으로 표출되므로 경쟁에서 이겨 프레임의 송신을 완료할 수 있다.
- 노드 B : 자신의 메시지 식별자가 상대적으로 큰 값을 가지므로 열등하다. 즉, 송신과정 중에 recessive 비트('1')값은 노드 C의 '0'값에 의해 버스상에서 '0'으로 표출된다. 이에 자신은 송신을 중지하고 수신 상태로 천이한다.
- 노드 A: 마찬가지로 결국 수신 상태로 천이한다.

이러한 과정에서 각 프레임의 선두에 위치한 메시지 식별자 영역은 우선순위를 내포하고 있음을 알 수 있다.

이 방법의 장점은 버스상에서 여러 개의 프레임이 충돌하더라도 우선순위가 높은 프레임은 송신을 성공하는 것이다[14]. 이러한 기법을 메시지 식별자 기반의 'Non-Destructive Bit-wise Arbitration' 버스 중재 방법이라고 한다.

---

[12] CSMA/CD+AMP(Carrier Sense Multiple Access / Collision Detection with Arbitration on Message Priority) 또는 carrier sense multiple access/bitwise arbitration (CSMA/BA)라고도 한다

[13] 하지만 실제로는 dominant 비트값이 0이므로 '1'과 '0'이 경쟁했을 때 '0'이 표출되므로 사실 *wired and*라고도 부른다.

[14] CSMA/CD를 사용하는 이더넷의 경우 이러한 충돌이 발생하면 해당 프레임 모두가 버려진다.

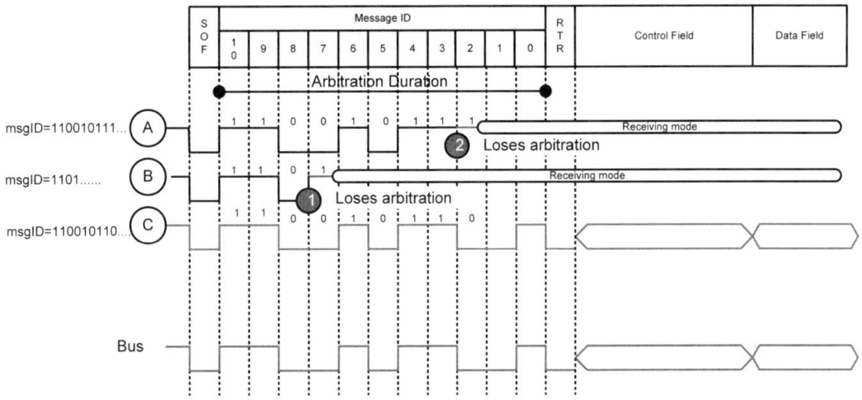

<그림 15.19> 메시지 식별자 기반의 어드레싱 및 중재 방법

(2) 전송 절차 상세

CAN용 NDBA 중재 방법에 따른 전송 절차는 다음과 같다.

① 송신될 메시지를 준비한 후 전송 매체 상태(즉, 캐리어 상태)를 점검한다. 이것을 carrier sense[15]한다고 한다. 만약 캐리어 신호가 감지되면(즉, 다른 통신국에 의한 전송이 진행 중이거나 충돌이 지속되는 경우), idle할 때까지 계속 케이블의 상태를 감시한다[16].

② 버스가 idle하면 최소한 6BT의 Inter-Frame Gap(IFG) 시간 동안 대기한다. 이후 여전히 idle하면 송신개시한다.
송신 중에 충돌이 발생하는지를 지속적으로 점검한다. 충돌 발생이 감지되면, 즉 자신이 송신하고 있는 비트값과 버스상에 표출되는 비트값이 상이한 경우 즉시 전송을 중단한다. 그리고 랜덤하게 결정되는 backoff 지연 시간 이후 전송을 재시도한다.

④ 수신 노드들은 헤더 영역의 메시지 식별자에 대하여 수신 필터값을 적용하여 이 프레임의 수신을 계속하거나 무시한다.

⑤ 버스상의 수신 노드는 수신되는 메시지의 메시지 id가 자신에 해당되고 CRC값이 유효하면 ACK 펄스로 응답한다[17].

---

[15] Carrier라는 용어는 Metcalf가 Communications of ACM 저널에 개제한 그의 논문에서 사용되었는데, 그는 이더넷이 캐리어(반송파)에 변조된 신호를 실어 송신하는 무선 방식의 ALOHA 프로토콜을 개량한 것이기 때문에, 일관성을 유지하기 위하여 사용한 것이다. 대부분의 이더넷은 변조되지 않은 디지털 신호를 전송하는 baseband 방식이므로, 엄밀한 의미의 아날로그 반송파(carrier)는 없다. 여기서 캐리어란, 케이블상에 전송되는 프레임이나 충돌 신호들을 의미한다.

[16] 1-persistent 방식이라고 한다.

[17] 물론 이 메시지를 수신하고자 하는 노드가 한 개 이상일 수 있으며, 해당 노드들이 ACK를 각각 하더라도 실제 버스상에는 하나의 ACK 펄스만 표출된다.

15.9 CAN 주소 지정 방식과 메시지 우선순위

(1) producer-consumer 주소법

CAN에 접속되는 노드들의 종류는 크게 센서, ECU, 액츄에이터 등으로 구분할 수 있다. 예를 들어 엔진 룸 내의 수온 센서 노드는 CAN버스를 통해 주기적으로 현재의 냉각수 온도값을 수납한 메시지를 송신한다고 하자. 이 수온 메시지는 엔진의 회전수를 제어하는 ECU에 전달될 뿐만 아니라 계기판의 수온 게이지를 구동하는 액츄에이터에도 전달되어야 한다.

만약 각 노드에 명시적인 노드 주소가 사용된다면 수온 센서 노드가 이러한 2개의 목적지 노드에 대하여 목적지를 달리하는 동일한 메시지를 유니캐스트로 전송한다면 총 2회 반복 전송해야 할 것이다. CAN에서는 이러한 명시적인 노드 주소법 대신에 메시지 식별자(또는 레이블)에 의한 주소법, 즉, content-based 주소법을 사용한다.

예를 들어 수온 센서 노드는 {메시지 식별자 : 엔진 제어 관련 메시지 식별값; 메시지 데이터 영역 : 수온=56도}로 구성된 CAN 메시지를 생성하여 버스상으로 송신하면 이를 필요로 하는 ECU 및 수온 게이지 액츄에이터에 동시 전달된다.

이러한 content-based 주소법을 "producer-consumer" 방식이라고도 부른다[18]. 이러한 메시지 식별자 기반(또는 Content-based)의 프로토콜의 또 다른 장점은 버스상에 새로운 노드를 임의로 추가할 수 있는 것이다.

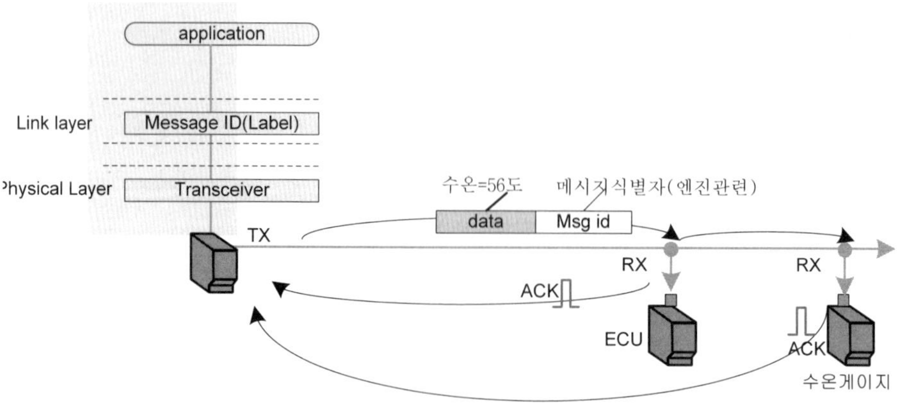

<그림 15.20> producer-consumer 주소법에 따른 전송 예

(2) 메시지 식별자

CAN에서 메시지 식별자는 특별한 의미를 가진다. 즉 메시지 식별자는 그 값에 따라 묵시적인 우선순위를 가진다. 따라서 긴급 메시지의 경우 낮은 값의 식별자가 할당되어야 한다.

---

[18] 공장 자동화 통신망 및 항공기 제어 버스인 ARINC429 등에서도 이러한 방법이 사용된다.

물론 낮은 우선순위 메시지도 전송 마감 시간까지 반드시 전송될 수 있도록 생성주기 및 메시지 길이 등이 신중하게 결정되어야 한다. 이러한 메시지 식별자를 할당시 다음 사항을 염두에 두어야 한다.

- 메시지 식별자 =0 인 메시지는 최우선순위를 가지므로 긴급 상황 시 사용한다.
- 11비트 식별자는 29 비트 식별자 보다 항상 우선순위가 높다.
- 여러 노드가 동시에 동일한 식별자를 갖는 메시지의 송신을 금지해야 한다.
- 메시지 식별자의 할당 예는 다음과 같다.

Item Name	Message ID[11bit]	Data Bits	Data Value
Alarm	1		
...			
ParkTailLampControl	0x300	[63:61]	0=Invalid; 1=OFF; 2=ON;3=...
IgnitionSwitchStatus	0x300	[60:58]	0=Invalid; 1=OFF; 2=ACC; 3=RUN;4=START
DoorLockControl	0x300	[57:50]	0=Invalid; 1=LOCK;2=...
...			
MainRoomLampSwitchStatus	0x300	[1:0]	0=Invalid; 1=ON; 2= OFF;
FuelDoorOpenSwitchControl	0x310	[63:62]	0=Invalid; 1=Open
FuelDoorStatus	0x310	[61:60]	0=Invalid; 1=Opened; 2=Closed
...			
SeatReclineControl	0x310	[1:0]	0=Invalid; 1=Forward; 2=Backward
...			

15.10 비트 동기

CAN 노드 각각은 자신의 로컬 클럭만 사용한다. 당연히 이 클럭 주파수는 각 노드마다 오차 범위 내에서 서로 상이할 수 있다. 또한 케이블의 특성에 따라 전파 지연 시간이 변동될 수 있다. CAN에서 사용되는 bitwise arbitration 방식이 정확하게 동작하려면 분명히 한 비트 시간 내에 어떤 노드가 송신한 신호가 수신측까지 전달되어야 하고 이 과정에서 송신 신호값이 버스상에 표출되어야 그 다음 비트의 송신 여부를 결정할 수 있다.

CAN의 수신 노드는 정확한 비트 동기를 위하여 다음과 같은 절차를 사용하여 수신 비트 열로부터 송신 노드의 클럭을 추출한다.

- Idle 상태에 있던 수신노드는 SOF 비트 열에 의한 버스 상태 천이를 감지한다. 이 과정은 일종의 프레임 동기라고 할 수 있으며 hard synchronization이라고 부른다[19].
- 이후 비트별로 정확한 값을 샘플링 하기 위하여 각 비트 신호 상태가 recessive(Vpp=0) 상태에서 dominant(Vpp=2V) 상태로 천이할 때마다 자신의 수신 클럭 주파수를 재조정한다. 이 과정을 재동기 과정이라고 부른다.

[19] UART에서도 유사한 과정이 있었다.

정밀한 재동기 과정을 위하여 한 비트 송신 시간인 BitTime(BT)을 <그림 15.21>과 같이 여러 개의 타임 슬롯인 time quanta(Tq)로 분할하고 이들을 총 4개의 구간 {Synchronization, Propagation Delay Segment, Phase Segment 1, Phase Segment 2}으로 조합한다.
각 구간의 역할은 다음과 같다.

- SYNC : Idle상태(recessive)에서 처음으로 dominant('0') 상태로 천이할 경우, 첫 번째 Tq의 시작 부분을 내부 시스템 타이머 값을 기록한다. 이것을 활용하여 송신측의 클럭에 수신 클럭을 동기시킬 수 있다. 다음 비트의 synchronisation edge는 BT 이후에 설정하는 것이 일반적이지만 필요 시 변경시켜도 된다. 즉, 이것을 이전 비트의 Phase Seg2 구간 내에 정해도 된다. 이 경우 early edge 방식이라고 한다. 또한 다음 비트의 Prop Seg 기간 내에서 synchronisation edge를 결정해도 되는데 이것을 late edge라고 한다.
- Propagation Delay : 버스 길이에 따른 전파 지연 시간을 고려한 샘플링 지연 시간이다.
- Phase 1과 Phase 2 : 한 비트 구간의 신호의 중간 지점을 샘플링 할 수 있도록 설정된 구간으로써 샘플링 시점은 Phase 1의 마지막 시점이다.

이러한 각 구간의 길이는 망의 상태에 따라 결정할 수 있다.
즉, 송신측의 클럭 drift에 대하여 다음 비트에 대한 샘플링 시점을 가감할 수 있다.

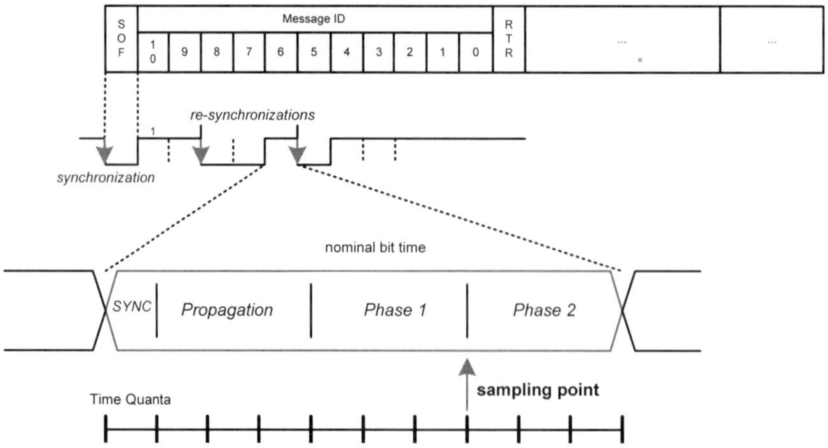

<그림 15.21> CAN의 time quanta 및 동기 과정

(예) 비트 타임을 25quanta로 분할한 경우.

1 Mbps급 CAN 버스의 경우 BT은 1μsec이다. 이 기간을 25등분한다면 time quanta는 1/25μsec = 40nsec이다. 샘플링을 17 quanta 시점에서 수행하려면 다음과 같이 할당할 수 있다[20].

---

[20] 참고로 CAN 컨트롤러의 내부 시스템 클럭이 100MHz인 경우 quanta당 4 시스템 클럭이 할당된다. 따라서 timer couter의 4 tick마다 time quanta를 증가시키면 된다.

- syncronisation 1 quanta
- propagation 8 quanta
- phase buffer1 8 quanta
- phase buffer2 8 quanta

15.11 CAN의 동작 절차

(1) CAN 프레임의 기능별 분류

CAN에서 사용되는 여러 종류의 프레임은 크게 Periodic, Request/Response, Command 프레임으로 분류된다.

- **Periodic 프레임 :** 주기적으로 전송되는 데이터 프레임이다. 이러한 프레임은 속도, 위치, 압력 등의 이벤트를 수납하는 용도로 사용된다.
- **Request/Response 프레임 :** 필요 시 특정 장치에 대하여 요청하고 응답 받을 때 사용하는 프레임이다. 예를 들어 오일 압력 센서나 low battery sensor의 동작 여부를 감시할 경우 safety system은 이들에 대하여 자신의 상태를 보고하라고 지시할 수 있다. 이것을 Remote Transmit Request(RTR) 절차라고도 한다. 물론 Error 프레임이 응답될 수도 있다.
- **Command :** 액츄에이터를 작동시키는 등의 명령을 전송할 때 사용하는 프레임이다. 이 경우 message ID는 대부분의 경우 대상 장치의 주소값으로 할당되며 데이터 영역은 없어도 된다. 이 명령에 대한 응답으로 ACK 비트면 충분하다.

(2) 일반적인 전송 과정

CAN 버스에서의 전송은 모든 노드로 방송된다. 수신측 노드는 해당 메시지 필터링을 한 후 메시지를 상위 계층으로 전달한다. <그림 15.22>는 이러한 동작의 예를 도시한 것이다.

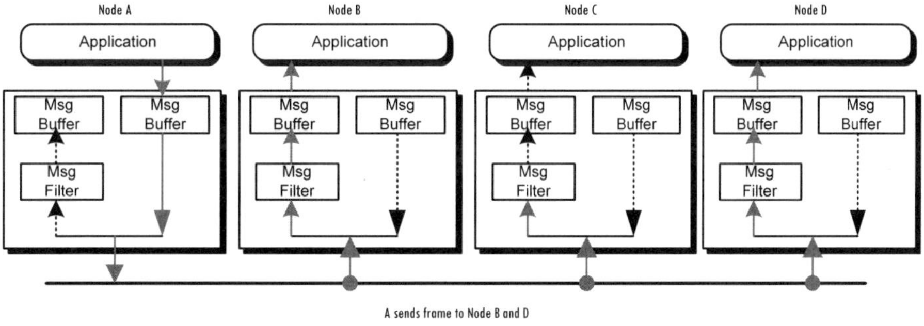

<그림 15.22> CAN의 일반적인 전송 과정

a) 송신 절차 : 버스가 idle하다고 판단한 어떤 노드라도 CAN 프레임을 송신할 수 있다. 송신 노드를 제외한 모든 노드는 수신 상태에 있다.

- 오직 한 노드만 메시지를 송신에 성공한다.
- 정상 수신한 모든 노드는 ACK 비트 영역을 pull-down시켜 ACK한다.
- 이 ACK 비트값을 감지한 송신 노드는 송신이 성공했다고 판단하고 end-of-frame를 송신한 후 수신 모드로 전환하거나 다음 메시지의 송신을 준비한다. 그렇지 않다면 즉시 재전송을 개시한다. 재전송 횟수의 제한값은 없다.
- 송신 노드 스스로 또는 다른 노드에 의해 오류가 감지되면 6개의 연속된 '0' 비트값으로 구성된 Error 프레임을 송신한다. 이에 송신 중에 있던 노드는 재전송을 시도한다. 이러한 오류는 TEC 및 REC 카운터에 누적된다.

b) 수신 절차

- 송신 노드를 제외한 모든 노드는 수신 상태로 설정된다.
- 수신되는 프레임에 오류가 없다면 ACK 비트 영역을 '0(dominant bit)'으로 설정한다.
- 수신 완료된 프레임에 대하여 메시지 필터를 적용하여 상위로 전달하거나 무시한다.

(3) Remote Request 프레임을 사용하는 경우

<그림 15.23>의 예는 노드A가 송신한 Remote Tx Request 프레임에 대하여 노드 D가 응답하는 절차이다. RTR 비트의 상태에 유의하라.

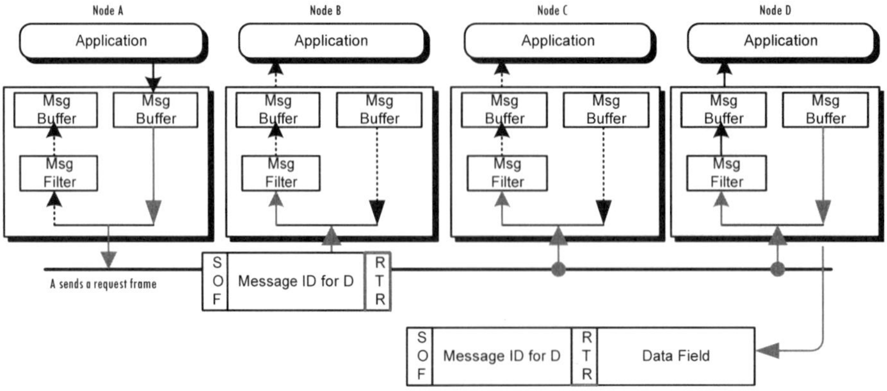

<그림 15.23> CAN의 Remote Reqeust 절차

(4) 메시지 필터 설정

CAN에서 사용되는 Acceptance Mask는 CAN 수신 버퍼로 들어오는 다양한 메시지에 대해서 자신이 원하는 특정 ID 또는 특정 범위의 메시지에 대해서만 수신하도록 한다. 다음은 그 예이다.

- MsgID = 0x03001, Mask = 0x00000 : 모든 mask 비트가 0이므로 모든 ID에 대하여 수용한다.
- MsgID = 0x03001, Mask = 0xFFFFF : ID=0x3001인 메시지만 수신 허용한다.
- MsgID = 0x03001, Mask = 0xFFFF7 : ID=0x03000~0x03007 범위 내의 메시지를 모두 수신 허용한다.

15.12 CAN의 오류 감지 및 처리 기능

CAN은 안전 운행이 필수적인 자동차용으로 고안된 것이므로 오류 처리 기능에 많은 중점을 두었다. 특히 CAN 은 하나 이상의 수신노드가 눈을 부릅뜨고 버스에서 전송된 모든 메시지에 대한 오류를 검사한다.

또한 송신 노드 자신도 송신 중에 있는 비트값과 실제 버스상에 표출되는 신호값을 비교함으로써 오류 감지 기능에 동참한다. 만약 하나의 수신 노드로부터 오류가 통보되면 송신측은 intermission time 이후에 재전송한다.

(1) 오류의 종류

CAN에서 정의된 장애의 종류는 다음과 같다.

- CRC 오류 : 15비트의 CRC값이 부착된 프레임의 수신측은 CRC를 계산하여 메시지 오류를 검사한다. 오류 발견 시 오류 프레임을 송신한다.
- Ack 오류 : 송신 노드는 송신 프레임의 마지막 부분에 위치한 Ack 비트 영역에 대하여 자신은 Recessive 비트값을 송신한다. 그런데도 버스상에서 그 값을 읽었을 때 dominant 값이라면 적어도 한 노드는 정상적으로 해당 프레임을 수신한 것으로 판단한다. 반면에 해당 ACK 비트 영역이 recessive로 감지된다면 모든 수신 노드가 ACK 하지 못한 것이므로 오류프레임을 능동적으로 송신한다.
- Form 오류 : 만약 버스상의 어떤 노드가 End of Frame, Interframe Space, Acknowledge Delimiter 또는 CRC Delimiter 영역 다음에 dominant 비트값이 버스상에 표출된다면 이것은 규정에 어긋난 프레임 형식이므로 Form Error를 발생한다.
- 비트 오류 : 이것은 송신 노드가 dominant 비트값을 송신했는데 recessive 비트값이 감지되거나 그 반대인 경우의 오류이다. 물론 Arbitration영역 또는 Ack 영역에서는 이 상황이 비트 오류는 아니다. 이러한 오류가 감지되면 오류 프레임이 수신 노드로 부터 생성될 것이다.
- Bit Stuff 오류 : CAN은 NRZ 신호 방식을 사용하고 비트 동기를 위해 bit stuffing을 수행한다. 만약 수신측이 비트 스터핑 규정에 어긋난 6개 이상의 동일한 극성인 연속 비트 열을 수신하면 비트 스터핑 오류로 감지하고 오류 프레임을 송신하여 재전송되도록 한다.

	Error 구분	검출 위치
Bit error	전송한 비트가 버스상에서 감지된 비트와 다른 경우	Transmitter
Stuff error	같은 극성의 비트가 6개 이상 연속으로 감지될 경우	Transmitter/ Receiver
Form error	정해진 형식의 비트 패턴이 나타나지 않은 경우	Receiver
ACK error	ACK 슬롯이 'd'로 설정되지 않은 경우	Transmitter
CRC error	CRC오류의 경우	Receiver

(2) 오류 감지 기능

기본적으로 수신측과 송신측 뿐만 아니라 오류를 감지한 다른 노드도 참여하여 다음과 같이 오류를 감지한다.

- 송신측 : Ack 오류가 감지되거나 비트오류를 감지한다.
- 수신노드 : Stuff 오류, Form 오류, CRC 오류 등을 감지한다.

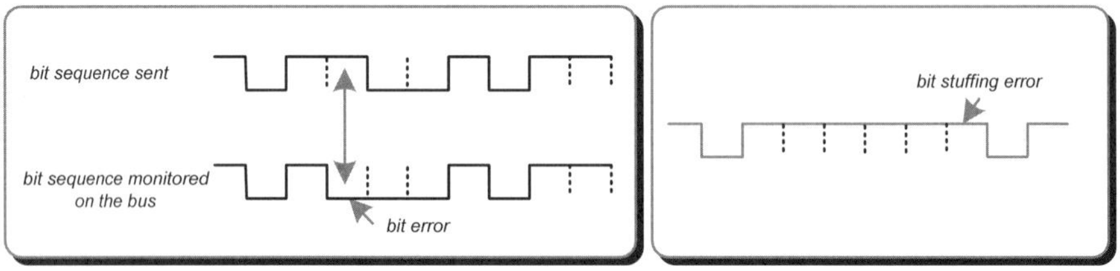

(a) Error detect by sender (b) Error detect by receiver

<그림 15.24> 오류 감지 기능

(3) 오류 감지 통보 기능

오류를 감지한 모든 노드(송신 노드 자신 포함)는 해당 영역이 감지되는 즉시 버스 상태를 최소한 6BT 기간 동안 logical 0(dominant 상태)를 발행한다. 이 과정은 바로 오류 프레임의 송신 과정이다. 이 오류 프레임을 구성하는 비트 열은 비트 스터핑 규칙을 고의적으로 위반하는 것이므로 다른 노드로 하여금 오류 프레임의 전송도 함께 야기한다[21].

단, CRC 오류의 경우에는 ACK 구분자를 수신한 이후에 오류 프레임을 전송한다.

(4) 오류 복구 절차

각 노드는 다음과 같은 3가지 중 하나의 오류 상태에 있을 수 있다.

- Error-Active : 오류를 감지한 노드가 자신의 Transmit Error Counter(TEC)와 Receive Error Counter(REC)값이 모두 128 미만이라면 6개의 우성 비트로 구성된 액티브 오류 프레임을 송신하는 상태이다. 이것은 비트 스터핑 규칙을 위반한 프레임이므로 모든 노드도 자신의 REC(receive error counter)값을 4 증가시킨다. 이러한 Error-Active 상태에서는 정상적인 데이터 전송이 가능하다.

---

[21] 예를 들어, 임의의 노드A가 수신 오류를 감지하면 6개의 'd'비트(오류 플래그)와 8개의 'r'비트(에러 구분자)로 구성된 오류 프레임(능동 오류 플래그)을 전송하게 된다. 이 오류 플래그 프레임을 수신하는 다른 노드들은 수신되는 6개의 'd'비트 열로부터 오류가 발생하였음을 인식한다. 이에 이들도 또 6개의 'd'bits(에러 플래그)와 8개의 'r'bits(에러 딜리미터)로 구성된 오류 프레임을 전송하게 되므로, A가 전송한 에러 프레임의 에러 딜리미터 영역에 6개의 'd' 비트(에러 딜리미터)로 구성된 에러 프레임을 전송하게 되고, A가 전송한 에러 프레임의 에러 딜리미터 영역에 6개의 d'bits를 오버라이트(overwrite)하여 에러 플래그의 중첩 영역(6~12bits)을 초래한다.

- Error-Passive : TEC 또는 REC값이 127을 초과하는 경우이다. 이때 해당 노드는 6개의 열성 비트로 구성된 Passive 오류 프레임을 송신한다[22].
- Bus-Off : TEC값이 255를 초과한 경우, 스스로 버스에서 이탈하는 상태이다[23]. 이 상태에서 노드는 송수신 및 ACK를 할 수 없으며, 모든 종류의 오류 플래그 프레임도 송신하지 못하는 고립 상태가 된다. 이렇게 함으로써 장애가 발생한 노드가 버스를 독점하지 못하도록 한다.

오류가 보고된 송신측은 프레임의 송신을 즉시 중지하고 TEC(transmit error counter) 카운터값을 4 증가시킨다[24]. 만약 이 값이 255 이하라면 재전송을 시도하고, 그렇지 않으면 스스로 Bus Off상태로 천이하여 버스에서 자신을 제거한다.

만약 이 메시지가 이번에는 성공적으로 전송되었다면 송신측은 자신의 TEC값에서 1을 감소시키고 나머지 수신노드도 자신들의 REC 값에서 1을 감소시킨다.

Bus-off 상태에서 정상 상태로 복귀하는 절차는 설계자 몫이다. 자신을 리셋하거나 정상적인 프레임이 연속해서 일정 개수가 수신되면 Error-Active 상태로 천이하여 정상적인 송수신이 가능해질 수 있다. 이 경우 정상 복귀 신호가 인가되더라도 129*11개의 연속된 high bit(idle) 상태 동안은 대기해야 한다.

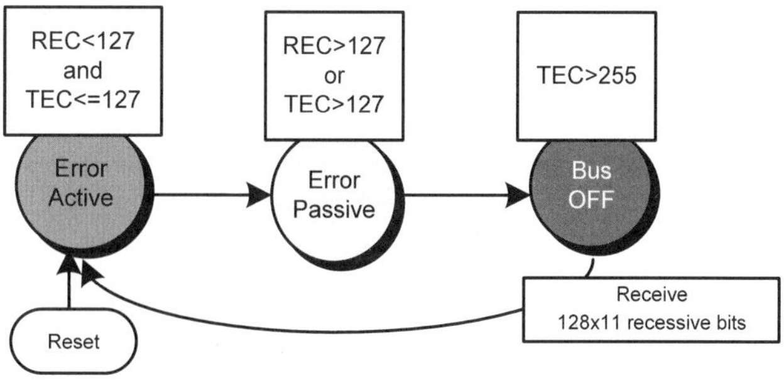

<그림 15.25> 오류에 따른 노드의 상태 천이

[22] 만약 이 노드가 버스상에서 유일한 송신 노드라면 이 passive error 플래그는 bit stuffing 규칙을 위반한 비트열이므로 이를 수신한 다른 노드들(active 또는 passive)은 Error Flag를 송신하게 된다. 만약 Error-Passive 노드 자신이 유일한 송신 노드인지 모를 경우, 즉 arbitration 중이거나 수신 노드일 경우 Passive Error 플래그는 버스 상에 전송되어도 영향을 주지 않는다(왜냐하면 error flag 비트 열은 모두 recessive bit열이므로). Error-Passive 노드가 Passive Error플래그를 송신할 때 dominant 비트를 감지하면, IFS 이후 8비트 시간 동안 버스를 다시 감지한 후 버스 상태에 따라 재전송을 시도한다.

[23] REC값이 255를 초과하는 경우도 있겠지만 자신의 책임이 아니므로 Bus-Off 상태로 천이하지는 않는다.

[24] 즉 TEC는 자신이 야기한 오류 횟수이며, REC값은 다른 노드가 야기한 오류 횟수를 기록하는 카운터이다.

15.13 일반적인 내장 CAN 모듈의 구성과 동작

범용 MCU의 내장 CAN Controller 모듈의 구성은 <그림 15.26>과 같다.

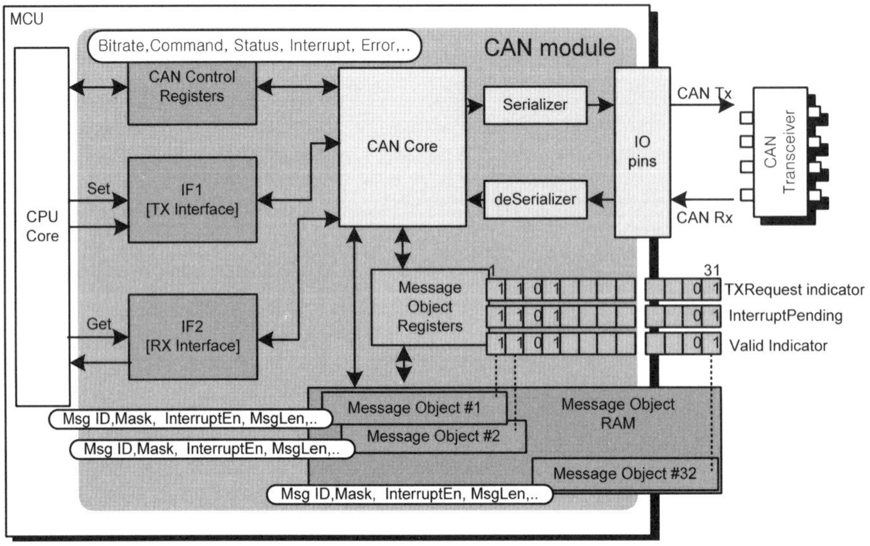

<그림 15.26> 범용 CAN 모듈의 내부 구성

- CAN Control 레지스터 : 기본적인 동작 설정용 레지스터(CAN 버스 동작 속도 등 설정)
- Message Object RAM : CAN 장치가 송신하는 메시지는 Message Object 형태로 구성되는데 이것을 최대 32개 저장하는 모듈 내부 메모리이다. 저장된 개별적인 메시지 object는 2개의 인터페이스 레지스터를 경유하여 접근해야 한다.
- Message Object 레지스터 : Message Object RAM에 저당된 Message Object들에 대한 개별적인 상태 정보(Txrequest, InterruptPending, Valid 등)를 표시한다.
- Interface 레지스터 : 송신용과 수신용으로 분리된 2개의 FIFO로 구성된다. 이것은 Message Object RAM에 대하여 object를 저장하거나 읽어낼 때 사용된다.
- SerDes : MCU 내부의 병렬 버스와 CAN용 직렬 버스간 변환 기능을 제공한다.

송수신되는 메시지는 Message Object RAM에 “Message Objects” 형태로 저장된다. 최대 32개가 RAM에 저장될 수 있다.

수신되는 CAN 메시지는 Acceptance 필터를 통과하면, 2개의 CAN Interface 레지스터 중 하나에 저장된다.

2개의 Interface 레지스터는 MCU가 Message RAM에 저장된 Message object를 액세스할 때 사용된다. 보통 송신 및 수신용으로 각각 사용한다.

(1) CAN Controller 의 동작

a) 초기화

CAN 버스의 동작 속도 등을 설정하고 송수신 및 오류 발생 시에 대한 인터럽트 발생 여부를 설정한다. 또한 주기적으로 송신하거나 수신할 Message Object의 message id, 마스크, 데이터 길이 등을 설정한다. 그리고 단순 데이터 송신 기능을 수행하는 메시지 object와 Remote Transmission Request가 필요한 메시지 object를 구분하여 설정한다.

예를 들어 <그림 15.27>과 같은 시스템을 보자. 각 노드의 메시지 오브젝트는 상이한 메시지 id와 데이터 길이, 그리고 송신 전용 또는 RemoteRequest 절차용 등이 다음과 같이 설정되어 있다.

Node A			Node B		
MsgId	data len	특성	MsgId	data len	특성
0x1001	4	송신 전용	0x1001	4	수신 전용
0x2001	8	RemoteRequest용	0x2001	8	RemoteRequest 수신 시 응답

이러한 메시지 오브젝트에 대하여 순서대로 데이터를 송신하거나 remote request에 의한 read 동작을 수행한다.

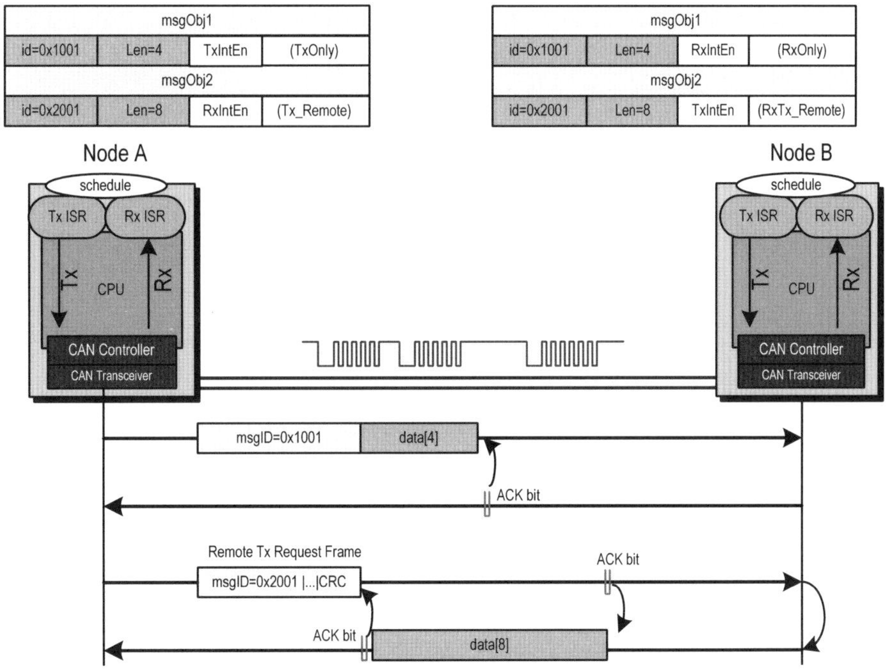

<그림 15.27> 메시지 오브젝트에 의한 CAN 모듈의 동작 예

여기서 설정된 MessageObject의 설정은 다음과 같이 성격을 규정할 수 있다.

- TX : 데이터를 함께 송신한다.
- TX_REMOTE Request : 송신측이 Remote Request메시지의 송신을 지시함. 이것을 수신하는 측은 사전에 RX_REMOTE Object를 생성해 두어야 함.
- RX : 일반 데이터 메시지를 수신하도록 한다.
- RX_REMOTE : Remote Request 메시지의 수신을 지시함. 해당 메시지에 대한 응답여부는 별도로 판단한다.
- RXTX_REMOTE : Remote Request 메시지를 수신하면 자동으로 응답하도록 함.

RAM에 저장되는 각 메시지는 새로 갱신되지만 주기적으로 동일한 내용을 송신하거나 응답할 경우 permanent message object로 설정할 수 있다. 이때 id 등은 불변하지만 데이터 영역은 갱신 가능하다.

최대 32개의 메시지 오브젝트에 대한 송신 명령을 동시에 발행할 수 있다. 이 경우 우선순위에 따라 차례로 전송된다. 낮은 Message id값이 높은 우선순위를 가진다. 즉 1이 높은 순위이고 32가 낮은 순위이다.

b) 송신 기능

송신 명령에 대하여 버스상태가 최소 시간 동안 idle한지 검사한 후 다음과 같이 송신 개시한다. 송신 개시의 경우 다음과 같은 2가지 경우가 있다.

- 단순 송신의 경우 : 해당 message object id를 수납한 데이터 프레임의 송신을 개시한다. 송신완료시점에서 상대방으로부터의 ACK 비트(버스 상태 0)가 유효하다면 EOF를 송신함으로써 송신이 완료된다. 이후 수신 모드로 천이하거나 다음 프레임의 송신을 준비한다.
- Remote Request 메시지 송신의 경우 : 해당 message object id를 수납한 Remote 프레임의 송신을 개시한다. 이어 상대방으로 부터의 응답프레임 수신을 대기한 후 프레임이 수신되면 ACK한 후 처리한다.

만약 ACK가 응답되지 않으면 재전송을 시도한다.

c) 수신 기능

송신 중이 아닌 모든 노드는 수신 가능 상태이다. 수신되는 직렬 비트 열에 대하여 이를 병렬화한 후 수신된 메시지의 Message ID를 판독한다. 이를 위하여 Message RAM에 미리 설정된 32개의 Message Object의 개별적인 메시지 ID값과 일치하는지 검사한다.
만약 있다면 필터 설정값을 적용한다. 수용되는 메시지라면 Message RAM에 있는 해당 Message Object의 데이터 저장 영역에 저장하고 필요 시 인터럽트를 생성한다. 만약 FIFO가 full인 경우 가장 오래된 것을 폐기한다. 수신의 경우 다음과 같은 2가지 경우가 있다.

- 데이터 프레임의 수신의 경우 : 정상적인 수신의 경우 ACK 비트(0)로 응답한다.
- Remote Request 프레임의 수신의 경우 : 자동으로 응답하거나 무시한다.

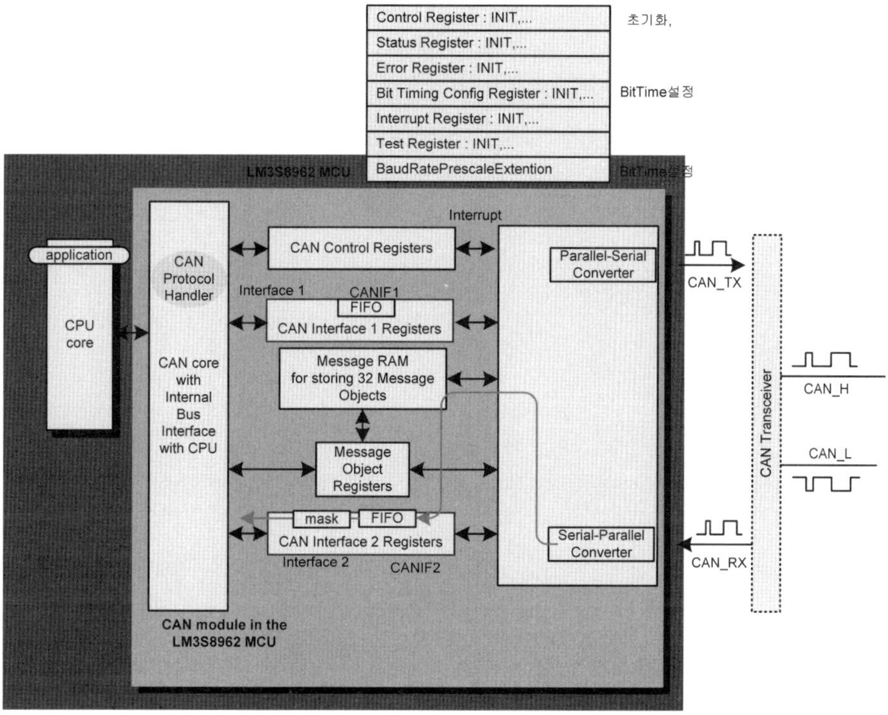

<그림 15.28> CAN 모듈의 내부 동작

(2) 상위 계층

CAN이 오류제어 기능을 지원하지만 CAN 버스 단절과 같은 심각한 오류 및 비정상 동작하는 노드에 의한 끊임 없는 송신 오류 등에 대한 복구기능은 CAN 규격에 없다. 따라서 상위 계층에서 타임아웃 등을 사용하여 재전송을 시도하거나 다음 단계의 명령을 발행하는 등의 추가적인 방법이 필요하다. 예를 들어 브레이크 장치에 장애가 발생하여 제동이 안될 경우 변속 장치에 엔진 브레이크가 작동하도록 기어를 변속하도록 할 필요가 있다.

이를 위하여 응용 계층에 대한 여러 종류의 표준 즉 승용차용 ISO 15765, 트럭용 J1939 등이 있지만 자동차 제조회사별로 고유한 응용 계층만을 사용한다.

하지만 이러한 폐쇄적인 방법은 비용 대비 효과적이지 않아 표준화된 개방형 애플리케이션 계층들이 다양하게 개발되고 있다. 예를 들어 임베디드 시스템과 산업 자동화를 위한 CAN의 상위계층은 CANopen과 DeviceNet과 같은 표준을 사용한다. CANopen은 임베디드 네트워크에서의 애플리케이션들을 위한 표준이며,DeviceNet은 특히 Rockwell Automation 환경에서의 산업 자동화에 사용되고 있다. 트럭용으로는 SAE J1939 표준이 사용된다.

(3) 추가 고려사항

- Message id 정의 시 우선순위를 고려해야 한다. Message ID값이 작을 수로 높은 우선순위를 가진다.
- CAN 버스의 부하는 35 % 이하가 되도록 설계하는 것이 좋다. 왜냐하면 높은 부하의 경우 낮은 우선순위를 갖는 메시지의 지연이 크게 증가하기 때문이다.
- **Bus 속도 :** Bus 속도는 효율 및 지연 면에서 불리하더라도 가급적 저속으로 작동시키는 것이 좋다. 만약 버스가 불안하게 동작하면 터미네이터 저항 불량을 확인해야 한다.

15.14 기타 CAN 규격

(1) 기타 CAN 규격

CAN용 물리 계층은 다음과 같은 3가지가 있다. 이들의 상호 직접 연결은 동작 전압 등이 상이하여 불가능하지만 필요 시 게이트웨이를 사용하여 연결될 수 있다.

- Hi-Speed CAN : 일반적인 CAN이며 승용차는 최대 1Mbps, 트럭용은 250 Kbp를 지원한다. 이것의 표준은 ISO11898-2이다.
- Fault Tolerant Low Speed CAN : 저속인 125 Kbps를 지원한다. Fault Tolerant하다는 것은 케이블 양단에 종단 저항을 접속하는 대신에 각 노드마다 종단 저항을 장착함으로써 케이블이 개방되거나 단락(short)되더라도 동작할 수 있도록 하기 때문이다. 이것의 표준은 ISO11898-3이다.
- Single Wire CAN : 전송 케이블은 1가닥이며, GND는 차체 새시를 이용한다. General Motor사에서 사용하는 33.33 Kbps의 저속 방식이다.

(2) ISO 11898-3 f ault-tolerant CAN 표준

물리 계층 규격인 ISO 11898-3은 fault-tolerant CAN 규격으로써 최대 125Kbps 전송 가능하며, 단거리 전송 전용이므로 터미네이터가 없어도 큰 문제가 없다. 따라서 이러한 종단 저항이 없으면 2.5V bias된 전원에 의해 저항에서 손실되는 전력이 없으므로 저전력 드라이버를 사용할 수 있고 스타 구조로 결선도 가능하다. 특히 하나의 꼬임 쌍선 중 한 선로가 단락되면 불평형 전송 모드로 전환하여 송신이 가능한 내고장성 기능을 제공한다. 최대 32개의 노드가 접속 가능하다.

(3) SAE J2411 single wire CAN(SWC) 표준

이것은 저속 및 단거리용으로 개발된 것으로써 최대 32개의 노드를 한 가닥의 비차폐 선로를 사용하여 연결하며 최대 33.3 kbps 전송을 지원한다. 새시 그라운드를 이용하므로 차동 전송 방식이 아닌 single-ended 전송 방식을 사용한다. 이것은 주로 골프 카트 등에서 사용된다. 역시 스타구 조 결선도 가능하다. 각 단말마다 9.09 kΩ 종단 저항을 사용한다.

(4) ISO 11992-1 point-to-point CAN 표준

이것은 또 다른 40m의 단거리 fault-tolerant 기능을 가진 125Kbps급 저속 CAN 방식으로써 다른 버스/스타 구조의 CAN과 달리 점 대 점 연결만 제공한다. 이것은 주로 본 차량과 트레일러간 점 대 점 연결용으로 사용된다. 만약 2대의 트레일러를 끌고 가야 한다면 daisy-chain도 가능하다. 별도의 (12 V 또는 24 V) 전원 규격도 규정하고 있다. 전송 매체는 UTP 케이블이다. 특히 케이블 단락에 대비할 수 있도록 각 노드마다 종단 저항을 장착한다.

(5) SAE J1939

SAE J1939는 확장 CAN(29비트 식별자)인 CAN2.0B를 사용한다. 일반 트럭과 트레일러 시스템 내의 전자 제어 장치들을 함께 연결한다.

15.15 SN65HVD1050 CAN 트랜시버

CAN 트랜시버는 CAN 버스에 필요한 차동 신호, 즉 평균 전압 2.5V이면서 3.5V와 1.5V를 천이 할 수 있는 신호를 생성하고 처리할 수 있는 변환 기능을 제공한다. <그림 15.29>는 ISO 11898 표준 규격에 따라 1Mbps의 속도를 지원하는 SN65HVD1050 CAN 트랜시버 칩의 구조이다. 이것은 5V 전원으로 작동하면서 Standby 및 Sleep 모드도 지원한다.

이것은 CAN controller와의 접속용 TXD 및 RXD 핀을 재공하며, CAN 버스측 인터페이스로는 CANH와 CANL 핀을 가진다. TXD=0일 때 {CANH=H, CANL=L}인 Dominant 신호를 버스상에 생성하고 TXD=1일 경우에는 {CANH=Z, CANL=Z}, 즉 Vdd=0V 의 Recessive 신호를 버스상에 생성한다.

CAN 버스의 종단에는 케이블 임피던스와 일치하는 120옴의 종단 저항을 반드시 연결해야 한다. 각 핀의 기능은 다음과 같다.

- D핀 : CAN 제어기(MCU)의 송신 드라이버 핀(CAN_TX)과 연결되는 TTL 레벨의 입력 핀이다.
- R핀 : CAN 제어기(MCU)의 수신 Receiver 핀(CAN_RX)과 연결되는 TTL 레벨의 출력 핀이다.
- CANL/CANH 핀: 각각 CAN 버스측 LOW/HIGH 케이블에 연결된다.
- Vcc 공급 전력 : 5V
- Vref : CAN 버스의 기준 전압인 VCC/2(=2.5V)를 출력한다
- S : High-speed 모드 또는 silent 모드를 선택한다. 기본적으로 GND에 연결하거나 개방하면 1Mbps의 High-speed 모드로 설정된다. 반면에 S=VCC로 설정하면 수신부만 동작하는 silent 모드로 설정된다[25].

25 voltage-based signaling bus 방식에 비하여 CAN에서 사용하는 current mode는 dominant 신호 생성 시 비교적 작은 저항값인 120R 저항으로 인해 큰 전류를 낭비하기 때문에 silent mode를 지원한다.

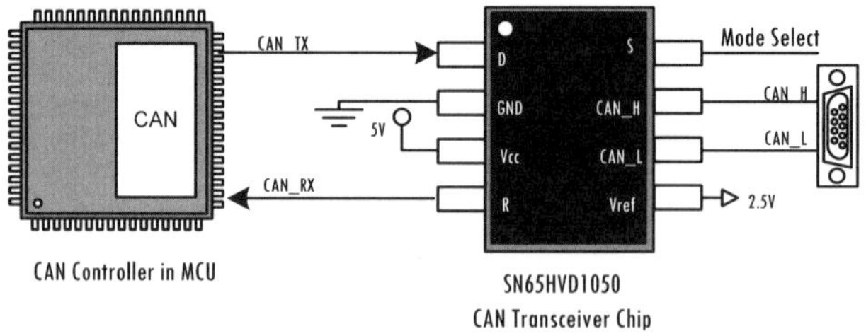

<그림 15.29> CAN 트랜시버 SN65HVD1050

5V 전원으로 동작하는 CAN용 Transceiver 칩인 SN651050의 내부 구조는 <그림 15.30>과 같다. 내부 구조에서도 알 수 있듯이, 수신부(Receiver)는 차동 수신 회로이다. 송신부(Driver)의 출력은 다시 수신부로 입력되는 것을 알 수 있다. 이것은 LIN 트랜시버와 마찬가지로 TXD값은 RXD로도 역시 되돌려지는 readback동작에 의해 상위의 CAN 제어 블록은 자신의 송신 파형의 전위값과 실제 버스상의 전위값을 비교할 수 있어 bus arbitration에 활용할 수 있다.

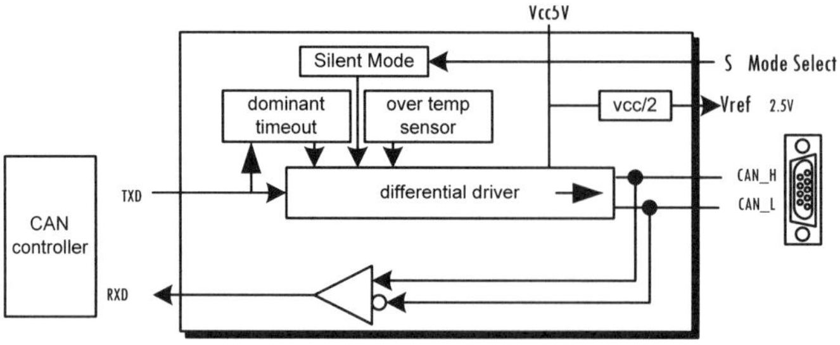

<그림 15.30> CAN 트랜시버 SN65HVD1050의 내부 구성

15.16 CAN 하드웨어 모듈 설계

(1) 개요

다음 사항을 고려하여 설계한다.

- CAN 트랜시버인 SN65HVD1050을 사용한다.
- SN65HVD1050은 5V로 동작하므로 74LS125를 사용하여 3V3과 5V간을 정합하는 것이 바람직하다.
- CAN-H와 CAN-L 선로로 구성된 CAN 버스에서의 파형을 오실로스코프로 관측 시 2개의 probe를 사용하여 차동 모드로 시행해야 한다.

(2) 하드웨어 설계

참고 회로는 <그림 15.31>과 같다. xCore MCU의 CAN 모듈과 트랜시버간은 CANTX와 CANRX 신호선으로 연결되며, R3는 CAN 버스에 설치되는 R3는 버스 종단 저항이다. S2와 S3는 MCU와 트랜시버간 연결을 선택한다.

- CN5는 2가닥의 CAN 버스 선로를 위한 터미널 블록 커넥터이다.
- 추가된 74125(U3)는 MCU의 CAN 신호 레벨 정합용이다[26].
- 사용하는 CAN 트랜시버인 SN651050은 5V의 외부 동작 전압으로 동작하면서 이것의 1/2인 2.5V의 버스 바이어스 전압을 idle일 때 버스상으로 표출한다.

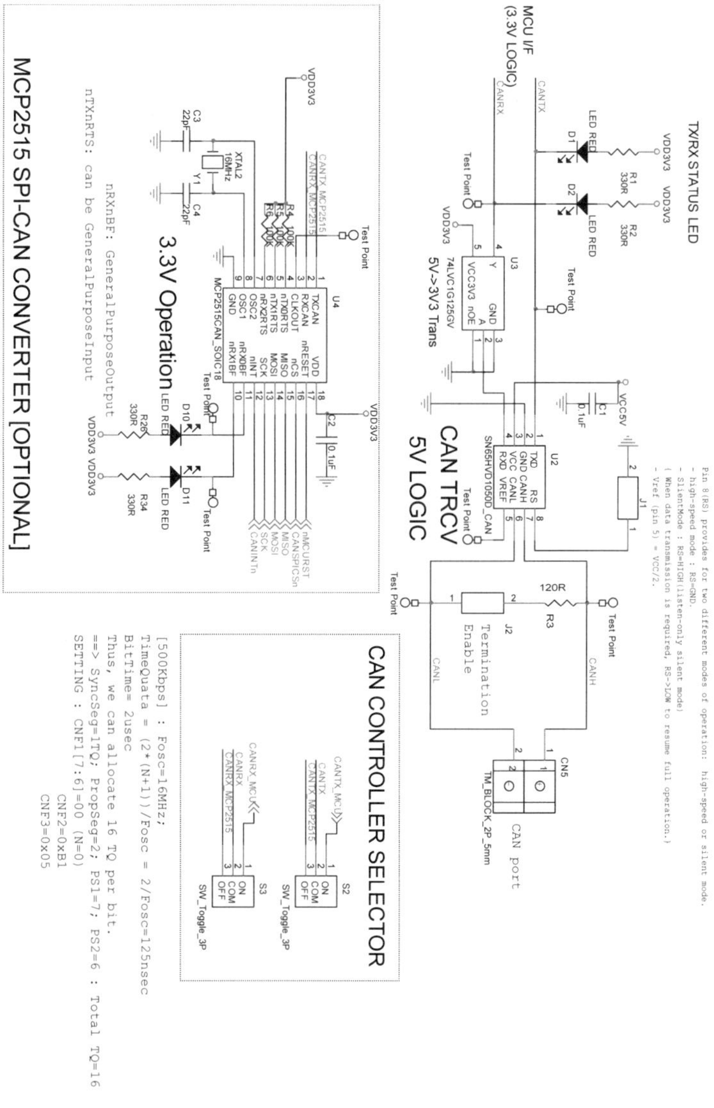

<그림 15.31> CAN 트랜시버 주변 회로 설계

[26] 다행히 SN651050의 입력 신호 핀인 TXCAN 핀은 최소 동작 전압이 2.1V이므로 MCU의 CAN_TX의 출력 3.3V 신호를 무리 없이 처리할 수 있다. 반면에 SN651050의 출력 신호 핀인 RXCAN의 최대 출력 전압이 5V이므로 MCU의 CAN_RX 입력 허용 전압이 3.3V라면 문제가 발생할 수 있다.

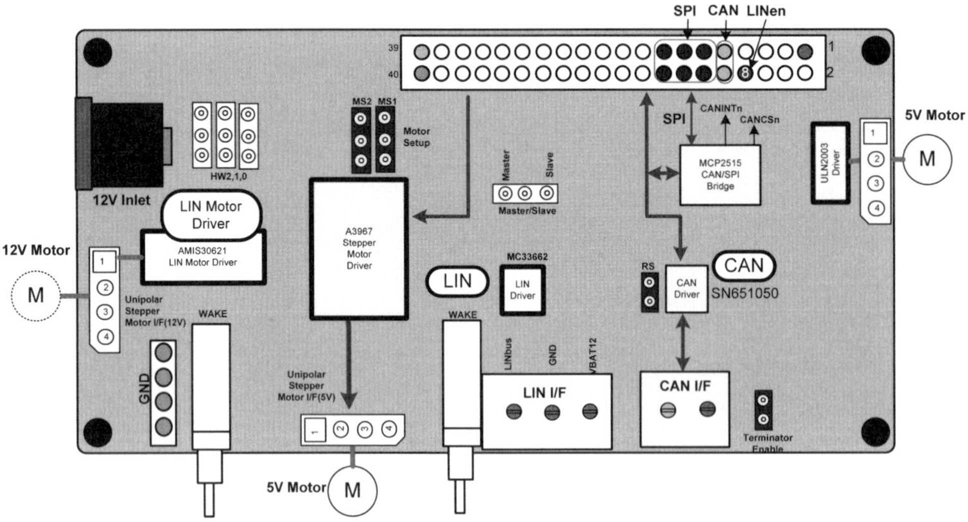

<그림 15.32> CAN 및 LIN 참조 보드의 구성

15.17 SC-CAN 모듈[27]

(1) 기본 사양

- 공개된 CAN 모듈은 기본적인 송수신 기능만 구현되어 있다. 따라서 오류검사 및 처리기능과 버스 중재 기능은 없다. 따라서 참고용으로만 활용하도록 한다.
- 지원 가능 속도는 최대 1Mbps이다.
- 송신 전용 및 수신 전용으로 각각 설계한다.

(2) 포트

각 노드의 CAN용 포트는 각각 1 bit port를 사용한 CAN RX pin과 CANTX 포트로 구성하고 MC33662 CAN 트랜시버에 연결된다.

- 수신 포트는 32비트 SERDES 기능을 사용한다.
- 송신 포트는 기본 포트 기능을 사용한다.

---

27 [참고 문헌] XMOS Controller Area Network Protocol App Note (VERSION 1.0)

(3) Timing/Synchronization

비트 타임은 25quanta로 분할한다. 따라서 BT에 대한 Time Quanta는 다음과 같이 할당한다. 물론 변경할 수 있다.

- syncronisation 1
- propagation 8
- phase buffer 1 8
- phase buffer 2 8

각 입력에 대하여 Phase Seg1과 Phase Seg2 사이의 quanta 시점에서 샘플링하여 data layer로 전달하고 다음 비트의 Synch 엣지를 결정한다.

참고로 Synch 엣지는 이전 비트의 Phase Seg2 구간 내에 정해도 된다. 이 경우 early edge 방식이라고 한다(bit N in the figure above). 또한 다음 비트의 Prop Seg 기간 내에서 synchronisation edge를 결정해도 되는데 이것을 late edge라고 한다. 따라서 송신측 클럭이 일정하지 않다면 샘플링 시점을 조정할 수 있다.

(4) 송신 모듈

송신 모듈은 3개의 태스크로 설계하고 이들은 모두 채널로 연결한다.

(5) 수신 모듈

수신 모듈은 3개의 태스크로 설계하고 이들은 모두 채널로 연결한다.

15.18 CAN 송신 모듈 프로그래밍

송신 모듈은 <그림 15.33>과 같이 각 계층별로 구분된 3개의 태스크로 구성된다. 이들은 모두 채널로 연결된다. 특히 유의해야 할 것은 LIN의 경우와 마찬가지로 송신 비트값이 readback되어 수신된다는 점이다. 이 기능이 번거롭기는 하지만 CAN의 ACK 비트 처리 시 필수적이다.

송신할 메시지는 다음과 같이 구성한다.

- msg id = 0x555
- DLC = 4 (4bytes)
- Data = {0xfe, 0xe1, 0xde, 0xad}

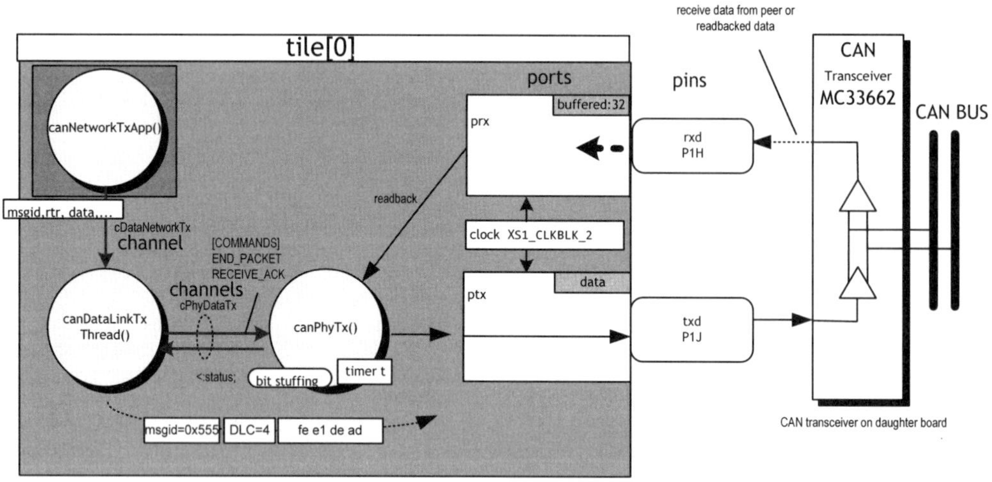

<그림 15.33> CAN 송신 모듈의 구성

(1) 공통

```
//========= CAN: TILE[0] ==================================================
//[Not implemented]
//       receiver errors to handle:
//                    glitches
//                    stuffing errors
//                    crc errors

#include <platform.h>
#include <xs1.h>
#include <print.h>
#include <xccompat.h>
#include <stdio.h>
#include <string.h>
#include <xs1.h>
#include <xclib.h>
#include <stdlib.h>
#include <stdio.h>
#include <string.h>

// #include "media_fifo.h"
#include <float.h>
#include <datongxc_board_config.h>
on tile[0]: port ptCanTx = PORT_CAN_TX; // bidirectional

// on tile[0]: buffered in    port:32 ptCanRx = PORT_CAN_RX; // only read
on tile[0]: in    port ptCanRx = PORT_CAN_RX;//only read
on tile[0]: clock tx_cb = XS1_CLKBLK_2;
on tile[0]:    clock rx_cb = XS1_CLKBLK_1;

// #define CAN_DEBUG_TX_DATA
// #define CAN_DEBUG_RX_DATA
// #define CAN_DEBUG_RX_PHY
// #define CHECK_ACK
// #define CHECK_RX

#define CAN_DEBUG
```

```
#define SYSTEM_CLOCK 100000000

// QUANTAs = 25
#define QUANTA_SYNC      1
#define QUANTA_PROP      8
#define QUANTA_PHASE1    8
#define QUANTA_PHASE2    8
#define QUANTA_SJW       4
#define QUANTA_TOTAL     (QUANTA_SYNC+ QUANTA_PROP+ QUANTA_PHASE1+ QUANTA_PHASE2)

#define SAMPLE_TIME (BIT_TIME*(QUANTA_SYNC + QUANTA_PROP + QUANTA_PHASE1)/QUANTA_TOTAL)

#define BAUD_RATE 125000    //125Kbps
#define CLOCK_DIV (SYSTEM_CLOCK/(BAUD_RATE*QUANTA_TOTAL*2))

// 25 time quanta then the following baud rates are avaliable.
// 1000000                  2
// 125000                   16
// 5000                     400
#define BIT_TIME (SYSTEM_CLOCK / BAUD_RATE )    // baud rate prescaler

//BT
#define STUFFING_PERIOD              5
#define EOF_PERIOD                   7
#define INTERFRAME_PERIOD            3
#define SUSPEND_PERIOD               8
#define BUS_IDLE_PERIOD              3

// commands exchanged between the Data Link Layer and the Physical Layer:
// Status Report
#define SUCCESS          (0x1)
#define FAIL       (0x2)

// Commands
#define SEND_ACK         (0x4)
#define END_PACKET       (0x8)
#define RECEIVE_ACK      (0x10)
#define START_PACKET     (0x800)

// Status Report
#define CRC_ERROR        (0x20)
#define FORM_ERROR       (0x40)
#define BIT_ERROR        (0x80)
#define ACK_ERROR        (0x100)
#define STUFF_ERROR      (0x200)
#define UNKNOWN_ERROR              (0x400)

struct canPacket {
        unsigned SOF;
        unsigned ID;
        unsigned SRR;
        unsigned IDE;
        unsigned EID;
        unsigned RTR;
        unsigned RB1;
        unsigned RB0;
        unsigned DLC;
        unsigned DATA[8];
        unsigned CRC;
```

```
        unsigned CRCdel;
        unsigned ACKdel;
        unsigned _EOF;
};

struct canPacket pGlobal;

void PrintBits(unsigned times[], unsigned values[], unsigned count);

void PrintPacket(struct canPacket p){
        unsigned j;
        printstr("SOF: ");
        printhexln(p.SOF);
        printstr("ID: ");
        printhexln(p.ID);
        if(p.IDE == 1){
            printstr("SRR: ");
            printhexln(p.SRR);
            printstr("IDE: ");
            printhexln(p.IDE);
            printstr("EID: ");
            printhexln(p.EID);
            printstr("RTR: ");
            printhexln(p.RTR);
            printstr("RB1: ");
            printhexln(p.RB1);
        } else {
            printstr("RTR: ");
            printhexln(p.RTR);
            printstr("IDE: ");
            printhexln(p.IDE);
        }
        printstr("RB0: ");
        printhexln(p.RB0);
        printstr("DLC: ");
        printhexln(p.DLC);

        for(j = 0; j < p.DLC; j++){
            printstr("DATA[");
            printint(j);
            printstr("]:");
            printhexln(p.DATA[j]);
        }

        printstr("CRC: ");
        printhexln(p.CRC);
        printstr("CRCdel: ");
        printhexln(p.CRCdel);
        printstr("ACKdel: ");
        printhexln(p.ACKdel);
        printstr("EOF: ");
        printhexln(p._EOF);
}

int CRC_15(int inputStream, int bitCount,unsigned int crc_rg){
    int crc_nxt;
    int nxtBit;

    for(int i=0;i<bitCount;i++){
        nxtBit = (inputStream>>((bitCount-1)-i))&1;
        crc_nxt = nxtBit ^ ((crc_rg>>14)&1);
        crc_rg = crc_rg << 1;
```

```
        crc_rg = crc_rg & (0x7FFE);
        if(crc_nxt){
            crc_rg = crc_rg ^ 0x4599;
        }
    }
    return crc_rg;

}
```

(2) 송신 모듈

```
//================== network 계층 task ============================
/*   CanNetworkLayerTxTask is the transmitter side of network layer
     All it is doing for now is sending packets to the Data Link Layer
     and also printing them on the console.
*/
unsigned CanNetworkLayerTxTask(chanend toData){

     struct canPacket pkt;
     unsigned tmp;
     unsigned count = 0;
     unsigned crc =0;
     pkt.SOF = 0;
     pkt.ID = 0x555;//0x200; 101-0101-0101
     pkt.RTR = 0;
     pkt.IDE = 0;
     pkt.RB0 = 0;
     pkt.DLC = 4;
     pkt.DATA[0] = 0xFE;
     pkt.DATA[1] = 0xE1;
     pkt.DATA[2] = 0xDE;
     pkt.DATA[3] = 0xAD;
     pkt.CRCdel = 1;
     pkt.ACKdel = 1;
     pkt._EOF = 0x7F; //7 ones...
     // IFS will be added 3 ones..

     // make crc
     crc = CRC_15(pkt.SOF, 1, crc);
     crc = CRC_15(pkt.ID, 11, crc);
     crc = CRC_15(pkt.RTR, 1, crc);
     crc = CRC_15(pkt.IDE, 1, crc);
     crc = CRC_15(pkt.RB0, 1, crc);
     crc = CRC_15(pkt.DLC, 4, crc);
     for(int i=0;i< pkt.DLC;i++){
        crc = CRC_15(pkt.DATA[i], 8, crc);
     }

     // pkt.CRC = 0x47FF;
     pkt.CRC = crc;


     while(1)
     {
        toData <: pkt;
        toData :> tmp;
        count +=1;
     }
     return SUCCESS;
}
```

```

//================== Data Link 계층 task ======================
//      It is doing the serialisation, frame encapsulation.
//      No error handlings

int CanDataLinkLayerTxTask(chanend cFromNetLayer, chanend cToPhy){

        struct canPacket p;
        int i, j;
        unsigned tmp;
        unsigned count = 0;

        while(1) {
          cFromNetLayer :> p;
          cToPhy <: START_PACKET;    // YOON
          cToPhy <: p.SOF;
          tmp = p.ID;
          for(i = 10; i >= 0; i--)  cToPhy <: ((tmp >> i) & 1);

          // extended frame, write extra bits
          if(p.IDE == 1){
            cToPhy <: p.SRR;
            cToPhy <: p.IDE;
            for(i = 17, tmp = p.EID; i >= 0; i--) cToPhy <: ((tmp >> i) & 1);
            cToPhy <: p.RTR;
            cToPhy <: p.RB1;
          }else{
            cToPhy <: p.RTR;
            cToPhy <: p.IDE;
          }
          cToPhy <: p.RB0;

          // Data Length Code
          for(i = 3, tmp = p.DLC; i >= 0; i--)  cToPhy <: (tmp >> i) & 1;
          if(p.DLC > 8) p.DLC = 8;

          // write data bytes
          for(j = 0; j < p.DLC; j++){
                  for(i = 7, tmp = p.DATA[j]; i >= 0; i--) cToPhy <: (tmp >> i) & 1;
          }

          // CRC
          for(i = 14, tmp = p.CRC; i >= 0; i--)cToPhy <: (tmp >> i) & 1;
          cToPhy <: p.CRCdel;

          // recieve an ACK
          cToPhy <: RECEIVE_ACK;
          cToPhy :> tmp;

          cToPhy <: p.ACKdel;

                  // write EOF
                  tmp = p._EOF;
                  for(i = 6; i >= 0; i--)       cToPhy <: ((tmp >> i) & 1);
                  cFromNetLayer <: SUCCESS;
                  cToPhy <: END_PACKET;

                  count += 1;

        }
        return SUCCESS;
```

```

}

//=================== CAN PHY TX TASK ==============================
/* CanPhy function handles the transmit side of the physical layer signaling */
void CanPhyLayerTxTask(chanend cFromDataLinkLayer, in port canRX, port canTX){
        unsigned tmpTime, tmpValue, oldValue, count, done, tmp, tmp2, nostuffing;
        timer t;
        unsigned counter = 0;
        unsigned frameCounter = 0, bitCounter = 0, sof;
        unsigned actualValue;

        stop_clock(tx_cb);
        configure_clock_ref(tx_cb, CLOCK_DIV);
        set_port_clock(canRX, tx_cb);
        set_port_clock(canTX, tx_cb);
        start_clock(tx_cb);

        while(1){
           StartOfFrame(cFromDataLinkLayer, canRX, t);
           frameCounter += 1;
           bitCounter = 1;
           t :> tmpTime;// about 300 nsec from the end of the function StartOfFrame to reach here,

           // hence need to capture the time again
           count = 1;
           nostuffing = 0;
           done = 0;
           oldValue = 0;

           // MSB First
           while(!done){
                   cFromDataLinkLayer :> tmpValue;
                   switch(tmpValue){
                   case(0):
                   case(1):
                             bitCounter += 1;
                             tmpTime += BIT_TIME;
                             t when timerafter(tmpTime) :> tmp;
                             canTX <: tmpValue;

                             // need to stuff here...
                             if(oldValue == tmpValue && !nostuffing){
                                     count+=1;
                                     if(count == 5){
                                             tmpValue = !oldValue;
                                             tmpTime += BIT_TIME;
                                             t when timerafter(tmpTime) :> tmp;
                                             canTX <: tmpValue;
                                             count = 1;
                                     }
                             }else{
                                     count = 1;
                             }
                             oldValue = tmpValue;

                             // need to check for bit errors here
                   break;
                   case(RECEIVE_ACK):
                             canRX :> tmp; // sample
                             tmpTime += BIT_TIME;
                             t when timerafter(tmpTime) :> tmp;
```

```
                    canTX <: 1; // drive, this will relase the line quicker
                    canTX :> tmp;//release the line

                    tmpTime += SAMPLE_TIME;
                    t when timerafter(tmpTime) :> tmp;

                    canRX :> tmp;//sample Ack bit
                    tmp = 0;
                    tmp2 = tmpTime;

                    while(tmp != 0){
                              canRX :> tmp;//sample
                              t :> tmp2;
                    }
                    counter += 1;

                    tmpTime -= SAMPLE_TIME;

                    // the start of the current bit,
                    // it will be incremented in the next iteration
                    nostuffing = 1;//need to do this before the CRC del

                    cFromDataLinkLayer <: tmp;
                    break;
          case(END_PACKET):
                    done = 1;
                    break;
          }

     } // while(!done)
     } // while

}
```

(3) main

```
int main(){
     chan cPhyDataRx, cDataNetworkRx;
     chan cPhyDataTx, cDataNetworkTx;
     par{
       on tile[0]: CanPhyLayerTxTask(cPhyDataTx,ptCanRx, ptCanTx); // rx2, tx2); // in, bidirec
       on tile[0]: CanDataLinkLayerTxTask(cDataNetworkTx, cPhyDataTx);
       on tile[0]: CanNetworkLayerTxTask(cDataNetworkTx);
     }
     return 0;

}
```

15.19 CAN 수신 모듈 프로그래밍

수신 모듈도 <그림 15.34>와 같이 각 계층별로 구분된 3개의 태스크로 구성된다. 이들은 모두 채널로 연결된다. 수신된 데이터를 콘솔로 출력한다.

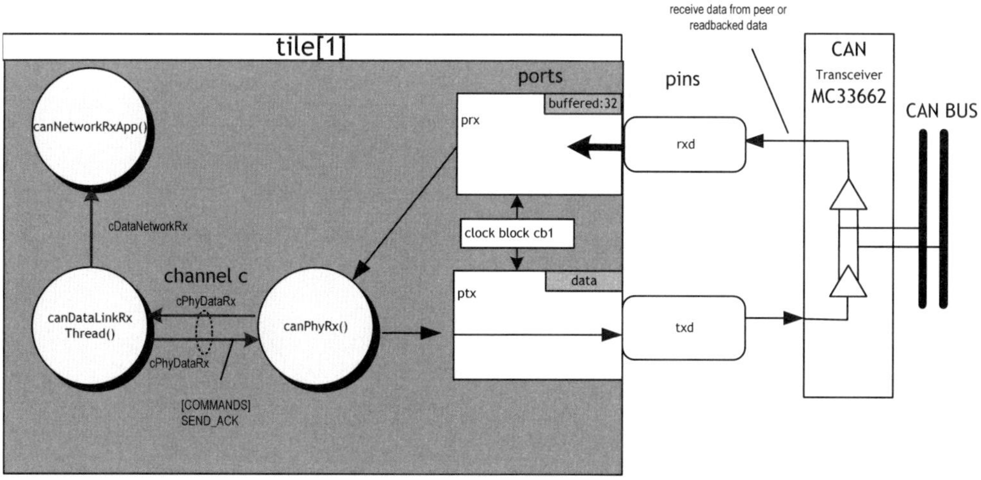

<그림 15.34> CAN 수신 모듈의 구성

(1) 수신 모듈

```
//============== CAN Network Layer RX Task =====================
void CanNetworkRxTask(chanend cFromDataLinkLayer){
        unsigned count;
        struct canPacket pkt;

        while(1)
        {
                cFromDataLinkLayer :> count;
                cFromDataLinkLayer :> pkt;
                printstr("Received packet ");
                printintln(count);

                PrintPacket(pkt);
                count += 1;
        }
}

unsigned CanGetts(port canTX){ // get current port time stamp
        unsigned ret;
        asm ("getts %0, res[%1]" : "=r"( ret ) : "r"(canTX));
        return ret;
}

unsigned CanIn(chanend cPhy){ //get word from Phy
        unsigned ret;
        asm("in %0, res[%1]" : "=r"( ret ) : "r"(cPhy));
        return ret;
}
```

```

void CanOut(chanend cPhy, unsigned val){ //Put word to Phy
        asm("out res[%0], %1" :: "r"(cPhy), "r"(val));
}

//====================   CAN Data Link Layer RX Task ========================
//      CanData function is handling the Data Link Layer
//      It is doing the deserialisation, frame decapsulation
//      No error handlings

#define GETBIT(); current = CanIn(fromPhy); \
                        if(current == last){\
                                counter+=1;\
                                if(counter > 5){\
                                        return STUFF_ERROR;\
                                }\
                        }\
                        else\
                        {\
                                last = current;\
                                if(counter == 5){\
                                        current = CanIn(fromPhy);\
                                        if(current == last)\
                                                counter = 2;\
                                        else{\
                                                counter = 1;\
                                                last = current;\
                                        }\
                                }\
                                else\
                                        counter = 1;\
                        }

unsigned GetPacket(chanend fromPhy){

        int i;
        unsigned tmp;
        unsigned current, last, counter;
        unsigned int crc = 0;

        pGlobal.SOF = CanIn(fromPhy);
        last = pGlobal.SOF;
        counter = 1;

        for(i = 10, tmp = 0; i >= 0; i--){
                GETBIT();
                tmp |= (current << i);
        }
        pGlobal.ID = tmp;

        GETBIT();
        pGlobal.SRR = current;
        GETBIT();
        pGlobal.IDE = current;

        // extended frame, read extra bits
        if(pGlobal.IDE == 1){
                for(i = 17, tmp = 0; i >= 0; i--){
                        GETBIT();
                        tmp |= (current << i);
                }
                pGlobal.EID = tmp;
```

```
				GETBIT();
				pGlobal.RTR = current;
				GETBIT();
				pGlobal.RB1 = current;
		}
		else
				pGlobal.RTR = pGlobal.SRR;
		GETBIT();
		pGlobal.RB0 = current;

		// read Data Length Code
		for(i = 3, tmp = 0; i >= 0; i--){
				GETBIT();
				tmp |= (current << i);
		}
		pGlobal.DLC = tmp;
		if(pGlobal.DLC > 8) pGlobal.DLC = 8;

		// read data bytes
		for(i = 0; i < pGlobal.DLC; i++){
				tmp = 0;
				//loop unrolled manually
				GETBIT();
				tmp = (current << 7);
				GETBIT();
				tmp |= (current << 6);
				GETBIT();
				tmp |= (current << 5);
				GETBIT();
				tmp |= (current << 4);
				GETBIT();
				tmp |= (current << 3);
				GETBIT();
				tmp |= (current << 2);
				GETBIT();
				tmp |= (current << 1);
				GETBIT();
				tmp |= current;

				pGlobal.DATA[i] = tmp;
		}

		// read CRC
		for(i = 14, tmp = 0; i >= 1; i--){
				GETBIT();
				tmp |= (current << i);
		}

		// last bit
		GETBIT();
		if(counter == 5) CanIn(fromPhy);//get the last stuffed bit?
		CanOut(fromPhy, SEND_ACK);

		tmp |= current;

		pGlobal.CRC = tmp;
		crc = CRC_15(0, 15, crc);
		crc = CRC_15(pGlobal.SOF, 1, crc);
		crc = CRC_15(pGlobal.ID, 11, crc);
		crc = CRC_15(pGlobal.RTR, 1, crc);
		crc = CRC_15(pGlobal.IDE, 1, crc);
		crc = CRC_15(pGlobal.RB0, 1, crc);
```

```

    crc = CRC_15(pGlobal.DLC, 4, crc);

    for(int i=0;i< pGlobal.DLC;i++){
      crc = CRC_15(pGlobal.DATA[i], 8, crc);
    }

    if(crc != pGlobal.CRC){
      return CRC_ERROR;
    }

    return SUCCESS;
}

void CanDataLinkLayerRxTask(chanend toNetwork, chanend fromPhy){

    unsigned count = 0, result;

    // do destuffing here rather than in the physical layer
    while(1){
            result = GetPacket(fromPhy);
            switch(result){
            case SUCCESS:
                    // send packet to network layer for processing
                    toNetwork <: count;
                    toNetwork <: pGlobal;
                    count+=1;
                    break;

            case STUFF_ERROR:
                    printstrln("Stuff Error in CanDataLinkLayerRxTask");
                    CanOut(fromPhy, STUFF_ERROR);
                    break;

                    case CRC_ERROR:
                    printstrln("CRC Error in CanDataLinkLayerRxTask");
                    CanOut(fromPhy, CRC_ERROR);
                    break;

            default:
                    printstrln("UNKNOWN result in CanDataLinkLayerRxTask");
                    CanOut(fromPhy, UNKNOWN_ERROR);
                    break;
            }
    }
}


unsigned StartOfFrame(chanend cFromDataLinkLayer, in port canRX, timer t){

    unsigned tmpTime, cmd=0, countIdle = 0, tmpValue, tmp;
    t :> tmpTime;

    canRX when pinseq(1) :> tmpValue;
    do{
            select{
            case canRX when pinsneq(tmpValue) :> tmpValue:
                    countIdle = 0;
                    t :> tmpTime;
                    break;
            case cFromDataLinkLayer :> cmd://SOF
                    break;
```

```
                case t when timerafter(tmpTime + BIT_TIME) :> tmp:
                        tmpTime += BIT_TIME;//to avoid drift
                        if(tmpValue == 1)    countIdle +=1;
                        break;
                }
        } while(cmd != START_PACKET);

        while(countIdle < BUS_IDLE_PERIOD){
                select{
                case canRX when pinsneq(tmpValue) :> tmpValue:
                        countIdle = 0;
                        t :> tmpTime;
                        break;
                        case t when timerafter(tmpTime + BIT_TIME) :> tmp:
                                tmpTime += BIT_TIME;//to avoid drift
                                if(tmpValue == 1)        countIdle +=1;
                                break;
                        }
                }
                return tmpTime;
}

//====================  CAN PHY Layer RX Task ========================
/*      CanPhy function handles the physical layer signaling
        It detects bits and edges on the line, and signals them to the Data Link Layer
        It is also handling the destuffing of bits for simplicity
        as well as signaling acknowledgements on the bus
*/

void CanPhyLayerRxTask(chanend toData, buffered in port:32 canRX, port canTX){
        unsigned tmpValue, done, bitFinishTime, tmpTime, zeros, phaseError, i;
        unsigned command, ackTime, currentTime;

        stop_clock(rx_cb);
        configure_clock_ref(rx_cb, CLOCK_DIV);
        set_port_clock(canRX, rx_cb);
        set_port_clock(canTX, rx_cb);
        start_clock(rx_cb);

        bitFinishTime = 0;

        while(1) {
          canRX when pinseq(0) :> tmpValue @ tmpTime;//trigger start of frame
          done = 0;
          tmpTime += QUANTA_TOTAL + QUANTA_PROP;//end of propdelay of next bit
          while(!done){
            select{

            case toData :> command:
                if(command == SEND_ACK){
                  bitFinishTime = tmpTime - QUANTA_PROP - QUANTA_SYNC;
                  currentTime = CanGetts(canTX);
                  canRX @ bitFinishTime :> tmpValue;
                  canTX <: 0 @ ackTime;
                  bitFinishTime+=QUANTA_TOTAL;
                  canTX @ bitFinishTime <: 1;
                  canTX @ bitFinishTime + QUANTA_PROP :> int x;
                  if ((tmpValue << QUANTA_PHASE2) >> 31 != 1 )
                        printstrln("CRC DEL ERROR");
                  for(i = 0; i < 7; i+=1){
                        bitFinishTime+=QUANTA_TOTAL;
                        canRX @ bitFinishTime :> tmpValue;
```

```
                                        if ((tmpValue << QUANTA_PHASE2) >> 31 != 1 )
                                            printstrln("EOF DEL ERROR");
                                }
                        }
                        done = 1;
                        break;

                case canRX @ tmpTime :> tmpValue:
                        CanOut(toData, (tmpValue << 17) >> 31);
                        zeros = clz(tmpValue);
                        if(zeros == QUANTA_PROP || zeros >= 18 || zeros == 0)
                                tmpTime += QUANTA_TOTAL;
                        else if(zeros < QUANTA_PROP){
                                phaseError = QUANTA_PROP - zeros;
                                        if(phaseError < QUANTA_SJW)
                                            tmpTime += QUANTA_TOTAL + phaseError;
                                        else
                                            tmpTime += QUANTA_TOTAL + QUANTA_SJW;
                                }
                                else if(zeros < 18){
                                    phaseError = zeros - QUANTA_PROP - QUANTA_SYNC;
                                    if(phaseError < QUANTA_SJW)
                                        tmpTime += QUANTA_TOTAL - phaseError;
                                    else
                                        tmpTime += QUANTA_TOTAL + QUANTA_SJW;
                                }
                                break;

                        } //select

                } //while(!done)

        }

}
```

(2) main

```
int main(){
        chan cPhyDataRx, cDataNetworkRx;
        chan cPhyDataTx, cDataNetworkTx;
        par{
                on tile[0]: CanPhyLayerRxTask(cPhyDataRx, ptCanRx, ptCanTx);
                on tile[0]: CanDataLinkLayerRxTask(cDataNetworkRx, cPhyDataRx);
                on tile[0]: CanNetworkRxTask(cDataNetworkRx);
        }
        return 0;
}
```

XCORE 프로세서 프로그래밍

초판 1쇄 인쇄 | 2014년 10월 10일
초판 1쇄 발행 | 2014년 10월 20일

지 은 이 윤종호, 조운희, 강재원, 이용희
발 행 인 박은숙
출 판 기 획 강원경
편 집 디 자 인 강원경
표 지 디 자 인 박은숙
발 행 처 계백북스
등 록 제 301-2009-136호(2009. 7. 15)

본 사 (100-013) 서울특별시 중구 수표로 4길 27(충무로 3가) (주)케이제이프라자 502호
Tel. (02) 734-2267, 736-9914 Fax. (02) 736-9917